物联网工程技术丛书

# 物联网技术及应用开发

熊茂华　熊 昕　陆海军　编著

清华大学出版社
北京

## 内 容 简 介

本书详细介绍了物联网的概念、实现技术和典型应用。全书共11章，即物联网概述、物联网体系架构、物联网开发环境的构建、传感器及检测技术、射频识别技术、物联网通信与网络技术、无线传感器网络技术、物联网安全技术、物联网数据融合技术、云计算和物联网应用系统设计。本书是物联网技术及应用的一本实用指导书，通过案例详细介绍了物联网应用系统设计与开发。

本书深入浅出，既可作为高等院校电气信息类、计算机类专业的本科生和高职生物联网技术应用课程的教材，也可作为物联网技术培训教材、IT科研人员、管理人员和物联网系统设计与开发人员的技术参考书。本书配套开发工具软件、练习题参考答案和课件可在清华大学出版社网站下载。



**图书在版编目（CIP）数据**

物联网技术及应用开发/熊茂华，熊昕，陆海军编著. --北京：清华大学出版社，2014（2021.7 重印）
（物联网工程技术丛书）
ISBN 978-7-302-34840-5

Ⅰ. ①物… Ⅱ. ①熊… ②熊… ③陆… Ⅲ. ①互联网络－应用 ②智能技术－应用 Ⅳ. ①TP393.4 ②TP18

中国版本图书馆CIP数据核字(2013)第310952号

**责任编辑**：孟毅新
**封面设计**：傅瑞学
**责任校对**：刘 静
**责任印制**：丛怀宇

**出版发行**：清华大学出版社
**网　　址**：http://www.tup.com.cn，http://www.wqbook.com
**地　　址**：北京清华大学学研大厦A座　　**邮　　编**：100084
**社 总 机**：010-62770175　　**邮　　购**：010-62786544
**投稿与读者服务**：010-62776969，c-service@tup.tsinghua.edu.cn
**质量反馈**：010-62772015，zhiliang@tup.tsinghua.edu.cn
**课件下载**：http://www.tup.com.cn，010-62795764
**印 装 者**：三河市龙大印装有限公司
**经　　销**：全国新华书店
**开　　本**：185mm×260mm　　**印　张**：23.75　　**字　　数**：548千字
**版　　次**：2014年3月第1版　　**印　　次**：2021年7月第5次印刷
**定　　价**：69.00元

---

产品编号：053673-02

FOREWORD

# 前言

物联网(The Internet of Things)带来信息技术的第三次革命。将“物联网”与现有的互联网整合起来,实现人类社会与物理系统的整合,在这个整合的网络当中,能力超级强大的中心计算机群,能够对整合网络内的人员、机器、设备和基础设施实施实时的管理和控制,在此基础上,人类可以以更加精细和动态的方式管理生产和生活,达到“智慧”状态,提高资源利用率和生产力水平,改善人与自然之间的关系。为满足各地物联网技术与应用人才培养的需求编写了本书。本书可作为高等院校电气信息类、计算机类专业物联网技术应用课程的教材参考书,也可作为物联网技术培训教材或者 IT 科研人员和管理人员的参考读物。

本书主要内容如下:

第 1 章对物联网的国内外发展现状、产业链和物联网的应用做了一些简介,从物联网产业主导、应用领域展示了物联网应用实例,并阐述了物联网现存的问题和发展趋势。

第 2 章介绍了物联网的自主体系结构、物联网的 EPC 体系结构、物联网的 UID 技术体系、构建物联网体系结构的原则、实用的层次性物联网体系架构,包括感知层、网络层和应用层等功能及关键技术。

第 3 章介绍了物联网开发环境的构建,主要是 IAR 开发环境的安装与使用、Android 开发环境的安装、配置与使用。

第 4 章介绍了传感器的基础知识。主要内容包括传感器的分类、性能指标、组成结构、传感器在物联网中的应用、检测技术分类、检测系统组成、典型传感器、智能检测系统的组成、智能检测系统的设计和智能传感器技术以及传感器的应用实践等。

第 5 章介绍了射频识别技术基础知识、RFID 技术分类、应用、标准、工作原理及系统组成、几种常见的 RFID 系统、RFID 中间件技术及 RFID 典型模块应用与实践等。

第 6 章介绍了物联网通信与网络技术知识,主要包括无线通信技术、蓝牙技术、Wi-Fi 技术、ZigBee 技术、无线局域网、无线城域网及典型应用等知识。

第 7 章介绍了无线传感网技术、无线传感器网络体系结构及协议系统结构、无线传感器网 MAC 协议、无线传感网路由协议及传感器网络的应用实践等。

第 8 章介绍了物联网安全技术基础知识,包括信息安全基础知识、信息安全的基本属性、物联网安全特点和安全机制、物联网的安全层次模型及体系结构、RFID 系统的安全、RFID 系统面临的安全攻击及安全风险分类、RFID 安全需求及研究进展、传感器网络的安全性目标和安全策略等知识。

第 9 章主要介绍物联网数据融合技术、数据融合的基本原理、物联网中数据融合的层次结构、基于信息抽象层次的数据融合模型、数据融合技术与算法、传感器网络数据传输及融合技术、多传感器数据融合算法、传感器网络数据融合路由算法、物联网数据管理技术、数据融合等。

第 10 章主要介绍云计算的概念,云计算的定义、类型,云计算与物联网,云计算系统组成及其技术。典型云计算系统包括 Amazon 云计算基础架构平台、Google 云计算应用平台、Microsoft 云计算服务、IBM 蓝云计算平台等。

第 11 章主要介绍了基于物联网的智能泊车系统设计、基于物联网的智能家居控制系统设计、基于 RFID 的超市物联网系统的设计和基于 GPRS 的物联网终端的污水处理厂网络控制系统设计。

本书由熊茂华、熊昕、陆海军编著,徐建闽教授主审。全书由熊茂华负责全面内容规划、编排。第 1～5 章由熊昕编写,第 6～10 章、第 11 章的 11.2～11.4 节由熊茂华编写,第 11 章的 11.1 节由陆海军编写。

在本书的编写过程中,得到了部分老师和北京博创公司的帮助,部分内容参考了本书所列的参考文献,在此谨向所有给予帮助的同志和参考文献的作者深表谢意。

由于作者水平有限,书中难免存在不足与疏漏,敬请各位专家以及广大读者批评指正。本书配套开发工具软件、练习题参考答案和课件可在清华大学出版社网站下载。

编　者

2014 年 1 月

CONTENTS

# 目录

# 第1章 物联网概论

**本章重点**

(1) 国内外物联网发展现状。

(2) 物联网的产业链。

(3) 物联网的应用。

(4) 物联网的发展趋势。

## 1.1 物联网概述

物联网(The Internet of Things)的概念是在1999年提出的,又名传感网,它的定义很简单:把所有物品通过射频识别等信息传感设备与互联网连接起来,实现智能化识别和管理。物联网把新一代IT技术充分运用在各行各业之中,具体地说,就是把感应器嵌入和装备到电网、铁路、桥梁、隧道、公路、建筑、供水系统、大坝、油气管道等各种物体中,然后将这一物物相连的网络与现有的互联网整合起来,实现人类社会与物理系统的整合,在这个整合的网络当中,存在能力超级强大的中心计算机群,能够对整合网络内的人员、机器、设备和基础设施实施实时的管理和控制,在此基础上,人类可以以更加精细和动态的方式管理生产和生活,达到"智慧"状态,提高资源利用率和生产力水平,改善人与自然之间的关系。

图1.1 物联网应用示意图

国际电信联盟2005年的一份报告曾描绘"物联网"时代的图景(图1.1):当司机出现操作失误时,汽车会自动报警;公文包会提醒主人忘带了什么东西;衣服会"告诉"洗衣机其颜色和对水温的要求等。

物联网有如下基本特点。

(1) 全面感知。利用射频识别(RFID)技术、传感器、二维码及其他各种感知设备随时随地采集各种动态对象,全面感知世界。

(2) 可靠的传送。利用网络(有线、无线及移动网)将感知的信息进行实时的传送。

(3) 智能控制。对物体实现智能化的控制和管理,真正达到了人与物的沟通。

## 1.2 国内外发展现状

### 1.2.1 国外物联网现状

物联网在国外被视为“危机时代的救世主”,许多发达国家将发展物联网视为新的经济增长点。物联网的概念虽然仅是最近几年才趋向成熟的,但物联网相关产业在当前的技术、经济环境的助推下,在短短的几年内已呈星火燎原之势。

**1. 美国物联网发展现状**

1995 年,比尔·盖茨在其《未来之路》一书中已提及物联网的概念。2005 年 11 月 17 日,在突尼斯举行的信息社会世界峰会(WSIS)上,国际电信联盟(ITU)发布了《ITU 互联网报告 2005:物联网》,报告指出,无所不在的“物联网”通信时代即将来临,世界上所有的物体从轮胎到牙刷、从房屋到纸巾都可以通过因特网主动进行交换。射频识别(RFID)技术、传感器技术、纳米技术、智能嵌入技术将得到更加广泛的应用。

美国很多大学在无线传感器网络方面已开展了大量工作,如加州大学洛杉矶分校的嵌入式网络感知中心实验室、无线集成网络传感器实验室、网络嵌入系统实验室。另外,麻省理工学院从事着极低功耗的无线传感器网络方面的研究;奥本大学也从事了大量关于自组织传感器网络方面的研究,并完成了一些实验系统的研制;宾汉顿大学计算机系统研究实验室在移动自组织网络协议、传感器网络系统的应用层设计等方面做了很多研究工作;州立克利夫兰大学(俄亥俄州)的移动计算实验室在基于 IP 的移动网络和自组织网络方面结合无线传感器网络技术进行了研究。

除了高校和科研院所之外,国外的各大知名企业也都先后参与开展了无线传感器网络的研究。克尔斯博公司是国际上率先进行无线传感器网络研究的先驱之一,为全球超过 2000 所高校以及上千家大型公司提供无线传感器解决方案;Crossbow 公司与软件巨头微软、传感器设备巨头霍尼韦尔、硬件设备制造商英特尔、网络设备制造巨头美国网件(NETGEAR)公司、著名高校加州大学伯克利分校等都建立了合作关系。

2009 年 1 月,IBM 首席执行官彭明盛提出“智慧地球”构想,其中物联网为“智慧地球”不可缺少的一部分,而奥巴马在就职演讲后已对“智慧地球”构想做出积极回应,并提升到国家级发展战略中。

2009 年,IBM 与美国智库机构向奥巴马政府提出通过信息通信技术(ICT)投资可在短期内创造就业机会,美国政府新增 300 亿美元的 ICT 投资(包括智能电网、智能医疗、宽带网络 3 个领域),鼓励物联网技术发展政策主要体现在推动能源、宽带与医疗三大领域开展物联网技术的应用。

**2. 欧盟物联网发展现状**

2009 年,欧盟委员会向欧盟议会、理事会、欧洲经济和社会委员会及地区委员会递交了《欧盟物联网行动计划》,以确保欧洲在构建物联网的过程中起主导作用。行动计划共包括 14 项内容:管理、隐私及数据保护、"芯片沉默"的权利、潜在危险、关键资源、标准化、研究、公私合作、创新、管理机制、国际对话、环境问题、统计数据和进展监督。该行动方案描绘了物联网技术应用的前景,并提出要加强欧盟政府对物联网的管理,其行动方案提出的政策建议主要包括以下几点:

(1) 加强物联网管理。

(2) 完善隐私和个人数据保护。

(3) 提高物联网的可信度、接受度、安全性。

2009 年 10 月,欧盟委员会以政策文件的形式对外发布了物联网战略,提出要让欧洲在基于互联网的智能基础设施发展上领先全球,除了通过 ICT 研发计划投资 4 亿欧元,启动 90 多个研发项目提高网络智能化水平外,欧盟委员会还将于 2011—2013 年间每年新增 2 亿欧元进一步加强研发力度,同时拿出 3 亿欧元专款,支持物联网相关公私合作短期项目建设。

**3. 日本物联网发展现状**

自 20 世纪 90 年代中期以来,日本政府相继制定了 e-Japan、u-Japan、i-Japan 等多项国家信息技术发展战略,从大规模开展信息基础设施建设入手,稳步推进、不断拓展和深化信息技术的应用,以此带动本国社会经济发展。其中,日本的 u-Japan、i-Japan 战略与当前提出的物联网概念有许多共同之处。

2004 年,日本信息通信产业的主管机关总务省提出 2006—2010 年 IT 发展任务——u-Japan 战略。该战略的理念是以人为本,实现所有人与人、物与物、人与物之间的连接(即 4U,Ubiquitous、Universal、User-oriented、Unique),希望在 2010 年将日本建设成一个"实现随时、随地、任何物体、任何人均可连接的泛在网络社会"。

2008 年,日本总务省提出了将 u-Japan 政策的重心从之前的单纯关注居民生活品质提升拓展到带动产业及地区发展,即通过各行业、地区与 ICT 的深化融合,进而实现经济增长的目的。具体来说,通过 ICT 的有效应用,实现产业变革,推动新应用的发展;通过 ICT 以电子方式联系人与地区社会,促进地方经济发展;有效应用 ICT 达到生活方式变革,实现无所不在的网络社会环境。

2009 年 7 月,日本 IT 战略本部颁布了日本新一代的信息化战略——i-Japan 战略,为了让数字信息技术融入每一个角落。首先,将政策目标聚焦在三大公共事业:电子化政府治理、医疗健康信息服务、教育与人才培育。该项战略提出到 2015 年,通过数字技术完成"新的行政改革",使行政流程简化、效率化、标准化、透明化,同时推动电子病历、远程医疗、远程教育等应用的发展。另外,日本企业为了能够在技术上取得突破,对研发同样倾注极大的心血。在日本爱知世博会的日本展厅,呈现的是一个凝聚了机器人、纳米技术、下一代家庭网络和高速列车等众多高科技和新产品的未来景象,支撑这些的是大笔的研发投入。

**4. 韩国物联网发展现状**

韩国也经历了类似日本的发展过程。韩国是目前全球宽带普及率最高的国家,同时它的移动通信、信息家电、数字内容等也居世界前列。面对全球信息产业新一轮战略，韩国制定了u-Korea战略。在具体实施过程中，韩国信通部推出IT839战略以具体呼应u-Korea。

韩国信通部发布的《数字时代的人本主义：IT839战略》报告指出，无所不在的网络社会将是由智能网络、最先进的计算技术，以及其他领先的数字技术基础设施武装而成的技术社会形态。在无所不在的网络社会中，所有人可以在任何地点、任何时刻享受现代信息技术带来的便利。u-Korea意味着信息技术与信息服务的发展不仅要满足于产业和经济的增长，而且在国民生活中将为生活文化带来革命性的进步。由此可见，日、韩两国各自制订并实施的"u"计划都是建立在两国已夯实的信息产业硬件基础上的，是完成"e"计划后启动的新一轮国家信息化战略。从"e"到"u"是信息化战略的转移，能够帮助人类实现许多"e"时代无法企及的梦想。

继日本提出u-Japan战略后，韩国在2006年确立了u-Korea战略。u-Korea旨在建立无所不在的社会，也就是在民众的生活环境里，布建智能型网络、最新的技术应用等先进的信息基础建设，让民众可以随时随地享有科技智慧服务。其最终目的，除运用IT科技为民众创造衣、食、住、行、娱乐各方面无所不在的便利生活服务，亦希望扶植IT产业发展新兴应用技术，强化产业优势与国家竞争力。

为实现上述目标，u-Korea包括了4项关键基础环境建设以及五大应用领域的研究开发。4项关键基础环境建设是平衡全球领导地位、生态工业建设、现代化社会建设、透明化技术建设，五大应用领域是亲民政府、智慧科技园区、再生经济、安全社会环境、u生活定制化服务。

u-Korea主要分为发展期与成熟期两个执行阶段。发展期(2006—2010年)的重点任务是基础环境的建设、技术的应用以及"u"社会制度的建立；成熟期(2011—2015年)的重点任务为推广"u"化服务。

自1997年起，韩国政府出台了一系列推动国家信息化建设的产业政策。目前，韩国的RFID发展已经从先导应用开始全面推广，而USN也进入实验性应用阶段。2009年，韩通信委员会通过了《物联网基础设施构建基本规划》，将物联网市场确定为新增长动力。该规划树立了到2012年"通过构建世界最先进的物联网基础实施，打造未来广播通信融合领域超一流ICT强国"的目标，为实现这一目标，确定了构建物联网基础设施、发展物联网服务、研发物联网技术、营造物联网扩散环境四大领域、12项详细课题。

### 1.2.2 国内物联网现状

#### 1. 中国物联网发展概况

中科学院早在1999年就启动传感网研究，组建了2000多人的团队，先后投入数亿元，目前已拥有从材料、技术、器件、系统到网络的完整产业链。总体而言，在物联网这个全新产业中，我国的技术研发和产业化水平已经处于世界前列，掌握物联网世界话语权。当前，政府主导、产学研相结合共同推动发展的良好态势正在中国形成。

2009年8月，温家宝总理在无锡视察中科院物联网技术研发中心时指出："在传感网发展中，要早一点谋划未来，早一点攻破核心技术。"江苏省委省政府立即制定了"感知中国”中心建设的总体方案和产业规划，力争建成引领传感网技术发展和标准制定的物联网产业研究院。2009 年 8 月中国移动总裁王建宙访台期间解释了物联网概念。

2009 年，工业和信息化部李毅中部长在科技日报上发表题为《我国工业和信息化发展的现状与展望》的署名文章，首次公开提及传感网络，并将其上升到战略性新兴产业的高度，指出信息技术的广泛渗透和高度应用将催生出一批新增长点。

2009 年，“传感器网络标准工作组成立大会暨‘感知’高峰论坛”在北京举行，标志着传感器网络标准工作组正式成立，工作组未来将积极开展传感网标准制定工作，深度参与国际标准化活动，旨在通过标准化为产业发展奠定坚实技术基础。2009 年 11 月，国务院总理温家宝在北京人民大会堂向北京科技界发表了题为《让科技引领可持续发展》的讲话，指出要将物联网并入信息网络发展的重要内容，并强调信息网络产业是世界经济复苏的重要驱动力。在《国家中长期科学与技术发展规划(2006—2020 年)》和“新一代宽带移动无线通信网”重大专项中均将传感网列入重点研究领域，已列入国家高技术研究发展计划(863 计划)。

2009 年 11 月，无锡市国家传感网创新示范区(传感信息中心)正式获得国家批准。该示范区规划面积 20 平方千米。根据规划，3 年后这一数字将增长近 6 倍。到 2012 年已完成传感网示范基地建设，形成全市产业发展空间布局和功能定位，产业规模达到 1000 亿元，具有较大规模各类传感网企业 500 家以上，形成销售额 10 亿元以上的龙头企业 5 家以上，培育上市企业 5 家以上，到 2015 年产业规模将达 2500 亿元。

目前我国物联网产业、技术还处于概念和科研阶段，物联网整个产业模式还没有彻底形成，处于起步阶段，但物联网的发展趋势是令人振奋的，未来的产业空间是巨大的。

**2. 中国物联网技术研究现状**

2009 年 10 月，在第四届民营科技企业博览会上，西安优势微电子公司宣布：中国的第一颗物联网的芯——“唐芯一号”芯片研制成功，已经攻克了物联网的核心技术。“唐芯一号”芯片是一颗超低功耗射频可编程片上系统(PSOC)，可以满足各种条件下无线传感网、无线个域网、有源 RFID 等物联网应用的特殊需要，为我国的物联网产业的发展奠定了基础。

目前，我国的无线通信网络已经覆盖城乡，从繁华的城市到偏僻的农村，从海岛到珠穆朗玛峰，到处被无线网络覆盖。无线网络是实现物联网必不可少的基础设施，安置在动物、植物、机器和物品上的电子介质产生的数字信号可随时随地通过无处不在的无线网络传送出去。“云计算”技术的运用，使数以亿计的各类物品的实时动态管理变为可能。

物联网在高校的研究，当前的聚焦点在北京邮电大学和南京邮电大学。作为“感知中国”的中心，无锡市 2009 年 9 月与北京邮电大学就传感网技术研究和产业发展签署合作协议，标志物联网进入实际建设阶段。协议声明，无锡市将与北京邮电大学合作建设研究院，内容主要围绕传感网，涉及光通信、无线通信、计算机控制、多媒体、网络、软件、电子、自动化等技术领域。此外，相关的应用技术研究、科研成果转化和产业化推广工作也同时纳入议程。

为积极参与“感知中国”中心及物联网建设的科技创新和成果转化工作，2011 年 9 月 10 日，全国高校首家物联网研究院在南京邮电大学正式成立。南京邮电大学“无线传感器网络研究中心"研究者与物联网打交道已有五六年。一些物联网产品已经初见雏形。此外,南京邮电大学还有系列举措推进物联网建设的研究:设立物联网专项科研项目,鼓励教师积极参与物联网建设的研究;启动"智慧南邮"平台建设,在校园内建设物联网示范区等。

江苏省把传感网列为全省重点培育和发展的六大新兴产业之一。浙江省尤其杭州物联网研发与应用近年来发展很快。2005年,杭州市电子信息产业发展"十一五"规划已经将传感网技术列为重点发展方向。2008年、2009年杭州市还连续两年承办了无线传感网国际高峰论坛。目前,杭州从事物联网技术研发和应用的企业已经达到几百家。

福建省也在加快这一新兴产业的发展。2009年底省政府一连出台3份物联网相关报告,提出3年内建立物联网产业集群和重点示范区,力争在全国率先实现突破。福建省目前拥有传感器、网络传输、数据处理等基本完善的产业链,目前,全省物联网产值达几十亿元。

山东省RFID技术研发的突飞猛进已经为其发展物联网产业打下了深厚铺垫,目前,全省RFID产业从芯片设计、制造、封装,到读写机具、软件开发、系统集成等各方面已经具备了相当的基础,济南市是全省RFID产业发展的重点城市。

2009年11月,中关村物联网产业联盟正式成立,成员包括了北京移动、清华同方股份有限公司、北京邮电大学、中科院软件所、北京交通委信息中心等12家单位,囊括了政府、院校和企业。

**3. 中国物联网标准状况**

在世界物联网领域,中国与德国、美国、韩国一起成为国际标准制定的主导国之一。2009年9月,经国家标准化管理委员会批准,全国信息技术标准化技术委员会组建了传感器网络标准工作组。标准工作组聚集了科学院、中国移动等中国传感网主要的技术研究和应用单位,将积极开展传感网标准制定工作,深度参与国际标准化活动,旨在通过标准化为产业发展奠定坚实技术基础。目前,我国传感网标准体系已形成初步框架,向国际标准化组织提交的多项标准提案被采纳,物联网标准化工作已经取得积极进展。

## 1.2.3 物联网现存在问题

作为一个新兴产业,物联网的发展受到很多因素的制约,有观念、体制、机制、技术、安全等方面的因素。目前制约物联网亟待解决的主要问题包括以下9个方面。

(1) 国家安全问题成为首要的技术重点。大型企业、政府机构与国外机构进行项目合作,如何确保企业商业机密、国家机密不被泄露。

(2) 保证个人隐私不被侵犯。在物联网中,射频识别技术是一个很重要的技术。在射频识别系统中,标签有可能预先被嵌入任何物品(比如人们的日常生活物品)中,但由于该物品(比如衣物)的拥有者,不一定能够觉察该物品预先已嵌入有电子标签以及自身可能不受控制地被扫描、定位和追踪,这势必会使个人的隐私受到侵犯。因此,如何确保标签物的拥有者个人隐私不受侵犯便成为射频识别技术以至物联网推广的关键问题。而且,这不仅仅是一个技术问题,还涉及政治和法律问题。

(3) 物联网商用模式有待完善。移动通信研究所专家表示,“要发展成熟的商业模式,必须打破行业壁垒、充分完善政策环境,并进行共赢模式的探索”。

(4) 物联网的相关政策和法规。物联网的普及不仅需要相关技术的提高,它更是牵涉到各个行业、各个产业,需要多种力量的整合。这就需要国家的产业政策和立法走在前面,要制定出适合这个行业发展的政策和法规,保证行业的正常发展。

(5) 技术标准的统一与协调。物联网是基于网络的多种技术的结合,应该有相关协议标准做支撑。如网络层互联网有:TCP/IP 协议;接入层面协议有:GPRS、传感器、TD-SCDMA、有线等多种通道。物联网发展历程中,传感、传输、应用各个层面会有大量的技术出现,急需尽快统一技术标准,形成一个管理机制。

(6) 管理平台的开发。在物联网时代大量信息需要传输和处理。假如没有一个与之匹配的网络体系,就不能进行管理与整合,物联网也将是空中楼阁。因此,建立一个全国性的、庞大的、综合的业务管理平台,把各种传感信息进行收集,进行分门别类的管理,进行有指向性的传输,这是物联网能否被推广的一个关键问题,而建立一个如此庞大的网络体系是各个企业望尘莫及的,由此,必须由专门的机构组织开发管理平台。

(7) 行业内需建立相关安全体系。物联网目前的传感技术主要是 RFID,植入这个芯片的产品,是有可能被任何人进行感知的,它对于产品的主人而言,有这样的一个体系,可以方便地进行管理。但是,它也存在一个巨大的问题,其他人也能进行感知,比如产品的竞争对手,那么如何做到在感知、传输、应用过程中,这些有价值的信息可以为我所用,却不被别人所用,尤其不被竞争对手所用。这就需要形成一套强大的安全体系。

(8) 物联网的应用开发。物联网应用到生活及各行各业中,必须根据行业的特点,进行深入的研究和有价值的开发。这些应用开发不能依靠运营商,也不能仅仅依靠所谓物联网企业,需要一些应用形成示范,让更多的传统行业感受到物联网的价值,这样才能有更多企业看清楚物联网的意义,看清楚物联网有可能带来的经济和社会效益。

(9) 多种技术融合问题。物联网的开发还应解决传感器技术、射频识别技术、通信技术、控制技术、智能技术等的融合问题。

## 1.3 物联网的产业链

### 1.3.1 物联网产业链

物联网产业链可以细分为标识、感知、处理和信息传送 4 个环节,每个环节的关键技术分别为 RFID、传感器、智能芯片和电信运营商的无线传输网络。

EPoSS(the European Technology Platform on Smart Systems Integration,欧洲智能系统集成技术平台)在 *Internet of Things in 2020* 报告中预测,未来物联网的发展将经历 4 个阶段。

(1) 2010 年之前 RFID 被广泛应用于物流、零售和制药领域。

(2) 2010—2015 年物体互联。

(3) 2015—2020 年物体进入半智能化。

(4) 2020年之后物体进入全智能化。

物联网产业主要是M2M的产业和物联网的信息传感设备两个方面。

(1) M2M的产业包括：一是与感知物理设备相关的芯片、终端、软件开发、系统集成制造等相关产业；二是新的智能服务产业，包括商务、政务、公务和个人服务等。

(2) 物联网的信息传感设备包括：射频识别装置、红外感应器、全球定位系统、激光扫描器等。与互联网相结合，可以实现所有物品的远程感知和控制，由此生成一个更加智慧的生产生活体系，广泛用于智能交通、环境保护、政府工作、公共安全、智能家居、智能消防、工业监测、老人护理、个人健康等多个领域。

## 1.3.2 基于RFID的物联网产业

作为物联网发展的排头兵，RFID成为市场最为关注的技术。数据显示，2008年全球RFID市场规模已从2007年的49.3亿美元上升到52.9亿美元，这个数字覆盖了RFID市场的方方面面，包括标签、阅读器、其他基础设施、软件和服务等。2008年，RFID卡和卡相关基础设施占市场的57.3%，达30.3亿美元；金安防行业的应用也推动了RFID卡类市场的增长。美国权威咨询机构forrester预测，到2020年，世界上物物互联的业务，跟人与人通信的业务相比，将达到30∶1，因此，物联网被称为是下一个万亿级的信息产业。图1.2所示的是物联网基础设备，图1.3所示的是RFID的物联网产业。

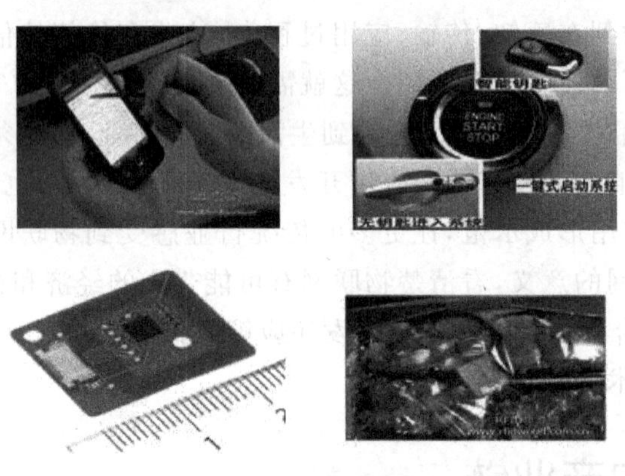

图1.2 物联网基础设备

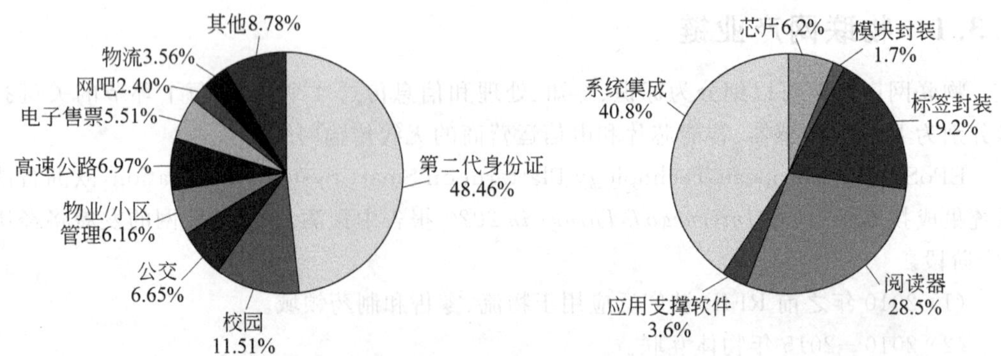


图1.3 RFID的物联网产业

2009 年在城市公共交通"一卡通"、高速公路不停车收费、自动化通关、城市暂住证等各类电子证照与特殊人员管理、重要物品防伪、特种设备安检、CA 认证与信息安全管理、动植物电子标识、食品/药品供应链安全监管、独生子女(新生儿)及宠物的跟踪管理、军用物资及集装箱、邮件、包裹的实时跟踪管理以及现代物流管理等领域都已先后启动了 RFID 应用试点。

## 1.3.3　基于 MEMS 传感器的物联网产业

MEMS 是微机电系统(Micro-Electro-Mechanical Systems)的英文缩写。MEMS 传感器的主要优势在于体积小、大规模生产后成本下降快,目前主要应用在汽车和消费电子两大领域。早在 2007 年 IC Insight(国际电子商情网)就预测报告,预计在 2007 年至 2012 年间,全球基于 MEMS 的半导体传感器和制动器的销售额将达到 19%的年均复合增长率(CAGR),与 2007 年的 41 亿美元相比,5 年后将实现 97 亿美元的年销售额。图 1.4 所示的是 MEMS 传感器的物联网产业。

图 1.4　MEMS 传感器的物联网产业

## 1.3.4　物联网产业主导

物联网将成为继计算机、互联网与移动通信网之后的世界信息产业第三次浪潮,但目前国内对究竟"什么是物联网？谁来主导产业链的发展？"没有统一的答案。目前运营商涉足物联网主要可分为：智能传输通道和行业集成解决方案两种模式。

智能传输通道是指运营商在终端 M2M(机器对机器)以及应用平台上提供可靠的协议或者是模组和二次开发的环境,通过对移动网络专业性的理解和规模化运营的经验,加强产业链各方合作,以达到共赢的局面。

物联网是互联网的延伸,是新一代信息技术的重要组成部分。物联网实现了物体与物体的互联、物体和人的互联,具备全面感知、可靠传送、智能处理的特征,使人类可以用更加精细和动态的方式管理生产、生活,从而提高整个社会的信息化能力。

物联网泛指物与物之间互连的网络及应用,广泛应用于交通、物流、安防、电力、家居等领域,分为感知层、网络层和应用层三部分,感知层主要包括各种感知器件和终端设备,感知器件包括 RFID 标签、二维码、传感器、摄像机等,网络层分为接入、传输两部分,应用层包括各种应用服务平台。

从产业链来看,硬件企业负责生产各层次的硬件设备,如感知器件、终端设备、网络硬件、服务器。软件企业负责各环节软件编写,以实现数据采集、传输、存储、处理和显示等功能。系统集成商通过有机结合硬件和软件来搭建物联网系统,并交付给物联网服务商,实现具体应用。目前我国物联网产业处于发展初期,系统集成企业一般都兼备软件开发能力，并直接为客户提供服务，硬件企业相对较为独立。

## 1.4 物联网的应用

### 1.4.1 物联网的应用领域

物联网用途广泛，遍及智能交通、环境保护、政府工作、公共安全、平安家居、智能消防、工业监测、农业管理、老人护理、个人健康等多个领域。在国家大力推动工业化与信息化两化融合的大背景下，物联网将是工业乃至更多行业信息化过程中一个比较现实的突破口。一旦物联网大规模普及，无数的物品需要加装更加小巧智能的传感器，用于动物、植物、机器等物品的传感器与电子标签及配套的接口装置数量将大大超过目前的手机数量。按照目前对物联网的需求，在近年内就需要数以亿计的传感器和电子标签。在 2011 年，内嵌芯片、传感器、无线射频的“智能物件”已超过 1 万亿个，物联网将会发展成为一个上万亿元规模的高科技市场，大大推进信息技术元件的生产，给市场带来巨大商机。物联网目前已经在行业信息化、家庭保健、城市安防等方面有实际应用。图 1.5 展示了未来物联网的应用领域。

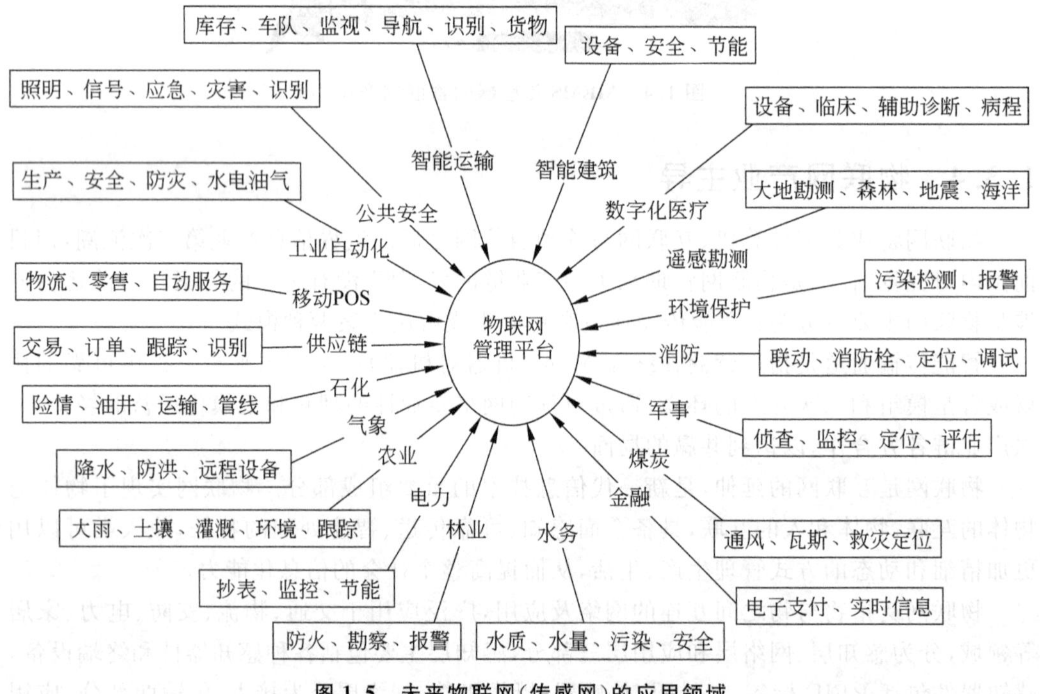


**图 1.5 未来物联网(传感网)的应用领域**

### 1.4.2 物联网应用实例展示

国家对信息化推进力度加大，企业客户的管理、生产、用户服务信息化建设对组网业务、集成业务及以 3G 为标志的全业务行业应用需求巨大。特别是目前在电力、汽车、物流、交通、安全等行业对物联网通信存在极大的需求。下面是物联网应用的几个典型实例。

### 1. 智能公交产品

智能公交产品是利用车辆定位技术、地理信息系统技术、公交运营优化与评价技术、计算机网络技术、通信技术，通过中国联通无线网络(3G/2G)实现公交车辆、电子站牌、公交人员与中心管理平台之间的数据信息传输，为公交公司提供集智能化调度、视频监控、信息发布、安全管理于一体的先进管理手段。其组网方案如图 1.6 所示。

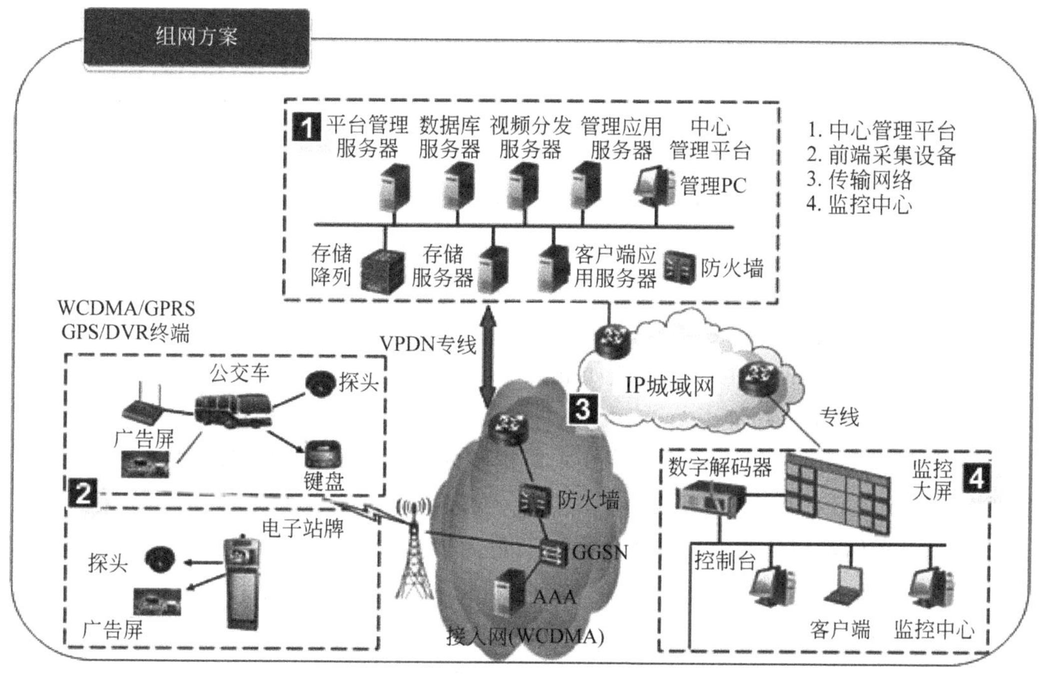


图 1.6 智能公交产品——组网方案

针对公交公司最为关注的三大焦点："百公里油耗"、"百公里收入"、"百公里投诉"，中国联通智能公交产品针对性地提供四大功能：先进的公交运营调度功能、安全可靠的视频监控功能、快速便捷的信息发布功能、完备实用的系统管理功能。

(1) 运营调度功能。智能公交产品通过公交车载设备中的 GPS 功能模块实现定位信息的采集，通过无线通信模块将定位数据上传至中心管理平台。结合地理信息系统技术，系统地对定位数据进行分析处理，实现对公交车辆的位置监控、线网规划、计划排班、线路调度、报表统计分析等运营调度功能。

(2) 视频监控功能。智能公交产品通过公交车载监控设备记录车辆运营过程中车内及路面状况。在需要时，可通过 3G 通信模块，将车载设备采集的音视频信息实时上传至中心管理平台。视频监控功能实现了对公交车辆的安全监控，为案件或事故发生后的调查取证提供了科学有效的手段，对营造安全的搭乘环境和维护正常的搭乘秩序，起到了积极的作用。同时加强了票款管理，防止了公交企业的收入流失。

(3) 信息发布功能。智能公交产品通过公交车载设备中的无线通信模块，实现公交车辆、公交人员、场站、电子站牌与中心监控平台之间的文字短消息发送和接收功能、语音通话功能，满足对车辆和驾驶员的远程调度管理需要；满足公交车辆、场站、电子站牌等渠道营运信息发布及媒体信息播放的需要。

(4) 系统管理功能。智能公交产品充分考虑系统的实用性，实现用户管理、设备管理、权限管理、认证管理等系统管理功能，使系统功能尽可能地完善并得到充分利用。

**2. 平安校园物联网产品**

平安校园物联网产品充分发挥全业务优势，将3G视频监控与“宽世界—神眼”平台有机结合，以满足校园安防需求。同时根据各地实际情况，提供学生安全定位、到校平安短信等与学生安全相关的其他应用。

**案例**：某企业河北分公司推出视频监控、平安短信、手机定位、家校互动应用；某企业的广东分公司推出的《广东联通物联网行业应用产品业务规范书——平安校园分册》，将平安校园定义为标准产品族，包含校园智能安防监控平台、出入口门禁控制系统、亲情视讯服务平台、亲子定位服务、校园突发事件应急指挥体系等产品。

平安校园物联网定义了产品的功能、业务资费、营销政策、售前支撑流程、售中流程、售后服务流程等相关规范。

平安校园物联网产品的基本功能如下。

(1) 视频监控基本功能

① 视频监控功能：通过前端摄像头采集校园内的视频信号，经编码器编码后通过传输网络传送到视频监控平台，并实时显示在监控终端上。

② 视频存储及回放功能：前端摄像头采集的视频按要求存储在视频监控平台或前端视频服务器的存储设备上，并可以在事后按要求取出，在监控终端进行回放。

③ 紧急报警功能：通过校园内的报警装置触发警灯、警笛等装置，并启动报警区域的视频监控，起到事前威慑预防校园犯罪，事中阻吓控制校园犯罪，事后记录惩罚校园犯罪的作用。

(2) 视频监控可选功能

① 视频智能分析功能：通过在校园布放智能视频分析设备，对校园内部及周边的人物活动进行入侵检测、越界检测、逆行检测、人员聚集检测等智能分析，对突发事件的发生进行预测，达到减少校园犯罪的效果。

② 周界报警功能：通过部署在校园周界围墙的红外对射报警装置，对校园围墙进行设防，当有犯罪分子通过围墙非法闯入校园时，启动报警装置并触发事发地点的视频监控。

③ 手机监控功能：相关人员可以通过安装专用客户端软件的3G手机实现对监控系统的访问与浏览，真正实现随时随地查看事发地点现场实时视频，实现远程处理事故、快速反应的目的。

④ 校车监控功能：在校车内安装具有GPS定位功能的视频监控前端设备，公安部门和学校可以在客户端软件对车辆的位置进行监控，确保校车按指定路线行驶；对车辆内部

和周边进行视频监控，保证学生全程安全。

(3) 平安短信功能

通过 RFID 技术，检测学生进出校门动作，并通过短信通知家长，使家长更加放心。实现学生到校通知、学生离校通知、学生考勤统计功能。

(4) 位置监控功能

平安校园物联网产品通过学生随身佩带的具有定位功能的通信终端，实时记录学生所处的位置，保证学生在指定区域内活动。老师、家长可通过终端软件在 PC 或手机终端软件上得知学生位置。具体功能为学生定位、轨迹回放、区域告警、一键沟通、SOS 报警，如图 1.7 所示。

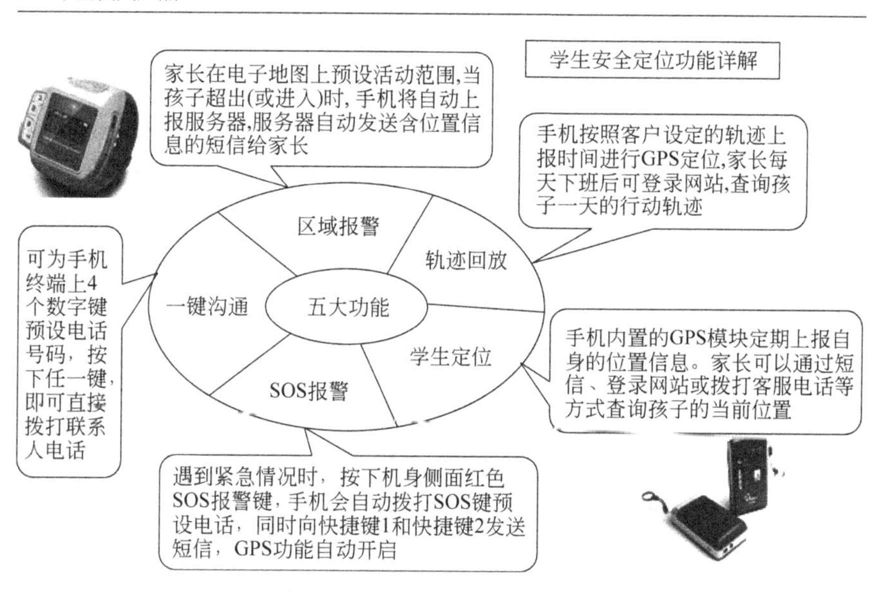


图 1.7 平安校园物联网产品

## 1.5 物联网的发展趋势

物联网的发展趋势体现在以下几个方面。

### 1. 网络从虚拟走向现实，从局域走向泛在

未来几年是中国物联网相关产业以及应用迅猛发展的时期。以物联网为代表的信息网络产业成为七大新兴战略性产业之一，成为推动产业升级、迈向信息社会的“发动机”。到 2020 年，全球物物互联的业务与现有的人人互联业务之比将达到 30∶1，物联网大规模普及，成为一个万亿美元级产业。

构建网络无所不在的信息社会已成为全球趋势，当前世界各国正经历由“e”社会过渡到“u”社会，即无所不在的网络社会(UNS)的阶段，构建“u”社会已上升为国家的信息化战略，例如美国的“智慧地球”以及中国的“感知中国”。“u”战略是在已有的信息基础设施之上重点发展多样的服务与应用，是完成“e”战略后新一轮国家信息化战略。

**2. 物联网将信息化过渡到智能化**

与互联网相比，物联网在 anytime、anyone、anywhere 的基础上，又拓展到了 anything。人们不再被局限于网络的虚拟交流，包括机器与人(M2P)、人与人(P2P)、人与机器(P2M)、机器对机器(M2M)之间广泛的通信和信息的交流。物联网将信息化过渡到智能化。

**3. 物联网带来信息技术的第三次革命**

物联网将给人们的生活带来重大改变。生活中的物品变得“聪明”、“善解人意”，通过芯片自动读取信息，并通过互联网进行传递，物品会自动获取信息并进行传递，使得信息的“处理—获取—传递”整个过程有机地联系在了一起，是对人类生产力又一次重大的解放。条形码的普及花了 30 年时间，RFID 要完全达到条形码的应用程度，还需要 20 年左右。物联网的普及需要大约 20 年的时间。但应用的发展是伴随着技术的成熟而逐渐应用到各个方面的，并不是应用在等待技术完全成熟以后才会开始的，在某些领域，物联网将率先展开应用，同时，伴随技术的进步，会逐渐拓展到人们生活的方方面面。

**4. 核心技术就是核心竞争力**

物联网有 4 项关键应用技术：RFID、传感器、智能技术与纳米技术。物联网的发展受到一定的制约，表现如下：

(1) 物联网产业链长，缺乏完整的技术标准体系和成熟的业务模式；

(2) 行业融合不够，缺少有利于产业化推进的应用组织方案；

(3) 研究力量分散，产业的集中度也比较低。

物联网的核心技术使得其产业链具有很强的竞争力，主要表现如下几个方面。

(1) 互联网构建好自身的网络质量和服务，推动一批重大示范工程，促进物联网集成应用解决方案的成熟和产业化发展。

(2) 高端传感器和芯片设计制造、网络传输、云计算与应用等方面，结合产学研合作。

(3) RFID 是物联网发展的排头兵，物联网中所有的个体“身份”均需要 RFID、感应器等基础产业支持。

对于企业而言，需构建平台培养人才、加强技术研发，加大产学研合作力度，从而掌握核心技术。

专家认为，伴随政策扶持，物联网有望迎来快速发展，但目前国内在技术标准与商业模式方面仍需实现更多突破，这样才能切实推进物联网的实际应用并从中赢得商机。

物联网的核心是大力发展并整合三大已有技术：传感、网络和信息系统，其实质是“信息化新阶段”。

**5. 物联网与移动网趋向融合**

传感网的安全性、稳定性、大容量等需求特点，对支撑网络，尤其是无线网络环境也提出了极高的要求。作为中国自主知识产权的第三代移动通信系统，我国掌握着核心技术，系统时钟已不再依赖 GPS 系统，在我国的 3 种 3G 系统中安全性能最高，将最大限度保障传感网的战略安全。

中国移动TD-SCDMA与无线传感网融合,必将带动民族产业的进一步发展,推动我国经济和自主创新产业更好更快发展。另外,中国移动全面、优质的网络覆盖将为传感网终端节点部署提供最大的便捷性和可靠性。TD-SCDMA特有的高频谱利用率、大容量性,更将充分满足数十倍、数百倍于个人通信的物与物互联。

**6. 运营商正在引导物联网**

在2009年9月19日的中国国际信息通信展上,电子商务、手机购物、物流信息化、企业一卡通、公交视频、移动安防、校讯通等一批物联网概念的业务已经展示在业界眼前,积极与各方合作,达到整个产业链的构建,成为中移动的目标之一。

同样,中国电信推出自己的物联网业务——"平安e家"与"商务领航",分别面对家庭与企业用户。此外,中国联通也推出了3G污水监测业务,该业务可以通过3G网络,实时对水表、灌溉等动态数据进行监测,并且能对空气质量、碳排放量、噪声进行监测。

目前,物联网产业链企业主要包括芯片厂商、传感器厂商、识读设备厂商、传输网络、应用提供商等,而射频识别技术只是传感网诸多感应技术中的一环,而且在产业没有形成规模应用的时候,没有任何的厂商能够代表这个巨大的产业,但无疑运营商正在引导着物联网。

## 练习题

**一、单选题**

1. 手机钱包的概念是由(　　)提出来的。
   A. 中国　　B. 日本　　C. 美国　　D. 德国
2. 第三次信息革命在(　　)年。
   A. 1999　　B. 2000　　C. 2004　　D. 2010
3. (　　)给出的物联网概念最权威。
   A. 微软　　B. IBM
   C. 三星　　D. 国际电信联盟
4. (　　)年中国把物联网发展写入了政府工作报告。
   A. 2000　　B. 2008　　C. 2009　　D. 2010
5. 第三次信息技术革命指的是(　　)。
   A. 互联网　　B. 物联网　　C. 智慧地球　　D. 感知中国
6. 智慧地球是(　　)提出来的。
   A. 德国　　B. 日本　　C. 法国　　D. 美国
7. 第一次信息革命在(　　)年。
   A. 1980　　B. 1985　　C. 1988　　D. 1990
8. 2009年中国RFID市场的规模将达到(　　)亿元。
   A. 50　　B. 40　　C. 30　　D. 20
9. 2005年到2010年,中国RFID市场规模的负荷平均增长率高达(　　)。
   A. 80%　　B. 85.40%　　C. 90%　　D. 92%

10. 第二次信息革命在(　　)年。

A. 1990　　B. 1993　　C. 1995　　D. 1996

11. IDC预测到2020年将有超过500亿台的(　　)连接到全球的公共网络。

A. M2M设备　　B. 阅读器　　C. 天线　　D. 加速器

12. 物联网的发展分(　　)个阶段。

A. 3　　B. 4　　C. 5　　D. 6

13. 物联网在中国发展将经历(　　)个阶段。

A. 3　　B. 4　　C. 5　　D. 6

14. 中国在(　　)集成的专利上没有主导权。

A. RFID　　B. 阅读器　　C. 天线　　D. 加速器

15. 2009年10月(　　)提出"智慧地球"。

A. IBM　　B. 微软　　C. 三星　　D. 国际电信联盟

**二、判断题(在正确的后面打√,错误的后面打×)**

1. 物联网包括物与物互联,也包括人和人的互联。(　　)
2. 物联网的出现,为人们建立新的商业模式提供了巨大的想象空间。(　　)
3. 营运层最核心、最活跃,产业的生态链最多。(　　)
4. 物联网主动进行信息交换,非常好,技术廉价。(　　)
5. 业界对物联网的商业模式已经达成了统一的共识。(　　)
6. 物联网被称为继计算机、互联网之后世界信息产业的第三次浪潮。(　　)
7. 第三次信息技术革命就是物联网。(　　)
8. 2009年10月联想提出了"智慧地球"的概念,从物联网的应用价值方面,进一步增强了人们对物联网的认识。(　　)
9. 因特网+物联网=智慧地球。(　　)
10. 1998年,英国的工程师Kevin Ashton提出了现代物联网概念。(　　)
11. 1999年,Electronic Product Code (EPC)global的前身麻省理工Auto-ID中心提出"Internet of Things"的构想。(　　)

**三、简答题**

1. 物联网这个概念是谁最先提出来的?
2. "三网融合"指的是哪三网?
3. 什么是智能芯片?门卡、公交卡属于智能芯片吗?
4. 寻找物联网英文资料,相关的国外网站有哪些?

# 第2章 物联网体系架构

**本章重点**

(1) 物联网体系架构,包括物联网的自主体系结构和物联网的 EPC 体系结构。

(2) 物联网的 UID 技术体系和构建物联网体系结构的建议。

(3) 物联网的关键技术。

## 2.1 物联网体系架构概述

物联网作为新兴的信息网络技术,将会对 IT 产业发展起到巨大的推动作用。然而,由于物联网尚处在起步阶段,还没有一个广泛认同的体系结构。在公开发表物联网应用系统的同时,很多研究人员也提出了若干物联网体系结构。例如物品万维网(Web of Things,WoT)的体系结构,它定义了一种面向应用的物联网,把万维网服务嵌入到系统中,可以采用简单的万维网服务形式使用物联网。这是一个以用户为中心的物联网体系结构,试图把互联网中成功的、面向信息获取的万维网结构移植到物联网上,用于物联网的信息发布、检索和获取。当前,较具代表性的物联网架构有欧美支持的 EPC Global 物联网体系架构和日本的 Ubiquitous ID(UID)物联网系统等。我国也积极参与了物联网体系结构的研究,正在积极制定符合社会发展实际情况的物联网标准和架构。

### 2.1.1 物联网的自主体系结构

为了适应异构物联网无线通信环境需要,Guy Pujolle 在 *An autonomic-oriented architecture for the Internet of Things*(IEEE John Vincent Atanasoff 2006 International Symposium on Modern Computing)中,提出了一种采用自主通信技术的物联网自主体系结构,如图 2.1 所示。自主通信是指以自主件(Self Ware)为核心的通信,自主件在端到端层次以及中间节点,执行网络控制面已知的或者新出现的任务,自主件可以确保通信系统的可进化特性。由图 2.1 可以看出,物联网的这种自主体系结构由数据面、控制面、知识面和管理面 4 个面组成。数据面主要用于数据分组的传送;控制面通过向数据面发送配置信息,优化数据面的吞吐量,提高可靠性;知识面是最重要的一个面,它提供整个网络信息的完整视图，并且提炼成为网络系统的知识，用于指导控制面的适应性控制；管理面用于协调数据面、控制面和知识面的交互，提供物联网的自主能力。

在图 2.1 所示的自主体系结构中，其自主特征主要由 STP/SP 协议栈和智能层取代了传统的 TCP/IP 协议栈，如图 2.2 所示，其中 STP 表示智能传输协议（Smart Transport Protocol），SP 表示智能协议（Smart Protocol）。物联网节点的智能层主要用于协商交互节点之间 STP/SP 的选择，优化无线链路上的通信和数据传输，以满足异构物联网设备之间的联网需求。

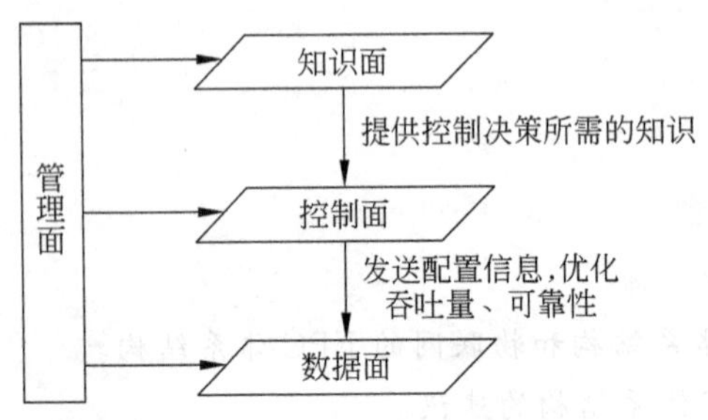


**图 2.1 物联网的一种自主体系结构**

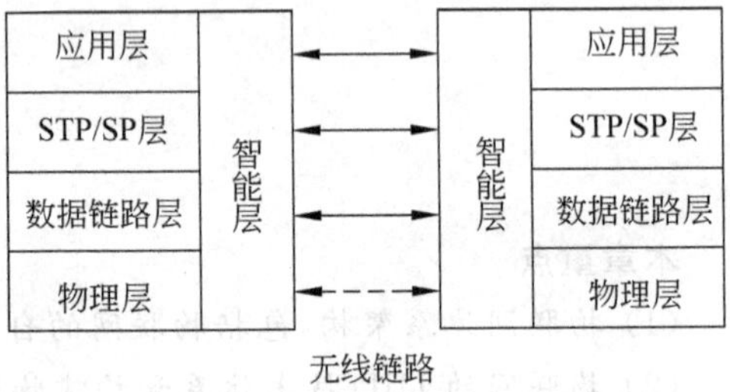

应用层
STP/SP层
数据链路层
物理层
智能层
无线链路

**图 2.2 STP/SP 协议栈的自主体系结构**

这种面向物联网的自主体系结构所涉及的协议栈比较复杂，只能适用于计算资源较为充裕的物联网节点。

## 2.1.2 物联网的 EPC 体系结构

随着全球经济一体化和信息网络化进程的加快，为满足对单个物品的标识和高效识别，美国麻省理工学院的自动识别实验室（Auto-ID）在美国统一代码协会（UCC）的支持下，提出要在计算机互联网的基础上，利用 RFID、无线通信技术，构造一个覆盖世界万物的系统；同时还提出了电子产品代码（Electronic Product Code，EPC）的概念，即每个对象都将赋予一个唯一的 EPC，采用射频识别技术的信息系统管理，数据传输和数据储存由 EPC 网络来处理。随后，国际物品编码协会（EAN）和美国统一代码协会（UCC）于 2003 年 9 月联合成立了非营利性组织 EPC Global，将 EPC 纳入了全球统一标识系统，实现了全球统一标识系统中的 GTIN 编码体系与 EPC 概念的完美结合。

EPC Global 对于物联网的描述是，一个物联网主要由 EPC 编码体系、射频识别系统及信息网络系统三部分组成。

**1. EPC 编码体系**

物联网实现的是全球物品的信息实时共享。显然，首先要做的是实现全球物品的统一编码，即对在地球上任何地方生产出来的任何一件物品，都要给它打上电子标签。在这种电子标签带有一个电子产品代码，并且全球唯一。电子标签代表了该物品的基本识别信息，例如，表示“A 公司于 B 时间在 C 地点生产的 D 类产品的第 E 件”。目前，欧美支持的 EPC 编码和日本支持的 UID 编码是两种常见的电子产品编码体系。

**2. 射频识别系统**

射频识别系统包括 EPC 标签和读写器。EPC 标签是编号（每件商品唯一的号码，即牌照)的载体,当EPC标签贴在物品上或内嵌在物品中时,该物品与EPC标签中的产品电子代码就建立起了一对一的映射关系。EPC标签从本质上来说是一个电子标签,通过RFID读写器可以对EPC标签内存信息进行读取。这个内存信息通常就是产品电子代码。产品电子代码经读写器报送给物联网中间件,经处理后存储在分布式数据库中。用户查询物品信息时只要在网络浏览器的地址栏中,输入物品名称、生产商、供货商等数据,就可以实时获悉物品在供应链中的状况。目前,与此相关的标准已制定,包括电子标签的封装标准,电子标签和读写器间数据交互标准等。

**3. EPC信息网络系统**

EPC信息网络系统包括EPC中间件、EPC信息发现服务和EPC信息服务三部分。

EPC中间件通常指一个通用平台和接口,是连接RFID读写器和信息系统的纽带。它主要用于实现RFID读写器和后端应用系统之间信息交互、捕获实时信息和事件,或向上传送给后端应用数据库软件系统以及ERP系统等,或向下传送给RFID读写器。

EPC信息发现服务(Discovery Service)包括对象名解析服务(Object Name Service, ONS)以及配套服务,基于电子产品代码,获取EPC数据访问通道信息。目前,根ONS系统和配套的发现服务系统由EPC Global委托Verisign公司进行运行维护,其接口标准正在形成之中。

EPC信息服务(EPC Information Service,EPC IS)即EPC系统的软件支持系统,用以实现最终用户在物联网环境下交互EPC信息。关于EPC IS的接口和标准也正在形成之中。

可见,一个EPC物联网体系架构主要由EPC编码、EPC标签及RFID读写器、中间件系统、ONS服务器和EPC IS服务器等部分构成,如图2.3所示。

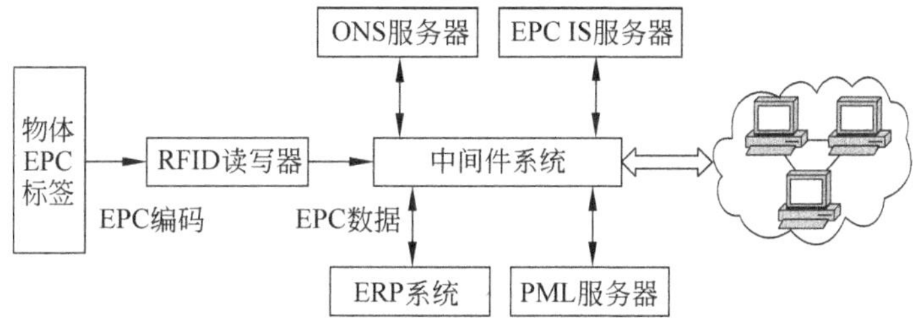


**图2.3 EPC物联网体系架构示意图**

由图2.3可以看到一个企业物联网应用系统的基本架构。该应用系统由三大部分组成,即RFID识别系统、中间件系统和计算机互联网系统。RFID识别系统包含EPC标签和RFID读写器,两者通过RFID空中接口通信,EPC标签贴于每件物品上。中间件系统含有EPC IS、PML(Physical Markup Language,物体标记语言)以及ONS及其缓存系统,其后端应用数据库软件系统还包含ERP系统等,这些都与计算机互联网相连,可及时有效地跟踪、查询、修改或增减数据。

RFID读写器从含有一个EPC或一系列EPC的标签上读取物品的电子代码,然后将读取的物品电子代码送到中间件系统中进行处理。如果读取的数据量较大而中间件系统处理不及时,可应用ONS来储存部分读取数据。中间件系统以该EPC数据为信息源,在本地 ONS 服务器获取包含该产品信息的 EPC 信息服务器的网络地址。当本地 ONS 不能查阅 EPC 编码所对应的 EPC 信息服务器地址时，可向远程 ONS 发送解析请求，获取物品的对象名称，继而通过 EPC 信息服务的各种接口获得物品信息的各种相关服务。整个 EPC 网络系统借助计算机互联网系统，利用在互联网基础上发展产生的通信协议和描述语言而运行。因此，也可以说物联网是架构在互联网基础上的关于各种物理产品信息服务的总和。

综上所述，EPC 物联网系统是在计算机互联网基础上，通过中间件系统、对象名解析服务（ONS）和 EPC 信息服务（EPC IS）实现物物互联的。

### 2.1.3 物联网的 UID 技术体系

鉴于日本在电子标签方面的发展，早在 20 世纪 80 年代中期就提出了实时嵌入式系统（TRON），其中的 T-Engine 是其体系的核心。在 T-Engine 论坛领导下，UID 中心设立于东京大学，于 2003 年 3 月成立，并得到日本政府以及大企业的支持，目前包括微软、索尼、三菱、日立、日电、东芝、夏普、富士通、NTT、DoCoMo、KDDI、J-Phone、伊藤忠、大日本印刷、凸版印刷、理光等诸多企业。组建 UID 中心的目的是为了建立和普及自动识别"物品"所需的基础性技术，实现"计算无处不在"的理想环境。

UID 是一个开放性的技术体系，由泛在识别码（uCode）、泛在通信器（UG）、信息系统服务器和 uCode 解析服务器等部分构成。UID 使用 uCode 作为现实世界物品和场所的标识，它从 uCode 电子标签中读取 uCode 获取这些设施的状态，并控制它们，类似于 PDA 终端。UID 可广泛应用于多种产业或行业，现实世界用 uCode 标识的物品、场所等各种实体与虚拟世界中存储在信息服务器中的各种相关信息联系起来，实现物物互联。

### 2.1.4 构建物联网体系结构的原则

物联网有别于互联网，互联网的主要目的是构建一个全球性的计算机通信网络；物联网则主要是从应用出发，利用互联网、无线通信技术进行业务数据的传送，是互联网、移动通信网应用的延伸，是自动化控制、遥控遥测及信息应用技术的综合展现。当物联网概念与近程通信、信息采集、网络技术、用户终端设备结合之后，其价值才能逐步得到展现。因此，设计物联网体系结构应该遵循以下几条原则。

(1) 多样性原则。物联网体系结构必须根据物联网的服务类型、节点的不同，分别设计多种类型的体系结构，不能也没有必要建立起唯一的标准体系结构。

(2) 时空性原则。物联网尚在发展之中，其体系结构应能满足在时间、空间和能源方面的需求。

(3) 互联性原则。物联网体系结构需要平滑地与互联网实现互联互通，如果试图另行设计一套互联通信协议及其描述语言，那将是不现实的。

(4) 扩展性原则。对于物联网体系结构的架构，应该具有一定的扩展性，以便最大限度地利用现有网络通信基础设施，保护已投资利益。

(5) 安全性原则。物物互联之后，物联网的安全性将比计算机互联网的安全性更为重要，因此物联网的体系结构应能够防御大范围的网络攻击。

(6) 健壮性原则。物联网体系结构应具备相当好的健壮性和可靠性。

### 2.1.5　实用的层次性物联网体系架构

物联网通过各种信息传感设备及系统(传感网、射频识别系统、红外感应器、激光扫描器等)、条码与二维码、全球定位系统,按约定的通信协议,将物与物、人与物、人与人连接起来,通过各种接入网、互联网进行信息交换,以实现智能化识别、定位、跟踪、监控和管理的一种信息网络。这个定义的核心是,物联网的主要特征是每一个物件都可以寻址,每一个物件都可以控制,每一个物件都可以通信。

根据物联网的服务类型和节点等情况,物联网的体系结构划分有两种情况,其一是由感知层、接入层、网络层和应用层组成的 4 层物联网体系结构;其二是由感知层、网络层和应用层组成的 3 层物联网体系结构。根据对物联网的研究、技术和产业的实践观察,目前业界将物联网系统划分为 3 个层次:感知层、网络层、应用层,并以此概括地描绘物联网的系统架构,如图 2.4 所示。

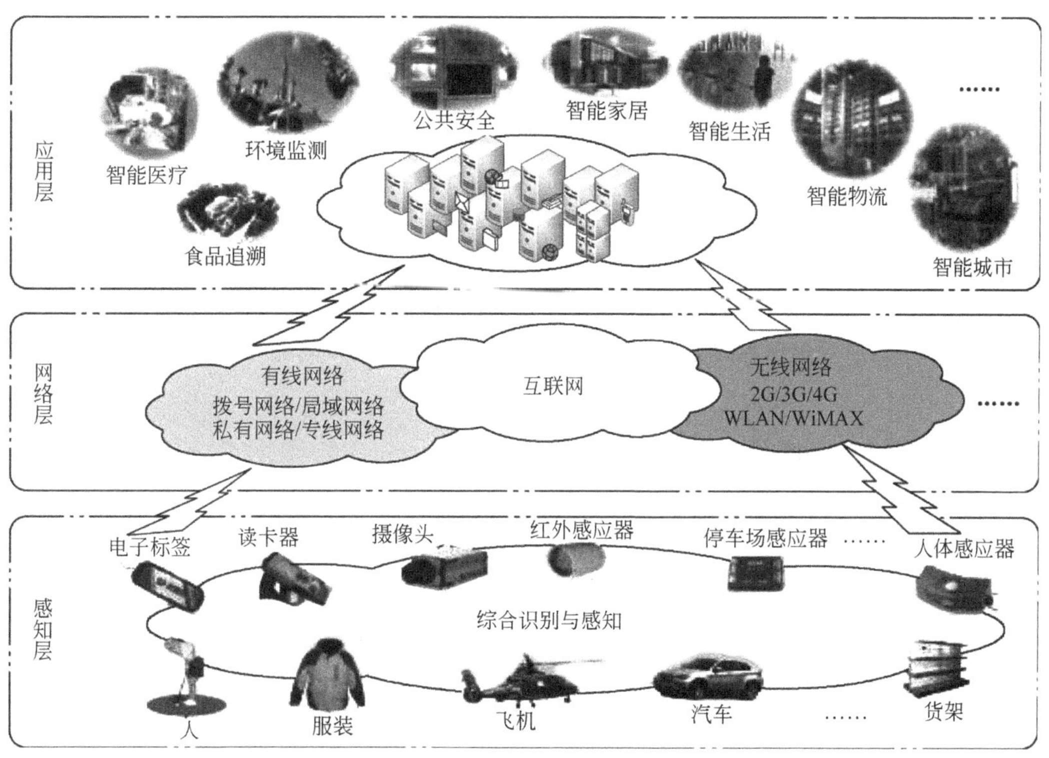


图 2.4　物联网体系架构示意图

感知层解决的是人类世界和物理世界的数据获取的问题。感知层可进一步划分为两个子层,首先通过传感器、数码相机等设备采集外部物理世界的数据,然后通过 RFID、条码、工业现场总线、蓝牙、红外等短距离传输技术传递数据。特别是当仅传递物品的唯一识别码的情况,也可以只有数据的短距离传输这一层。在实际上,这两个子层有时很难明确区分开。感知层所需要的关键技术包括检测技术、短距离有线和无线通信技术等。

网络层解决的是感知层所获得的数据在一定范围内(通常是长距离)传输的问题。这些数据可以通过移动通信网、国际互联网、企业内部网、各类专网、小型局域网等网络传输。特别是当三网融合后,有线电视网也能承担物联网网络层的功能,有利于物联网的加快推进。网络层所需要的关键技术包括长距离有线和无线通信技术、网络技术等。

应用层解决的是信息处理和人机界面的问题。网络层传输而来的数据在这一层里进入各类信息系统进行处理,并通过各种设备与人进行交互。这一层也可按形态直观地划分为两个子层。一个是应用程序层,进行数据处理,它涵盖了国民经济和社会的每一领域,包括电力、医疗、银行、交通、环保、物流、工业、农业、城市管理、家居生活等,包括支付、监控、安保、定位、盘点、预测等,可用于政府、企业、社会组织、家庭、个人等。这正是物联网作为深度信息化的重要体现。另一个是终端设备层,提供人机界面。物联网虽然是"物物相连的网",但最终是要以人为本的,最终还是需要人的操作与控制,不过这里的人机界面已远远超出现时人与计算机交互的概念,而是泛指与应用程序相连的各种设备与人的反馈。

在各层之间,信息不是单向传递的,可有交互、控制等,所传递的信息多种多样,这其中关键是物品的信息,包括在特定应用系统范围内能唯一标识物品的识别码和物品的静态与动态信息。此外,软件和集成电路技术都是各层所需的关键技术。

## 2.2 感知层

物联网与传统网络的主要区别在于,物联网扩大了传统网络的通信范围,即物联网不仅仅局限于人与人之间的通信,还扩展到人与物、物与物之间的通信。在物联网具体实现过程中,如何完成对物的感知这一关键环节?本节将针对这一问题,对感知层及其关键技术进行介绍。

### 2.2.1 感知层功能

物联网在传统网络的基础上,从原有网络用户终端向"下"延伸和扩展,扩大通信的对象范围,即通信不仅仅局限于人与人之间的通信,还扩展到人与现实世界的各种物体之间的通信。

这里的"物"并不是自然物品,而是要满足一定的条件才能够被纳入物联网的范围,例如有相应的信息接收器和发送器、数据传输通路、数据处理芯片、操作系统、存储空间等,遵循物联网的通信协议,在物联网中有可被识别的标识。所看到现实世界的物品未必能满足这些要求,这就需要特定的物联网设备的帮助才能满足以上条件,并加入物联网。物联网设备具体来说就是嵌入式系统、传感器、RFID等。

物联网感知层解决的就是人类世界和物理世界的数据获取问题,即各类物理量、标识、音频、视频数据。感知层处于三层架构的最底层,是物联网发展和应用的基础,具有物联网全面感知的核心能力。作为物联网的最基本一层,感知层具有十分重要的作用。

## 2.2.2　感知层的关键技术

感知层所需要的关键技术包括检测技术、中低速无线或有线短距离传输技术等。具体来说，感知层综合了传感器技术、嵌入式技术、智能组网技术、无线通信技术、分布式信息处理技术等，能够通过各类集成化的微型传感器的协作实时监测、感知和采集各种环境或监测对象的信息。通过嵌入式系统对信息进行处理，并通过随机自组织无线通信网络以多跳中继方式将所感知信息传送到接入层的基站节点和接入网关，最终到达用户终端，从而真正实现“无处不在”的物联网的理念。

### 1. 传感器技术

人是通过视觉、嗅觉、听觉及触觉等感觉来感知外界的信息，感知的信息输入大脑进行分析判断和处理，大脑再指挥人做出相应的动作，这是人类认识世界和改造世界具有的最基本的能力。但是通过人的五官感知外界的信息非常有限，例如，人无法利用触觉来感知超过几十摄氏度甚至上千摄氏度的温度，而且也不可能辨别温度的微小变化，这就需要电子设备的帮助。同样，利用电子仪器特别像计算机控制的自动化装置代替人的劳动时，计算机类似于人的大脑，而仅有大脑而没有感知外界信息的“五官”显然是不够的，计算机也还需要它们的“五官”——传感器。

传感器是一种检测装置，能感受到被测的信息，并能将检测感受到的信息，按一定规律变换成为电信号或其他所需形式的信息输出，以满足信息的传输、处理、存储、显示、记录和控制等要求。它是实现自动检测和自动控制的首要环节。在物联网系统中，对各种参量进行信息采集和简单加工处理的设备，被称为物联网传感器。传感器可以独立存在，也可以与其他设备以一体方式呈现，但无论哪种方式，它都是物联网中的感知和输入部分。在未来的物联网中，传感器及其组成的传感器网络将在数据采集前端发挥重要的作用。

传感器的分类方法多种多样，比较常用的有按传感器的物理量、工作原理、输出信号 3 种方式分类。此外，按照是否具有信息处理功能来分类的意义越来越重要，特别是在未来的物联网时代。按照这种分类方式，传感器可分为一般传感器和智能传感器。一般传感器采集的信息需要计算机进行处理；智能传感器带有微处理器，本身具有采集、处理、交换信息的能力，具备数据精度高、高可靠性与高稳定性、高信噪比与高分辨力、强自适应性、低价格性能比等特点。

(1) 新型传感器。传感器是节点感知物质世界的“感觉器官”，用来感知信息采集点的环境参数。传感器可以感知热、力、光、电、声、位移等信号，为物联网系统的处理、传输、分析和反馈提供最原始的数据信息。

随着电子技术的不断进步提高，传统的传感器正逐步实现微型化、智能化、信息化、网络化；同时，也正经历一个从传统传感器(Dumb Sensor)到智能传感器(Smart Sensor)再到嵌入式 Web 传感器(Embedded Web Sensor)不断丰富发展的过程。应用新理论、新技术，采用新工艺、新结构、新材料，研发各类新型传感器，提升传感器的功能与性能，降低成本，是实现物联网的基础。目前，市场上已经有大量门类齐全且技术成熟的传感器产品可供选择使用。

(2) 智能化传感网节点技术。智能化传感网节点，是指一个微型化的嵌入式系统。在感知物质世界及其变化的过程中，需要检测的对象很多，例如温度、压力、湿度、应变，因此需要微型化、低功耗的传感网节点构成传感网的基础层支持平台。因此，需要针对低功耗传感网节点设备的低成本、低功耗、小型化、高可靠性等要求，研制低速、中高速传感网节点核心芯片，以及集射频、基带、协议、处理于一体，具备通信、处理、组网和感知能力的低功耗片上系统；针对物联网的行业应用，研制系列节点产品。这不但需要采用 MEMS 加工技术，设计符合物联网要求的微型传感器，使之可识别、配接多种敏感元件，并适用于主被动各种检测方法；另外，传感网节点还应具有强抗干扰能力，以适应恶劣工作环境的需求。如何利用传感网节点具有的局域信号处理功能，在传感网节点附近局部完成一定的信号处理，使原来由中央处理器实现的串行处理、集中决策的系统，成为一种并行的分布式信息处理系统，这还需要开发基于专用操作系统的节点级系统软件。

**2. RFID 技术**

RFID(Radio Frequency Identification，射频识别)，是 20 世纪 90 年代开始兴起的一种自动识别技术，它利用射频信号通过空间电磁耦合实现无接触信息传递并通过所传递的信息实现物体识别。RFID 既可以看成是一种设备标识技术，也可以归类为短距离传输技术，在本书中更倾向于前者。

RFID 是一种能够让物品“开口说话”的技术，也是物联网感知层的一个关键技术。在对物联网的构想中，RFID 标签中存储着规范而具有互用性的信息，通过有线或无线的方式把它们自动采集到中央信息系统，实现物品(商品)的识别，进而通过开放式的计算机网络实现信息交换和共享，实现对物品的“透明”管理。

RFID 系统主要由三部分组成：电子标签(Tag)、读写器(Reader)和天线(Antenna)。其中，电子标签芯片具有数据存储区，用于存储待识别物品的标识信息；读写器是将约定格式的待识别物品的标识信息写入电子标签的存储区中(写入功能)，或在读写器的阅读范围内以无接触的方式将电子标签内保存的信息读取出来(读出功能)；天线用于发射和接收射频信号，往往内置在电子标签和读写器中。

RFID 技术的工作原理是：电子标签进入读写器产生的磁场后，读写器发出的射频信号，凭借感应电流所获得的能量发送出存储在芯片中的产品信息(无源标签或被动标签)，或者主动发送某一频率的信号(有源标签或主动标签)；读写器读取信息并解码后，送至中央信息系统进行有关数据处理。

由于 RFID 具有无需接触、自动化程度高、耐用可靠、识别速度快、适应各种工作环境、可实现高速和多标签同时识别等优势，因此可用于广泛的领域，如物流和供应链管理、门禁安防系统、道路自动收费、航空行李处理、文档追踪/图书馆管理、电子支付、生产制造和装配、物品监视、汽车监控、动物身份标识等。以简单 RFID 系统为基础，结合已有的网络技术、数据库技术、中间件技术等，构筑一个由大量联网的读写器和无数移动的标签组成的，比 Internet 更为庞大的物联网成为 RFID 技术发展的趋势。

RFID 主要采用 ISO 和 IEC 制定的技术标准。目前可供射频卡使用的射频技术标准有 ISO/IEC 10536、ISO/IEC 14443、ISO/IEC 15693 和 ISO/IEC 18000。应用最多的是 ISO/IEC 14443 和 ISO/IEC 15693，这两个标准都由物理特性、射频功率和信号接口、初始化和反碰撞以及传输协议 4 部分组成。

RFID 与人们常见的条形码相比，比较明显的优势体现在以下几个方面：

(1) 阅读器可同时识读多个 RFID 标签。

(2) 阅读时不需要光线、不受非金属覆盖的影响，而且在严酷、肮脏条件下仍然可以读取。

(3) 存储容量大，可以反复读、写。

(4) 可以在高速运动中读取。

当然，目前 RFID 也还存在许多技术难点与问题，主要集中在 RFID 反碰撞、防冲突问题，RFID 天线研究，工作频率的选择，安全与隐私等方面。

**3. 二维码技术**

二维码(2-Dimensional Bar Code)技术是物联网感知层实现过程中最基本和关键的技术之一。二维码也叫二维条码或二维条形码，是用某种特定的几何形体按一定规律在平面上分布(黑白相间)的图形来记录信息的应用技术。从技术原理看，二维码在代码编制上巧妙地利用构成计算机内部逻辑基础的 0 和 1 比特流的概念，使用若干与二进制相对应的几何形体来表示数值信息，并通过图像输入设备或光电扫描设备自动识读以实现信息的自动处理。

与一维条形码相比二维码有着明显的优势，归纳起来主要有以下几个方面：数据容量更大，二维码能够在横向和纵向两个方位同时表达信息，因此能在很小的面积内表达大量的信息；超越了字母数字的限制；条形码相对尺寸小；具有抗损毁能力。此外，二维码还可以引入保密措施，其保密性较一维码要强很多。

二维码可分为堆叠式/行排式二维码和矩阵式二维码。其中，堆叠式/行排式二维码形态上是由多行短截的一维码堆叠而成的；矩阵式二维码以矩阵的形式组成，在矩阵相应元素位置上用“点”表示二进制 1，用“空”表示二进制 0，并由“点”和“空”的排列组成代码。

二维码具有条码技术的一些共性：每种码制有其特定的字符集；每个字符占有一定的宽度；具有一定的校验功能等。二维码的特点归纳如下。

(1) 高密度编码，信息容量大。二维码可容纳多达 1850 个大写字母或 2710 个数字或 1108 个字节或 500 多个汉字，比普通条码信息容量约高几十倍。

(2) 编码范围广。二维码可以把图片、声音、文字、签字、指纹等以数字化的信息进行编码，并用条码表示。

(3) 容错能力强，具有纠错功能。二维码因穿孔、污损等引起局部损坏时，甚至损坏面积达 50%时，仍可以正确得到识读。

(4) 译码可靠性高。二维码比普通条码译码错误率百万分之二要低得多，误码率不超过千万分之一。

(5) 可引入加密措施。二维码保密性、防伪性好。

(6) 二维码成本低，易制作，持久耐用。

(7) 条码符号形状、尺寸大小比例可变。

(8) 二维码可以使用激光或 CCD 摄像设备识读，十分方便。

与 RFID 相比，二维码最大的优势在于成本较低，一条二维码的成本仅为几分钱，而

RFID标签因其芯片成本较高,制造工艺复杂,价格较高。表2.1对这两种标识技术进行了比较。

**表2.1 RFID与二维码功能比较**

| 功 能 | RFID | 二 维 码 |
|---|---|---|
| 读取数量 | 可同时读取多个RFID标签 | 一次只能读取一个二维码 |
| 读取条件 | RFID标签不需要光线就可以读取或更新 | 二维码读取时需要光线 |
| 容量 | 存储资料的容量大 | 存储资料的容量小 |
| 读写能力 | 电子资料可以重复写 | 资料不可更新 |
| 读取方便性 | RFID标签可以很薄,如在包内仍可读取资料 | 二维码读取时需要清晰可见 |
| 资料准确性 | 准确性高 | 需靠人工读取,有人为疏失的可能性 |
| 坚固性 | RFID标签在严酷、恶劣与肮脏的环境下仍然可读取资料 | 二维码污损将无法读取,无耐久性 |
| 高速读取 | 在高速运动中仍可读取 | 移动中读取有所限制 |

### 4. ZigBee

ZigBee是一种短距离、低功耗的无线传输技术,是一种介于无线标记技术和蓝牙之间的技术,它是IEEE 802.15.4协议的代名词。ZigBee采用分组交换和跳频技术,并且可使用3个频段,分别是2.4GHz的公共通用频段、欧洲的868MHz频段和美国的915MHz频段。ZigBee主要应用在短距离范围并且数据传输速率不高的各种电子设备之间。与蓝牙相比,ZigBee更简单、速率更慢、功率及费用也更低。同时,ZigBee技术的低速率和通信范围较小的特点,也决定了ZigBee技术只适合于承载数据流量较小的业务。

ZigBee技术主要包括以下特点。

(1) 数据传输速率低,只有10~250Kbps,专注于低传输应用。

(2) 低功耗。ZigBee设备只有激活和睡眠两种状态,而且ZigBee网络中通信循环次数非常少,工作周期很短,所以一般来说两节普通5号干电池可使用6个月以上。

(3) 成本低。因为ZigBee数据传输速率低,协议简单,所以大大降低了成本。

(4) 网络容量大。ZigBee支持星形、簇形和网状网络结构,每个ZigBee网络最多可支持255个设备,也就是说每个ZigBee设备可以与另外254台设备相连接。

(5) 有效范围小。有效传输距离10~75m,具体依据实际发射功率的大小和各种不同的应用模式而定,基本上能够覆盖普通的家庭或办公室环境。

(6) 工作频段灵活。使用的频段分别为2.4GHz、868MHz(欧洲)及915MHz(美国),均为免执照频段。

(7) 可靠性高。采用了碰撞避免机制,同时为需要固定带宽的通信业务预留了专用时隙,避免了发送数据时的竞争和冲突;节点模块之间具有自动动态组网的功能,信息在整个ZigBee网络中通过自动路由的方式进行传输,从而保证了信息传输的可靠性。

(8) 时延短。ZigBee针对时延敏感的应用做了优化,通信时延和从休眠状态激活的时延都非常短。

(9) 安全性高。ZigBee 提供了数据完整性检查和鉴定功能，采用 AES-128 加密算法，同时根据具体应用可以灵活确定其安全属性。

由于 ZigBee 技术具有成本低、组网灵活等特点，可以嵌入各种设备，在物联网中发挥重要作用。其目标市场主要有 PC 外设（鼠标、键盘、游戏操控杆）、消费类电子设备（电视机、CD、VCD、DVD 等设备上的遥控装置）、家庭内智能控制（照明、煤气计量控制及报警等）、玩具（电子宠物）、医护（监视器和传感器）、工控（监视器、传感器和自动控制设备）等非常广阔的领域。

**5. 蓝牙**

蓝牙（Bluetooth）是一种无线数据与话音通信的开放性全球规范，和 ZigBee 一样，也是一种短距离的无线传输技术。其实质内容是为固定设备或移动设备之间的通信环境建立通用的短距离无线接口，将通信技术与计算机技术进一步结合起来，是各种设备在无电线或电缆相互连接的情况下，能在短距离范围内实现相互通信或操作的一种技术。

蓝牙采用高速跳频（Frequency Hopping）和时分多址（Time Division Multiple Access，TDMA）等先进技术，支持点对点及点对多点通信。其传输频段为全球公共通用的 2.4GHz 频段，能提供 1Mbps 的传输速率和 10m 的传输距离，并采用时分双工传输方案实现全双工传输。

蓝牙除具有和 ZigBee 一样，可以全球范围适用、功耗低、成本低、抗干扰能力强等特点外，还有许多它自己的特点。

(1) 同时可传输话音和数据。蓝牙采用电路交换和分组交换技术，支持异步数据信道、三路话音信道以及异步数据与同步话音同时传输的信道。

(2) 可以建立临时性的对等连接（Ad hoc Connection）。

(3) 开放的接口标准。为了推广蓝牙技术的使用，蓝牙技术联盟（Bluetooth SIG）将蓝牙的技术标准全部公开，全世界范围内的任何单位和个人都可以进行蓝牙产品的开发，只要最终通过 Bluetooth SIG 的蓝牙产品兼容性测试，就可以推向市场。

蓝牙作为一种电缆替代技术，主要有以下三类应用：话音/数据接入、外围设备互连和个人局域网（PAN）。在物联网的感知层，主要是用于数据接入。蓝牙技术有效地简化移动通信终端设备之间的通信，也能够成功地简化设备与因特网之间的通信，从而使数据传输变得更加迅速高效，为无线通信拓宽了道路。

## 2.3 网络层

物联网是什么？人们经常会说 RFID，这只是感知，其实感知的技术已经有了，虽然说未必成熟，但是开发起来并不很难。但是物联网的价值在什么地方？主要在于网，而不在于物。感知只是第一步，但是感知的信息，如果没有一个庞大的网络体系，不能进行管理和整合，那这个网络就没有意义。本节将对物联网架构中的网络层进行介绍。

### 2.3.1 网络层功能

物联网网络层是在现有网络的基础上建立起来的，它与目前主流的移动通信网、国际互联网、企业内部网、各类专网等网络一样,主要承担着数据传输的功能,特别是当三网融合后,有线电视网也能承担数据传输的功能。

在物联网中,要求网络层能够把感知层感知到的数据无障碍、高可靠性、高安全性地进行传送,它解决的是感知层所获得的数据在一定范围内,尤其是远距离的传输问题。同时,物联网网络层将承担比现有网络更大的数据量和面临更高的服务质量要求,所以现有网络尚不能满足物联网的需求,这就意味着物联网需要对现有网络进行融合和扩展,利用新技术以实现更加广泛和高效的互联功能。

由于广域通信网络在早期物联网发展中的缺位,早期的物联网应用往往在部署范围、应用领域等诸多方面有所局限,终端之间以及终端与后台软件之间都难以开展协同。随着物联网发展,必须建立端到端的全局网络。

### 2.3.2 网络层关键技术

由于物联网网络层是建立在Internet和移动通信网等现有网络基础上,除具有目前已经比较成熟的如远距离有线、无线通信技术和网络技术外,为实现“物物相联”的需求,物联网网络层将综合使用IPv6、2G/3G、Wi-Fi等通信技术,实现有线与无线的结合、宽带与窄带的结合、感知网与通信网的结合。同时,网络层中的感知数据管理与处理技术是实现以数据为中心的物联网的核心技术。感知数据管理与处理技术包括物联网数据的存储、查询、分析、挖掘、理解以及基于感知数据决策和行为的技术。

本节将对物联网依托的Internet、移动通信网和无线传感器网络3种主要网络形态以及涉及的IPv6、Wi-Fi等关键技术进行介绍,本书第5章将对目前主流的网络及其关键技术做详细讲解。

**1. Internet**

Internet,中文译为因特网,广义的因特网叫互联网,是以相互交流信息资源为目的,基于一些共同的协议,并通过许多路由器和公共互联网连接而成的,它是一个信息资源和资源共享的集合。Internet采用了目前最流行的客户机/服务器工作模式,凡是使用TCP/IP协议,并能与Internet中任意主机进行通信的计算机,无论是何种类型、采用何种操作系统,均可看成是Internet的一部分,可见Internet覆盖范围之广。物联网也被认为是Internet的进一步延伸。

Internet将作为物联网主要的传输网络之一,然而为了让Internet适应物联网大数据量和多终端的要求,业界正在发展一系列新技术。其中,由于Internet中用IP地址对节点进行标识,而目前的IPv4受制于资源空间耗竭,已经无法提供更多的IP地址,所以IPv6以其近乎无限的地址空间将在物联网中发挥重大作用。引入IPv6技术,使网络不仅可以为人类服务,还将服务于众多硬件设备,如家用电器、传感器、远程照相机、汽车,它将使物联网无所不在、无处不在,深入社会每个角落。

**2. 移动通信网**

移动通信就是移动体之间的通信,或移动体与固定体之间的通信。通过有线或无线介质将这些物体连接起来进行话音等服务的网络就是移动通信网。

移动通信网由无线接入网、核心网和骨干网三部分组成。无线接入网主要为移动终端提供接入网络服务，核心网和骨干网主要为各种业务提供交换和传输服务。从通信技术层面看，移动通信网的基本技术可分为传输技术和交换技术两大类。

在物联网中，终端需要以有线或无线方式连接起来，发送或者接收各类数据；同时，考虑到终端连接方便性、信息基础设施的可用性（不是所有地方都有方便的固定接入能力）以及某些应用场景本身需要监控的目标就是在移动状态下。因此，移动通信网络以其覆盖广、建设成本低、部署方便、终端具备移动性等特点将成为物联网重要的接入手段和传输载体，为人与人之间的通信、人与网络之间的通信、物与物之间的通信提供服务。

在移动通信网中，当前比较热门的接入技术有 3G、Wi-Fi 和 WiMAX。在移动通信网中，3G 是指第三代支持高速数据传输的蜂窝移动通信技术，3G 网络则综合了蜂窝、无绳、集群、移动数据、卫星等各种移动通信系统的功能，与固定电信网的业务兼容，能同时提供话音和数据业务。3G 的目标是实现所有地区（城区与野外）的无缝覆盖，从而使用户在任何地方均可以使用系统所提供的各种服务。3G 包括 3 种主要国际标准，即 CDMA2000、WCDMA、TD-SCDMA。其中 TD-SCDMA 是第一个由中国提出的，以我国知识产权为主的、被国际上广泛接受和认可的无线通信国际标准。

Wi-Fi 全称 Wireless Fidelity（无线保真技术），传输距离有几百米，可实现各种便携设备（手机、笔记本电脑、PDA 等）在局部区域内的高速无线连接或接入局域网。Wi-Fi 是由接入点 AP（Access Point）和无线网卡组成的无线网络。主流的 Wi-Fi 技术无线标准有 IEEE 802.11b 及 IEEE 802.11g 两种，分别可提供 11Mbps 和 54Mbps 两种传输速率。

WiMAX 全称 World Interoperability for Microwave Access（全球微波接入互操作性），是一种城域网（MAN）无线接入技术，是针对微波和毫米波频段提出的一种空中接口标准，其信号传输半径可以达到 50km，基本上能覆盖到城郊。正是由于这种远距离传输特性，WiMAX 不仅能解决无线接入问题，还能作为有线网络接入（有线电视、DSL）的无线扩展，方便地实现边远地区的网络连接。

**3. 无线传感器网络**

无线传感器网络（WSN）的基本功能是将一系列空间分散的传感器单元通过自组织的无线网络进行连接，从而将各自采集的数据通过无线网络进行传输汇总，以实现对空间分散范围内的物理或环境状况的协作监控，并根据这些信息进行相应的分析和处理。

很多文献将无线传感器网络归为感知层技术，实际上无线传感器网络技术贯穿物联网的 3 个层面，是结合了计算机、通信、传感器 3 项技术的一门新兴技术，具有较大范围、低成本、高密度、灵活布设、实时采集、全天候工作的优势，且对物联网其他产业具有显著带动作用。

如果说 Internet 构成了逻辑上的虚拟数字世界，改变了人与人之间的沟通方式，那么无线传感器网络就是将逻辑上的数字世界与客观上的物理世界融合在一起，改变人类与自然界的交互方式。传感器网络是集成了监测、控制以及无线通信的网络系统，相比传统网络，其特点如下：

（1）节点数目更为庞大（上千甚至上万），节点分布更为密集；

（2）由于环境影响和存在能量耗尽问题，节点更容易出现故障；

(3) 环境干扰和节点故障易造成网络拓扑结构的变化；

(4) 通常情况下，大多数传感器节点是固定不动的；

(5) 传感器节点具有的能量、处理能力、存储能力和通信能力等都十分有限。

因此，传感器网络的首要设计目标是能源的高效利用，主要涉及节能技术、定位技术、时间同步等关键技术，这也是传感器网络和传统网络最重要的区别之一。

## 2.4 应用层

物联网最终目的是要把感知和传输来的信息更好地利用，甚至有学者认为，物联网本身就是一种应用，可见应用在物联网中的地位。

### 2.4.1 应用层功能

应用是物联网发展的驱动力和目的。应用层的主要功能是把感知和传输来的信息进行分析和处理，做出正确的控制和决策，实现智能化的管理、应用和服务。这一层解决的是信息处理和人机界面的问题。

具体的讲，应用层将网络层传输来的数据通过各类信息系统进行处理，并通过各种设备与人进行交互。这一层也可按形态直观地划分为两个子层：一个是应用程序层；另一个是终端设备层。应用程序层进行数据处理，完成跨行业、跨应用、跨系统之间的信息协同、共享、互通的功能，包括电力、医疗、银行、交通、环保、物流、工业、农业、城市管理、家居生活等，可用于政府、企业、社会组织、家庭、个人等，这正是物联网作为深度信息化网络的重要体现。而终端设备层主要是提供人机界面，物联网虽然是"物物相联的网"，但最终还是需要人的操作与控制，不过这里的人机界面已远远超出现在人与计算机交互的概念，而是泛指与应用程序相连的各种设备与人的反馈。

物联网的应用可分为监控型(物流监控、污染监控)、查询型(智能检索、远程抄表)、控制性(智能交通、智能家居、路灯控制)、扫描型(手机钱包、高速公路不停车收费)等。目前，软件开发、智能控制技术发展迅速，应用层技术将会为用户提供丰富多彩的物联网应用。同时，各种行业和家庭应用的开发将会推动物联网的普及，也给整个物联网产业链带来利润。

### 2.4.2 应用层关键技术

物联网应用层能够为用户提供丰富多彩的业务体验，然而，如何合理高效地处理从网络层传来的海量数据，并从中提取有效信息，是物联网应用层要解决的一个关键问题。本节将对应用层的 M2M 技术、用于处理海量数据的云计算技术等关键技术进行介绍。

**1. M2M**

M2M 是 Machine-to-Machine(机器对机器)的缩写，根据不同应用场景，往往也被解释为 Man-to-Machine(人对机器)、Machine-to-Man(机器对人)、Mobile-to-Machine(移动网络对机器)、Machine-to-Mobile(机器对移动网络)。由于 Machine 一般特指人造的机器设备，而物联网(The Internet of Things)中的 Things 则是指更抽象的物体，范围也更广。例如，树木和动物属于 Things，可以被感知、被标记，属于物联网的研究范畴，但它们不是 Machine，不是人为事物。冰箱则属于 Machine，同时也是一种 Things。所以，M2M 可以看作是物联网的子集或应用。

M2M 是现阶段物联网普遍的应用形式，是实现物联网的第一步。M2M 业务现阶段通过结合通信技术、自动控制技术和软件智能处理技术，实现对机器设备信息的自动获取和自动控制。这个阶段通信的对象主要是机器设备，尚未扩展到任何物品，在通信过程中，也以使用离散的终端节点为主。并且，M2M 的平台也不等于物联网运营的平台，它只解决了物与物的通信，解决不了物联网智能化的应用。所以，随着软件的发展，特别是应用软件和中间件软件的发展，M2M 平台可以逐渐过渡到物联网的应用平台上。

M2M 将多种不同类型的通信技术有机地结合在一起，将数据从一台终端传送到另一台终端，也就是机器与机器的对话。M2M 技术综合了数据采集、GPS、远程监控、电信、工业控制等技术，可以在安全监测、自动抄表、机械服务、维修业务、自动售货机、公共交通系统、车队管理、工业流程自动化、电动机械、城市信息化等环境中运行并提供广泛的应用和解决方案。

M2M 技术的目标是使所有机器设备都具备联网和通信能力，其核心理念就是网络一切(Network Everything)。随着科学技术的发展，越来越多的设备具有通信和联网能力，网络一切逐步变为现实。M2M 技术具有非常重要的意义，有着广阔的市场和应用，将会推动社会生产方式和生活方式的新一轮变革。

**2. 云计算**

云计算(Cloud Computing)是分布式计算(Distributed Computing)、并行计算(Parallel Computing)和网格计算(Grid Computing)的发展，或者说是这些计算机科学概念的商业实现。云计算通过共享基础资源(硬件、平台、软件)的方法，将巨大的系统池连接在一起以提供各种 IT 服务，这样企业与个人用户无须再投入昂贵的硬件购置成本，只需要通过互联网来租赁计算力等资源。用户可以在多种场合，利用各类终端，通过互联网接入云计算平台来共享资源。

云计算涵盖的业务范围，一般有狭义和广义之分。狭义云计算指 IT 基础设施的交付和使用模式，通过网络以按需、易扩展的方式获得所需的资源(硬件、平台、软件)。提供资源的网络被称为“云”。“云”中的资源在使用者看来是可以无限扩展的，并且可以随时获取、按需使用、随时扩展、按使用付费。这种特性经常被称为像水电一样使用的 IT 基础设施。广义云计算指服务的交付和使用模式，通过网络以按需、易扩展的方式获得所需的服务。这种服务可以是 IT 和软件、互联网相关的，也可以使用任意其他的服务。

云计算由于具有强大的处理能力、存储能力、带宽和极高的性价比，可以有效用于物联网应用和业务，也是应用层能提供众多服务的基础。它可以为各种不同的物联网应用提供统一的服务交付平台，可以为物联网应用提供海量的计算和存储资源，还可以提供统一的数据存储格式和数据处理方法。利用云计算大大简化了应用的交付过程，降低交付成本，并能提高处理效率。同时，物联网也将成为云计算最大的用户，促使云计算取得更大的商业成功。第 10 章将对云计算进行详细介绍。

### 3. 人工智能

人工智能(Artificial Intelligence)是探索研究使各种机器模拟人的某些思维过程和智能行为(如学习、推理、思考、规划),使人类的智能得以物化与延伸的一门学科。目前对人工智能的定义大多可划分为4类,即机器"像人一样思考"、"像人一样行动",并且"理性地思考"和"理性地行动"。人工智能企图了解智能的实质,并生产出一种新的能以与人类智能相似的方式做出反应的智能机器。该领域的研究包括机器人、语言识别、图像识别、自然语言处理和专家系统等。目前主要的方法有神经网络、进化计算和粒度计算3种。在物联网中,人工智能技术主要负责分析物品所承载的信息内容,从而实现计算机自动处理。

人工智能技术的优点在于:大大改善操作者作业环境,减轻工作强度;提高了作业质量和工作效率;一些危险场合或重点施工应用得到解决;环保、节能;提高了机器的自动化程度及智能化水平;提高了设备的可靠性,降低了维护成本;故障诊断实现了智能化等。

### 4. 数据挖掘

数据挖掘(Data Mining)是从大量的、不完全的、有噪声的、模糊的及随机的实际应用数据中,挖掘出隐含的、未知的、对决策有潜在价值的数据的过程。数据挖掘主要基于人工智能、机器学习、模式识别、统计学、数据库、可视化技术等,高度自动化地分析数据,做出归纳性的推理。它一般分为描述型数据挖掘和预测型数据挖掘两种:描述型数据挖掘包括数据总结、聚类及关联分析等;预测型数据挖掘包括分类、回归及时间序列分析等。通过对数据的统计、分析、综合、归纳和推理,揭示事件间的相互关系,预测未来的发展趋势,为决策者提供决策依据。

在物联网中,数据挖掘只是一个代表性概念,它是一些能够实现物联网"智能化"、"智慧化"的分析技术和应用的统称。细分起来,包括数据挖掘和数据仓库(Data Warehousing)、决策支持(Decision Support)、商业智能(Business Intelligence)、报表(Reporting)、ETL(数据抽取、转换和清洗等)、在线数据分析、平衡计分卡(Balanced Scoreboard)等技术和应用。

### 5. 中间件

什么是中间件?中间件是为了实现每个小的应用环境或系统的标准化以及它们之间的通信,在后台应用软件和读写器之间设置的一个通用的平台和接口。在许多物联网体系架构中,经常把中间件单独划分一层,位于感知层与网络层或网络层与应用层之间。本书参照当前比较通用的物联网架构,将中间件划分到应用层。在物联网中,中间件作为其软件部分,有着举足轻重的地位。物联网中间件是在物联网中采用中间件技术,以实现多个系统或多种技术之间的资源共享,最终组成一个资源丰富、功能强大的服务系统,最大限度地发挥物联网系统的作用。具体来说,物联网中间件的主要作用在于将实体对象转换为信息环境下的虚拟对象,因此数据处理是中间件最重要的功能。同时,中间件具有数据的搜集、过滤、整合与传递等特性,以便将正确的对象信息传到后端的应用系统。

目前主流的中间件包括ASPIRE和Hydra。ASPIRE旨在将RFID应用渗透到中小型企业。为了达到这样的目的,ASPIRE完全改变了现有的RFID应用开发模式,它引入并推进一种完全开放的中间件，同时完全有能力支持原有模式中核心部分的开发。ASPIRE 的解决办法是完全开源和免版权费用，这大大降低了总的开发成本。Hydra 中间件特别方便实现环境感知行为和在资源受限设备中处理数据的持久性问题。Hydra 项目的第一个产品是为了开发基于面向服务结构的中间件；第二个产品是为了能基于 Hydra 中间件生产出可以简化开发过程的工具，即供开发者使用的软件或者设备开发套装。

物联网中间件的实现依托于中间件关键技术的支持，这些关键技术包括 Web 服务、嵌入式 Web、Semantic Web 技术、上下文感知技术、嵌入式设备及 Web of Things 等。

## 2.5 物联网的关键技术

物联网已成为目前 IT 业界的新兴领域，引发了相当热烈的研究和探讨。不同的视角对物联网概念的看法不同，所涉及的关键技术也不相同。可以确定的是，物联网技术涵盖了从信息获取、传输、存储、处理直至应用的全过程，在材料、器件、软件、网络、系统各个方面都要有所创新才能促进其发展。国际电信联盟报告提出，物联网主要需要 4 项关键性应用技术：标签物品的 RFID 技术、感知事物的传感网络技术（Sensor Technologies）、思考事物的智能技术（Smart Technologies）和微缩事物的纳米技术（Nanotechnology）。显然这是侧重了物联网的末梢网络。欧盟《物联网研究路线图》将物联网研究划分为 10 个层面：感知，ID 发布机制与识别；物联网宏观架构；通信（OSI 参考模型的物理层与数据链路层）；组网（OSI 参考模型的网络层）；软件平台、中间件（OSI 参考模型的网络层以上各层）；硬件；情报提炼；搜索引擎；能源管理；安全。当然，这些都是物联网研究的内容，但对于实现物联网而言略显重点不够突出。

通过对物联网系统感知层、网络层、应用层三个层次的功能、关键技术及内涵分析，可以将实现物联网的关键技术归纳为感知技术（包括 RFID、新型传感器、智能化传感网节点技术等）、网络通信技术（包括传感网技术、核心承载网通信技术和互联网技术等）、数据融合与智能技术（包括数据融合与处理、海量数据智能控制）、云计算等。

## 练习题

### 一、单选题

1. 物联网体系结构划分为 4 层，传输层在（　　）。

   A. 第一层　　B. 第二层　　C. 第三层　　D. 第四层

2. 物联网的基本架构不包括（　　）。

   A. 感知层　　B. 传输层　　C. 数据层　　D. 会话层

3. 感知层在（　　）。

   A. 第一层　　B. 第二层　　C. 第三层　　D. 第四层

4. 物联网体系结构划分为 4 层，应用层在（　　）。

   A. 第一层　　B. 第二层　　C. 第三层　　D. 第四层

5. IBM提出的物联网构架结构类型是(　　)。

A. 三层　　B. 四层　　C. 八横四纵　　D. 五层

6. 物联网的(　　)是核心。

A. 感知层　　B. 传输层　　C. 数据层　　D. 应用层

7. (　　)不是物联网的组成部分。

A. EPC编码体系　　B. EPC解码体系

C. 射频识别技术　　D. EPC信息网络系统

8. 利用RFID、传感器、二维码等随时随地获取物体的信息,指的是(　　)。

A. 可靠传递　　B. 全面感知　　C. 智能处理　　D. 互联网

9. 下列关于物联网的描述,不正确的是(　　)。

A. GPS也可以称作物联网,只不过GPS是初级个体的应用

B. 自动灯控算是物联网的雏形

C. 电力远程抄表是物联网的基本应用

D. 物联网最早在中国称为泛在网

10. 物联网在(　　)领域中的应用还处在探索之中,没有形成规模应用。

A. 公共安全　　B. 智能交通　　C. 生态、环保　　D. 远程医疗

11. RFID属于物联网的哪个层?(　　)

A. 感知层　　B. 网络层　　C. 业务层　　D. 应用层

12. (　　)不是物联网体系构架原则。

A. 多样性原则　　B. 时空性原则　　C. 安全性原则　　D. 复杂性原则

二、判断题(在正确的后面打√,错误的后面打×)

1. 感知层是物联网获识别物体采集信息的来源,其主要功能是识别物体采集信息。(　　)

2. 物联网的感知层主要包括:二维码标签、读写器、RFD标签、摄像头、GPS传感器、M-M终端。(　　)

3. 应用层相当于人的神经中枢和大脑,负责传递和处理感知层获取的信息。(　　)

4. 物联网的数据管理系统的结构主要有集中式、半分布式、分布式以及层次式结构,目前大多数研究工作集中在半分布式结构方面。(　　)

5. 物联网的拓扑控制技术主要包括功率控制和拓扑生成两个方面。(　　)、

6. 物联网标准体系可以根据物联网技术体系的框架进行划分,即分为感知延伸层标准、网络层标准、应用层标准和共性支撑标准。(　　)

7. 物联网共性支撑技术不属于网络某个特定的层面,而与网络的每层都有关系,主要包括网络架构、标识解析、网络管理、安全、QoS等。(　　)

8. 物联网环境支撑平台:根据用户所处的环境进行业务的适配和组合。(　　)

9. 物联网服务支撑平台:面向各种不同的泛在应用,提供综合的业务管理、计费结算、签约认证、安全控制、内容管理、统计分析等功能。(　　)

10. 物联网中间件平台:用于支撑广泛在应用的其他平台,例如封装和抽象网络和业务能力,向应用提供统一开放的接口等。(　　)

11. 物联网应用层主要包含应用支撑子层和应用服务子层，在技术方面主要用于支撑信息的智能处理和开放的业务环境，以及各种行业和公众的具体应用。（　）

12. 物联网信息开放平台：将各种信息和数据进行统一汇聚、整合、分类和交换，并在安全范围内开放给各种应用服务。（　）

13. 物联网服务可以划分为行业服务和公众服务。（　）

14. 物联网公共服务是面向公众的普遍需求，由跨行业的企业主体提供的综合性服务，如智能家居。（　）

15. 物联网包括感知层、网络层和应用层 3 个层次。（　）

16. 感知延伸层技术是保证物联网络感知和获取物理世界信息的首要环节，并将现有网络接入能力向物进行延伸。（　）

**三、简答题**

1. 物联网三层体系结构中主要包含哪 3 层？简述每层内容。
2. RFID 系统主要由哪几部分组成？简述 RFID 技术的工作原理。

# 第 3 章 物联网开发环境的构建

**本章重点**

(1) IAR 开发环境的安装、配置与使用。

(2) Android 开发环境的安装、配置与使用。

(3) 物联网教学系统 Linux 开发环境的建构。

## 3.1 IAR 集成开发环境

IAR Embedded Workbench(EW)的 C/C++ 交叉编译器和调试器是今天世界最完整的和最容易使用的专业嵌入式应用开发工具。EW 对不同的微处理器提供一样的直观用户界面。EW 今天已经支持 35 种以上的 8 位/16 位/32 位 ARM 的微处理器结构。

EW 包括嵌入式 C/C++ 优化编译器、汇编器、连接定位器、库管理员、编辑器、项目管理器和 C-SPY 调试器。使用 IAR 的编译器最优化最紧凑的代码,节省硬件资源,最大限度地降低产品成本,提高产品竞争力。

EWARM 是 IAR 目前发展很快的产品,EWARM 已经支持 ARM7/9/10/11XSCALE,并且在同类产品中具有明显价格优势。其编译器可以对一些 SOC 芯片进行专门的优化,如 Atmel、TI、ST、Philips。除了 EWARM 标准版外,IAR 公司还提供 EWARM BL(256K)的版本,方便了不同层次客户的需求。

IAR Embedded Workbench 集成的编译器,主要产品特征如下:

(1) 高效 PROMable 代码;

(2) 完全标准 C 兼容;

(3) 内建对应芯片的程序速度和大小优化器;

(4) 目标特性扩充;

(5) 版本控制和扩展工具支持良好;

(6) 便捷的中断处理和模拟;

(7) 瓶颈性能分析;

(8) 高效浮点支持;

(9) 内存模式选择；

(10) 工程中相对路径支持。

### 3.1.1　IAR 的安装

IAR 安装如同 Windows 操作系统其他一般的软件安装一样，在安装盘的文件夹中单击 setup.exe 即可进行安装，并出现如图 3.1 所示的界面。

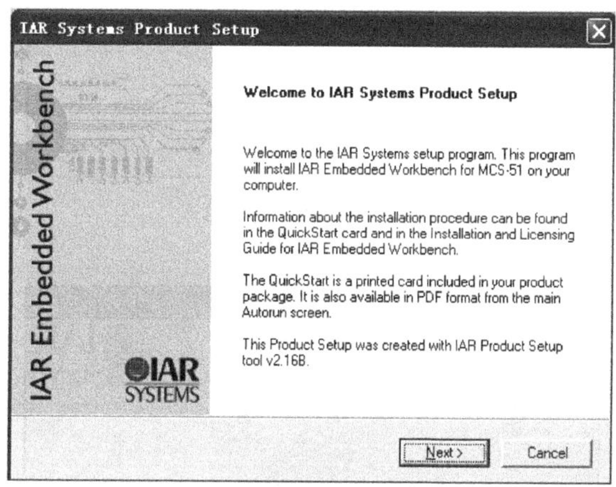


图 3.1　IAR 安装 1

单击 Next 按钮，在出现的页面中分别填写名字、公司以及认证序列，如图 3.2 所示。

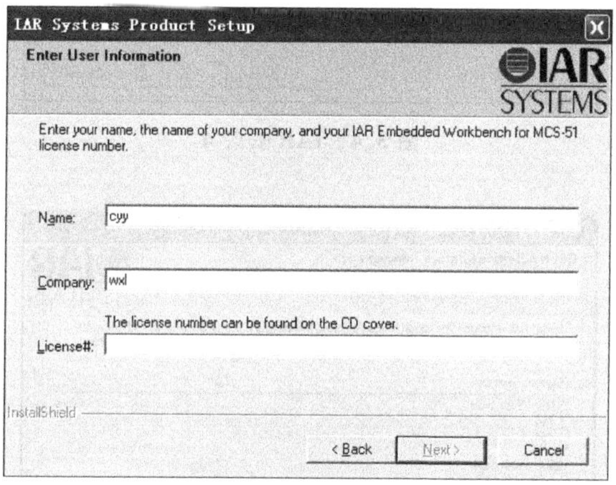

图 3.2　IAR 安装 2

正确填写后，单击 Next 按钮，分别填入计算机所需的认证序列以及序列钥匙，如图 3.3 所示。

输入正确的认证序列以及序列钥匙后，单击 Next 按钮，如图 3.4 所示，可选择完全安装或典型安装，在此选择完全安装。

单击 Next 按钮，在此可查证看所输入的信息是否正确，如图 3.5 所示。如果需要修改，单击 Back 按钮返回修改。

图 3.3 IAR 安装 3

图 3.4 IAR 安装 4

图 3.5 IAR 安装 5

单击 Next 按钮，正式开始安装，如图 3.6 所示。在此可看到安装进度，需要几分钟安装才能完成。

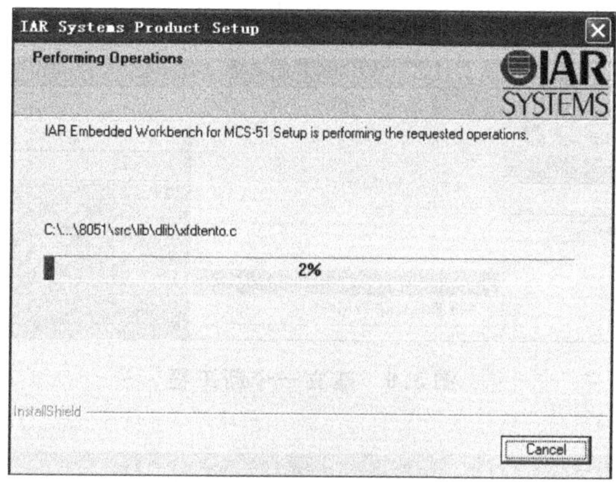


图 3.6　IAR 安装 6

当进度到 100%时，跳到下一个界面，如图 3.7 所示。在此可选择查看 IAR 的介绍以及是否立即运行 IAR 开发集成环境。单击 Finish 按钮完成安装。

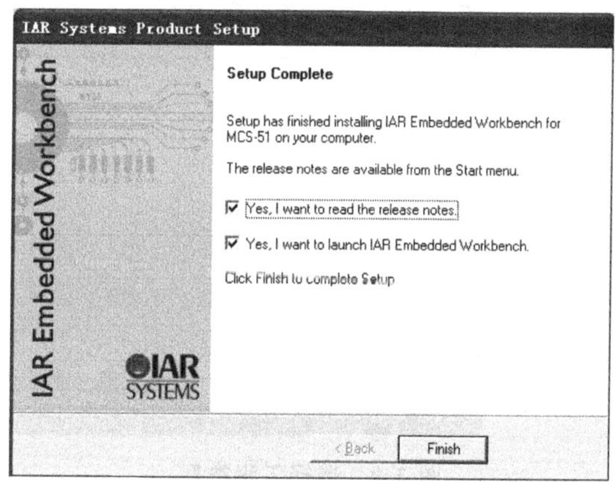


图 3.7　IAR 安装 7

## 3.1.2　IAR 的使用

本节以北京博创的 UP-CUP IOT-6410-Ⅱ型物联网嵌入式综合实验系统为例，使用的软件开发环境为 IAR Embedded Wordbench for MCS-51，介绍如何使用该 IAR 环境搭建在 UP-CUP IOT-6410-Ⅱ系统 ZigBee 模块硬件部分的配套实验工程。后续实验的工程建立方法参照本节设置建立，将不再赘述。关于 IAR 的详细说明文档请浏览 IAR 官方网站或软件安装文件夹下 8051\doc 里的支持文档。

以下将通过一个简单的 LED 闪灯测试程序工程来熟悉 IAR for 51 实验开发环境。

**1. 建立新工程**

打开 IAR 软件，默认进入建立工作区菜单，先选择“取消”选项，进入 IAR IDE 环境。选择 Project 菜单中的 Create New Project 命令，如图 3.8 所示。

弹出图 3.9 所示的建立新工程对话框，确认 Tool chain 栏已经选择 8051 选项，在

Project templates 栏选择 Empty project 选项，单击下方的 OK 按钮。

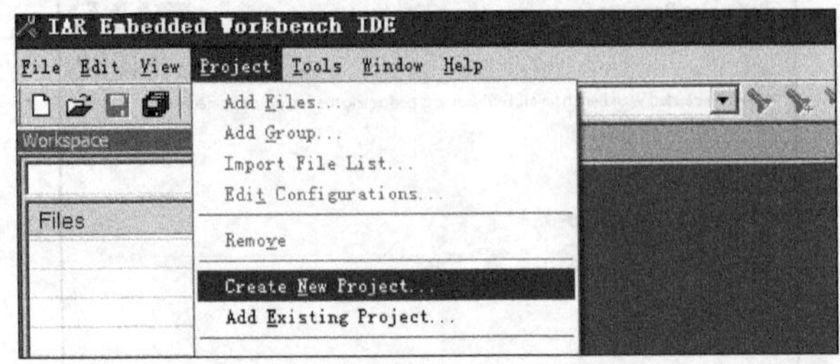


图 3.8 建立一个新工程

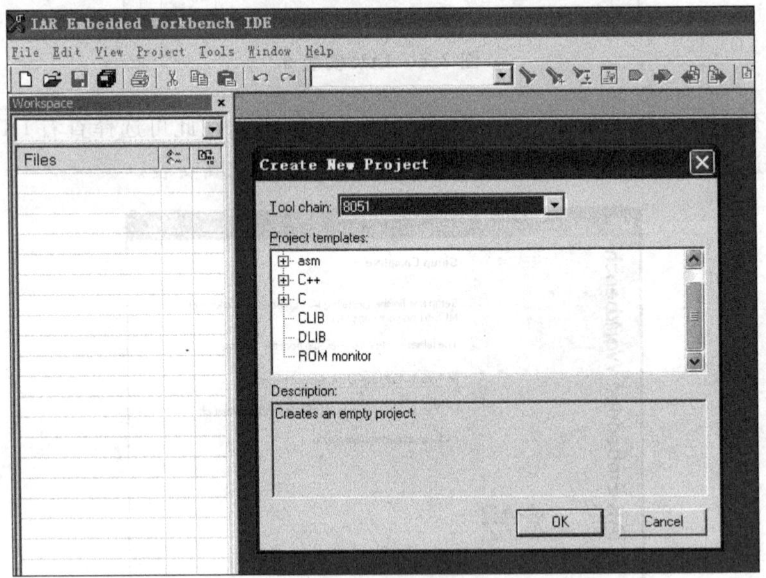


图 3.9 选择工程类型

单击右上角快捷方式按钮，创建新文件夹。在计算机相应目录下创建工程目录，本例创建了 test_iar 目录，用来存放工程，进入到创建的 test_iar 文件夹中，更改工程名，如“test”，单击“保存”按钮，这样便建立了一个空的工程，如图 3.10 和图 3.11 所示。

这样工程就出现在工作区窗口中了。图 3.12 所示的是选择编译模式，即 Debug 和 Release，为系统产生两个创建配置：调试和发布。若编译要产生调试信息选 Debug 选项，若编译后不调试而发布选 Release 选项。在此选 Debug 选项。

项目名称后的星号指示修改还没有保存。

选择 File→Save→Workspace 命令，保存工作区文件，并指明存放路径，这里把它放到新建的工程 test_iar 目录下。单击“保存”按钮保存工作区，如图 3.13 所示。

**2. 添加工程文件**

选择 Project→Add File 命令，或在工作区窗口中的工程名上右击，在弹出的快捷菜单中选择 Add File 命令，弹出文件打开对话框，选择需要的文件单击“打开”按钮退出。

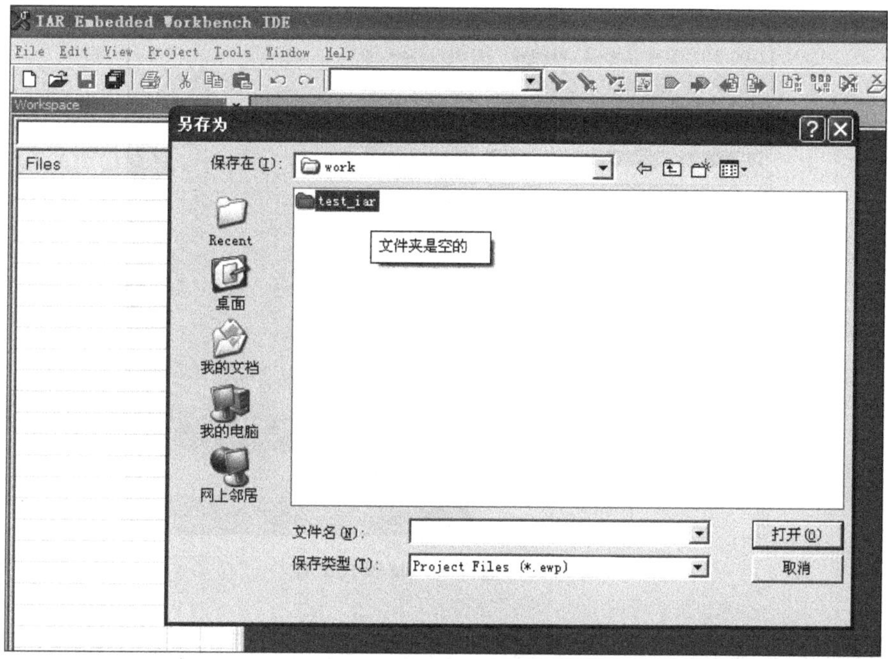


图 3.10　创建工程目录 test_iar

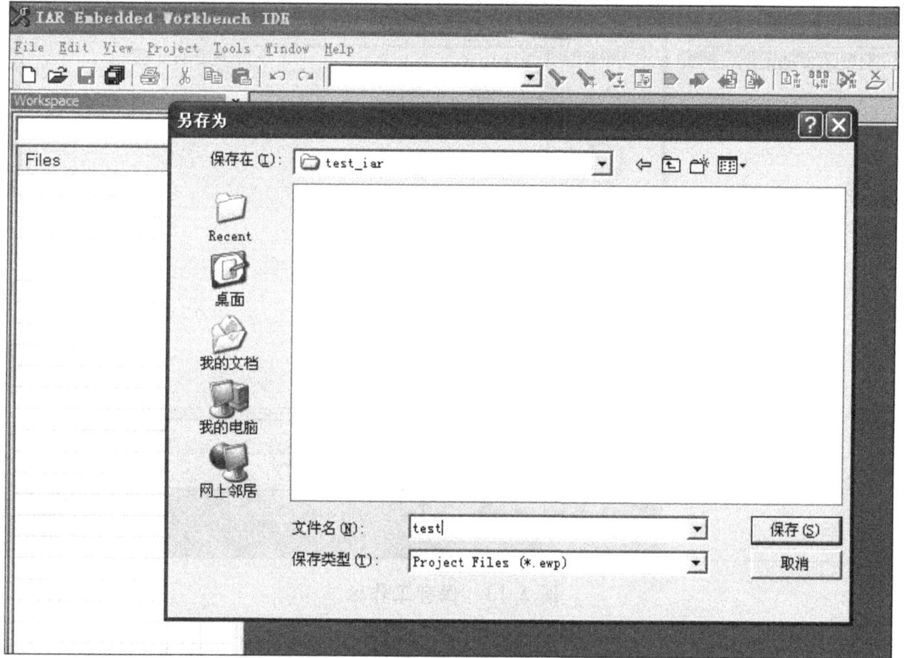


图 3.11　创建工程目录配置文件

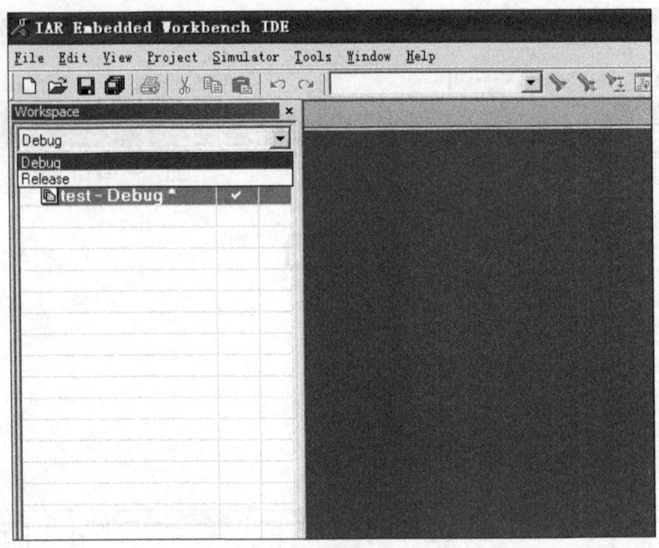


图 3.12 选择 Debug 模式工程

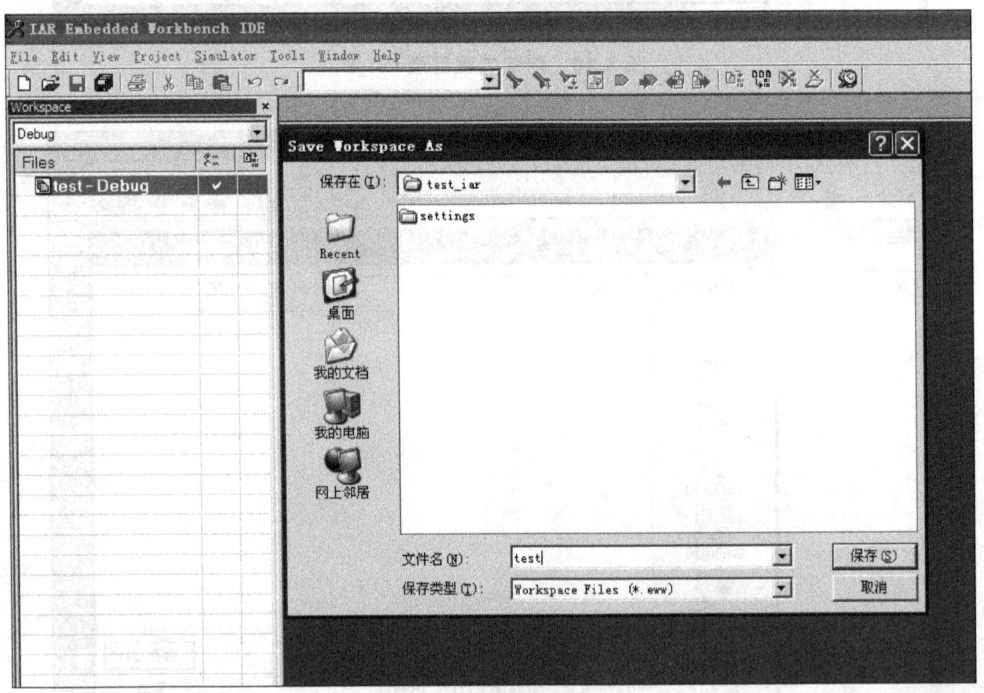


图 3.13 保存工作区

如没有建好的程序文件,也可单击工具栏上的 按钮或选择 File→New→File 命令,新建一个空文本文件,如图 3.14 所示。

向文件添加如下代码。

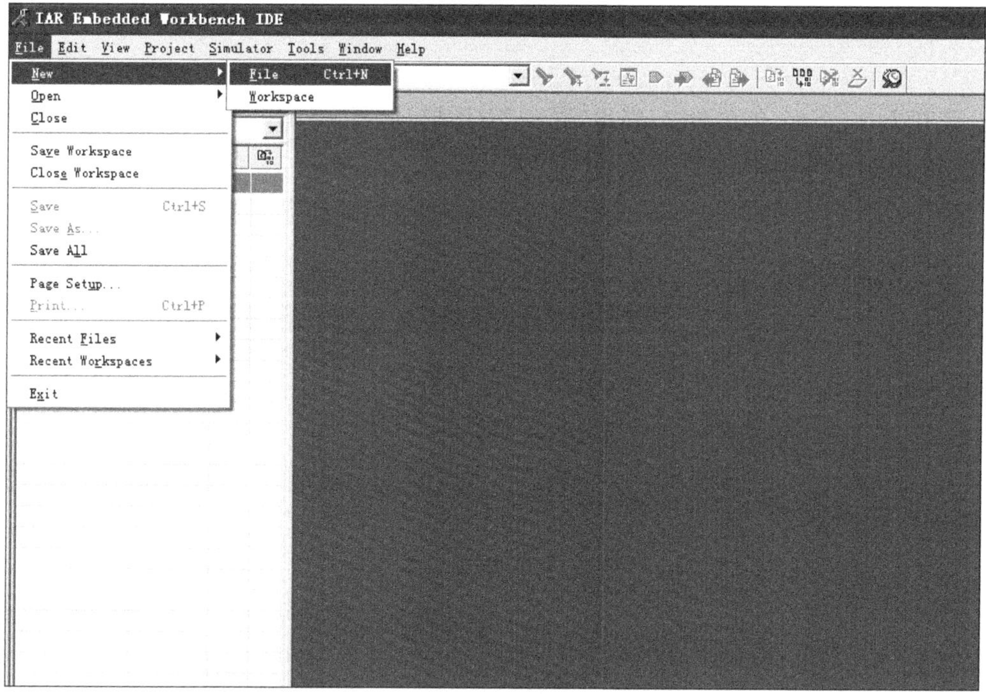


图 3.14　新建文件

```
#include "ioCC2430.h"
void Delay(unsigned char n)
{
    unsigned char i;
    unsigned int j;
    for(i=0; i<n; i++);
    for(j=1; j; j++);
}

void main(void)
{
  SLEEP &=~0x04;
  while(!(SLEEP & 0x40));                  //晶体振荡器开启且稳定
  CLKCON &=~0x47;                          //选择 1~32MHz 晶体振荡器
  SLEEP |=0x04;
  P1SEL=0x00;                              //P1.0 为普通 I/O 口
  P1DIR=0x3;                               //P1.0、P1.1 输出
  while(1)
  {
    P1_1=1;
    Delay(10);
    P1_0=0;
    Delay(10);
    P1_1=0;
    Delay(10);
    P1_0=1;
```

```
        Delay(10);
    }
}
```

选择 File→Save 菜单命令，弹出“保存”对话框，填写文件名为“test.c”，单击“保存”按钮，如图 3.15 所示。

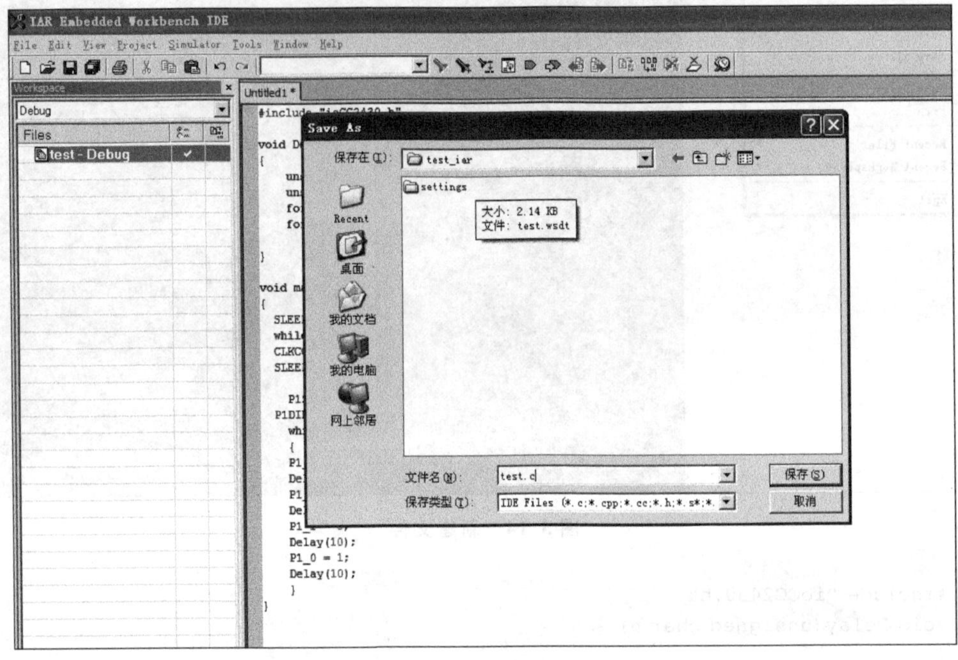

图 3.15 保存新建文件

按照前面添加文件的方法将 test.c 添加到当前工程，在工程中右击添加文件，选择刚刚编写好的文件 test.c。完成的结果如图 3.16 所示。

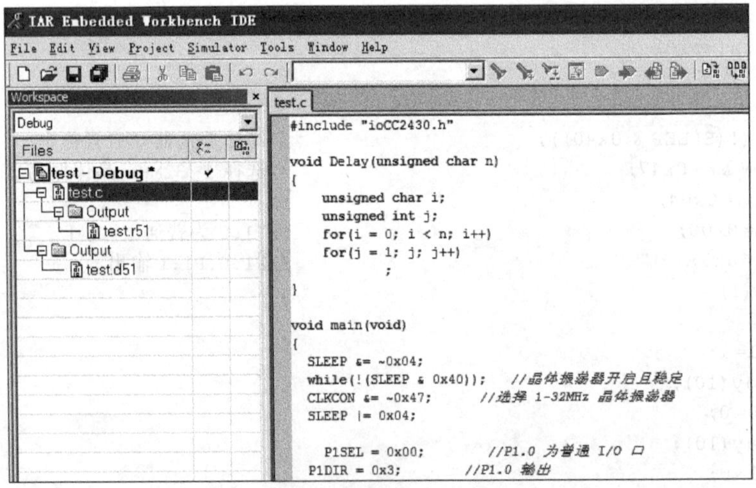

图 3.16 加入新文件后的工程

### 3. 配置工程选项

选择 Project→Options 命令，配置与 CC2430 相关的选项。

(1) General Options→Target 选项卡：按图 3.17 所示的配置 Target，设置 Code model 为 Near 和 Data model 为 Large，Calling convention 为 XDATA stack reentrant 以及其他参数。

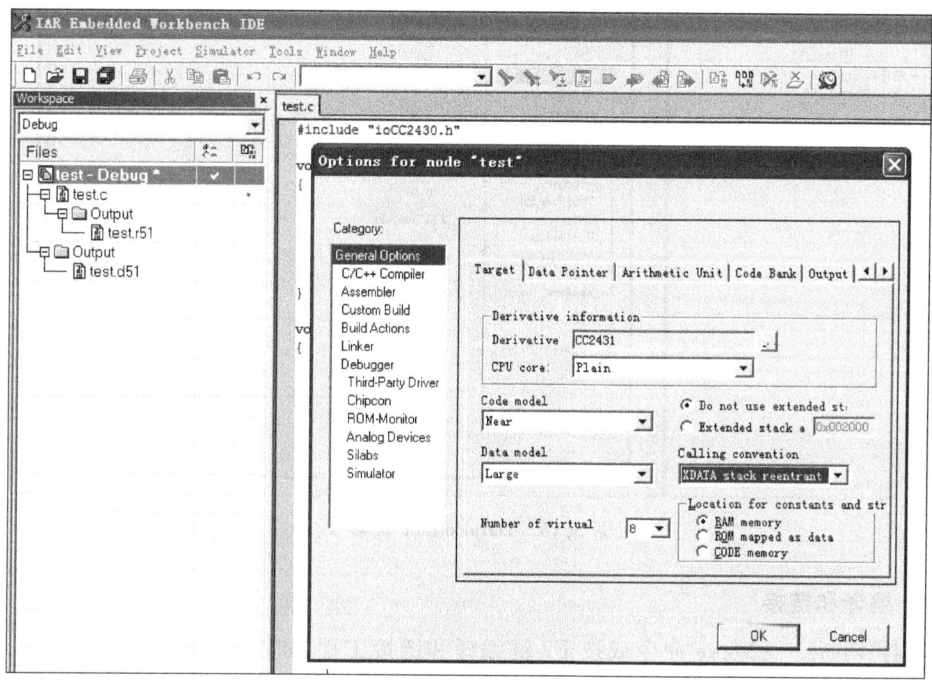


图 3.17　Target 选项卡配置

单击 Derivative information 栏右边的按钮，选择程序安装位置。这里是 IAR Systems\Embedded Workbench 4.05 Evaluation version\8051\config\derivatives\chipcon 下的文件 CC2430.i51。

(2) DataPointer 选项卡：选择数据指针数 1 个，16 位默认即为该配置，如图 3.18 所示。

(3) Stack/Heap 选项卡：改变 XDATA 栈大小到 0x1FF。

Linker→Output 选项卡：选中 Override default 单选按钮可以在下面的文本框中更改输出文件名。如果要用 C-SPY 进行调试，选中 format 下面的 Debug information for C-SPY 单选按钮。

(4) Config 选项卡：单击 Linker command file 栏文本框右边的按钮。选择正确的链接命令文件 lnk51ew_cc2430.xcl。

(5) Debugger：在 Setup 选项卡中设置 driver 选项为 Chipcon。

在 Device Description file 选择 CC2430.ddf 文件，其位置在程序安装文件夹下，如 C:\Program Files\IAR Systems\Embedded Workbench 4.05 Evaluation version\8051\

config\derivatives\chipcon。

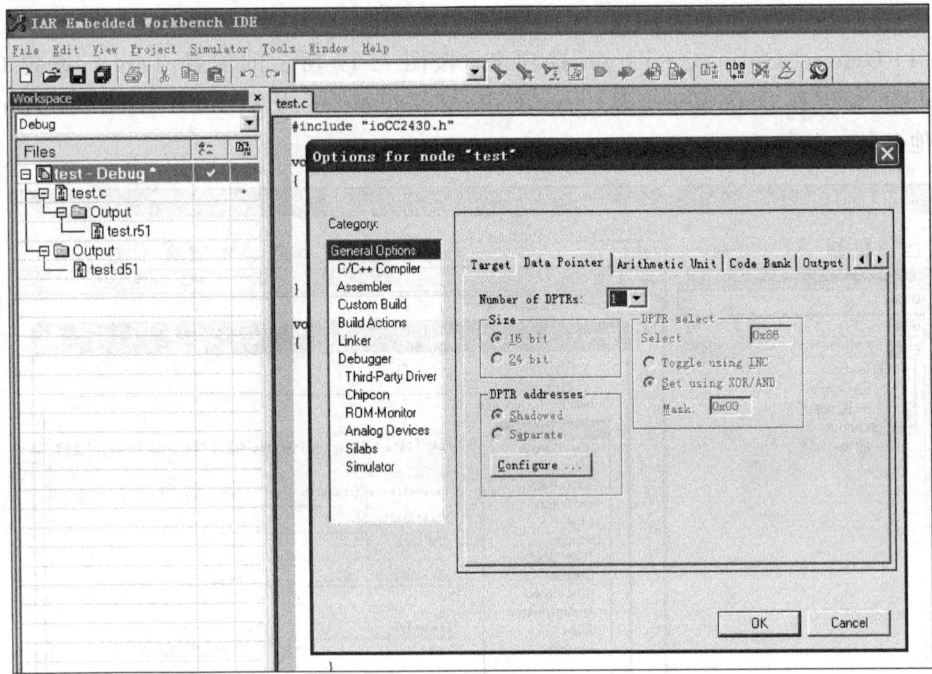

图 3.18 DataPointer 选项卡

### 4. 编译和链接

选择 Project→Make 命令或按 F7 键编译和链接工程，如图 3.19 所示。

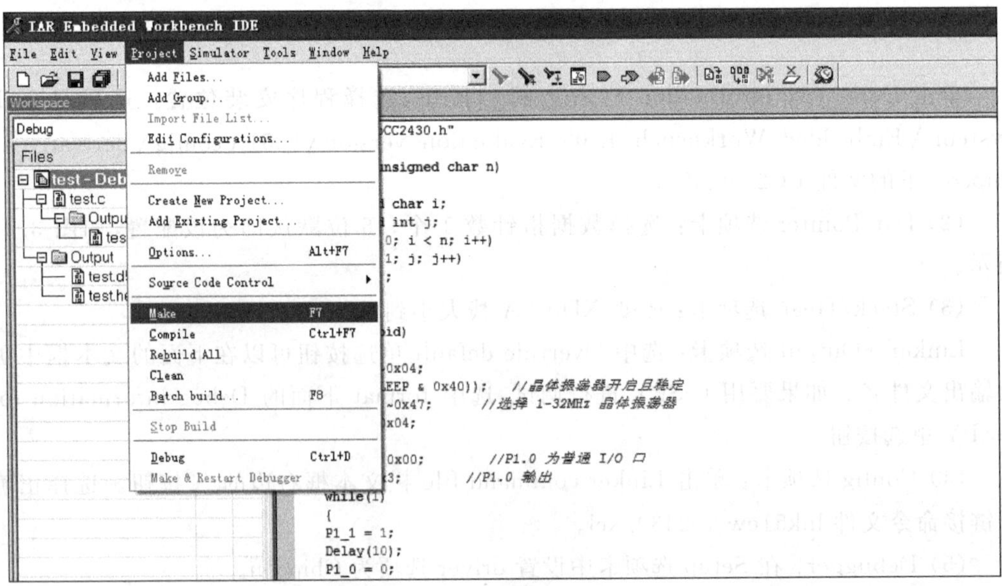

图 3.19 编译和链接

**5. 下载和调试**

(1) 安装仿真器驱动

安装仿真器前确认 IAR Embedded Workbench 已经安装。

UP-CUP IOT-6410-Ⅱ型设备板载 ZigBee 仿真器电路,因此只需用配套的 USB 线供电即可。将系统配套的 USB 线一端连接到 PC 上,另一端连接到 UP-CUP IOT-6410-Ⅱ型设备串口一侧的 CCD USB 接口中。仿真器电路即供电。

**仿真器电路的连接(重要说明)**:平台设备上 ZigBee 仿真器电路只能连接一个 ZigBee 模块硬件,具体连接平台设备上的哪一个 ZigBee 设备,需要用户手动使用 CCD_SETKEY 来选择,具体选中哪个 ZigBee 设备硬件,可以根据相应的 LED 指示灯判断,因此在使用 ZigBee 仿真器下载烧写以及调试 ZigBee 程序的时候,请读者注意 CCD_SETKEY 的选择。

在此选择手动安装,手动安装适用于系统以前没有安装过仿真器驱动的情况。

将仿真器通过开发系统附带的 USB 电缆连接到 PC,在 Windows XP 系统下,系统提示找到新硬件后出现如下对话框,选择“从列表或指定位置安装(高级)”单选按钮,单击“下一步”按钮,如图 3.20 所示。

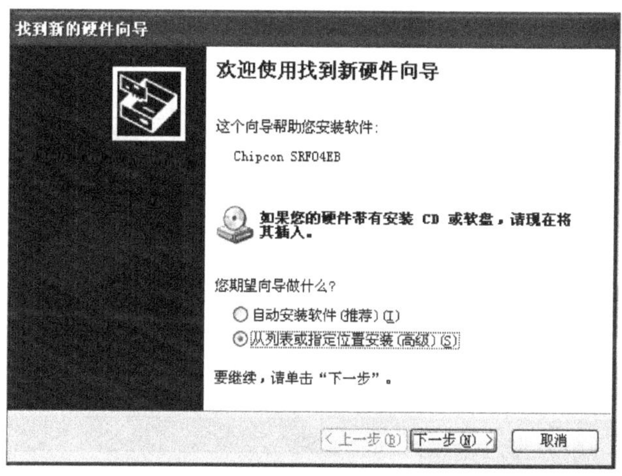


图 3.20 “找到新的硬件向导”对话框

设置驱动安装选项,单击右边的“浏览”按钮选择驱动所在路径,如图 3.21 所示。

驱动文件在程序安装目录下,如 C:\ Program Files\IAR Systems\Embedded Workbench 4.05 Evaluation version\8051\drivers\chipcon,如图 3.22 所示。

选中 chipcon 文件夹,单击“确定”按钮退出,回到安装选项界面,单击“下一步”按钮,系统安装完驱动后提示完成对话框,单击“完成”按钮退出安装,如图 3.23 所示。

(2) 调试和运行

选择 Project→Debug 菜单命令或按 Ctrl+D 键进入调试状态,也可单击工具栏上的 按钮进入调试,如图 3.24 所示。

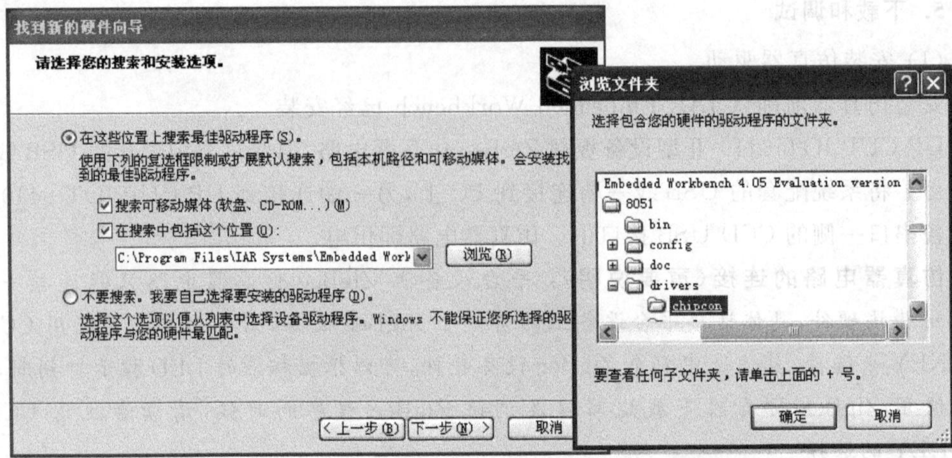


图 3.21 选择安装路径

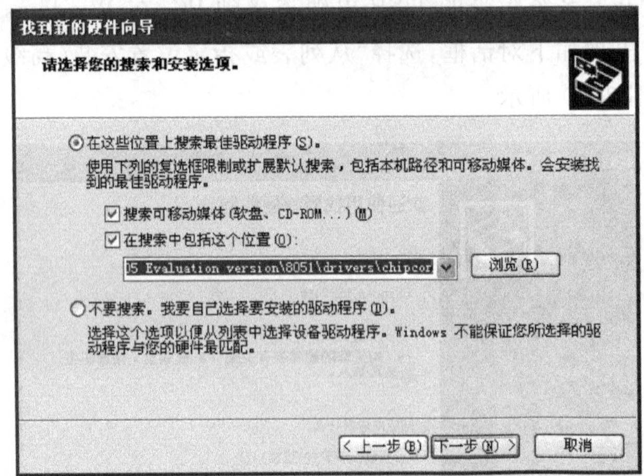


图 3.22 安装路径

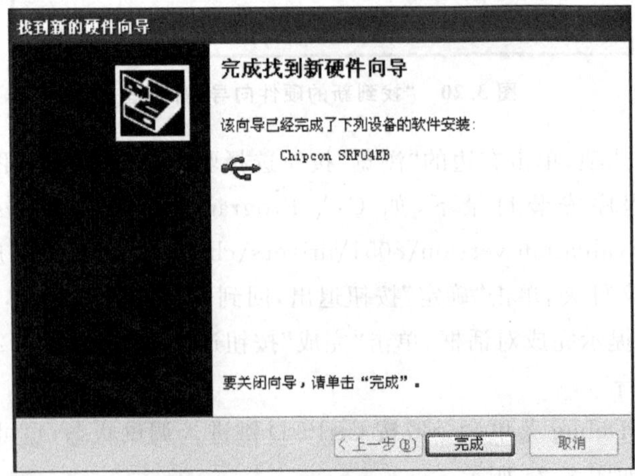


图 3.23 完成安装

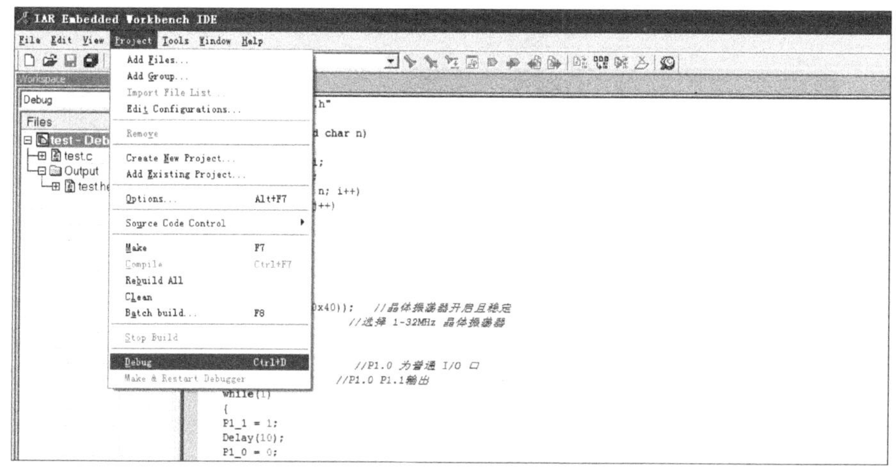


图 3.24　进入调试

查看源文件的命令如下。

Step Into：执行内部函数或子进程的调用；

Step Over：每步执行一个函数调用；

Next statement：每次执行一个语句。

这些命令在工具栏上都有对应的快捷键。

① 查看变量：C-SPY 允许用户在源代码中查看变量或表达式，可在程序运行时跟踪其值的变化。使用自动窗口，选择 View→Auto 菜单命令，开启窗口。自动窗口会显示当前被修改过的表达式。连续步进观察 j 的值的变化情况。查看变量如图 3.25 所示。

② 设置监控点：使用 Watch 窗口查看变量。选择 View→Watch 菜单命令，打开 Watch 窗口。单击 Watch 窗口中的虚线框，出现输入区域时键入 j 并按 Enter 键。也可以先选中一个变量将其从编辑窗口拖到 Watch 窗口。设置监控点如图 3.26 所示。

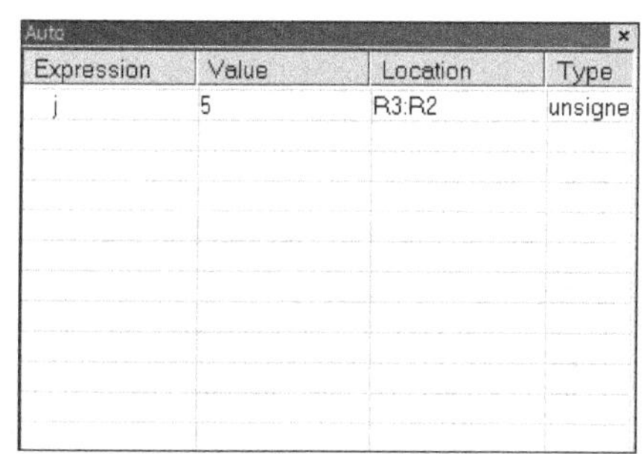


图 3.25　查看变量

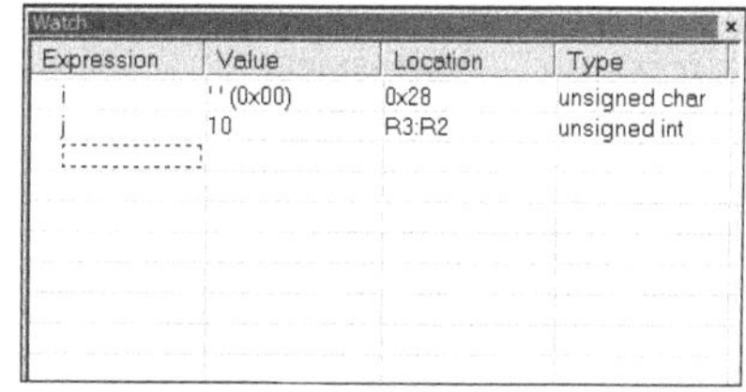


图 3.26　设置观察变量

单步执行，观察 i 和 j 的变化。如果要在 Watch 窗口中去掉一个变量，先选中然后按 Delete 键或单击右键删除。

③ 设置并监控断点：使用断点最便捷的方式是将其设置为交互式的，即将插入点的位置指到一个语句里或靠近一个语句，然后选择 Toggle Breakpoint 命令。

在 i++语句中插入断点：在编辑窗口选择要插入断点的语句，选择 Edit→Toggle

Breakpoint 菜单命令,或者在工具栏上单击 按钮。设置断点如图 3.27 所示。

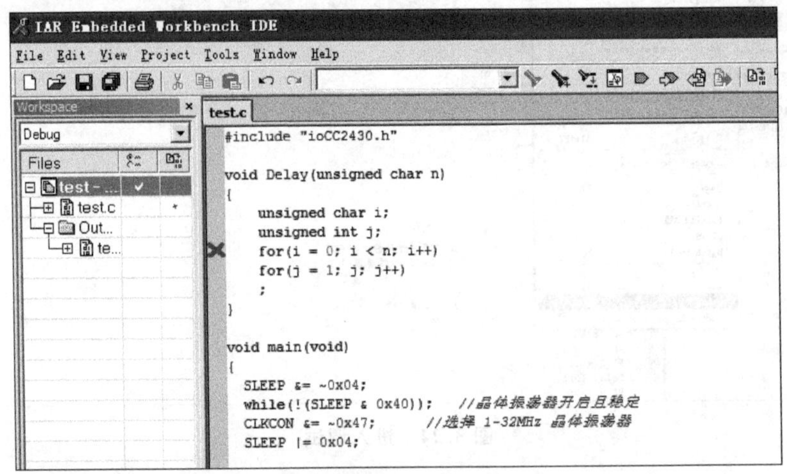


图 3.27 设置断点

这样在这个语句设置好一个断点,用高亮表示并且在左边标注一个红色的 X 显示有一个断点存在。可选择 View→Bradkpoint 菜单命令打开断点窗口,观察工程所设置的断点。在主窗口下方的调试日志 Debug Log 窗口中可以查看断点的执行情况。如要取消断点,在原来断点的设置处再执行一次 Toggle Breakpoint 命令。

④ 反汇编模式:在反汇编模式,每一步都对应一条汇编指令,用户可对底层进行完全控制。

选择 View→Disassembly 菜单命令,打开反汇编调试窗口,用户可看到当前 C 语言语句对应的汇编语言指令。反汇编模式如图 3.28 所示。

⑤ 监控寄存器:寄存器窗口允许用户监控并修改寄存器的内容。选择 View→Register 菜单命令,打开寄存器窗口,如图 3.29 所示。

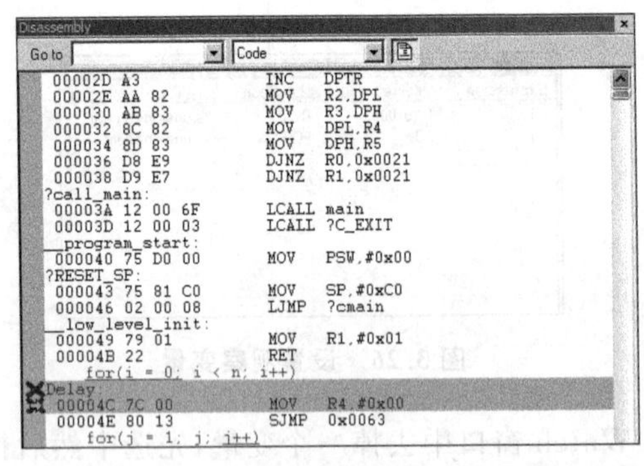


图 3.28 反汇编模式

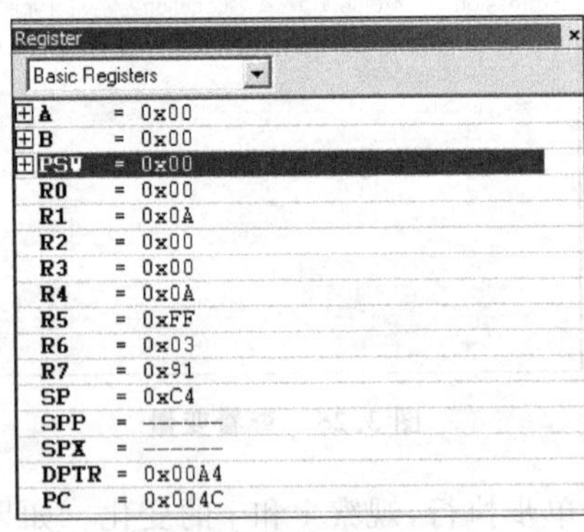


图 3.29 寄存器窗口

选择窗口上部的下拉列表,选择不同的寄存器分组。单步运行程序观察寄存器值的变化情况。

⑥ 监控存储器：存储器窗口允许用户监控寄存器的指定区域。选择 View→Memory 菜单命令，打开存储器窗口，如图 3.30 所示。

⑦ 运行程序：选择 Debug→Go 菜单命令或单击调试工具栏上的按钮，如果没有断点，程序将一直运行下去。可以看到 LED1、LED2 间隙点亮。如果要停止，选择 Debug→Break 菜单命令或单击调试工具栏上的按钮，停止程序运行。

⑧ 退出调试：选择 Debug→Stop Debugging 菜单命令或单击调试工具栏上的按钮，退出调试模式。

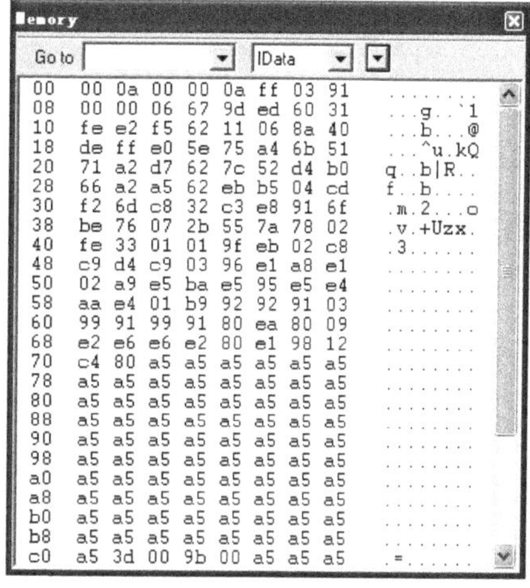


图 3.30　查看存储器

# 3.2　Android 开发环境

## 3.2.1　Android 开发环境构建

### 1. 相关文件下载

Android 在 Windows XP 操作系统上搭建开发环境主要依赖 JDK、Eclipse 和 Android SDK。这些文件都可以从各自的官方网站获取到。

(1) Java JDK 下载

进入网页 http://java.sun.com/javase/downloads/index.jsp(或者直接单击"下载"按钮)，如图 3.31 所示。

| Java SE Development Kit 6 Update 26 | | |
|---|---|---|
| **Product / File Description** | **File Size** | **Download** |
| Linux x86 - RPM Installer | 76.93 MB | jdk-6u26-linux-i586-rpm.bin |
| Linux x86 - Self Extracting Installer | 81.20 MB | jdk-6u26-linux-i586.bin |
| Linux Intel Itanium - RPM Installer | 60.25 MB | jdk-6u26-linux-ia64-rpm.bin |
| Linux Intel Itanium - Self Extracting Installer | 67.92 MB | jdk-6u26-linux-ia64.bin |
| Linux x64 - RPM Installer | 77.15 MB | jdk-6u26-linux-x64-rpm.bin |
| Linux x64 - Self Extracting Installer | 81.45 MB | jdk-6u26-linux-x64.bin |
| Solaris x86 - Self Extracting Binary | 81.08 MB | jdk-6u26-solaris-i586.sh |
| Solaris x86 - Packages - tar.Z | 136.89 MB | jdk-6u26-solaris-i586.tar.Z |
| Solaris SPARC - Self Extracting Binary | 86.05 MB | jdk-6u26-solaris-sparc.sh |
| Solaris SPARC - Packages - tar.Z | 141.37 MB | jdk-6u26-solaris-sparc.tar.Z |
| Solaris SPARC 64-bit - Self Extracting Binary | 12.24 MB | jdk-6u26-solaris-sparcv9.sh |
| Solaris SPARC 64-bit - Packages - tar.Z | 15.58 MB | jdk-6u26-solaris-sparcv9.tar.Z |
| Solaris x64 - Self Extracting Binary | 8.50 MB | jdk-6u26-solaris-x64.sh |
| Solaris x64 - Packages - tar.Z | 12.24 MB | jdk-6u26-solaris-x64.tar.Z |
| Windows x86 | 76.81 MB | jdk-6u26-windows-i586.exe |
| Windows Intel Itanium | 63.32 MB | jdk-6u26-windows-ia64.exe |
| Windows x64 | 67.42 MB | jdk-6u26-windows-x64.exe |

图 3.31　Java JDK 下载

选择 Windows x86 选项，只下载 JDK，不需要下载 JRE。

(2) Eclipse 下载

进入网页 http://www.eclipse.org/downloads(或者直接单击"下载"按钮)，如图 3.32 所示。

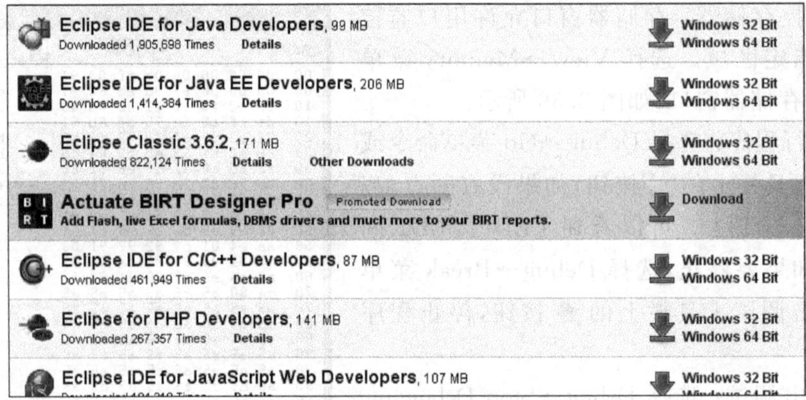

图 3.32 Eclipse 下载

选择第二个，即 Eclipse IDE for Java EE Developers。

(3) 下载 Andorid SDK

**说明**：Android SDK 有两种下载版本，一种包含具体版本的 SDK；另一种只有升级工具，不包含具体的 SDK 版本。后一种 20 多 MB；前一种 70 多 MB。

① 完全版下载(android-sdk 2.1_r01)，目前在官方网站上已经没有链接了，只能在其他网站上获取到独立的版本。

② 升级版下载(建议使用这个，本例就是使用这个。这里面不包含具体版本，想要什么版本可在 Eclipse 里面升级)。

如图 3.33 所示，下载的就是升级版(实际上就是一个 sdk 的下载和管理工具，在后面 Eclipse 配置的时候会提到)。

| Platform | Package | Size | MD5 Checksum |
|---|---|---|---|
| Windows | android-sdk_r11-windows.zip | 32837554 bytes | 0a2c52b8f8d97a4871ce8b3eb38e3072 |
| | installer_r11-windows.exe (Recommended) | 32883649 bytes | 3dc8a29ae5afed97b40910ef153caa2b |
| Mac OS X (intel) | android-sdk_r11-mac_x86.zip | 28844968 bytes | 85bed5ed25aea51f6a447a674d637d1e |
| Linux (i386) | android-sdk_r11-linux_x86.tgz | 26984929 bytes | 026c67f82627a3a70efb197ca3360d0a |

图 3.33 升级版下载

## 2. 软件安装

以上所需的软件在本教材提供的资源的 tools 目录下可以找到，如图 3.34 所示。

下午实验\02-Android 开发环境\tools

| 名称 | 大小 | 类型 | 修改日期 |
|---|---|---|---|
| android-sdk_r11-windows... | 32,068 KB | WinRAR ZIP 压缩... | 2011-5-11 0:15 |
| android-sdk-windows.rar | 1,134,834 KB | WinRAR 压缩文件 | 2011-6-23 14:50 |
| eclipse-jee-galileo-SR2... | 195,020 KB | WinRAR ZIP 压缩... | 2011-6-22 9:53 |
| jdk-6u26-windows-i586.exe | 78,658 KB | 应用程序 | 2011-6-22 10:05 |

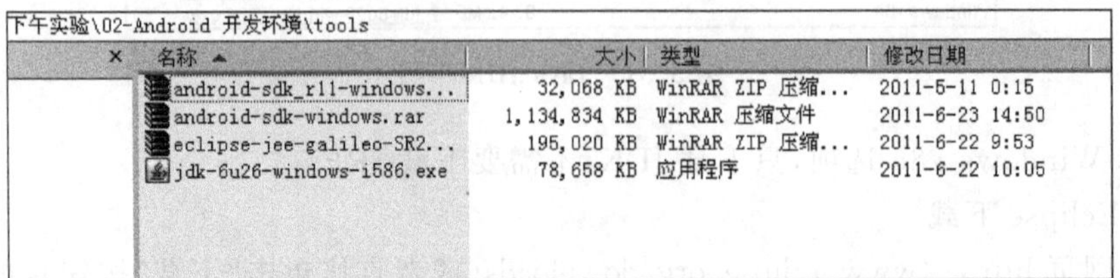

图 3.34 软件安装包

说明如下。

jdk-6u26-windows-i586. exe：Java JDK 安装软件。

eclipse-jee-galileo-SR2-win32. zip ：Eclipse 安装软件。

android-sdk_r11-windows. zip：Android SDK 管理软件。

android-sdk-windows. rar：已经包含了 Android SDK 若干版本的升级包。

**注意**：在文档中，默认的工作目录是 C:\Android\。如果没有，请自行创建。

(1) 安装 JDK。使用软件包为 jdk-6u26-windows-i586. exe。安装完成即可，无须配置环境变量。

(2) 解压 Eclipse。使用软件包为 eclipse-jee-galileo-SR2-win32. zip。eclipse 无须安装，解压后，直接打开就行。

指定目录：解压到 C:\Android\ 目录下（为了方便培训过程而统一安排的目录，实际使用时没有任何要求）。

(3) 解压 Android SDK。使用软件包为 android-sdk-windows. rar。这个也无须安装，解压后供后面使用。

指定目录：解压到 C:\Android\ 目录下（为了方便培训过程而统一安排的目录，实际使用时没有任何要求）。

(4) 安装完成。以上安装完成之后，工作目录如图 3.35 所示。

其中的 app 目录是后面“应用程序开发”时候要使用的目录，可以提前创建该目录。

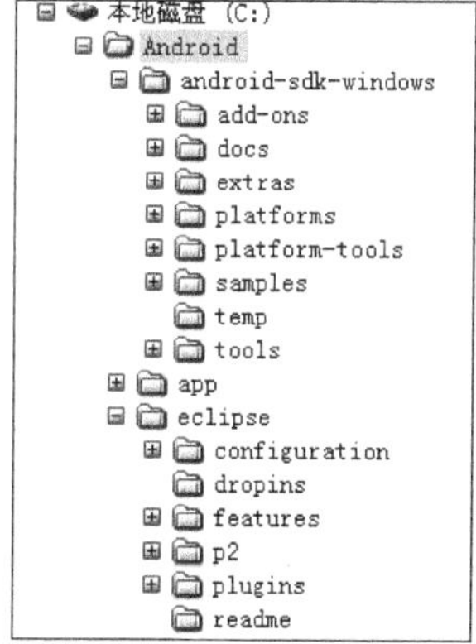


**图 3.35 工作目录**

### 3. Eclipse 配置

(1) 安装 Android 开发插件

**注**：这一步安装必须要有网络环境，Eclipse 需要连接远程服务器，自行下载软件。

① 打开 Eclipse，在菜单栏上选择 Help、Install New SoftWare 命令，出现如图 3.36 所示的界面。

② 单击 Add 按钮，出现如图 3.37 所示的界面。

输入网址：http://dl-ssl. google. com/android/eclipse/。

名称：Android(这里可以自定义)。

③ 单击 OK 按钮，出现如图 3.38 所示的界面。

选择 Developer Tools 复选框。

④ 单击 Next 按钮，出现如图 3.39 所示的界面。

⑤ 单击 Next 按钮，出现如图 3.40 所示的界面。

⑥ 选择接受协议单选按钮，单击 Next 按钮进入安装插件界面，如图 3.41 所示。

⑦ 安装完成，提示重启 Eclipse，如图 3.42 所示。

⑧ 单击 Yes 按钮，重启 Eclipse。

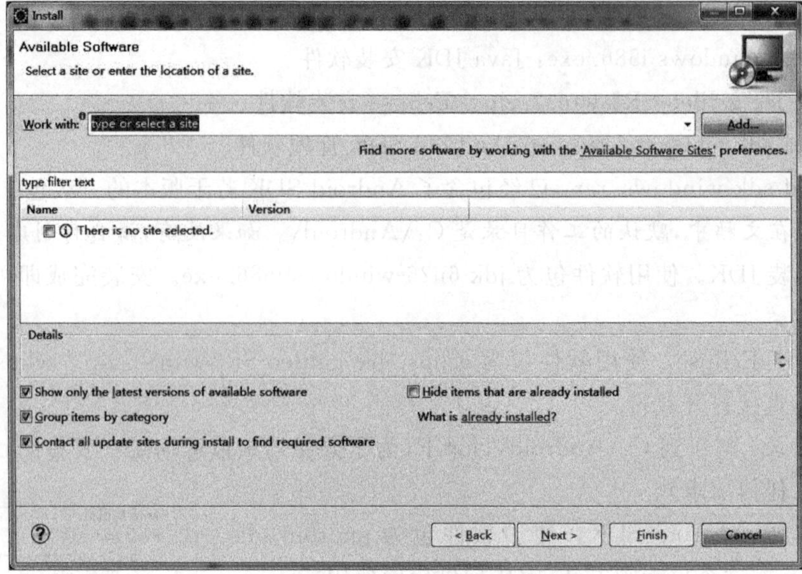


图 3.36 Install 对话框 1

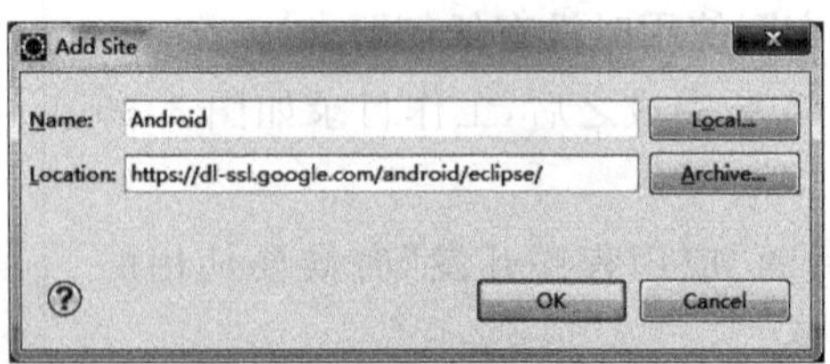


图 3.37 Add Site 对话框

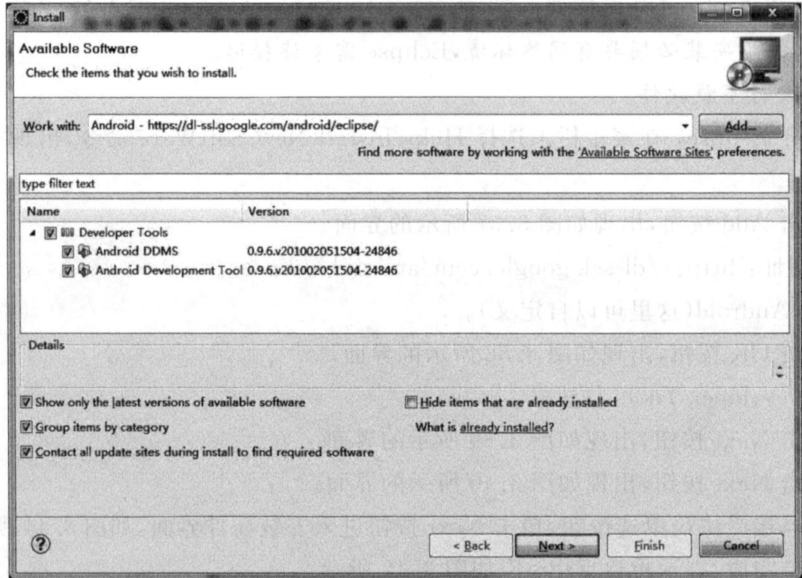


图 3.38 Install 对话框 2

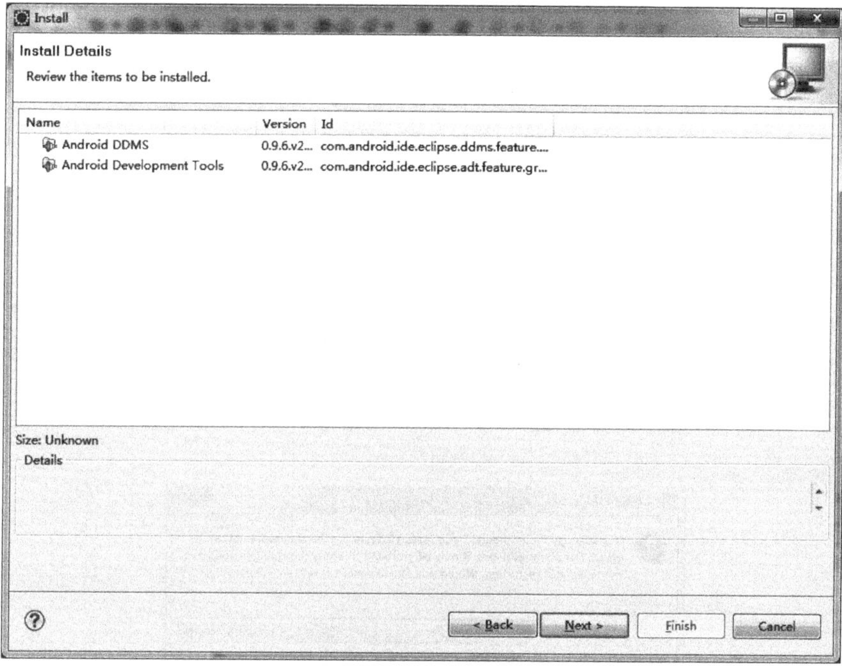


图 3.39　Install 对话框 3

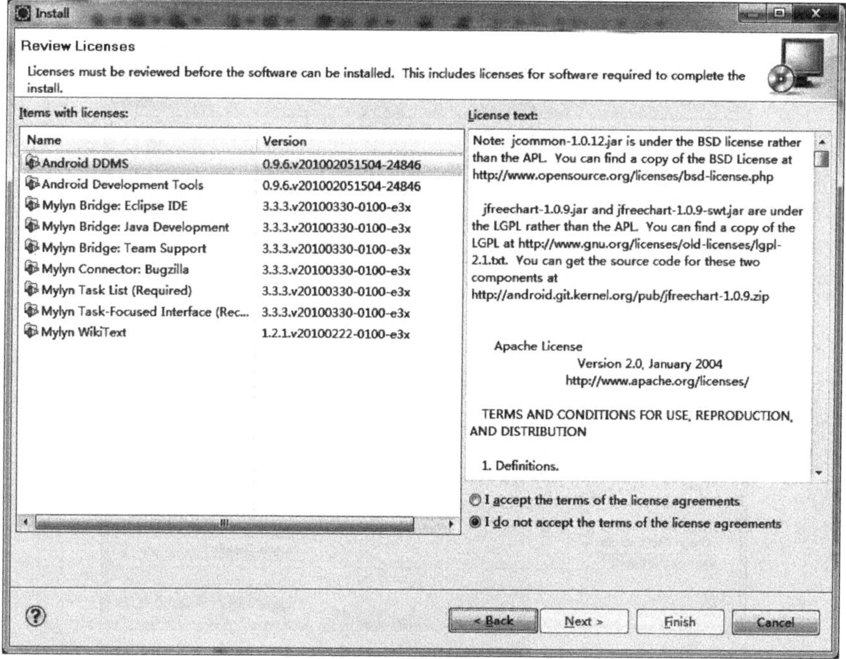


图 3.40　Install 对话框 4

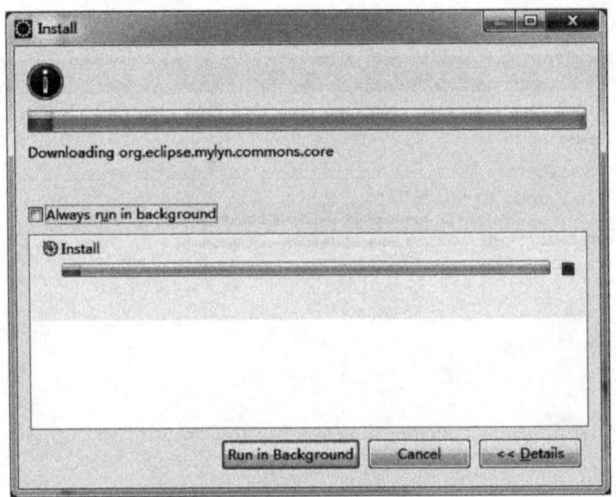


图 3.41 Install 对话框 5

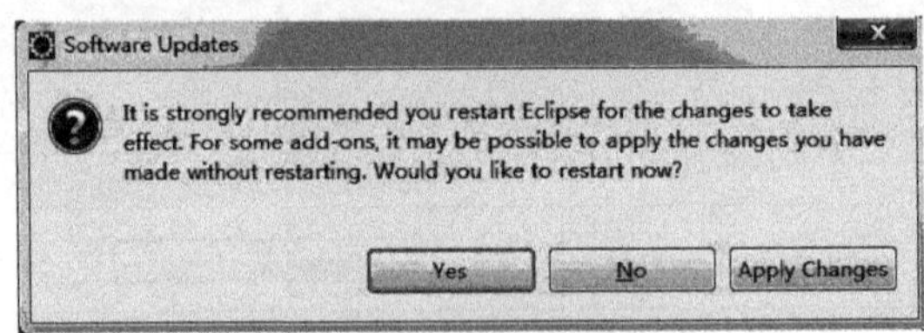


图 3.42 提示框

(2) 配置 Android SDK

① 选择 Window→Preferences 菜单命令,进入如图 3.43 所示的界面。

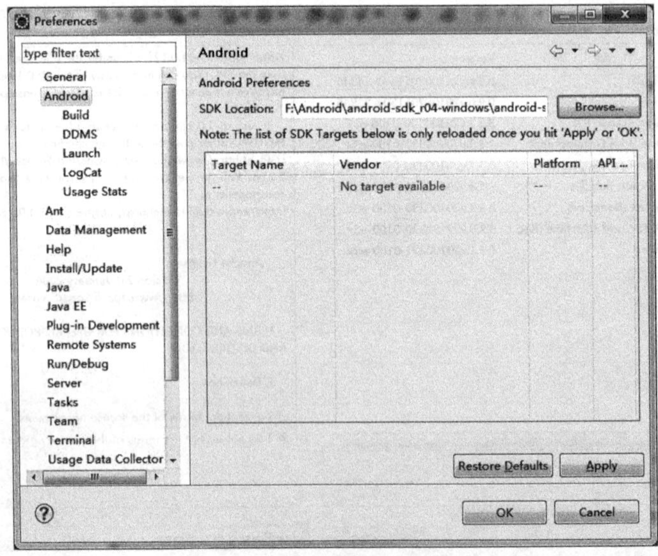


图 3.43 Preferences 对话框

选择 Android SDK 解压后的目录(C:\Android\android-sdk-windows),选错了就会

报错。

② 升级 SDK 版本，选择 Window→Android sdk and avd manager 菜单命令，出现如图 3.44 所示的界面。

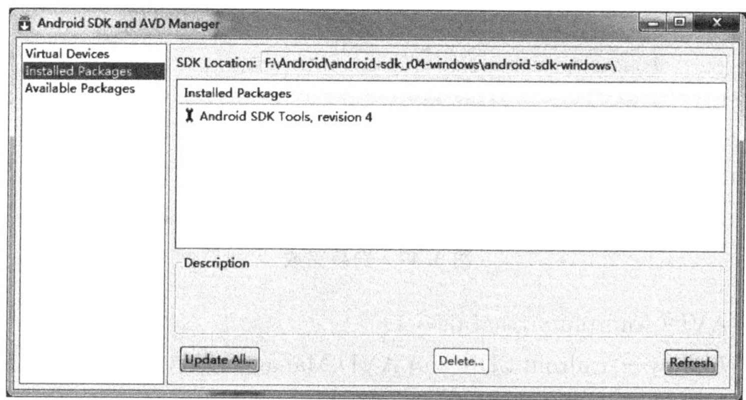


图 3.44　Android SDK and AVD Manager 对话框

③ 单击 Update All 按钮，出现如图 3.45 所示的界面。

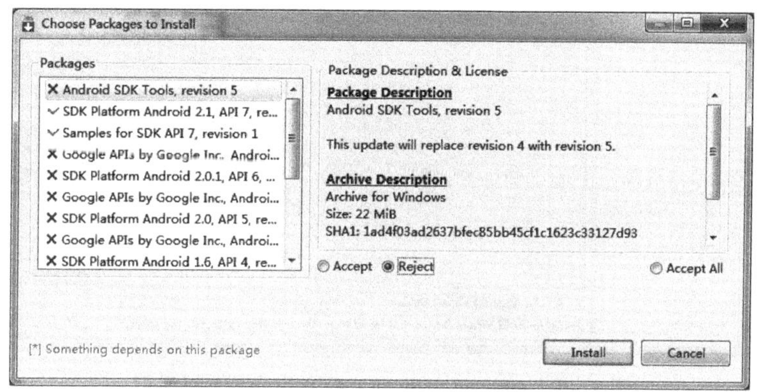


图 3.45　Choose Packages to Install 对话框

④ 在图 3.45 所示的界面上选择左边的某一项，选择 Accept 单选按钮表示安装，选择 Reject 单选按钮表示不安装，可选择 SDK 2.1 和 Samples for SDK API 7 ，自己可以任意自定义，确定后，单击 Install 按钮，进入安装界面，如图 3.46 所示。

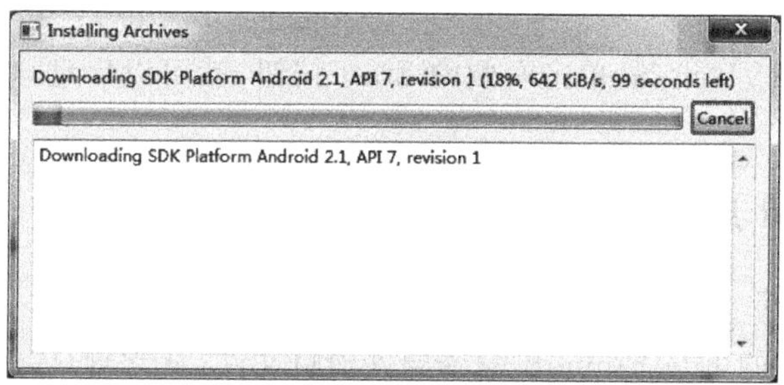


图 3.46　安装界面

安装完成后，显示如图 3.47 所示的界面。

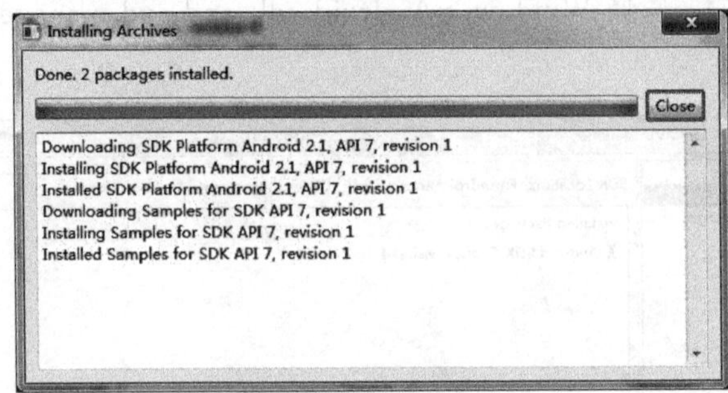


图 3.47 安装完成

(3) 新建 AVD(Android virtual device)

① 选择 Window→Android SDK and AVD Manager 菜单命令，选择 Virtual Devices 选项，如图 3.48 所示。

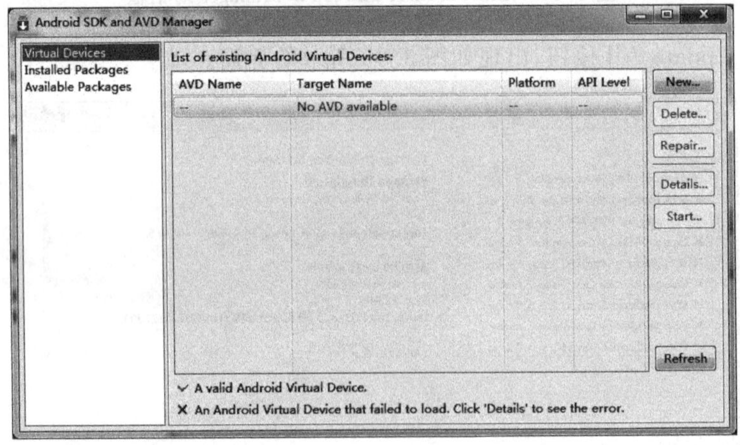


图 3.48 Android SDK and AVD Manager 对话框

② 单击 New 按钮，进入如图 3.49 所示的界面。

③ AVD 的名称可以随便取。在 Target 中选择需要的 SDK 版本，SD 卡大小自定义，单击 Create AVD 按钮，得到如图 3.50 所示的结果。

④ 此时新的 AVD 创建完毕。

(4) 手动启动 AVD

选中新创建的 AVD 设备，单击右侧的 Start 按钮，就可以启动该 AVD 设备，启动过程如图 3.51 所示。

### 3.2.2 Android 应用程序开发

#### 1. 加载工程文件

(1) 选择任务栏的 File→Import 命令导入项目文件，从常规(General)文件的选项中选择已经存在的项目到工作区(Existing Projects into Workspace)，如图 3.52 所示。

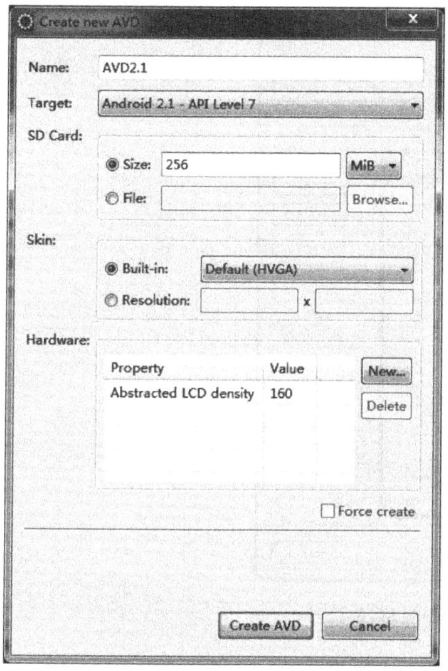

图 3.49　Create new AVD 对话框

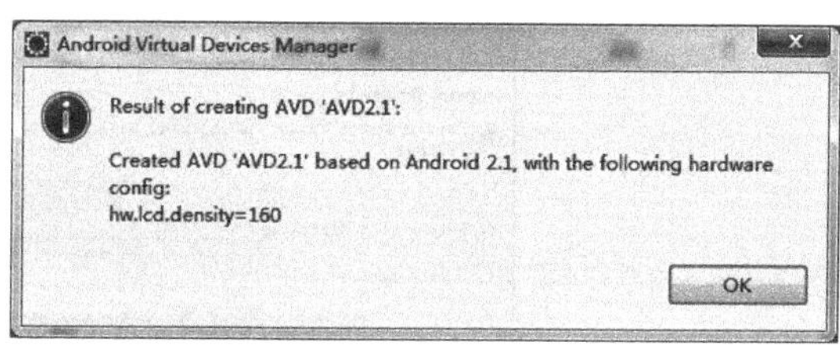


图 3.50　创建完毕

图 3.51　AVD 启动过程

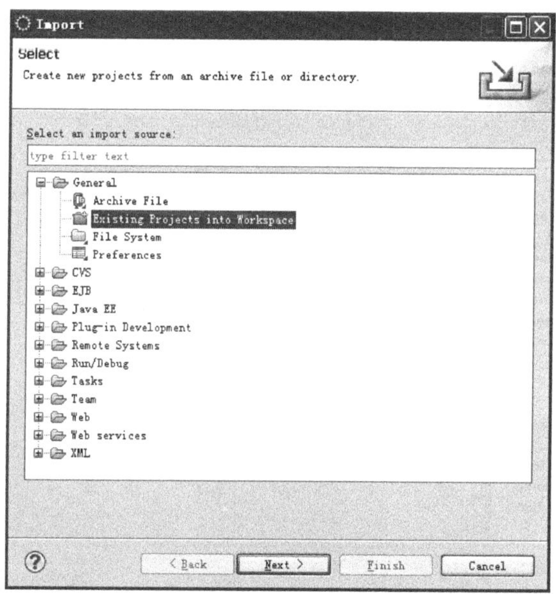


图 3.52　选择已经存在的项目至工作区

(2) 选择 Select root directory 单选按钮，通过浏览文件夹工能选择 PARK_03 文件夹，记得选择 Copy project into workspace 复选框复制到工作区，单击“确定”按钮，再单击 Finish 按钮即可，如图 3.53 所示。

图 3.53　选择浏览文件,从光盘选择文件

(3) 配置运行应用程序。右击项目名称选择 Run as→Run Configuration 命令进入如图 3.54 所示的界面。

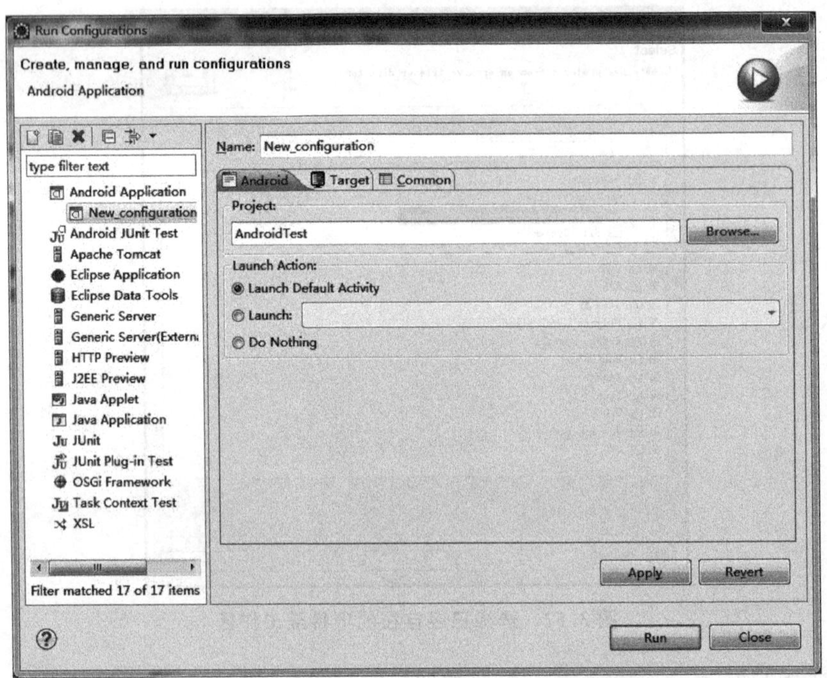


图 3.54　Run Configurations 对话框

在该界面中,单击 Browse 按钮,选择要运行的项目。

然后选择 Target 选项卡，切换到如图 3.55 所示的界面。

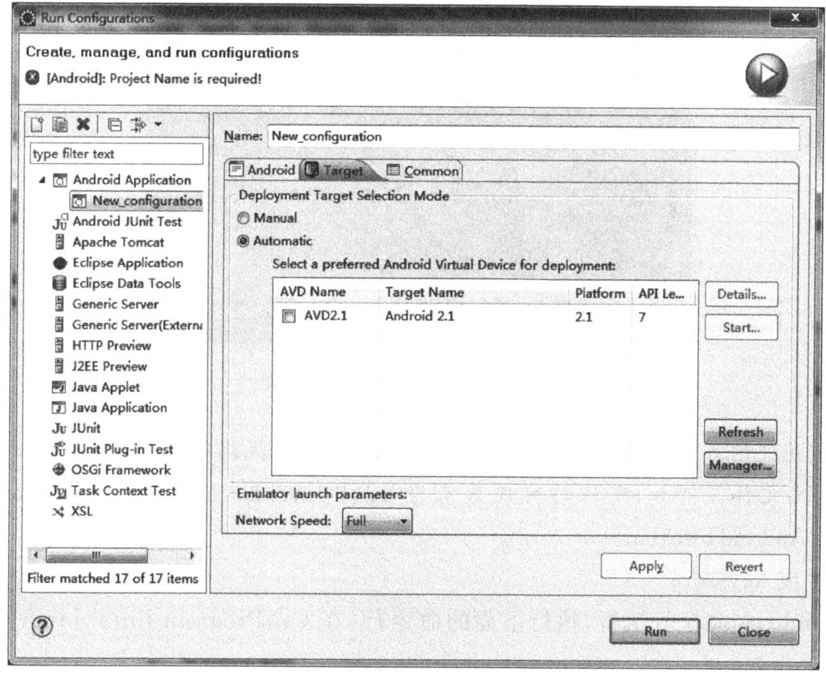


图 3.55 Target 选项卡

在该界面选择运行的 AVD，将 AVD 前面的方框设置为选择状态。

(4) 测试运行应用程序。右击项目名称选择 run as→Android Application 命令即可启动运行该 Android 程序，如图 3.56 所示。应用程序运行结果如图 3.57 所示。

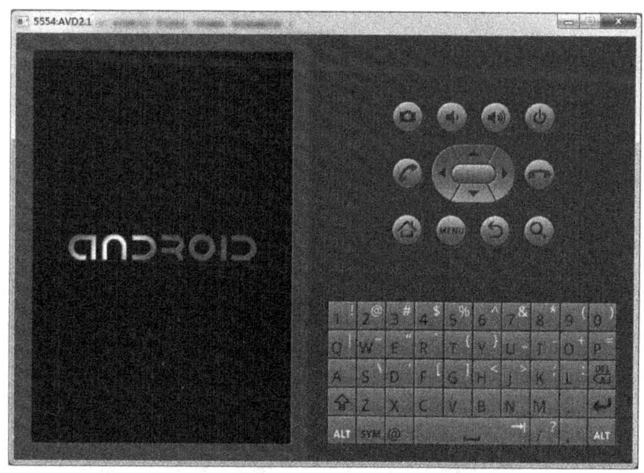

图 3.56 正在启动

### 2. 发布应用程序

Android 项目开发完成后，要将 Android 项目文件打包成 APK 文件，并最终下载到真机上运行。

图 3.57 应用程序运行的结果

**注**：更简便的办法是可直接在 Eclipse 项目的 bin 目录找到文件，这是 Eclipse 系统自动生成的 APK 文件。例如，默认的生成目录为 C:\Documents and Settings\Administrator\workspace\AndroidTest\bin。

(1) 生成 keystore

在 Windows 命令行执行，执行下面的命令行（在 C:\Program Files\Java\jdk1.6.0_26\bin 目录下）。

```
keytool -genkey -alias android.keystore -keyalg RSA -validity 100000 -keystore
android.keystore
```

命令执行后会在 C:\Program Files\Java\jdk1.6.0_26\bin>目录下生成 android.keystore 文件。参数意义：-validity 主要是证书的有效期，写 100000 天；空格、退格键都算密码。

如图 3.58 所示，命令行下生成 android.keystore。

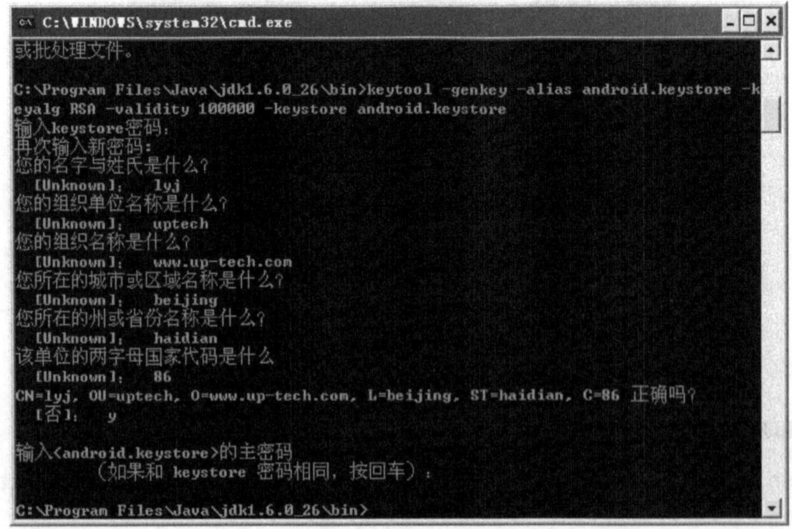


图 3.58 生成 keystore

将该目录下生成的 keystore 文件复制到 C:\Android\app\keystore 目录下备用。

(2) Eclipse 生成 APK 文件

① 选择要打包的项目右击,选择 Android tools→Export Signed Application Package 命令,如图 3.59 所示。

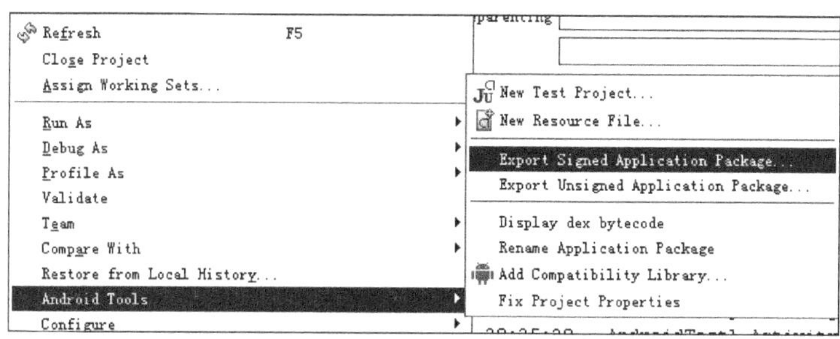


图 3.59 选择命令

② 选择要打包的项目,如图 3.60 所示。

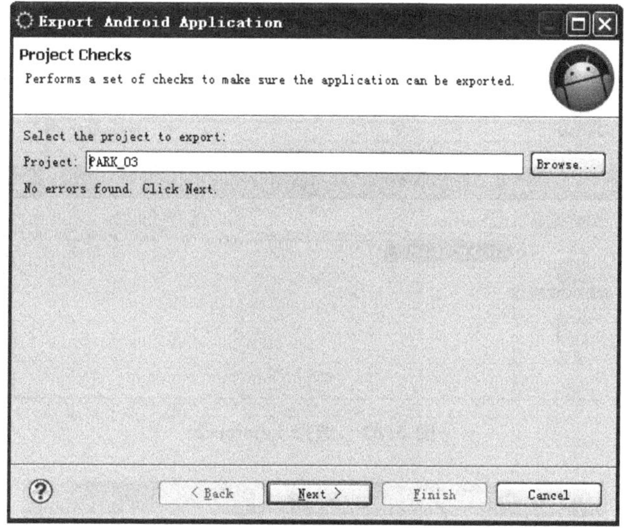


图 3.60 选择打包项目

③ 选择生成的 keystore,并输入密码,如图 3.61 所示。选择 keystore,如图 3.62 所示。Android.keystore 为第一步生成的 keystore 文件。

输入密码,如图 3.63 所示。

④ 选择 Alisas key 选项,并输入密码,如图 3.64 所示。

⑤ 选择生成目录,如图 3.65 所示。

⑥ 完成。

针对前面的选择可在生成的目录中生成对应的文件 C:\Android\app\PARK.apk,如图 3.66 所示。

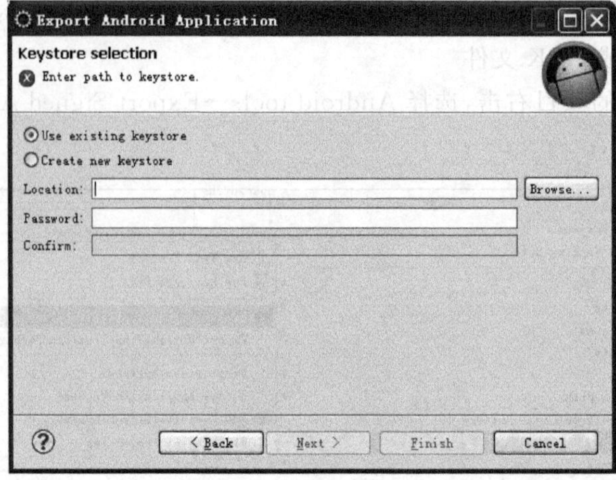


图 3.61 选择 keystore1

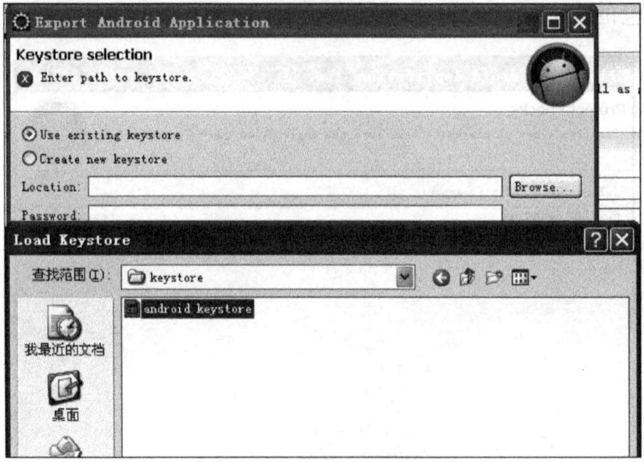


图 3.62 选择 keystore2

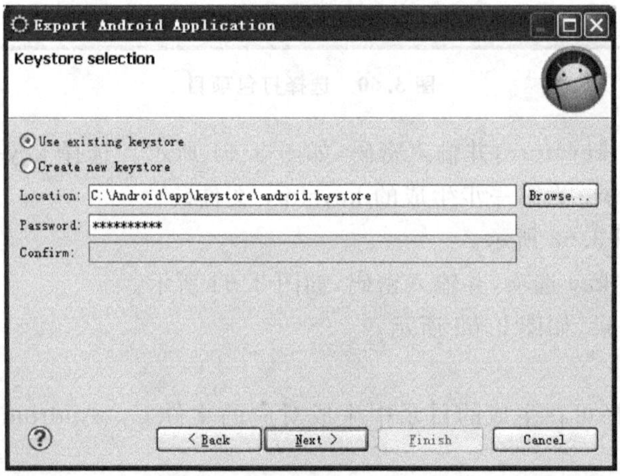

图 3.63 输入密码

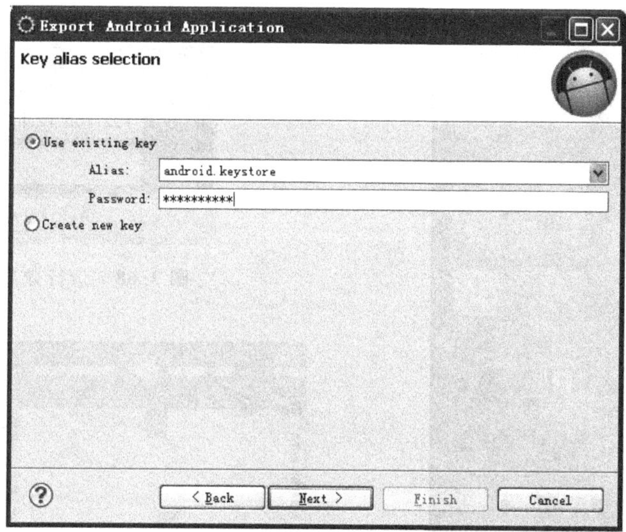


图 3.64 选择 Alias

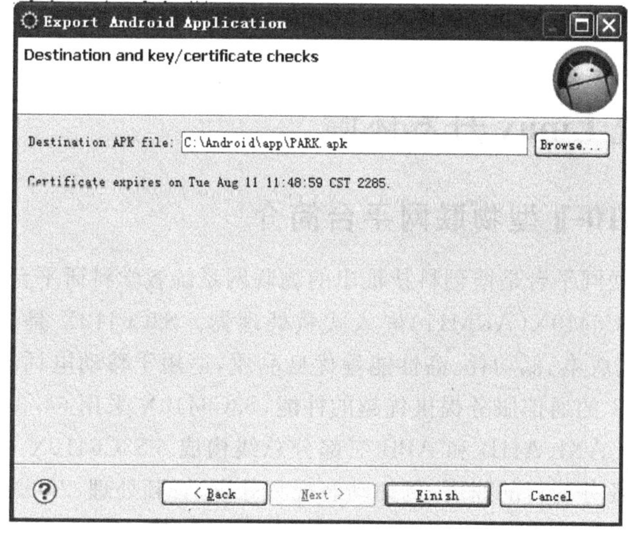


图 3.65 选择生成目录

图 3.66 生成的文件

(3) 发布应用程序测试

① 将 PARK.apk 文件复制到 SD 卡中。

② 在 Android 手机设置中选择"设置"→"应用程序"→"程序"→要安装的 PARK.apk 文件,直接安装,如图 3.67 所示。

在 Android 应用程序列表中选择要运行的应用程序,运行效果如图 3.68 和图 3.69 所示。

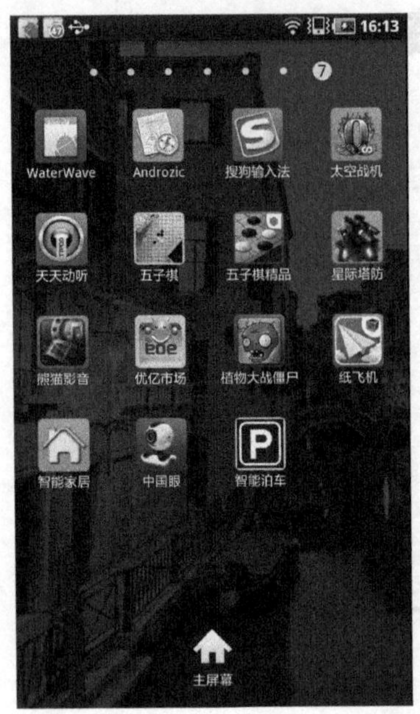


图 3.67 安装

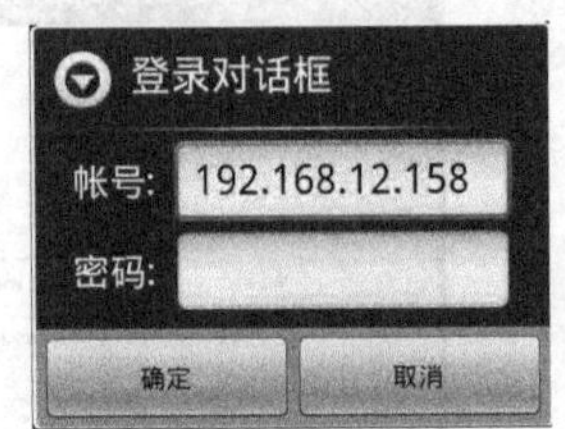


图 3.68 运行效果 1

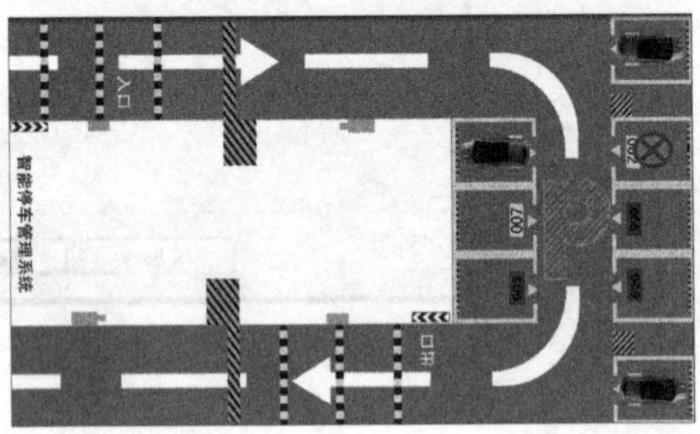


图 3.69 运行效果 2

## 3.3 物联网教学系统 Linux 开发环境

### 3.3.1 UP-CUP IOT-6410-Ⅱ型物联网平台简介

UP-CUP IOT-6410-Ⅱ型物联网平台是博创科技推出的物联网系统教学科研平台，采用基于 Samsung 公司最新的 S3C6410X(ARM11)嵌入式微处理器。S3C6410X 是一款 16/32 的 RISC 微处理器，具有低成本、低功耗、高性能等优良品质，适用于移动电话和广泛的应用开发。为给 2.5G 和 3G 的通信服务提供优越的性能，S3C6410X 采用 64/32 位内部总线结构。其内部总线是由 AXI、AHB 和 APB 三部分总线构成。S3C6410X 也包含了许多强大的硬件，用于提高任务运行的速度，例如动态视频处理、音频处理、2D 图形、显示和缩放，集成了多种格式编解码器(MFC 的)，支持 MPEG4/H.263/H.264 的编码和解码和 VC1 解码。H/W 型编码器/解码器支持 NTSC 和 PAL 模式的实时视频会议和电视输出。三维图形(以下简称 3D 引擎)是一种 3D 图形硬件加速器，可以更好地支持 openGLES 的 1.1 及 2.0。这个 3D 引擎包括两个可编程着色器：像素渲染和顶点渲染。UP-CUP IOT-6410-Ⅱ型物联网平台硬件框架如图 3.70 所示。

**1. 平台主要资源介绍**

(1) 网关资源

① 6410 核心板。

② 4 个 USB 主口，可插 3G 模块、Wi-Fi 模块、键盘、U 盘等。

③ 以太网接口。

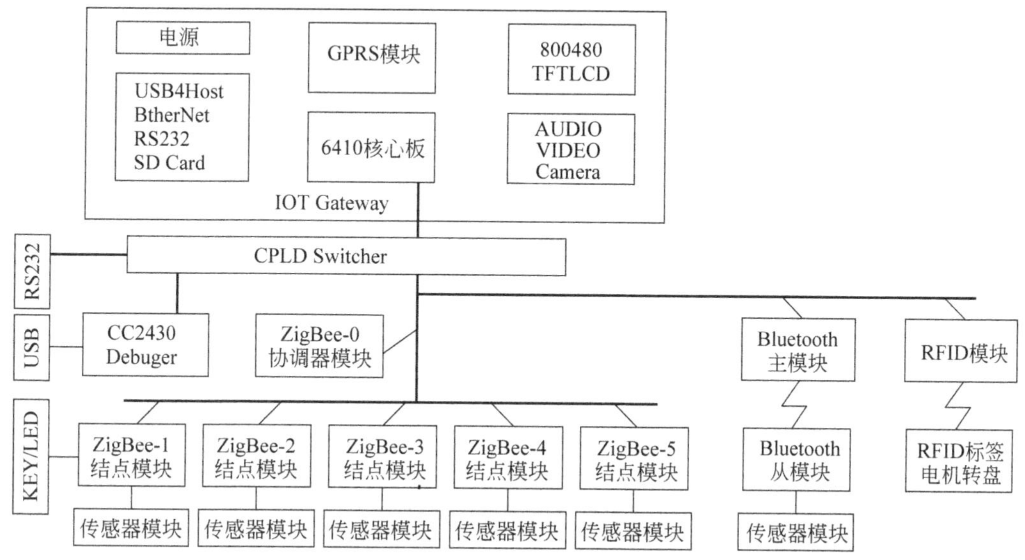


**图 3.70 UP-CUP IOT-6410-Ⅱ型物联网平台硬件框架**

④ 调试串口、JTAG、复位、RTC 电池、DCDC 电源等。

⑤ GPRS 模块及其配套装置。

⑥ 800×480 分辨率 7 英寸液晶屏/触摸屏及其配套电路。

⑦ AC97 音频输入输出接口。

⑧ 视频 CVBS 输出接口。

⑨ 视频 CVBS 输入接口和 CMOS Camera。

(2) ZigBee 开发套件

① 板载 CC-Debuger,用于烧写或调试 ZigBee 模块。

② 6 套 ZigBee 模块和不同种类传感器模块。其中 Z0 模块作为协调器,Z1～Z5 作为结点模块。

③ Z1 模块配有 2 个按键、1 个摇杆按键和 4 个 LED,用于 CC2430 芯片的基础开发。

④ Z0 协调器模块可与 6410 网关通过串口通信,结点模块均独立工作,只从系统吸取电源。

(3) 蓝牙组件

① 主从蓝牙模块各 1 个。

② 主模块有配对清除按键。

③ 从模块配有单片机和温湿度传感器,另可外接一个任意种类的传感器模块。

④ 主模块可与 6410 网关通过串口通信,从模块则独立工作,只从系统吸取电源。

(4) RFID 组件

① RFID 读卡模块一个,通过串口与 6410 网关通信。

② 步进电机带动转盘,自动演示 RFID 标签刷卡过程。

## 3.3.2 嵌入式 Linux 开发环境的建立

嵌入式 Linux 开发环境有以下几个方案。

(1) 基于 PC Windows 操作系统下的 CYGWIN；

(2) 在 Windows 下安装虚拟机后，再在虚拟机中安装 Linux 操作系统；

(3) 直接安装 Linux 操作系统。

本节选择第二种开发方式，使用 Windows XP 系统运行 Vmware 虚拟机，在虚拟机中运行 Fedora 9 系统。

在进行嵌入式开发前，第一步的工作是安装一台装有指定操作系统的 PC 作宿主开发机，对于嵌入式 Linux，宿主机上的操作系统一般要求为 REDHATLINUX。嵌入式开发通常要求宿主机配置有网络，支持 NFS，然后要在宿主机上建立交叉编译调试的开发环境。

下面以博创科技的物联网教学系统 UP-CUP IOT-6410-Ⅱ型网关部分开发工具软件的安装与配置说明其嵌入式 Linux 开发环境的构建。

**1. Fedora 9 的安装**

Fedora 9 的安装与配置请参考其他资料，在 VMware 虚拟机上安装完 Fedora 后还要安装 Linux 的编译器和开发库以及 ARM-Linux 的所有源代码，在 VMware 虚拟机运行 Fedora9 系统宿主机环境。

**2. UP-CUP IOT-6410-Ⅱ型网关部分开发环境构建**

将博创兴业科技有限公司提供的 UP-CUP IOT-6410-Ⅱ型网关部分开发平台附带开发工具光盘插入 CDROM，然后执行以下命令挂载光驱磁盘到本地/mnt 目录：

```
mount/dev/cdrom/mnt
```

若系统不识别/dev/cdrom，可用如下命令，假设 CD-ROM 为从盘，即为/dev/hdb，则：

```
mount-t iso9660/dev/hdb/mnt
```

如果使用 Linux 虚拟机以上两步就不必做了，参考下面一节的常用软件服务安装配置中的 Samba 服务器的配置方法，实现 Windows 系统与虚拟机中 Fedora 系统文件共享。

(1) 复制光盘代码资源到宿主机

UP-CUP IOT-6410-Ⅱ型开发平台配套光盘的网关资源目录下有自动安装脚本执行文件 install. sh，该执行文件用于用户初次在宿主机 Fedora 上自动安装光盘内容及交叉编译环境。

进入光盘目录下，执行 install. sh 脚本，即可在宿主机 Fedora 上安装产品交叉编译环境，即执行下面的命令：

```
#./install.sh
```

此时将在宿主机 Fedora 的根目录上产生/UP-CUP6410 光盘目录，该目录下存放开发板配置资源代码及工具环境。

(2) 安装交叉编译器

交叉编译的解压及安装实际已经在 install. sh 脚本执行的时候安装好了,用户也可以确认安装成功后,跳过安装交叉编译器的步骤。

光盘安装目录的 CrossTools 目录下存放 UP-CUP IOT-6410-Ⅱ型网关部分配套的交叉编译器,此编译器十分重要,安装的成功与否直接关系后面交叉编译程序的测试。

在宿主机的/usr/local/目录下建立 arm 目录存放交叉编译器:

```
#mkdir/usr/local/arm
```

解压交叉编译器包至/usr/local/arm/目录下:

```
#tar xzvf 4.3.1-eabi-armv6-up-cup6410.tar.gz-C/usr/local/arm/
```

解压后便会产生/usr/local/arm/4. 3. 1-eabi-armv6/目录。

修改系统编译器默认搜索路径配置文件 PATH 及 LD_LIBRARY_PATH 环境变量如下:

```
#vi ~/.bashrc
```

修改后内容如下:

```
#UP-CUP6410II
PATH=$PATH:$HOME/bin:/usr/local/arm/4.3.1-eabi-armv6/usr/bin/
LD_LIBRARY_PATH:/usr/local/arm/4.3.1-eabi-armv6/gmp/lib:/usr/local/arm/4.3.1-
eabi-armv6/mpfr/lib
```

退出保存后,重启配置。然后执行下面命令:

```
#source ~/.bashrc
```

配置生效,此时可以通过在终端中输入编译器部分名称来验证是否成功安装,例如,在终端内输入"arm-linux-"双击 Tab 键,将自动补齐以 arm-linux-为开头的交叉编译器名称 arm-linux-gcc,同样可以通过 which 命令查看交叉编译器的存放路径,即:

```
#which arm-linux-gcc
```

也可以通过 arm-linux-gcc-v 命令查看交叉编译器版本。

特别注意,产品光盘安装脚本 install. sh 已经将交叉编译器在/usr/local/arm/目录中安装好,用户只需验证是否安装即可,如果因环境原因导致安装交叉编译器失败,用户可按照上述方法手动安装交叉编译器。

**3. 常用软件服务的安装配置**

添加 SAMBA 服务,该服务主要用于 Fedora 与 Windows XP 之间实现通信。

(1) 在 Fedora 中添加 smb(SAMBA)服务

启动 Fedora 虚拟机后,执行"系统"→"管理"→"服务"命令添加该服务,如图 3. 71、图 3. 72 所示。

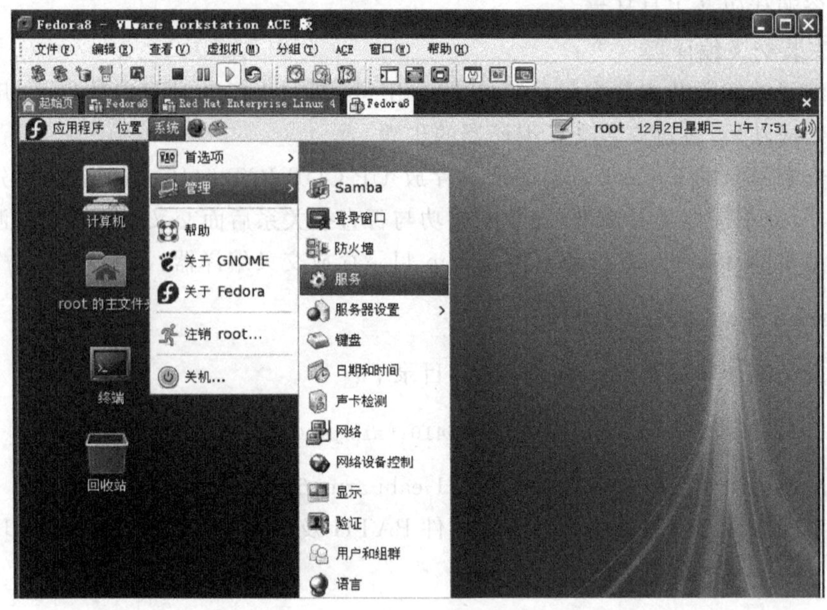


图 3.71 添加服务 1

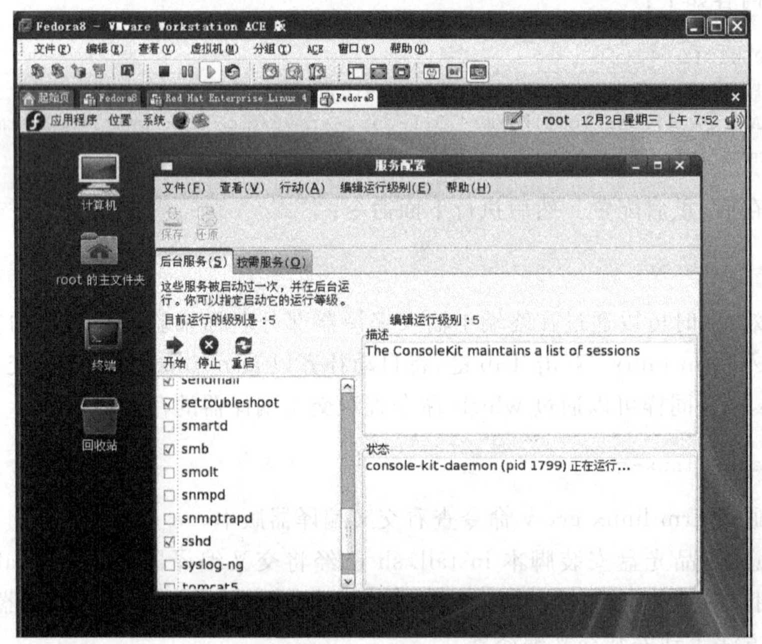


图 3.72 添加服务 2

看是否有 smb 选项，如果有则已经安装了 samba 服务，没有则需安装(具体安装方法，此处不在赘述，请读者参考网络资源)。

(2) 将 smb 服务添加到防火墙的例外中

防火墙的设置如图 3.73 所示。

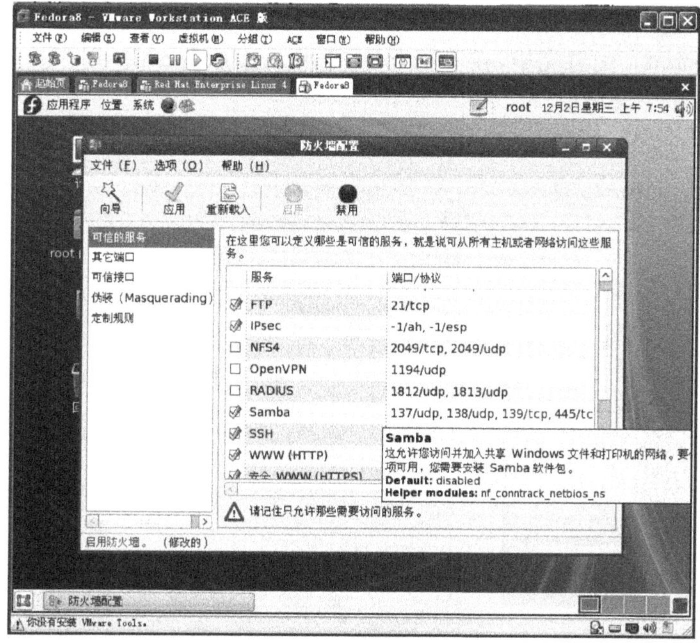


图 3.73　设置防火墙选项

如果对系统安全性要求不高的环境，也可以直接禁用系统防火墙。

(3) 禁用 selinux 服务

编辑 selinux 的配置文件(root 用户权限)，用如下命令：

```
#vi/etc/selinux/config
```

将 selinux=enforcing 行的 enforcing 修改为 disabled，保存后退出。重启生效，如果不想重启，用如下命令：

```
#setenforce 0
```

(4) 启动 smb 服务

用如下命令启动 smb 服务。

```
#/etc/init.d/smb restart
```

(5) 添加可访问 smb 共享服务的用户

执行如下命令。

```
#smbpasswd-a username
```

New SMB password：设置密码。

Retype new SMB password：确认密码。

**注意**：使用这种方法添加的用户，必须首先是系统超级用户。

追加系统用户的方法如下。

```
#useradd xxxx-p xxxx
```

第一个参数为用户名;第二个为密码。

到此为止,samba 配置完毕,在 Windows 下收入添加的 SMB 用户及密码即可以\\ip 方式访问 Linux 的共享了。

ip 为 Fedora 系统 IP 地址,访问 smb 共享目录如图 3.74 所示。

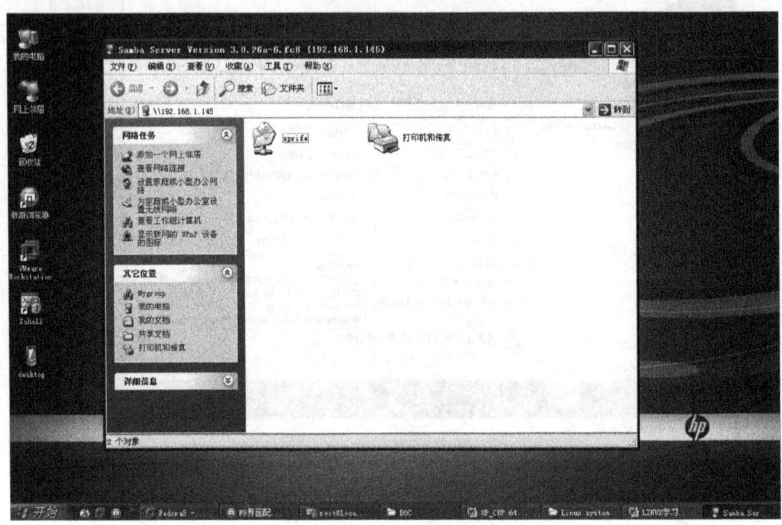

图 3.74 Windows 下访问 Fedora 系统共享

在 Fedora 下访问 Windows 共享,可使用 smb://ip,其中 ip 为 Windows 系统 IP 地址。Fedora 下访问 Windows 共享如图 3.75 所示。

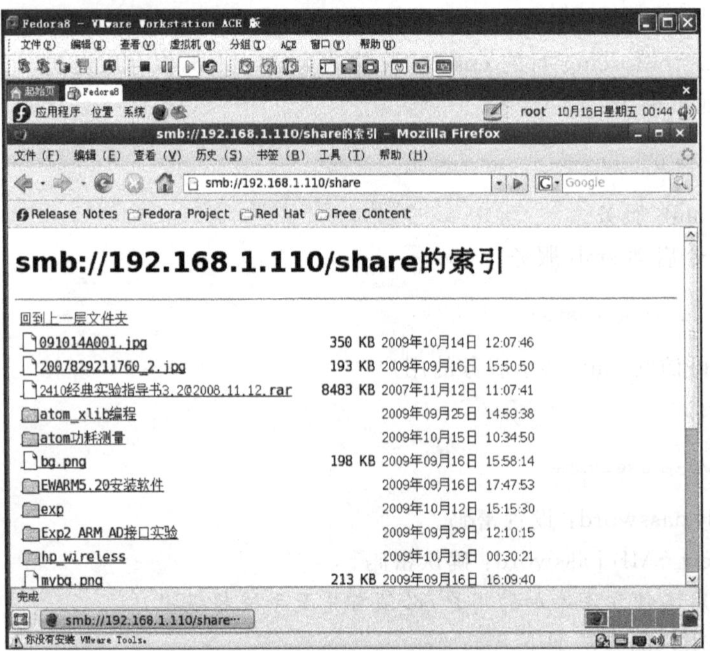


图 3.75 Fedora 下访问 Windows 共享

(6) 建立 NFS 文件共享

NFS 文件共享的方式极大地方便了嵌入式软件开发，在嵌入式开发板设备存储资源有限的条件下，极大扩展了对存储容量要求大的软件程序。使用 NFS 共享即将宿主机 Fedora 系统内的文件目录共享，指定特定 IP 地址的机器(一般为开发板设备)访问该文件夹。

① 建立 NFS 服务。启动 Fedora 虚拟机后，执行"系统"→"管理"→"服务"命令添加该服务，如图 3.76 所示。

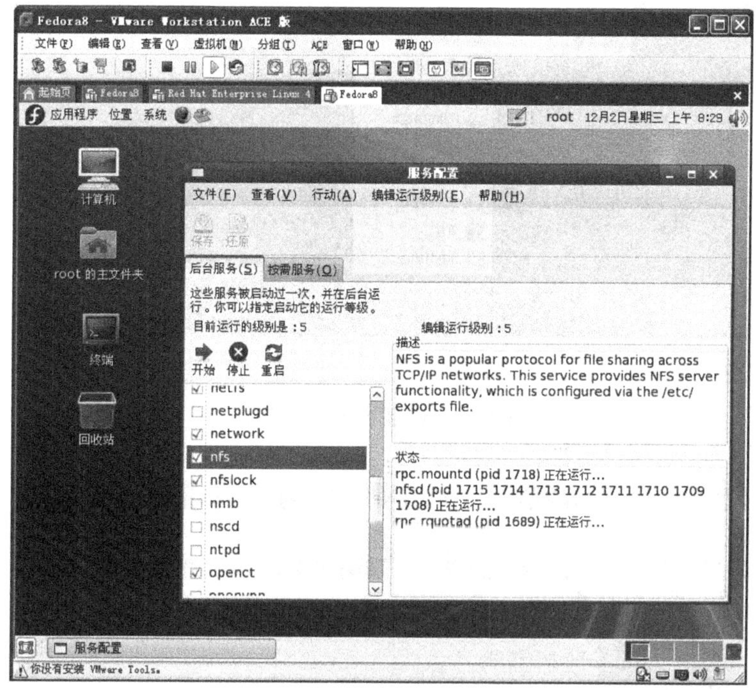


图 3.76 添加 NFS 服务

② 配置 NFS 共享目录。进入"系统"→"管理"→"服务器设置"→NFS 中设置目录，如图 3.77 所示。

目录：设置宿主机端共享目录文件夹。例如，使用产品光盘安装后产生的光盘目录：/UP-CUP6410，该 NFS 共享目录在后续实验都将用到，建议用户创建的 NFS 目录与本指导一致，方便后续实验。

主机：可以访问该共享目录的机器的 IP 地址，例如 192.168.1.*。

基本权限：读写权限，如图 3.78 所示。

建立好的 NFS 共享目录如图 3.79 所示。

③ 挂载 NFS 共享目录。宿主机端 NFS 服务目录建立好后，即可在 UP-CUP IOT6410-Ⅱ平台端运行 mount 命令挂载宿主机端 NFS 共享目录。启动开发板后，进入串口终端，先配置开发板 IP(默认是 192.168.1.199)，再挂载。

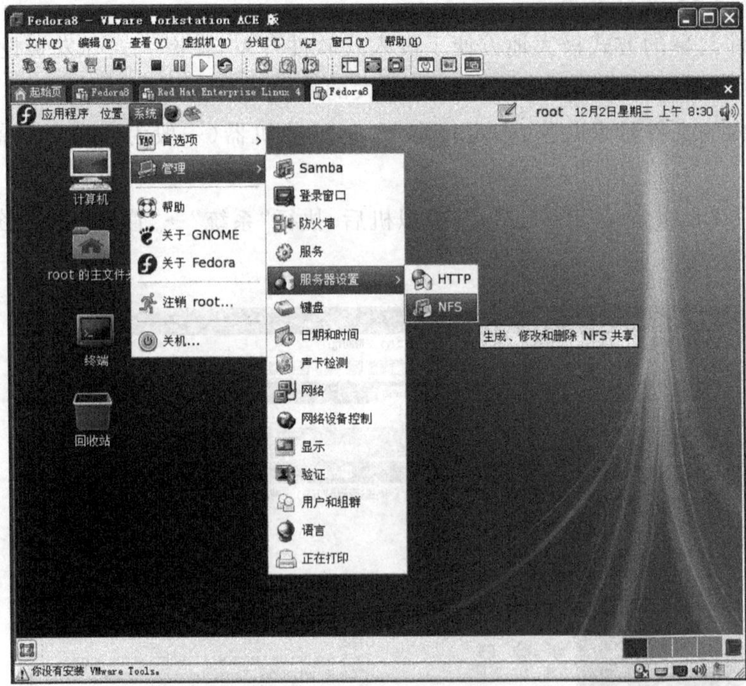


图 3.77 设置 NFS 共享目录

图 3.78 配置 NFS

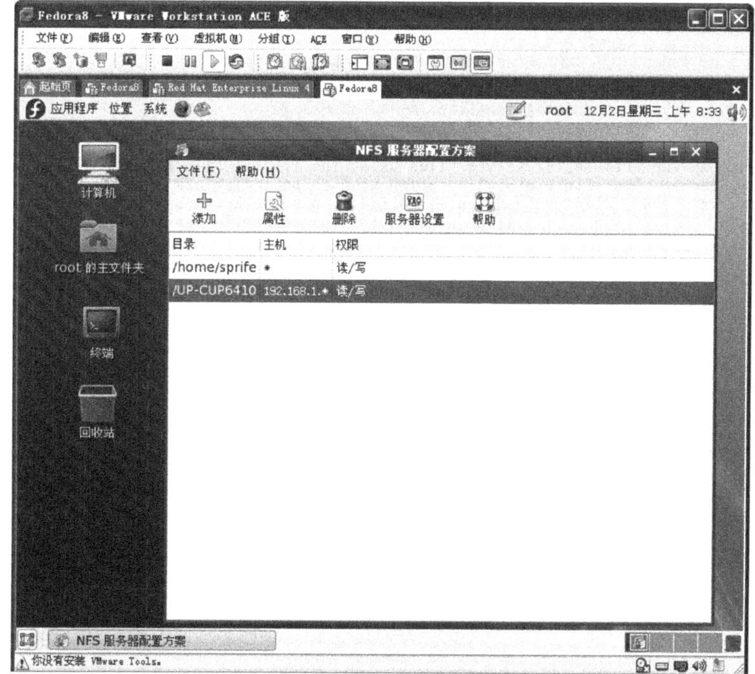


图 3.79 NFS 共享目录

```
[root@UP_6410 yaffs]#ifconfig eth0 192.168.1.199
[root@UP_6410 yaffs]#mountnfs 192.168.1.145:/UP-CUP6410/mnt/nfs/
```

注：mountnfs 命令为"mount -t nfs -o nolock,rsize=4096,wsize=4096"命令字符串的别名，在 UP-CUP IOT-6410-Ⅱ型网关部分系统的文件系统中也设置好，因此用户只需使用 mountnfs 命令即可，无须外加参数。

192.168.1.199 为开发板 IP 地址，192.168.1.145 为宿主机端 IP 地址。/UP-CUP6410 目录为宿主机端 NFS 共享目录，/mnt/nfs 目录为开发板端临时挂载目录挂载成功后即可在开发板的/mnt/nfs 下访问宿主机的/UP-CUP6410 目录下文件内容。如果挂载失败，而且使用 PING 命令测试宿主机与开发板通信正常，可以在宿主机端使用如下命令：

```
#route del default
```

关闭默认路由。

(7) 建立 TFTP 服务(可选服务)

该服务主要用来将 Fedora 系统中交叉编译好的程序下载到 UP-CUP IOT-6410-Ⅱ型网关部分开发板上(相当于 Windows XP 上的 TFTP32.EXE 软件)，如图 3.80 所示。

① 安装 TFTP 服务。如果 Fedora 系统没有安装 TFTP 服务，需要下载安装该服务。该方式需要 Fedora 系统下的网络支持(即 Fedora 可以连接互联网)。

使用如下命令：

```
    return _setlocale(category, locale)
locale.Error: unsupported locale setting
[root@localhost ~]# cat /etc/xinetd.d/tftp
# default: off
# description: The tftp server serves files using the trivial file transfer \
#       protocol.  The tftp protocol is often used to boot diskless \
#       workstations, download configuration files to network-aware printers, \
#       and to start the installation process for some operating systems.
service tftp
{
        socket_type             = dgram
        protocol                = udp
        wait                    = yes
        user                    = root
        server                  = /usr/sbin/in.tftpd
        server_args             = -s /tftpboot
        disable                 = no
        per_source              = 11
        cps                     = 100 2
        flags                   = IPv4
}
[root@localhost ~]# 
```

图 3.80 修改 TFTP 文件

```
#yum install tftp
#yum install tftp-server
```

② 配置服务。将/etc/xinetd.d/tftp 文件中的 disable 更改为 no 即可。

③ 重新启动服务，使用如下命令：

```
#service xinetd restart
```

以上即将系统环境中经常使用的服务软件安装配置完毕。用户可以根据实际需要添加相应服务。

# 第4章 传感器及检测技术

**本章重点**

(1) 传感器的分类、传感器的组成及传感器在物联网中的应用。

(2) 检测的基本概念、检测技术分类及检测系统组成。

(3) 典型传感器介绍。

(4) 智能检测系统的组成及类型、智能传感器技术。

(5) 物联网中传感器应用实践。

## 4.1 传感器

### 4.1.1 传感器的概述

传感器是一种物理装置或生物器官,能够探测、感受外界的信号、物理条件(如光、热、湿度)或化学组成(如烟雾),并将探知的信息传递给其他装置或器官。

国家标准 GB 7665—87 对传感器下的定义是:"能感受规定的被测量件并按照一定的规律转换成可用信号的器件或装置,通常由敏感元件和转换元件组成。"传感器是一种检测装置,能感受到被测量的信息,并能将检测感受到的信息,按一定规律变换成为电信号或其他所需形式的信息输出,以满足信息的传输、处理、存储、显示、记录和控制等要求。它是实现自动检测和自动控制的首要环节。

关于传感器,我国曾出现过多种名称,如发送器、传送器、变送器,因其内涵相同,所以近年已趋向统一,大都使用传感器这一名称。从字面上可以作如下解释:传感器的功用是一感二传,即感受被测信息,并传送出去。根据这个定义,传感器的作用是将一种能量转换成另一种能量形式,所以不少学者也用"换能器(Transducer)"称谓"传感器(Sensor)"。

### 4.1.2 传感器的分类

往往同一被测量可以用不同类型的传感器测量,而同一原理的传感器又可测量多种物理量,因此传感器有许多种分类方法。常见的传感器分类方法如下。

### 1. 按传感器的用途分类

传感器按照其用可分为力敏传感器、位置传感器、液面传感器、能耗传感器、速度传感器、加速度传感器、射线辐射传感器、热敏传感器和24GHz雷达传感器等。

### 2. 按传感器的原理分类

传感器按照其原理可分为振动传感器、湿敏传感器、磁敏传感器、气敏传感器、真空度传感器和生物传感器等。

### 3. 按传感器的输出信号标准分类

传感器按照其输出信号的标准分类可分为以下几种：

(1) 模拟传感器，将被测量的非电学量转换成模拟电信号；

(2) 数字传感器，将被测量的非电学量转换成数字输出信号(包括直接和间接转换)；

(3) 膺数字传感器，将被测量的信号量转换成频率信号或短周期信号的输出(包括直接或间接转换)；

(4) 开关传感器，当一个被测量的信号达到某个特定的阈值时，传感器相应地输出一个设定的低电平或高电平信号。

### 4. 按传感器的材料分类

在外界因素的作用下，所有材料都会做出相应的、具有特征性的反应。它们中的那些对外界作用最敏感的材料，即那些具有功能特性的材料，被用来制作传感器的敏感元件。从所应用的材料观点出发可将传感器分成下列几类。

(1) 按照其所用材料的类别分类：金属聚合物和陶瓷混合物。

(2) 按材料的物理性质分类：导体、半导体、绝缘体和磁性材料。

(3) 按材料的晶体结构分类：单晶、多晶和非晶材料。

与采用新材料紧密相关的传感器开发工作，可以归纳为下述3个方向。

(1) 在已知的材料中探索新的现象、效应和反应，然后使它们能在传感器技术中得到实际使用。

(2) 探索新的材料，应用那些已知的现象、效应和反应来改进传感器技术。

(3) 在研究新型材料的基础上探索新现象、新效应和反应，并在传感器技术中加以具体实施。

现代传感器制造业的进展取决于用于传感器技术的新材料和敏感元件的开发强度。传感器开发的基本趋势是和半导体以及介质材料的应用密切关联的。

### 5. 按传感器的制造工艺分类

传感器按照其制造工艺可分为集成传感器、薄膜传感器、厚膜传感器和陶瓷传感器。

(1) 集成传感器是用标准的生产硅基半导体集成电路的工艺技术制造的。通常还将用于初步处理被测信号的部分电路也集成在同一芯片上。

(2) 薄膜传感器则是通过沉积在介质衬底(基板)上的，由相应敏感材料的薄膜形成的。使用混合工艺时，同样可将部分电路制造在此基板上。

(3) 厚膜传感器是利用相应材料的浆料，涂覆在陶瓷基片上制成的，基片通常是

$Al_2O_3$ 制成的，然后进行热处理，使厚膜成形。

（4）陶瓷传感器是采用标准的陶瓷工艺或其某种变种工艺（溶胶—凝胶等）生产的。完成适当的预备性操作之后，已成形的元件在高温中进行烧结。

厚膜传感器和陶瓷传感器这两种工艺之间有许多共同特性，在某些方面，可以认为厚膜工艺是陶瓷工艺的一种变型。

每种工艺技术都有自己的优点和不足。由于研究、开发和生产所需的资本投入较低，以及传感器参数的高稳定性等原因，采用陶瓷传感器和厚膜传感器比较合理。

**6. 按传感器测量目的的不同分类**

传感器根据测量目的不同可分为物理型传感器、化学型传感器和生物型传感器。

（1）物理型传感器是利用被测量物质的某些物理性质发生明显变化的特性制成的。

（2）化学型传感器是利用能把化学物质的成分、浓度等化学量转化成电学量的敏感元件制成的。

（3）生物型传感器是利用各种生物或生物物质的特性做成的，用以检测与识别生物体内化学成分的传感器。

### 4.1.3　传感器的性能技标

**1. 传感器静态特性**

传感器的静态特性是指对静态的输入信号，传感器的输出量与输入量之间所具有的相互关系。因为这时输入量和输出量都和时间无关，所以它们之间的关系，即传感器的静态特性可用一个不含时间变量的代数方程，或以输入量作横坐标，把与其对应的输出量作纵坐标而画出的特性曲线来描述。表征传感器静态特性的主要参数有线性度、灵敏度、迟滞、重复性、漂移等。

（1）线性度，指传感器输出量与输入量之间的实际关系曲线偏离拟合直线的程度。其定义为在全量程范围内实际特性曲线与拟合直线之间的最大偏差值与满量程输出值之比。

（2）灵敏度，是传感器静态特性的一个重要指标。其定义为输出量的增量与引起该增量的相应输入量增量之比。用 $S$ 表示灵敏度。

（3）迟滞，指传感器在输入量由小到大（正行程）及输入量由大到小（反行程）变化期间其输入、输出特性曲线不重合的现象。对于同一大小的输入信号，传感器的正、反行程输出信号大小不相等，这个差值称为迟滞差值。

（4）重复性，指传感器在输入量按同一方向作全量程连续多次变化时，所得特性曲线不一致的程度。

（5）漂移，指在输入量不变的情况下，传感器输出量随着时间变化的现象。产生漂移的原因有两个方面：一是传感器自身结构参数；二是周围环境（如温度、湿度等）。

**2. 传感器动态特性**

所谓动态特性，是指传感器在输入变化时，它的输出的特性。在实际工作中，传感器的动态特性常用它对某些标准输入信号的响应来表示。这是因为传感器对标准输入信号的响应容易用实验方法求得，并且它对标准输入信号的响应与它对任意输入信号的响应之间存在一定的关系，往往知道了前者就能推定后者。最常用的标准输入信号有阶跃信号和正弦信号两种，所以传感器的动态特性也常用阶跃响应和频率响应来表示。

**3. 传感器的线性度**

通常情况下，传感器的实际静态特性输出是条曲线而非直线。在实际工作中，为使仪表具有均匀刻度的读数，常用一条拟合直线近似地代表实际的特性曲线、线性度（非线性误差），就是这个近似程度的一个性能指标。

拟合直线的选取有多种方法。如将零输入和满量程输出点相连的理论直线作为拟合直线；或将与特性曲线上各点偏差的平方和为最小的理论直线作为拟合直线，此拟合直线称为最小二乘法拟合直线。

**4. 传感器的灵敏度**

灵敏度是指传感器在稳态工作情况下输出量变化 $\Delta y$ 对输入量变化 $\Delta x$ 的比值。

它是输出/输入特性曲线的斜率。如果传感器的输出和输入之间显线性关系，则灵敏度 $S$ 是一个常数。否则，它将随输入量的变化而变化。

灵敏度的量纲是输出、输入量的量纲之比。例如，某位移传感器，在位移变化 1mm 时，输出电压变化为 200mV，则其灵敏度应表示为 200mV/mm。

当传感器的输出、输入量的量纲相同时，灵敏度可理解为放大倍数。提高灵敏度，可得到较高的测量精度。但灵敏度愈高，测量范围愈窄，稳定性也往往愈差。

**5. 传感器的分辨率**

分辨率是指传感器可感受到的被测量的最小变化的能力。也就是说，如果输入量从某一非零值缓慢地变化，当输入变化值未超过某一数值时，传感器的输出不会发生变化，即传感器对此输入量的变化是分辨不出来的。只有当输入量的变化超过分辨率时，其输出才会发生变化。

通常传感器在满量程范围内各点的分辨率并不相同，因此常用满量程中能使输出量产生阶跃变化的输入量中的最大变化值作为衡量分辨率的指标。上述指标若用满量程的百分比表示，则称为分辨率。分辨率与传感器的稳定性有负相关性。

### 4.1.4 传感器的组成和结构

国家标准 GB 7665—87 中传感器（Transducer/Sensor）的定义：能够感受规定的被测量并按照一定规律转换成可用输出信号的器件或装置。

这一定义包含了以下几方面意思。

(1) 传感器是测量装置，能完成检测任务。

(2) 传感器的输出量是某一被测量，可能是物理量，也可能是化学量、生物量等。

(3) 传感器的输出量是某种物理量，这种量要便于传输、转换、处理、显示等，这种量可以是气、光、电量，但主要是电量。

(4) 输出输入有对应关系，且应有一定的精确程度。

传感器一般由敏感元件、转换元件、基本转换电路三部分组成，组成框图如图 4.1

所示。

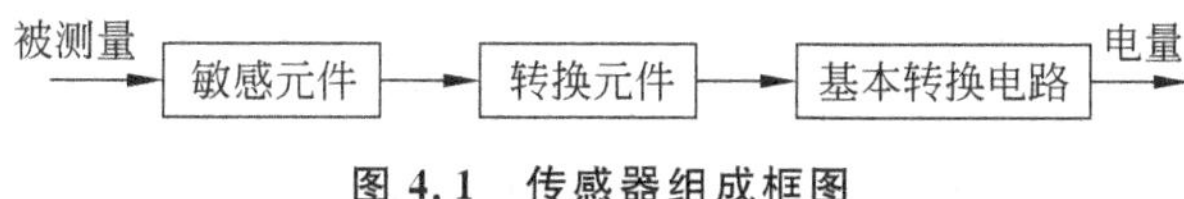


图 4.1 传感器组成框图

敏感元件是直接感受被测量,并且输出与被测量成确定关系的某一物理量的元件。

敏感元件的输出就是转换元件的输入,它把输入转换成电路参量。

基本转换电路可把敏感元件的输出经转换元件的输出再转换成电量输出。

实际上,有些传感器很简单,有些则较复杂,大多数是开环系统,也有些是带反馈的闭环系统。

### 4.1.5 传感器在物联网中的应用

传感器是物联网信息采集基础。传感器处于产业链上游,在物联网发展之初受益较大;同时传感器又处在物联网金字塔的塔座,随着物联网的发展,传感器行业也将得到提升,它将是整个物联网产业中需求量最大的环节。

目前,我国传感器产业相对国外来说,还比较落后,尤其在高端产品的需求上,大部分还依赖于进口,即使这样,随着工业技术的发展,需求量还是很大。随着物联网"十二五"规划的出台,物联网在智能电网、交通运输、智能家居、精细农牧业、公共安全以及智慧城市等领域的应用正在慢慢拓展,由此带来的传感器需求将更加的庞大。

现在,汽车、物流、煤矿安监、安防、RFID标签卡领域的传感器市场增长较快:在汽车传感器市场上,由于汽车需求的急剧增加,带动传感器的销量也在快速上升,其潜在规模达57亿只,这个数量将是目前的14倍以上;物流传感器市场将是汽车行业的2倍左右;此外,安防行业近年也引起了重视,"十二五"规划中我国安防行业产值年均增长20%,传感器也将与其同步发展。

传感器技术领导者易转型为整体方案商,成长空间大,竞争力强,是投资的首选目标。整体方案市场空间大,是传感器企业的长远目标,传感器核心技术的领导者更易转型;在物联网战略下,传感器国产化需求迫切,传感器行业的国内领导者受政府扶持;作为物联网发展瓶颈,传感器成为整个产业链的优势环节,也代表了企业的核心竞争力。

## 4.2 检测技术基础

自动检测技术是一门以研究检测系统中信息提取、转换及处理的理论和技术为主要内容的应用技术学科。在信息社会的一切活动领域,检测是科学地认识各种现象的基础性方法和手段。检测技术是多学科知识的综合应用,涉及半导体技术、激光技术、光纤技术、声控技术、遥感技术、自动化技术、计算机应用技术以及数理统计、控制论、信息化等近代新技术和新理论。

### 4.2.1 检测系统概述

检测是人类认识物质世界、改造物质世界的重要手段。检测技术的发展标志着人类的进步和人类社会的繁荣。现代工业、农业、国防、交通、医疗、科研等各行业，检测技术的作用越来越大，检测设备就像神经和感官，源源不断地向人们传输各种有用的信息。检测的自动化、智能化归功于计算机技术的发展。微处理器芯片使传统的检测技术采用计算机进行数据分析处理成为现实。微电子技术和计算机技术的迅猛发展，使检测仪器在测量过程自动化、测量结果的智能化处理和仪器功能仿真等方面都有了巨大的进展。从广义上说，自动检测系统包括以单片机为核心的智能仪器、以 PC 为核心的自动测试系统和目前发展势头迅猛的专家系统。

现代检测系统应当包含测量、故障诊断、信息处理和决策输出等多种内容，具有比传统的"测量"更丰富的范畴和模仿人类专家信息综合处理能力。

现代检测系统充分开发利用了计算机资源，在人工最少参与的条件下尽量以软件实现系统功能，一般具有以下一些特点。

(1) 软件控制测量过程。自动检测系统可实现自动测量、自动极性判断、自动量程切换、自动报警、过载保护、非线性补偿、多功能测试和自动回巡检测。由于有了计算机，这些过程可采用软件控制，测量过程的软件控制可以简化系统的硬件结构，缩小体积，降低功耗，提高检测系统的可靠性和自动化程度。

(2) 智能化数据处理。智能化数据处理是智能检测系统最突出的特点。计算机可以方便、快捷地实现各种算法。因此，智能检测系统可用软件对测量结果进行及时、在线处理，提高测量精度。

(3) 高度的灵活性。智能检测系统以软件为工作核心，生产、修改、复制都较容易，功能和性能指标更改方便。而传统的硬件检测系统，生产工艺复杂，参数分散性较大，每次更改都牵涉到元器件和仪器结构的改变。

(4) 实现多参数检测与信息融合。智能检测系统配备多个测量通道，可以由计算机对多路测量通道进行高速扫描采样。因此，智能检测系统可以对多种测量参数进行检测。在进行多参数检测的基础上，依据各路信息的相关特性，可以实现智能检测系统的多传感器信息融合，从而提高检测系统的准确性、可靠性和可容错性。

(5) 测量速度快。高速测量是智能检测系统追求的目标之一。检测速度，是指从测量开始，经过信号放大、整流滤波、非线性补偿、A/D 转换、数据处理和结果输出的全过程所需的时间。目前高速 A/D 转换的采样速度为 200MHz 以上，32 位 PC 的时钟频率也在 500MHz 以上。随着电子技术的迅猛发展，高速显示、高速打印、高速绘图设备也日趋完善。这些都为智能检测系统的快速检测提供了条件。

(6) 智能化功能强。以计算机为信息处理核心的智能检测系统具有较强的智能功能，可以满足各类用户的需要。典型的智能功能有以下几点。

① 检测选择功能。智能检测系统能够实现量程转换、信号通道和采样方式的自动选择，使系统具有对被测对象的最优化跟踪检测能力。

② 故障诊断功能。智能检测系统结构复杂，功能较多，系统本身的故障诊断尤为重要。系统可以根据检测通道的特征和计算机本身的自诊断能力，检查各单元故障，显示故障部位、故障原因和应该采取的故障排除方法。

③ 其他智能功能。智能检测系统还可以具备人机对话、自校准、打印、绘图、通信、专

家知识查询和控制输出等智能功能。

检测就是借助专用的手段和技术工具，通过实验的方法，把被测量与同性质的标准量进行比较，求出两者的比值，从而得到被测量数值大小的过程。传感器是感知、获取与检测信息的窗口，特别是在自动检测和自动控制系统中获取的信息，都要通过传感器转换为容易传输、处理的电信号。

在工程实践和科学实验中提出的检测任务是正确及时地掌握各种消息，大多数情况下是要获取被测对象信息的大小，即被测量的大小。这样，信息采集的主要含义就是测量并取得测量数据。

测量结果可用一定的数值表示，也可用一条曲线或某种图形表示。但无论其表现形式如何，测量结果应包括两部分，即比值和测量单位。确切地讲，测量结果还应包括误差部分。

实现被测量与标准量比较得出比值的方法，称为测量方法。针对不同测量任务进行具体分析以找出切实可行的测量方法，对测量工作是十分重要的。

## 4.2.2 检测技术分类

### 1. 按测量过程的特点分类

(1) 直接测量法。在使用仪表或传感器进行测量时，对仪表读数不需要经过任何运算就能直接表示测量结果的测量方法称为直接测量。例如，用磁电式电流表测量电路的某一支路电流、用弹簧管压力表测量压力等，都属于直接测量。直接测量的优点是测量过程既简单又迅速，缺点是测量精度不高。直接测量方法又包括以下几种。

① 偏差测量法是用仪表指针的位移(即偏差)决定被测量的量值的测量方法。在测量时，插入被测量，按照仪表指针在标尺上的示值决定被测量的数值。这种方法测量过程比较简单、迅速，但测量结果精度较低。

② 零位测量法是用指零仪表的零位指示检测测量系统的平衡状态，在测量系统平衡时，用已知的标准量决定被测量的量值的测量方法。在测量时，已知的标准量直接与被测量相比较，已知量应连续可调，指零仪表指零时，被测量与已知标准量相等。

③ 微差测量法，是综合了偏差法测量与零位法测量的优点而提出的一种测量方法。它将被测量与已知的标准量相比较，取得差值后，再用偏差测量法测得此差值。应用这种方法测量时，不需要调整标准量，而只需测量两者的差值。微差测量法的优点是反应快，而且测量精度高，特别适用于在线控制参数的测量。

(2) 间接测量法。在使用仪表或传感器进行测量时，首先对与测量有确定函数关系的几个量进行测量，将被测量代入函数关系式，经过计算得到所需要的结果，这种测量方法称为间接测量法。间接测量法的测量手续较多，花费时间较长，一般用于直接测量法不方便或者缺乏直接测量手段的场合。

(3) 组合测量法。组合测量法是一种特殊的精密测量方法。被测量必须经过求解联立方程组才能得到最后结果。组合测量操作手续复杂，花费时间长，多用于科学实验或特殊场合。

**2. 按测量的精度因素分类**

(1) 等精度测量法：用相同精度的仪表与测量方法对同一被测量进行多次重复测量。

(2) 非等精度测量法：用不同精度的仪表或不同的测量方法，或在环境条件相差很大时对同一被测量进行多次重复测量。

**3. 按测量仪表特点分类**

(1) 接触测量法：传感器直接与被测对象接触，承受被测参数的作用，感受其变化，从而获得其信号，并测量其信号大小的方法。

(2) 非接触测量法：传感器不与被测对象直接接触，而是间接承受被测参数的作用，感受其变化，并测量其信号大小的方法。

**4. 按测量对象的特点分类**

(1) 静态测量法，指被测对象处于稳定情况下的测量，此时被测对象不随时间变化，故又称为稳态测量。

(2) 动态测量法，指被测对象处于不稳定情况下进行的测量，此时被测对象随时间而变化，因此，这种测量必须在瞬间完成，才能得到动态参数的测量结果。

## 4.2.3 检测系统组成

**1. 检测系统构成**

在工程中，需要由传感器与多台仪表组合在一起，才能完成信号的检测，这样便形成一个检测系统。检测系统是传感器与测量仪表、变换装置等的有机结合。图 4.2 所示是检测系统原理结构框图。

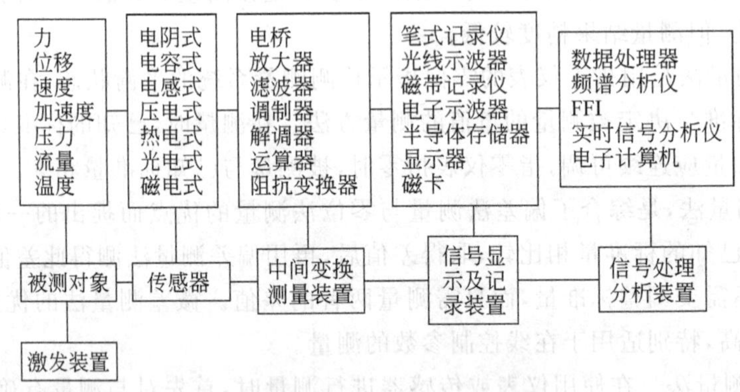


图 4.2 检测系统原理结构框图

**2. 开环检测系统和闭环检测系统**

(1) 开环检测系统

开环检测系统的全部信息变换只沿着一个方向进行，如图 4.3 所示。其中 $x$ 为输入量，$y$ 为输出量。$x_1$ 和 $x_2$ 为各个环节的传递系数，采用开环方式构成的检测系统，结构较简单，但各环节特性的变化都会造成测量误差。

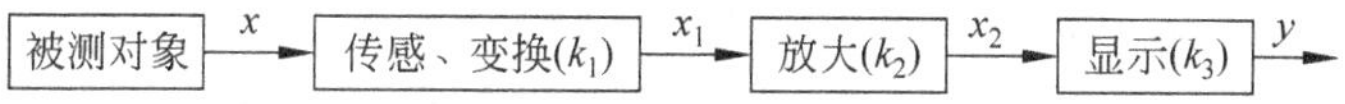

被测对象
x
传感、变换($k_1$)
$x_1$
放大($k_2$)
$x_2$
显示($k_3$)
y

图 4.3　开环检测系统框图

(2) 闭环检测系统

闭环检测系统是在开环系统的基础上加了反馈环节，使得信息变换与传递形成闭环，能对包含在反馈环内的各环节造成的误差进行补偿，使得系统的误差变得很小。

**3. 检测仪表的组成**

检测仪表是实现检测过程的物质手段，是测量方法的具体化，它将被测量经过一次或多次的信号或能量形式的转换，再由仪表指针、数字或图像等显示出量值，从而实现被测量的检测。检测仪表的组成框图如图 4.4 所示。

被测
对象
物理量
传感器
电量
变送器
电量/数字量
显示(记录)
仪表

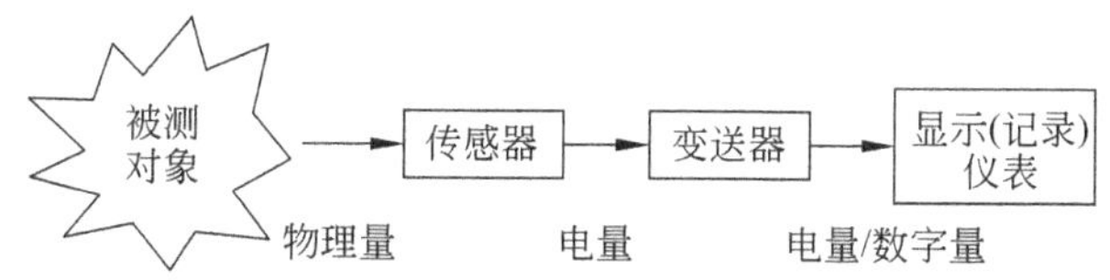

图 4.4　检测仪表的组成框图

(1) 传感器

传感器也称敏感元件、一次元件，其作用是感受被测量的变化并产生一个与被测量呈某种函数关系的输出信号。

传感器根据被测量性质分为机械量传感器、热工量传感器、化学量传感器及生物量传感器等；根据输出量性质分为无源电参量型传感器(如电阻式传感器、电容式传感器、电感式传感器)与发电型传感器(如热电偶传感器、光电传感器、压电传感器)。

(2) 变送器

变送器作用是将敏感元件输出信号变换成既保存原始信号全部信息又更易于处理、传输及测量的变量，因此要求变换器能准确稳定地实现信号的传输、放大和转化。

(3) 显示(记录)仪表

显示(记录)仪表也称二次仪表，其将测量信息转变成对应的工程量在显示(记录)仪表上显示。

## 4.3　典型传感器简介

### 4.3.1　磁检测传感器

磁检测传感器使用的是干簧管。干簧管(Reed Switch)也称舌簧管或磁簧开关，是一种磁敏的特殊开关。它通常有两个软磁性材料做成的、无磁时断开的金属簧片触点，有的还有第 3 个作为常闭触点的簧片。这些簧片触点被封装在充有惰性气体(如氮、氦等)或真空的玻璃管里，玻璃管内平行封装的簧片端部重叠，并留有一定间隙或相互接触以构成开关的常开或常闭触点。干簧管比一般机械开关结构简单、体积小、速度高、工作寿命长；而与电子开关相比，它又有抗负载冲击能力强等特点，工作可靠性很高。

干簧管可以作为传感器用，用于计数、限位等。例如，有一种自行车公里计，就是在轮胎上粘上磁铁，在一旁固定上干簧管构成的。把干簧管装在门上，可作为开门时的报警用，也可作为开关使用。

干簧管的外形和接口原理图如图 4.5 所示。磁检测传感器使用的是常开型干簧管。当传感器靠近磁性物质（如磁铁）时，U2 闭合，Q1 导通，LED3 点亮。通过 STM8 单片机读取 P1_3 状态，可知当前是否靠近磁性物质，高电平时表明未检测到磁性物质；低电平时表明检测到磁性物质。

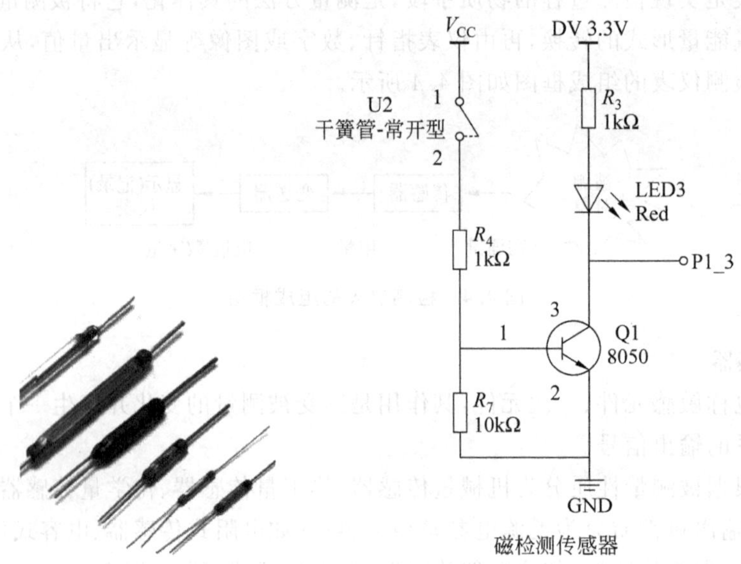


图 4.5　干簧管外形和接口原理图

## 4.3.2　光照传感器

光照传感器使用的是光敏电阻。光敏电阻又称光导管，常用的制作材料为硫化镉，另外还有硒、硫化铝、硫化铅和硫化铋等材料。这些制作材料具有在特定波长的光照射下，其阻值迅速减小的特性。这是由于光照产生的载流子都参与导电，在外加电场的作用下作漂移运动，电子奔向电源的正极，空穴奔向电源的负极，从而使光敏电阻器的阻值迅速下降。光敏电阻器一般用于光的测量、光的控制和光电转换（将光的变化转换为电的变化）。常用的硫化镉光敏电阻器，它是由半导体材料制成的。光敏电阻器的阻值随入射光线（可见光）的强弱变化而变化，在黑暗条件下，它的阻值（暗阻）可达 1～10MΩ，在强光条件（100lx）下，它阻值（亮阻）仅有几百至数千欧姆。光敏电阻器对光的敏感性（即光谱特性）与人眼对可见光 0.4～0.76μm 的响应很接近，只要人眼可感受的光，都会引起它的阻值变化。

光照传感器的外形和接口原理图如图 4.6 所示。传感器使用的光敏电阻的暗电阻为 1～2MΩ，亮电阻为 1～5kΩ。可以计算出

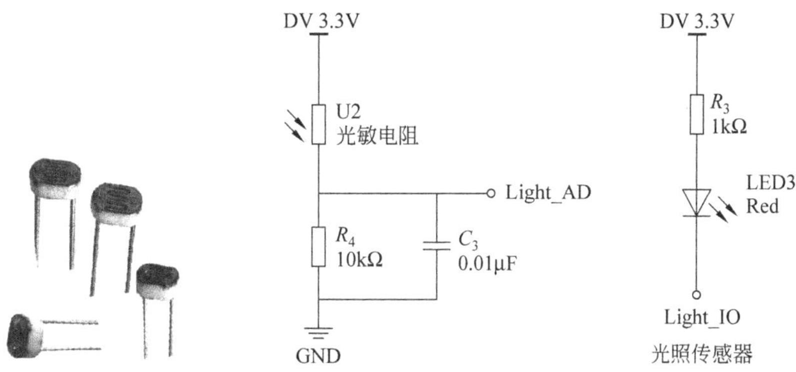


**图 4.6　光照传感器的外形和接口原理图**

在黑暗条件下，Light_AD 的数值为 3.3V×10kΩ/(1000kΩ+10kΩ)=0.033V。

在光照条件下，Light_AD 的数值为 3.3V×10kΩ/(10kΩ+5kΩ)=2.2V。

STM8 单片机内部带有 10 位 AD 转换器，参考电压为供电电压 3.3V。根据上面计算结果，选定 2.2V（需要根据实际测量结果进行调整）作为临界值。当 Light_AD 为 2.2V 时，AD 读数为 2.2/3.3×1024=682，当 AD 读数小于 682 时说明无光照，当 AD 读数大于 682 时，说明有光照，并点亮 LED3 作为指示。

## 4.3.3　红外对射传感器

红外对射传感器使用的是槽型红外光电开关。红外光电传感器捕捉红外线这种不可见光，采用专用的红外发射管和接收管，转换为可以观测的电信号。红外光电传感器有效地防止周围可见光的干扰，进行无接触探测，不损伤被测物体。红外光电传感器在一般情况下，由三部分构成，它们分别为发送器、接收器和检测电路。红外光电传感器的发送器对准目标发射光束，当前面有被检测物体时，物体将发射器发出的红外光线反射回接收器，于是红外光电传感器就“感知”了物体的存在，产生输出信号。

红外对射传感器的外形和接口原理图如图 4.7 所示。槽型红外光电开关把一个红外光发射器和一个红外光接收器面对面地装在一个槽的两侧。发光器能发出红外光，在无

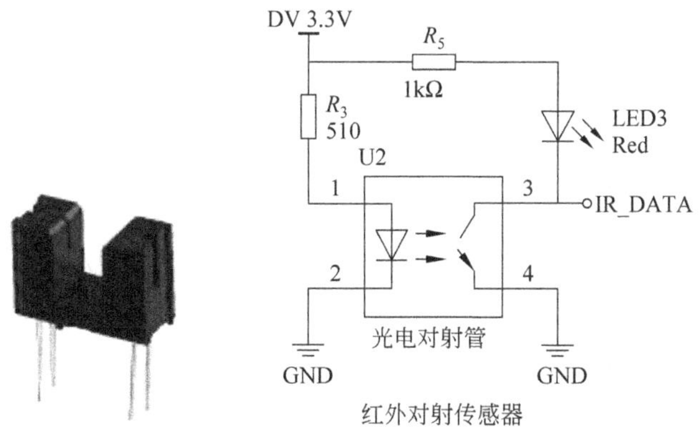


**图 4.7　红外对射传感器外形和接口原理图**

阻情况下光接收器能收到光。但当被检测物体从槽中通过时，光被遮挡，光电开关便动作，输出一个开关控制信号，切断或接通负载电流，从而完成一次控制动作。槽形开关的检测距离因为受整体结构的限制一般只有几厘米。

当槽型光电开关 U2 中间有障碍物遮挡时，IR_DATA 为高电平，LED3 熄灭；当槽型光电开关 U2 中间无障碍物遮挡时，IR_DATA 为低电平，LED3 点亮。通过 STM8 单片机读取 IR_DATA 的高低电平状态，即可获知红外对射传感器是否检测到障碍物。

## 4.3.4 红外反射传感器

红外反射传感器使用的是反射型红外光电开关，反射型红外光电开关把一个红外光发射器和一个红外光接收器装在同一个面上，前方装有滤镜，滤除干扰光。发光器能发出红外光，在无阻情况下光接收器不能收到光。但当前方有障碍物时，光被反射回接收器，光电开关便动作，输出一个开关控制信号，切断或接通负载电流，从而完成一次控制动作。反射型光电开关的检测距离从几厘米到几米不等，在工业测控、安防等方面具有很广的应用。红外反射传感器的外形和接口原理图如图 4.8 所示。

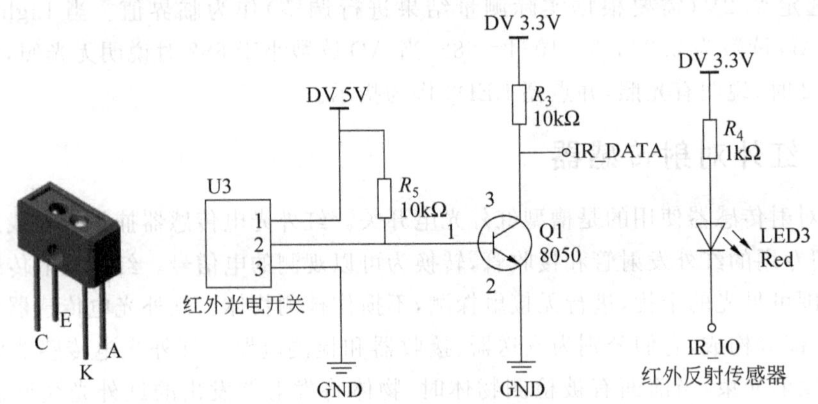


**图 4.8 红外反射传感器的外形和接口原理图**

图 4.8 中红外光电开关 U3 供电电压为 5V，集电极开路输出。当无障碍物时，U3 的 1 脚输出高电平，Q1 导通，IR_DATA 为低电平；当有障碍物时，U3 的 1 脚输出低电平，Q1 截止，IR_DATA 为高电平。通过 STM8 单片机读取 IR_DATA 的高低电平状态，即可获知红外反射传感器是否检测到障碍物，当检测到障碍物时，可以点亮 LED3 作为指示。

## 4.3.5 结露传感器

HDS05 结露传感器是正特性开关型元件，对低湿度不敏感而仅对高湿度敏感，可以在直流电压下工作。其特点如下：

(1) 高湿环境下具有极高敏感性；

(2) 具有开关功能；

(3) 直流电压下工作；

(4) 响应速度快；

(5) 抗污染能力强；

(6) 高可靠性、稳定性好。

此类传感器可用于电子、制药、粮食、仓储、烟草、纺织、气象等行业的温湿度表、加湿器、除湿机、空调、微波炉等产品中。使用参数如下：

(1) 供电电压 0.8V DC(安全电压)；

(2) 使用温度范围 1℃～80℃；

(3) 使用湿度范围 1～100RH；

(4) 结露测试范围 94%～100%RH；

(5) 特性参数如表 4.1 所示。

**表 4.1　特性参数**

| 项　目 | | 试 验 条 件 | 规　格 | |
|---|---|---|---|---|
| 电阻值 | | 75%RH 25℃ | 10kΩMax | |
| | | 93%RH 25℃ | 70kΩMax | |
| | | 100%RH 60℃ | 10kΩMax | |
| 响应速度 | | 25℃,60%RH→60℃,100%RH | 5 秒以下 | |
| 温度循环 | | −40℃,30 分钟→85℃,30 分钟 5 个循环 | 试验后的特征<br>1. 响应速度：10 秒以下<br>2. 电阻值↓ | |
| 放置 | 高温 | 85℃,2000 小时 | | |
| | 低温 | −40℃,2000 小时 | | |
| | 低温 | 40℃,5%RH,2000 小时 | 相对湿度 | 电阻值 |
| | 高温 | 40℃,90%～95%RH,2000 小时 | 25℃ 75%RH | 20kΩMax |
| 高温负载 | | 40℃,90%～95%中加 DC 0.8V 2000 小时 | 25℃ 93%RH | 90～100kΩ |
| 结露循环 | | 25℃,60%RH,57 分钟←→<br>25℃,100%RH,3 分钟 2000 次 | 60℃100%RH | 100kΩ 以上 |

特性曲线图如图 4.9 所示。

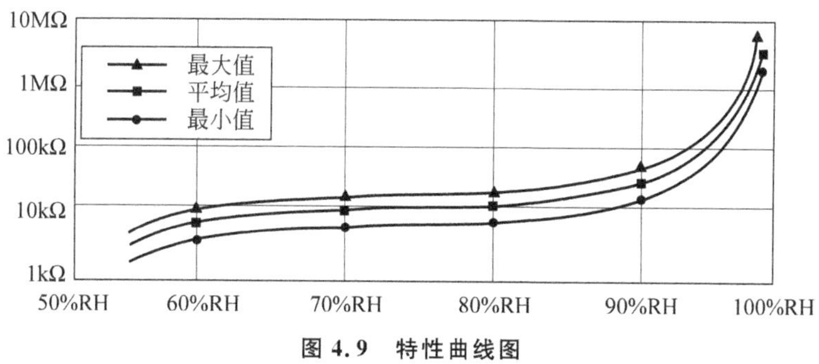


**图 4.9　特性曲线图**

结露传感器的外形和接口原理图如图 4.10 所示。图中 HDS05_AD 最大值为 47kΩ/(47kΩ+150kΩ)×3.3V=0.787V，小于 HDS05 的最大供电电压 0.8V。由特性参数表可知，75%RH 25℃条件下，HDS05 电阻为 10kΩ，此时，容易计算出 HDS05_AD 为

0.172V。当湿度增加时，电阻增大，HDS05_AD 增大，选定一个临界值(根据实际情况选择)，比如 0.172V，此时 AD 读数为 0.172/3.3×1024=53，当 AD 采集的数值大于 53 时表明有结露，并点亮 LED3 作为指示。

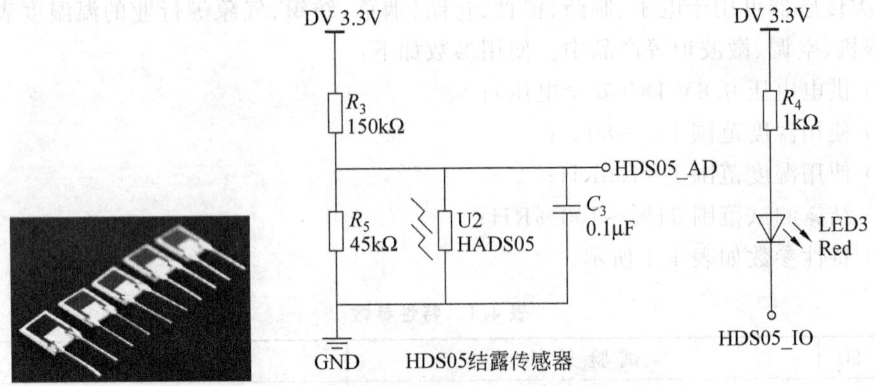


图 4.10 结露传感器的外形和接口原理图

### 4.3.6 酒精传感器

酒精传感器选用 MQ-3 酒精检测用半导体气敏元件。MQ-3 所使用的气敏材料是在清洁空气中电导率较低的二氧化锡($SnO_2$)，当传感器所处环境中存在酒精蒸气时，传感器的电导率随空气中酒精气体浓度的增大而增大。使用简单的电路即可将电导率的变化转换为与该气体浓度相对应的输出信号。MQ-3 气体传感器对酒精的灵敏度高，可以抵抗汽油、烟雾、水蒸气的干扰。这种传感器可检测多种浓度酒精气体，是一款应用广泛的低成本酒精传感器。常应用于对机动车驾驶人员及其他风险作业人员的酒后监督检测和其他场所乙醇蒸气的探测。

其特点如下：

(1) 对乙醇蒸气有很高的灵敏度和良好的选择性；

(2) 快速的响应恢复特性；

(3) 长期的寿命和可靠的稳定性；

(4) 简单的驱动回路；

(5) 气体：酒精(乙醇)；

(6) 探测范围：10～1000ppm 酒精；

(7) 特征气体：125ppm 酒精；

(8) 灵敏度：R in air/R in typical gas≥5；

(9) 敏感体电阻：1～20kΩ in air；

(10) 响应时间：≤10s(70% Response)；

(11) 恢复时间：≤30s(70% Response)；

(12) 加热电阻：(31±3)Ω；

(13) 加热电流：≤180mA；

(14) 加热电压：(50±0.2)V；

(15) 加热功率：≤900mW；

(16) 测量电压：≤24V；

(17) 工作条件 环境温度：－20℃～＋55℃；

(18) 湿度：≤95%RH；

(19) 环境含氧量：21%；

(20) 储存条件温度：－20℃～＋70℃；

(21) 湿度：≤70%RH。

MQ-3 酒精传感器接口电路原理图如图 4.11 所示。如图所示，MQ-3 传感器的供电电压 $V_c$ 和加热电压 $V_h$ 都为 5V，负载电阻 $R_l$ 为 1kΩ。从技术指标表中可知，在 0.4mg/L 酒精中，传感器电阻 $R_s$ 为 2～20kΩ，取 $R_s=10\text{k}\Omega$。假设检测到酒精浓度为 10mg/L 时报警，由灵敏度特性曲线可知，MQ3 电阻值为 10kΩ×0.12＝1.2kΩ，MQ3_AD＝5V×1kΩ/(1kΩ＋1.2kΩ)＝2.27V，AD 读数为 2.27/3.3×1024＝704，当 AD 采集的数值大于 704 时表明检测到酒精，并点亮 LED3 作为指示。

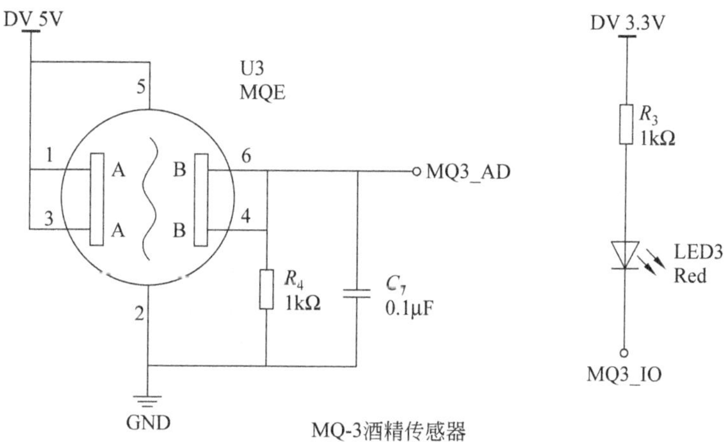


图 4.11 MQ-3 酒精传感器接口电路原理图

## 4.3.7 人体检测传感器

人体检测传感器使用的是热释电人体红外线感应模块。人体红外线感应模块是基于红外线技术的自动控制产品，灵敏度高，可靠性强，用于各类感应电器设备，适合干电池供电的电器产品；低电压工作模式，可方便与各类电路实现对接；尺寸小，便于安装。人体红外线感应模块适用于感应广告机、感应水龙头、各类感应灯饰、感应玩具、感应排气扇、感应垃圾桶、感应报警器、感应风扇等。这类传感器种类繁多，通常具有高响应、低噪声的特点。

主要技术参数如下。

(1) 工作电压：DV 5～20V；

(2) 静态功耗：<50μA；

(3) 电平输出：高 3.3V，待机时输出为 0V；

(4) 延时时间：可制作范围零点几秒到十几分钟可调；

(5) 封锁时间：可制作范围零点几秒到几十秒；

(6) 触发方式：可重复触发；

(7) 感应范围：≤110°锥角，7m 以内；

(8) 工作温度：−20℃～+60℃。

使用时特别注意以下几点。

(1) 不可重复触发方式，即感应输出高电平后，延时时间段一结束，输出将自动从高电平变为低电平。

(2) 可重复触发，即感应输出高电平后，在延时时间段内，如果有人体在其感应范围活动，其输出将一直保持高电平，直到人离开后才延时将高电平变为低电平(感应模块检测到人体的每一次活动后会自动顺延一个延时时间段，并且以最后一次活动的时间为延时时间的起始点)。

(3) 感应封锁时间：感应模块在每一次感应输出后(高电平变成低电平)，可以紧跟着设置一个封锁时间段，在此时间段内感应器不接受任何感应信号。此功能可以实现“感应输出时间”和“封锁时间”两者的间隔工作，可应用于间隔探测产品；同时此功能可有效抑制负载切换过程中产生的各种干扰。

(4) 模块出厂时已设置为：可重复触发方式，延时时间大约为 0.5 秒，感应锁存时间为 2～3 秒，灵敏度设为最小灵敏度。模块上电后大约会有 10 秒的预热时间，此时输出是不稳定的。

人体检测传感器的外形和接口原理图如图 4.12 所示。传感器检测到人时，输出高电平，Q1 导通，IO 输出低电平；未检测到人时，Q1 截止，IO 输出高电平。通过 STM8 单片机读取 IO 值可知现在的传感器状态。热释电人体红外线感应模块只对人体活动产生感应信号，对静止的人体不做反应，因此，使用时在模块上方挥舞手模拟人体活动即可。

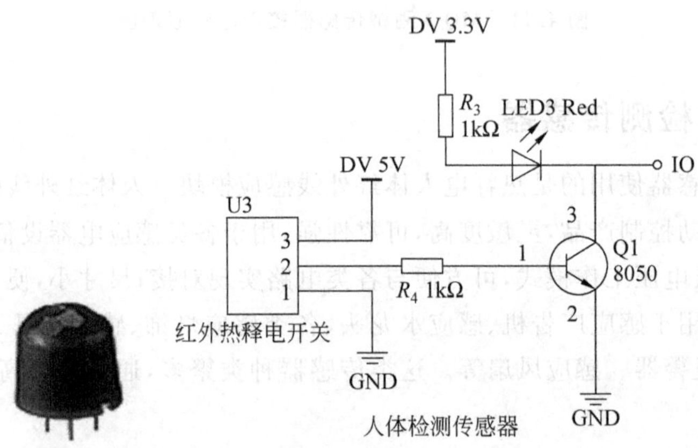


**图 4.12 人体检测传感器的外形和接口原理图**

## 4.3.8 振动检测传感器

振动传感器选用的是振动开关。在静止条件下为开路状态，当受到外力或运动速度达到适当的离心力时，会产生短时间内非连续性导通。以 SW-1801P 振动传感器为例的接口电路原理图如图 4.13 所示。

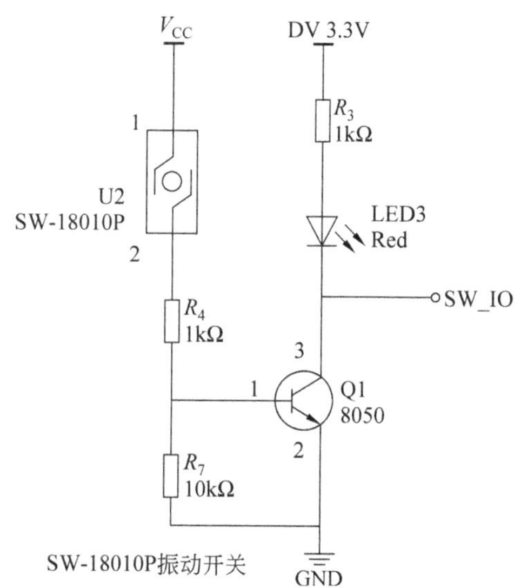


**图 4.13 SW-1801P 振动传感器接口原理图**

当有振动时，U2 导通，Q1 导通，SW_IO 输出低电平，并点亮 LED3。由于振动开关为非连续性导通，因此，可采用中断方式采集 SW_IO 信号，在指定时间内(如 10ms)对中断信号计数，当它大于指定值(如 5)，说明存在振动。

## 4.3.9 声响检测传感器

声响检测传感器使用麦克风(咪头)作为拾音器，经过运算放大器放大，单片机 AD 采集，获取声响强度信号。咪头是将声音信号转换为电信号的能量转换器件，和喇叭正好相反。若选用的是驻极体电容式咪头，其接口电路原理如图 4.14 所示。

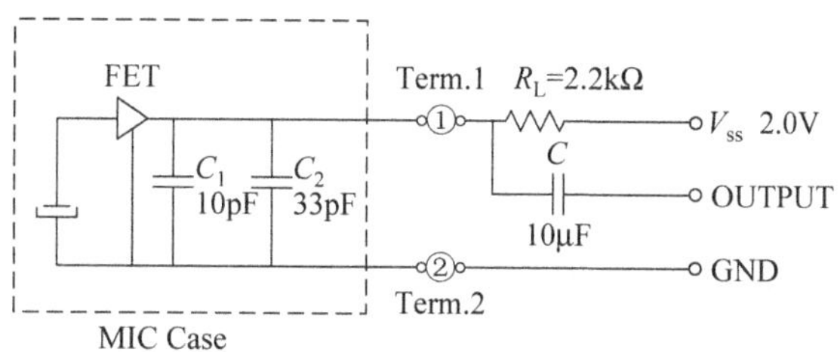


**图 4.14 驻极体电容式咪头接口电路原理图**

图 4.14 中各元器件的说明如下。

FET：(场效应管)MIC 的主要器件，起到阻抗变换和放大的作用。

$C$：是一个可以通过膜片震动而改变电容量的电容，声电转换的主要部件。

$C_1$、$C_2$：是为了防止射频干扰而设置的，可以分别对两个射频频段的干扰起到抑制作用。$C_1$ 一般是 10pF，$C_2$ 一般是 33pF，10pF 滤波 1800MHz，33pF 滤波 900MHz。

$R_L$：负载电阻，它的大小决定灵敏度的高低。

$V_{SS}$：工作电压，MIC 提供工作电压。

CO：隔直电容，信号输出端。

由声信号到电信号的转换：由静电学可知，对于平行板电容器，有如下的关系式：

$$C = \varepsilon \cdot \frac{S}{L} \tag{4-1}$$

即电容的容量与介质的介电常数成正比，与两个极板的面积成正比，与两个极板之间的距离成反比。另外，当一个电容器充有 $Q$ 量的电荷，那么电容器两个极板要形成一定的电压，有如下关系式：

$$C = \frac{Q}{V} \tag{4-2}$$

对于一个驻极体传声器，内部存在一个由振膜、垫片和极板组成的电容器，因为膜片上充有电荷，并且是一个塑料膜，因此当膜片受到声压强的作用时，膜片要产生振动，从而改变了膜片与极板之间的距离，产生了一个 $\Delta d$ 的变化，因此由式(4-1)可知，必然要产生一个 $\Delta C$ 的变化，由式(4-2)又知，由于 $\Delta C$ 的变化，充电电荷又是固定不变的，因此必然产生一个 $\Delta V$ 的变化。

由于这个信号非常微弱，内阻非常高，不能直接使用，因此还要进行阻抗变换和放大。

FET 场效应管是一个电压控制元件，漏极的输出电流受源极与栅极电压的控制。由于电容器的两个极是接到 FET 的 S 极和 G 极的，因此相当于 FET 的 S 极与 G 极之间加了一个 $\Delta V$ 的变化量，FET 的漏极电流 $I$ 就产生一个 $\Delta I_D$ 的变化量，因此这个电流的变化量就在电阻 $R_L$ 上产生一个 $\Delta V_D$ 的变化量，这个电压的变化量就可以通过电容 $C_0$ 输出，这个电压的变化量是由声压引起的，因此整个传声器就完成了一个声电的转换过程。

声音检测接口电路如图 4.15 所示。由于麦克风输出的信号微弱，必须经过运放放大

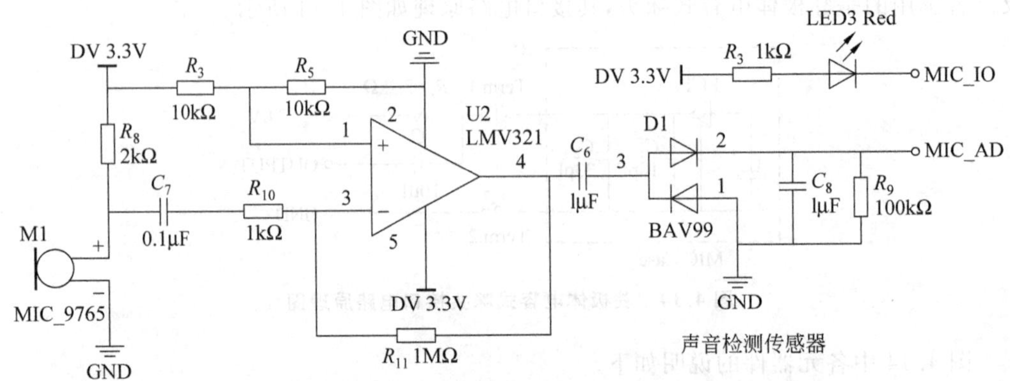


图 4.15 声音检测接口电路

才能保证 AD 采样的精度。麦克风输入的是交流信号，$C_7$ 和 $C_6$ 用于耦合输入；运放 LMV321 将信号放大了 101 倍，经过 D1 保留交流信号的正向信号，最后输入到单片机 AD 进行采样。在实验室测得，静止条件下，MIC_AD 为 0V；给一个拍手的声响信号，MIC_AD 最大到 1V 左右，此时 AD 值约为 300。因此，取 300 作为临界值，AD 采样值大于 300 时，表明检测到声响，并点亮 LED3 作为指示。

## 4.3.10　温湿度传感器

### 1. 简述

本节主要介绍 AM2302 湿敏电容数字温湿度模块。AM2302(DHT22)数字温湿度模块是一款含有已校准数字信号输出的温湿度复合传感器。它应用专用的数字模块采集技术和温湿度传感技术，确保产品具有极高的可靠性与卓越的长期稳定性。传感器包括一个电容式感湿元件和一个高精度测温元件，并与一个高性能 8 位单片机相连接。因此该产品具有品质卓越、超快响应、抗干扰能力强、性价比极高等优点。每个传感器都在极为精确的湿度校验室中进行校准。校准系数以程序的形式储存在单片机中，传感器内部在检测信号的处理过程中要调用这些校准系数。标准单总线接口，使系统集成变得简易快捷。超小的体积、极低的功耗，信号传输距离可达 20 米以上，使其成为各类应用甚至最为苛刻的应用场合的最佳选择。产品为 3 引线(单总线接口)连接方便。

AM2302(DHT22)数字温湿度主要应用在暖通空调、除湿器、测试及检测设备、消费品、汽车、自动控制、数据记录器、家电、湿度调节器、医疗、气象站及其他相关湿度检测控制等。

### 2. 引脚及功能

AM2302 引脚分配图如图 4.16 所示，引脚功能如表 4.2 所示。

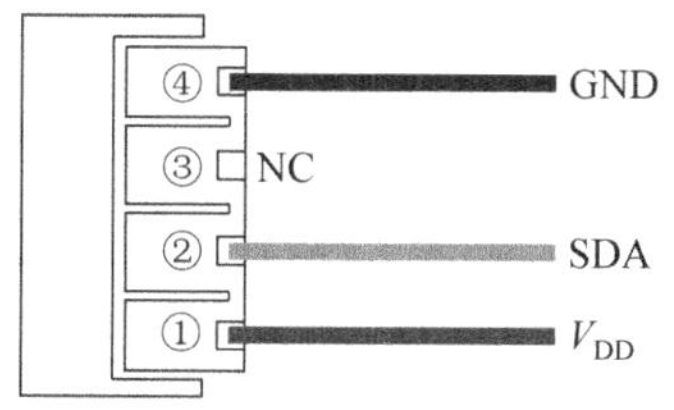


图 4.16　AM2302 引脚分配图

表 4.2　AM2302 引脚

| 引脚 | 名称 | 描　述 |
|---|---|---|
| ① | $V_{DD}$ | 电源(3.5～5.5V) |
| ② | SDA | 串行数据，双向口 |
| ③ | NC | 空脚 |
| ④ | GND | 地 |

引脚说明如下：

$V_{DD}$是 AM2302 的供电电压，范围为 3.5～5.5V，建议供电电压为 5V；

SDA 是数据线，SDA 引脚为三态结构，用于读写传感器数据；

GND 是电源地。

### 3. 传感器性能

AM2302(DHT22)数字温湿度传感器的性能参数表如表 4.3 和表 4.4 所示。

AM2302(DHT22)数字温湿度传感器的直流特性如表 4.5 所示。

**表 4.3 AM2302 相对湿度性能表**

| 参 数 | 条 件 | min | typ | max | 单位 |
|---|---|---|---|---|---|
| 分辨率 | | | 0.1 | | %RH |
| | | | 16 | | bit |
| 精度 | 25℃ | | ±2 | | %RH |
| 重复性 | | | ±0.3 | | %RH |
| 互换性 | 完全互换 | | | | |
| 响应时间 | 1/e(63%) | | <5 | | S |
| 迟滞 | | | <0.3 | | %RH |
| 漂移 | 典型值 | | <0.5 | | %RH/yr |

**表 4.4 AM2302 相对温度性能表**

| 参 数 | 条 件 | min | typ | max | 单位 |
|---|---|---|---|---|---|
| 分辨率 | | | 0.1 | | ℃ |
| | | | 16 | | bit |
| 精度 | | | ±0.5 | ±1 | ℃ |
| 量程范围 | | −40 | | 80 | ℃ |
| 重复性 | | | ±0.2 | | ℃ |
| 互换性 | 完全互换 | | | | |
| 响应时间 | 1/e(63%) | | <10 | | S |
| 漂移 | | | ±0.3 | | ℃/yr |

**表 4.5 AM2302 的直流特性**

| 参 数 | | 条 件 | min | typ | max | 单位 |
|---|---|---|---|---|---|---|
| 供电电压 | | | 3.5 | 5 | 5.5 | V |
| 功耗 | | 休眠 | 10 | 15 | | μA |
| | | 测量 | | 500 | | μA |
| | | 平均 | | 300 | | μA |
| 低电平输出电压 | | $I_{OL}$[5] | 0 | | 300 | mV |
| 高电平输出电压 | | $R_p$<25kΩ | 90% | | 100% | VDD |
| 低电平输入电压 | | 下降 | 0 | | 30% | VDD |
| 高电平输入电压 | | 上升 | 70% | | 100% | VDD |
| $R_{pu}$ | | $V_{DD}=5V$<br>$V_{IN}=V_{SS}$ | 30 | 45 | 60 | kΩ |
| 输出电流 | | 开 | | 8 | | mA |
| | | 三态(关) | 10 | 20 | | μA |
| 采样周期 | | | 2 | | | S |

#### 4. 单总线通信协议

(1) 单总线说明

AM2302 器件采用简化的单总线通信。单总线即只有一根数据线，系统中的数据交换、控制均由数据线完成。设备（微处理器）通过一个漏极开路或三态端口连至该数据线，以允许设备在不发送数据时能够释放总线，而让其他设备使用总线；单总线通常要求外接一个约 5.1kΩ 的上拉电阻，这样当总线闲置时，其状态为高电平。由于它们是主从结构，只有主机呼叫传感器时，传感器才会应答，因此主机访问传感器都必须严格遵循单总线序列，如果出现序列混乱，传感器将不响应主机。

(2) 单总线传送数据定义

SDA 用于微处理器与 AM2302 之间的通信和同步，采用单总线数据格式，一次传送 40 位数据，高位先出。具体通信时序如图 4.17 所示，通信格式说明如表 4.6 所示。

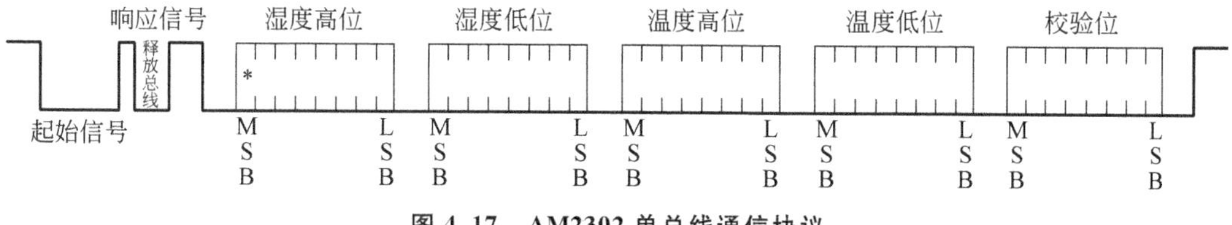


**图 4.17 AM2302 单总线通信协议**

**表 4.6 AM2302 通信格式说明**

| 名 称 | 单总线格式定义 |
|---|---|
| 起始信号 | 微处理器把数据总线(SDA)拉低一段时间(至少 800μs)，通知传感器准备数据 |
| 响应信号 | 传感器把数据总线(SDA)拉低 80μs，再接高 80μs 以响应主机的起始信号 |
| 数据格式 | 收到主机起始信号后，传感器一次性从数据总线(SDA)串出 40 位数据，高位先出 |
| 湿度 | 湿度分辨率是 16bit，高位在前；传感器串行输出的湿度值是实际湿度值的 10 倍 |
| 温度 | 温度分辨率是 16bit，高位在前；传感器串行输出的温度值是实际温度值的 10 倍<br>温度最高位(bit15)等于 1 表示负温度，温度最高位(bit15)等于 0 表示正温度<br>其余 15 位(bit14～bit0)表示温度值 |
| 校验位 | 校验位＝湿度高位＋湿度低位＋温度高位＋温度低位 |

(3) 单总线数据计算示例

**示例一**：接收到的 40 位数据如下。

| 0000 0010 | 1001 0010 | 0000 0001 | 0000 1101 | 1010 0010 |
|---|---|---|---|---|
| 湿度高 8 位 | 湿度低 8 位 | 温度高 8 位 | 温度低 8 位 | 校验位 |

计算：

0000 0010＋1001 0010＋0000 0001＋0000 1101＝1010 0010(校验位)

接收数据正确。

湿度：

0000 0010 1001 0010＝0292H(十六进制)＝2×256＋9×16＋2＝658⇒湿度＝65.8%RH

温度：

0000 0001 0000 1101=10DH(十六进制)=1×256+0×16+13=269⇒温度=26.9℃

需特别说明：当温度低于 0℃ 时温度数据的最高位置 1。

例如，−10.1℃表示为 1 000 0000 0110 0101，则

0000 0000 0110 0101=0065H(十六进制)=6×16+5=101⇒温度=−10.1℃

示例二：接收到的 40 位数据如下：

| 0000 0010 | 1001 0010 | 0000 0001 | 0000 1101 | 1011 0010 |
|---|---|---|---|---|
| 湿度高 8 位 | 湿度低 8 位 | 温度高 8 位 | 温度低 8 位 | 校验位 |

计算：

0000 0010+1001 0010+0000 0001+0000 1101=1010 0010≠1011 0010(校验错误)

本次接收的数据不正确，放弃，重新接收数据。

**5. 单总线通信时序**

用户主机(MCU)发送一次起始信号(把数据总线 SDA 拉低至少 800μs)后，AM2302 从休眠模式转换到高速模式。待主机开始信号结束后，AM2302 发送响应信号，从数据总线 SDA 串行送出 40bit 的数据，先发送字节的高位；发送的数据依次为湿度高位、湿度低位、温度高位、温度低位、校验位，发送数据结束触发一次信息采集，采集结束传感器自动转入休眠模式，直到下一次通信来临。

详细时序信号特性如表 4.7 所示，单总线通信时序图如图 4.18 所示。

**表 4.7 单总线信号特性**

| 符号 | 参 数 | min | typ | max | 单位 |
|---|---|---|---|---|---|
| $T_{be}$ | 主机起始信号拉低时间 | 0.8 | 1 | 20 | ms |
| $T_{go}$ | 主机释放总线时间 | 20 | 30 | 200 | μs |
| $T_{rel}$ | 响应低电平时间 | 75 | 80 | 85 | μs |
| $T_{reh}$ | 响应高电平时间 | 75 | 80 | 85 | μs |
| $T_{LOW}$ | 信号“0”、“1”低电平时间 | 48 | 50 | 55 | μs |
| $T_{H0}$ | 信号“0”高电平时间 | 22 | 26 | 30 | μs |
| $T_{H1}$ | 信号“1”高电平时间 | 68 | 70 | 75 | μs |
| $T_{en}$ | 传感器释放总线时间 | 45 | 50 | 55 | μs |

**注：**主机从 AM2302 读取的温湿度数据总是前一次的测量值，如两次测量间隔时间很长，请连续读两次以第二次获得的值为实时温湿度值，同时两次读取间隔时间最小为 2s。

**6. 外设读取步骤示例**

主机和传感器之间的通信可通过如下 3 个步骤完成读取数据。

(1) AM2302 上电后(AM2302 上电后要等待 2s 以越过不稳定状态，在此期间读取设备不能发送任何指令)，测试环境温湿度数据，并记录数据，此后传感器自动转入休眠状

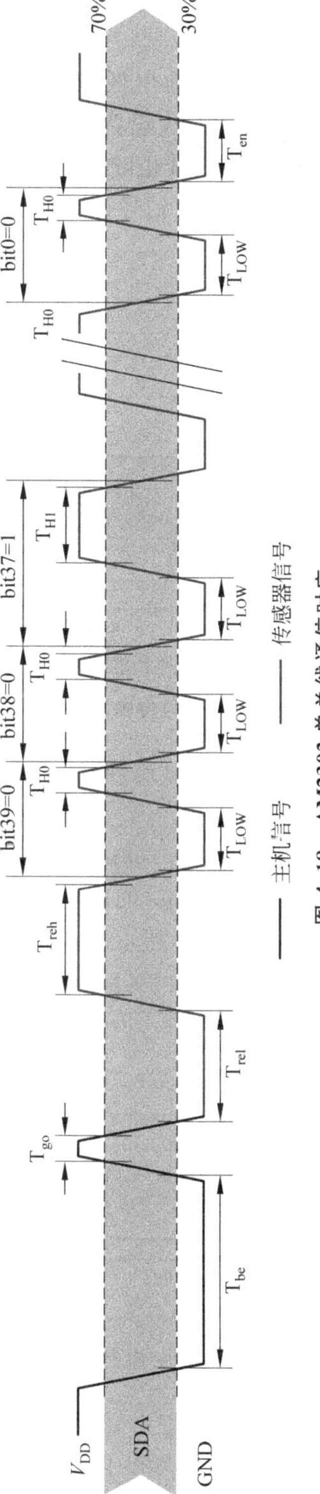


**图 4.18　AM2302 单总线通信时序**

态。AM2302 的 SDA 数据线由上拉电阻拉高一直保持高电平，此时 AM2302 的 SDA 引脚处于输入状态，时刻检测外部信号。

(2) 微处理器的 I/O 设置为输出，同时输出低电平，且低电平保持时间不能小于 800μs，典型值是拉低 1ms，然后微处理器的 I/O 设置为输入状态，释放总线，由于上拉电阻，微处理器的 I/O 即 AM2302 的 SDA 数据线也随之变高，等主机释放总线后，AM2302 发送响应信号，即输出 80μs 的低电平作为应答信号，紧接着输出 80μs 的高电平通知外设准备接收数据，信号传输如图 4.19 所示。

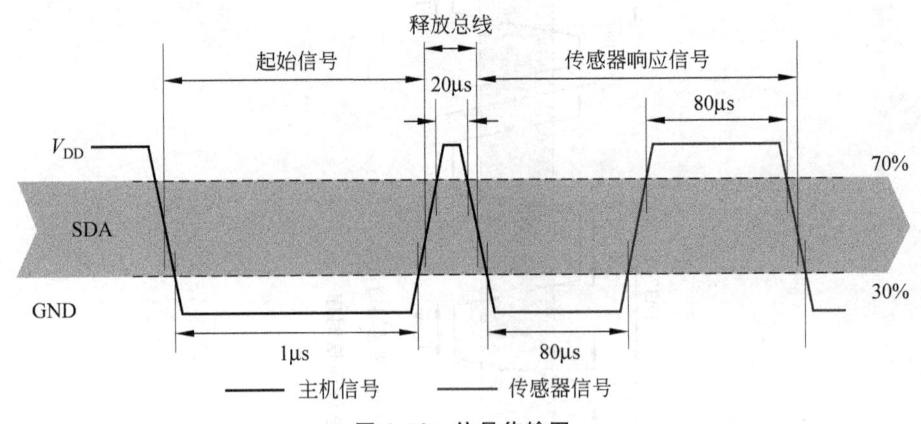


**图 4.19 信号传输图**

(3) AM2302 发送完响应后，随后由数据总线 SDA 连续串行输出 40 位数据，微处理器根据 I/O 电平的变化接收 40 位数据。

位数据“0”的格式为：50μs 的低电平加 26～28μs 的高电平。

位数据“1”的格式为：50μs 的低电平加 70μs 的高电平。

位数据“0”、位数据“1”格式信号如图 4.20 所示。

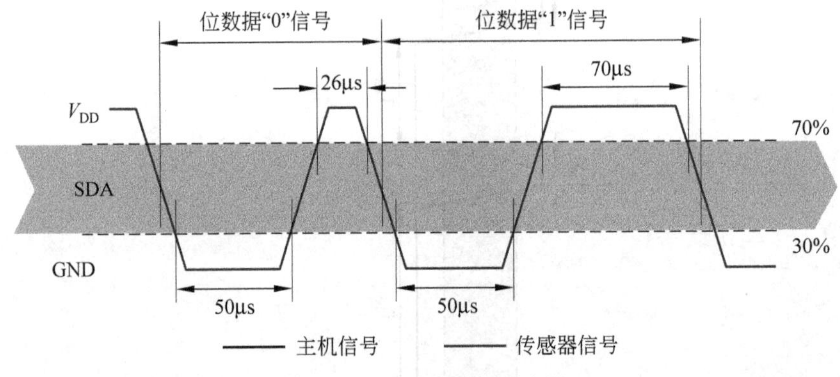


**图 4.20 单总线分解时序图**

AM2302 的数据总线 SDA 输出 40 位数据后，继续输出低电平 50μs 后转为输入状态，由于上拉电阻随之变为高电平。同时 AM2302 内部重测环境温湿度数据，并记录数据，测试记录结束，单片机自动进入休眠状态。单片机只有收到主机的起始信号后，才重新唤醒传感器，进入工作状态。

**7. 外设读取流程图**

AM2302 传感器的接口原理图如图 4.21 所示，读单总线的流程图如图 4.22 所示。同时制造公司还提供了 C51 的读取代码示例，需下载的客户，请登录网站 www.aosong.com 进行相关下载，此说明书不提供代码说明。

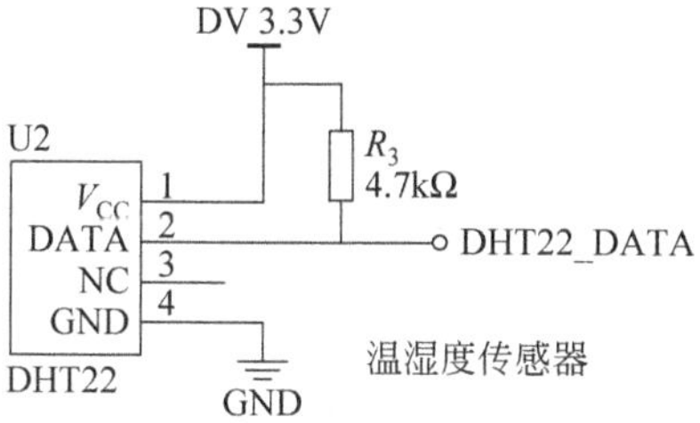

图 4.21　AM2302 传感器的接口原理图

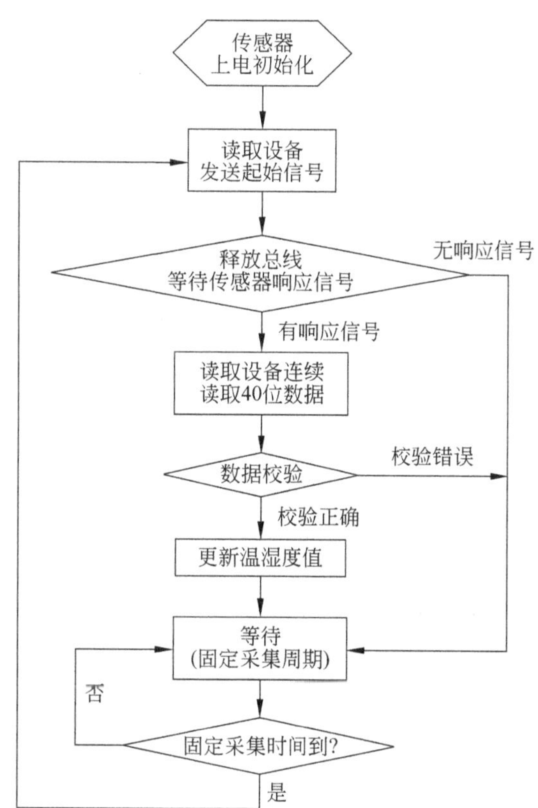


图 4.22　AM2302 传感器读单总线的流程图

## 4.3.11　烟雾传感器

MQ-2 烟雾传感器可用于可燃气体检测用半导体气敏元件。MQ-2 所使用的气敏材料是在清洁空气中电导率较低的二氧化锡（$SnO_2$），当传感器所处环境中存在可燃气体时，传感器的电导率随空气中可燃气体浓度的增大而增大。使用简单的电路即可将电导率的变化转换为与该气体浓度相对应的输出信号。MQ-2 气体传感器对液化气、丙烷、氢气的灵敏度高，对天然气和其他可燃蒸气的检测也很理想。这种传感器可检测多种可燃气体，是一款应用广泛的低成本传感器。

烟雾传感器 MQ-2 可应用于家庭和工厂的气体泄漏监测装置，适宜于对液化气、丁烷、丙烷、甲烷、酒精、氢气、烟雾等的探测。

主要技术指标如下。

(1) 气体：烟雾。

(2) 探测范围：300～10000ppm。

(3) 特征气体：1000ppm 异丁烷。

(4) 灵敏度：$R_{\text{in air}}/R_{\text{in typical gas}} \geqslant 5$。

(5) 敏感体电阻：1～20kΩ in 50ppm 甲苯。

(6) 响应时间：≤10s。

(7) 恢复时间：≤30s。

(8) 加热电阻：(31±3)Ω。

(9) 加热电流：≤180mA。

(10) 加热电压：(5.0±0.2)V。

(11) 加热功率：≤900mW。

(12) 测量电压：≤24V。

(13) 工作条件：环境温度－20℃～＋55℃；
湿度≤95%RH；
环境含氧量 21%。

(14) 储存条件：温度－20℃～＋70℃；
湿度≤70%RH。

MQ-2 烟雾传感器接口原理如图 4.23 所示，MQ-2 传感器的供电电压 $V_c$ 和加热电压 $V_h$ 都为 5V，负载电阻 $R_1$ 为 5.1kΩ。MQ2_AD 在清洁空气中的值以及检测到烟雾时的值需要根据实际应用情况进行调整，以下仅为在实验室条件下做的不完全的实验结果，供参考。在清洁空气中，MQ2_AD 的 AD 采样值为 78；在烟雾中（打火机泄漏的液化气），MQ2_AD 的 AD 采样值为 300。所以，当 AD 采集的数值大于 300 时表明检测到烟雾，并点亮 LED3 作为指示。

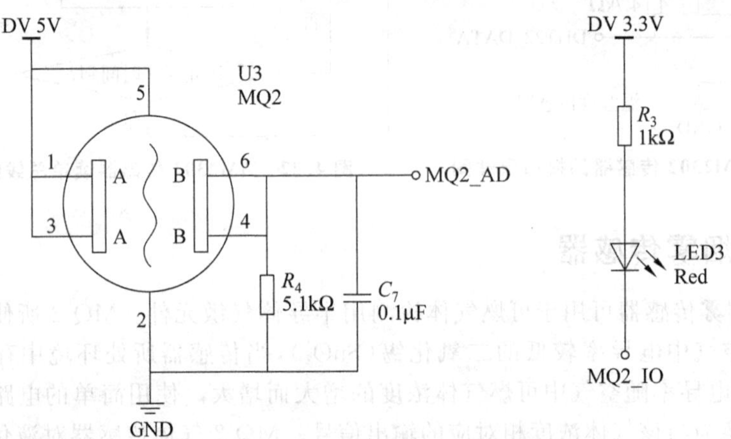


图 4.23 MQ-2 烟雾传感器接口原理图

## 4.4 智能检测系统

传感器在原理与结构上千差万别，如何根据具体的测量目的、测量对象以及测量环境合理地选用传感器，组成一个智能检测系统，是在进行某个量测量时首先要解决的问题。

当传感器确定之后，与之相配套的测量方法和测量设备也就可以确定了。检测结果的成败，在很大程度上取决于传感器的选项是否合理。为此，组成一个智能检测系统，要从系统总体考虑，明确使用的目的以及采用传感器的必要性。

## 4.4.1　智能检测系统的组成及类型

智能检测系统和所有的计算机系统一样，由硬件和软件两部分组成，智能检测系统的硬件基本结构如图 4.24 所示。图中不同种类的被测信号由各种传感器转换成相应的电信号，这是任何检测系统都必不可少的环节。传感器输出的电信号经调节放大(包括交直流放大、整流滤波和线性化处理)后，变成 0～5V 直流电压信号，经 A/D 转换后送单片机进行初步数据处理。单片机通过通信电路将数据传输到主机，实现检测系统的数据分析和测量结果的存储、显示、打印、绘图以及与其他计算机系统的联网通信。

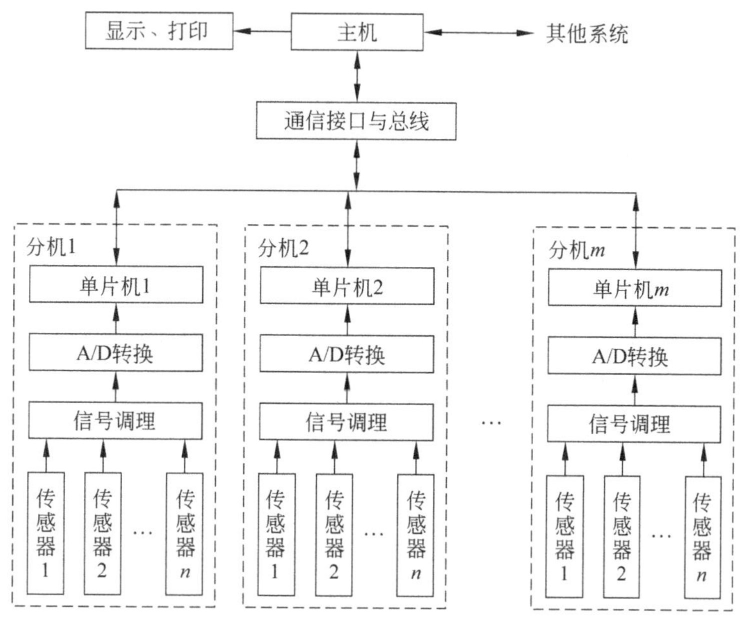


**图 4.24　智能检测系统的硬件基本结构**

智能检测系统的分机多以单片机为数据处理核心(特大型智能检测系统以工控机或 PC 主分机为数据处理核心)，典型的智能检测系统包含一个主机和多个分机。

**1. 分机之间的连接**

分机由传感器、信号调理、A/D 转换、单片机等部分组成。将它们连接成智能检测系统的基本单元，是决定系统检测性能的重要环节。

**2. 通信标准接口与总线系统**

各接口之间的连接方式是组建智能检测系统的关键。目前，全世界广泛采用的标准接口系统有 IEC-625 系统、CAMAC 系统、$I^2C$ 系统、CAN 总线系统等。

现有标准接口的仪器可单独使用，也可作为智能检测系统的分机使用。利用标准接口的分机，可以大大简化智能检测系统的设计与实现，使智能检测系统在结构上通用化、积木化、增强可扩展性和可缩性，方便用户更改系统的功能和要求。标准接口系统应包括：接口的连接线及其传送信号的各种规定；接口电路的工作原理与实现方法；机械结构方面的规定；数据格式和编码方式；控制器的组成及其命令系统。

## 4.4.2 智能检测系统的设计

智能检测系统的设计主要包括硬件电路设计、接口选型设计和软件设计。对于系统设计人员，硬件电路设计的涉及面广，设计调试周期长，疑难问题较多。一般情况下，在设计智能检测系统时，应坚持以下几项设计原则。

### 1. 硬件设计原则

智能检测系统的硬件包括主机硬件、分机硬件(包括传感器)和通信系统三大部分。硬件组成决定一个系统的主要技术与经济指标。智能检测系统的硬件系统设计应遵循下列原则：

(1) 简化电路设计；

(2) 低功耗设计；

(3) 通用化、标准化设计；

(4) 可扩展件设计；

(5) 采用通用化接口。

### 2. 软件设计原则

智能检测系统的软件包括应用软件和系统软件。应用软件与被测对象直接有关，贯穿整个检测过程，由智能检测系统研究人员根据系统的功能和技术要求编写，它包括检测程序、控制程序、数据处理程序、系统界面生成程序等。智能检测系统的软件设计应遵循下列设计原则。

(1) 优化界面设计，方便用户使用。

(2) 使用编制、修改、调试、运行和方便的应用软件。软件是实现、完善提高智能检测系统功能的重要手段。软件设计人员应充分考虑应用软件在编程、修改、调试、运行和升级方面的方便，为智能检测系统的后续升级、换代设计做好准备。

(3) 丰富软件功能。无论智能仪器、自动测试系统，还是专家系统，设计时都应在程序运行速度和存储容量许可的情况下，尽量用软件实现设备的功能，简化硬件设计。事实上利用软件设计，可方便地实现测量量程转换、数字滤波、FFT 变换、数据融合、故障诊断、逻辑推理、知识查询、通信、报警等多种功能，大大提高设备的智能化程度。

## 4.4.3 智能传感器技术

智能传感器(Intelligent Sensor)是具有信息处理功能的传感器。智能传感器带有微处理机，具有采集、处理、交换信息的能力，是传感器集成化与微处理机相结合的产物。一般智能机器人的感觉系统由多个传感器集合而成，采集的信息需要计算机进行处理，而使用智能传感器就可将信息分散处理，从而降低成本。与一般传感器相比，智能传感器具有以下 3 个优点。

(1) 通过软件技术可实现高精度的信息采集,而且成本低;

(2) 具有一定的编程自动化能力;

(3) 功能多样化。

**1. 智能传感器的结构**

智能传感器除了检测物理、化学量的变化之外,还具有测量信号调理(如滤波、放大、A/D 转换等)、数据处理以及数据显示等能力,它几乎包括了仪器仪表的全部功能。可见智能传感器的功能已经延伸到仪器的领域。智能传感器原理框图如图 4.25 所示。

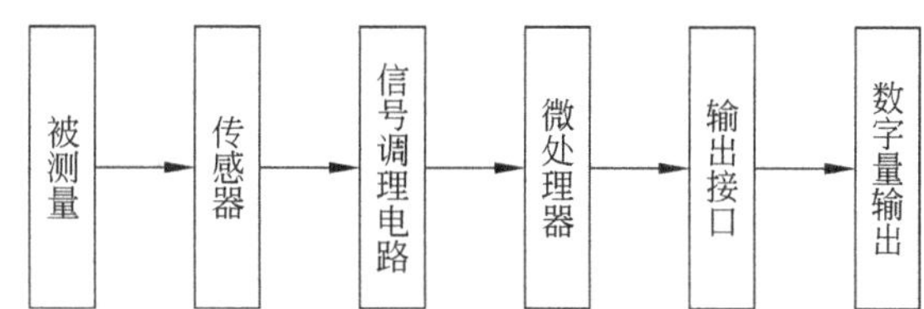


图 4.25 智能传感器原理框图

与传统传感器相比,智能传感器的特点如下。

(1) 精度高;

(2) 高可靠性与高稳定性;

(3) 高信噪比与高的分辨力;

(4) 强的自适应性;

(5) 低的价格性能比。

**2. 智能传感器的功能**

智能传感器应具有如下功能。

(1) 自补偿功能:根据给定的传统传感器和环境条件的先验知识,处理器利用数字计算方法,自动补偿传统传感器硬件线性、非线性和漂移以及环境影响因素引起的信号失真,以最佳地恢复被测信号。计算方法用软件实现,达到软件补偿硬件缺陷的目的。

(2) 自校准功能:操作者输入零值或某一标准量值后,自校准软件可以自动地对传感器进行在线校准。

(3) 自诊断功能:因内部和外部因素影响,传感器性能会下降或失效,分别称为软、硬故障。处理器利用补偿后的状态数据,通过电子故障字典或有关算法可预测、检测和定位故障。

(4) 数值处理功能:可以根据智能传感器内部的程序,自动处理数据,如进行统计处理、剔除异常值等。

(5) 双向通信功能:微处理器和基本传感器之间构成闭环,微处理机不但接收、处理传感器的数据,还可将信息反馈至传感器,对测量过程进行调节和控制。

(6) 自计算和处理功能:根据给定的间接测量和组合测量数学模型,智能处理器利用补偿的数据可计算出不能直接测量的物理量数值。利用给定的统计模型可计算被测对象总体的统计特性和参数。利用已知的电子数据表,处理器可重新标定传感器特性。

(7) 数字量输出功能包括数据交换通信接口功能、数字和模拟输出功能及使用备用电源的断电保护功能等。

(8) 自学习与自适应功能：传感器通过对被测量样本值学习，处理器利用近似公式和迭代算法可认知新的被测量值，即有再学习能力。同时，通过对被测量和影响量的学习，处理器利用判断准则自适应地重构结构和重置参数。例如，自选量程、自选通道、自动触发、自动滤波切换和自动温度补偿。

**3. 智能传感器的应用与方向**

智能传感器已广泛应用于航天、航空、国防、科技和工农业生产等各个领域中。例如，它在机器人领域中有着广阔应用前景，智能传感器使机器人具有类人的五官和大脑功能，可感知各种现象，完成各种动作。在工业生产中，利用传统的传感器无法对某些产品质量指标(例如，黏度、硬度、表面光洁度、成分、颜色及味道)进行快速直接测量并在线控制。而利用智能传感器可直接测量与产品质量指标有函数关系的生产过程中的某些量(如温度、压力、流量)，利用神经网络或专家系统技术建立的数学模型进行计算，可推断出产品的质量。在医学领域中，糖尿病患者需要随时掌握血糖水平，以便调整饮食和注射胰岛素，防止其他并发症。通常测血糖时必须刺破手指采血，再将血样放到葡萄糖试纸上，最后把试纸放到电子血糖计上进行测量。这是一种既麻烦又痛苦的方法。美国 Cygnus 公司生产了一种"葡萄糖手表"，其外观像普通手表一样，戴上它就能实现无疼、无血、连续的血糖测试。"葡萄糖手表"上有一块涂着试剂的垫子，当垫子与皮肤接触时，葡萄糖分子就被吸附到垫子上，并与试剂发生电化学反应，产生电流。传感器测量该电流，经处理器计算出与该电流对应的血糖浓度，并以数字量显示。

虚拟化、网络化和信息融合技术是智能传感器发展完善的 3 个主要方向。虚拟化是利用通用的硬件平台充分利用软件实现智能传感器的特定硬件功能，虚拟化传感器可缩短产品开发周期、降低成本、提高可靠性。网络化智能传感器是将利用各种总线的多个传感器组成系统并配备带有网络接口(LAN 或 Internet)的微处理器。通过系统和网络处理器可实现传感器之间、传感器与执行器之间、传感器与系统之间数据交换和共享。多传感器信息融合是智能处理的多传感器信息经元素级、特征级和决策级组合，形成更为精确的被测对象特性和参数。

## 4.5 物联网中传感器应用实践

### 4.5.1 实践一：热释红外传感器应用实践

在 UP-CUP IOT-6410-Ⅱ实验平台上，利用 ZigBee 模块上 CC2430 的 I/O 中断，基于 IAR 开发环境设计程序来监测热释红外传感器的状态。

ZigBee(CC2430)模块的基础知识、中断技术及相关寄存器详见第 6 章的第 8 节的内容。

**1. 硬件接口原理**

(1) ZigBee(CC2430)模块 LED 硬件接口

ZigBee(CC2430)模块 LED 硬件接口如图 4.26 和图 4.27 所示。

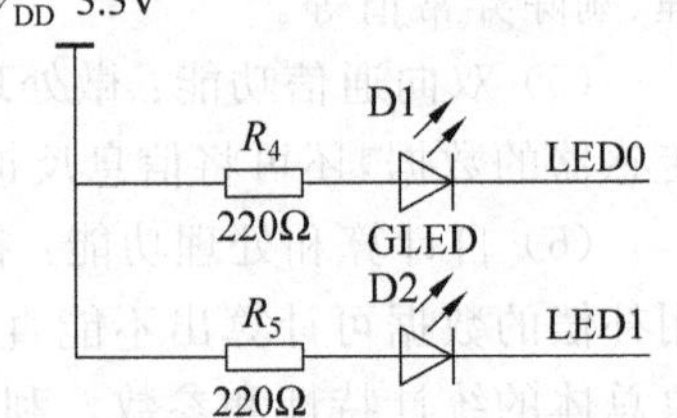

图 4.26 LED 硬件接口

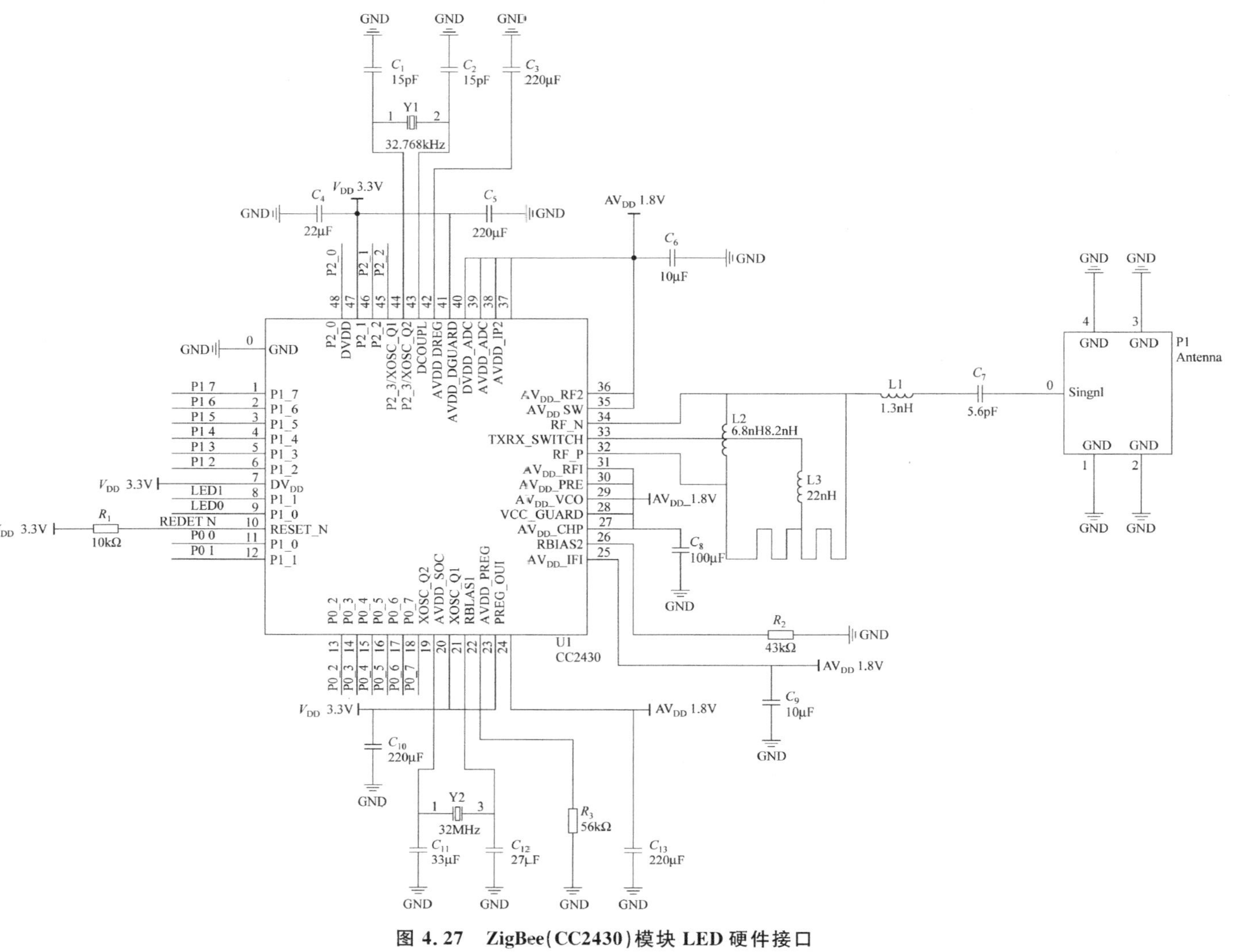


图 4.27 ZigBee(CC2430)模块 LED 硬件接口

ZigBee(CC2430)模块硬件上设计有2个LED灯,用来编程调试使用,分别连接CC2430的P1_0、P1_1两个IO引脚。从原理图上可以看出,2个LED灯共阳极,当P1_0、P1_1引脚为低电平时,LED灯点亮。

(2) 热释红外传感器模块硬件接口

热释红外传感器模块与ZigBee(CC2430)模块硬件接口如图4.28所示。

系统配套的红外传感器,与ZigBee模块的IO/INT排针相连,红外模块的信号线与ZigBee模块的P1_2 IO引脚相连。因此,需要在代码中将该引脚配置成中断输入模式,来监测红外状态。

根据6.8节的表6.2~表6.18列举的CC2430处理器相关寄存器,用来初始化串口0配置。详细情况见本书提供的资源中的软件代码部分。

**2. 软件设计**

源码分析:

```
#include<ioCC2430.h>
#include<string.h>
#define uint unsigned int
#define uchar unsigned char
//定义控制灯的端口
#define LED1 P1_0
#define LED2 P1_1

//函数声明
void Delay(uint);
void initUARTtest(void);
void UartTX_Send_String(char * Data,int len);
unsigned int irda_flag;

/* 延时函数 */
void Delay(uint n)
{
    uint i,t;
    for(i=0;i<5;i++);
    for(t=0;t<n;t++);
}

/* 初始化串口函数 */
void initUART(void)
{
    CLKCON &=~0x40;                    //晶振
    while(!(SLEEP & 0x40));            //等待晶振稳定
    CLKCON &=~0x47;                    //TICHSPD128分频,CLKSPD不分频
    SLEEP |=0x04;                      //关闭不用的RC振荡器
    PERCFG=0x00;                       //位置1 P0口
    P0SEL=0x3c;                        //P0用作串口
    P2DIR &=~0XC0;                     //P0优先作为串口0
    U0CSR |=0x80;                      //UART方式
```

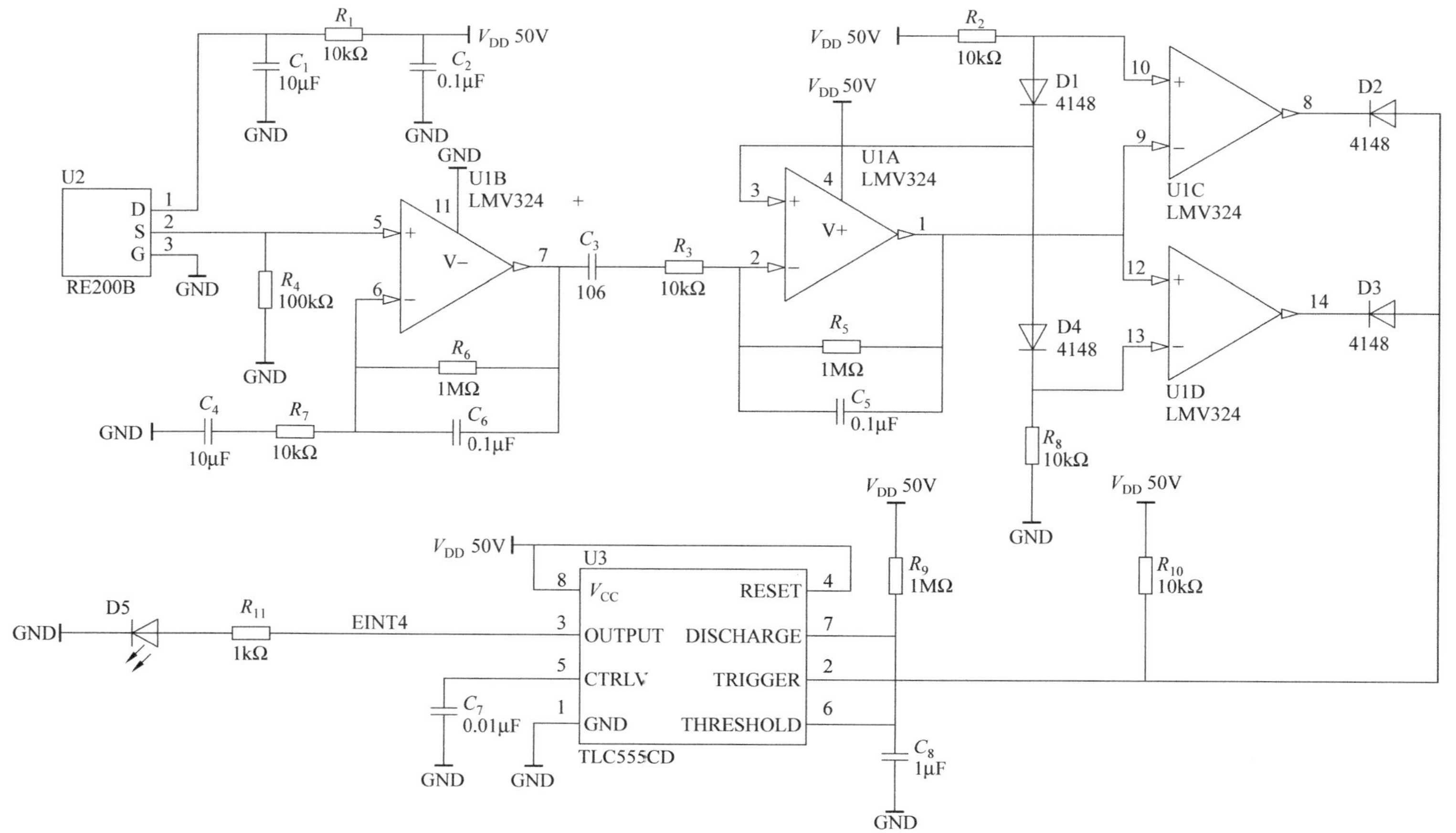


图 4.28　热释红外传感器与 ZigBee 接口

```
    U0GCR |=10;                          //baud_e
    U0BAUD |=216;                        //波特率设为 57600
    UTX0IF=0;
}

/*串口发送字符串函数     */
void UartTX_Send_String(char * Data,int len)
{
  int j;
  for(j=0;j<len;j++)
  {
    U0DBUF= * Data++;
    while(UTX0IF==0);
    UTX0IF=0;
  }
}

void UartTX_Send_word(char word)
{
    U0DBUF=word;
    while(UTX0IF==0);
    UTX0IF=0;
}

/* IO P1_2 中断模式初始化 */
void Init_IO(void)
{
    P1DIR=0X03;                          //设置 LED
    LED1=1;
    LED2=1;
    P1DIR &=~(0x01<<2);                  //P1_2 输入模式
    P1INP &=~(0x01<<2);                  //P1_2 开开上拉、下拉
    P1IEN |=(0x01<<2);                   //P1_2 中断使能
    PICTL &=~(0x01<<1);                  //P1_2 上升沿触发
    IEN0 |=0x80;                         //全局允许中断
    IEN1 |=0x20;                         //P0 端口中断允许
    P1IFG &=~(0x01<<2);                  //P1_2 中断标志清 0
}

/* 主函数 */
void main(void)
{
    irda_flag=0;
    initUART();
    Init_IO();                           //P1_0 I/O 初始化
    while(1)
    {
          LED1=1;
          LED2=1;
```

```
        if((1==irda_flag)&&(P0IFG==0)){
          irda_flag=0;
          LED1=0;
          LED2=0;
          UartTX_Send_String("IRDA interrupt!",15);
          UartTX_Send_word(0x0A);
          UartTX_Send_word(0x0D);
          Delay(10000);                //延时
        }
    }
}

//中断服务程序(P1_2端口)
#pragma vector=P1INT_VECTOR
__interrupt void P1_ISR(void)
{
     if((P1IFG&0X04)>0)                //中断
       {
         P1IFG &=~(0x04);
         irda_flag=1;
         LED1=0;
         Delay(1000);
       }
         P1IF=0;                       //中断标志
}
```

程序通过配置 CC2430 处理器的 I/O P1_2 引脚为输入中断引脚，用来监测红外传感器的状态，如果检测到红外信号中断，则将点亮 LED，并向串口输出“IRDA interrupt!”字符串。

**3. 实验步骤**

(1) 使用配套 USB 线连接 PC 和 UP-CUP IOT-6410-Ⅱ型设备，设备上电，确保打开 ZieBee 模块开关供电。

(2) 使用 CCD_SETKEY 按键选择 ZigBee 仿真器要连接的 ZigBee 设备模块（根据 LED 指示灯判断）。

(3) 将系统配套串口线一端连接 PC，一端连接到平台上靠近 USB 口的串口（RS-232-2）上。

(4) 将系统配套热释红外传感器连接到 ZigBee 模块的主板上，连接 IO/INT 排针端，不要连接错。

(5) 启动 IAR 开发环境，新建工程，将 Exp1 实验工程中代码复制到新建工程中。

(6) 在 IAR 开发环境中编译、运行、调试程序。

(7) 使用 PC 自带的超级终端连接串口，将超级终端设置为串口波特率 57600、8 位、无奇偶奇校验、无硬件流模式，当红外传感器监测到有效范围内的物体移动时，即可在终端收到字符串“IRDA interrupt!”，且 ZigBee 模块上 LED 灯闪烁一次。

**注：**所用传感器不同，与 ZigBee 连接的接口也可能不同，请注意不同传感器的不同

接插方法。

## 4.5.2 实践二：温湿度传感器应用实践

在 UP-CUP IOT-6410-Ⅱ实验平台上，利用 ZigBee 模块上 CC2430 的 IO 中断，基于 IAR 开发环境设计程序来监测温湿度传感器的状态。

### 1. 硬件接口原理

(1) ZigBee(CC2430)模块 LED 硬件接口

ZigBee(CC2430)模块 LED 硬件接口如前面所述的图 4.26 和图 4.27 所示。

ZigBee(CC2430)模块硬件上设计有 2 个 LED 灯，用来编程调试使用。分别连接 CC2430 的 P1_0、P1_1 两个 I/O 引脚。从原理图上可以看出，2 个 LED 灯共阳极，当 P1_0、P1_1 引脚为低电平时，LED 灯点亮。

(2) 温湿度传感器模块硬件接口

温湿度传感器模块与 ZigBee(CC2430)模块硬件接口如图 4.29 所示。系统配套的温湿度传感器与 ZigBee 模块的 A/D 排针相连，如图 4.30 所示。可见，温湿度传感器模块的时钟线与 ZigBee 模块的 P0_0 I/O 引脚相连，温湿度传感器的数据线与 P0_1 I/O 引脚相连。因此需要在代码中将相应引脚进行输入输出控制模拟该传感器时序，来监测温湿度传感器状态。

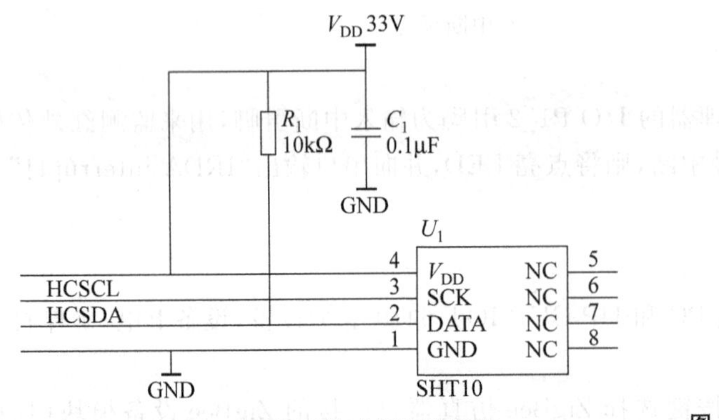


图 4.29 温湿度传感器硬件接口

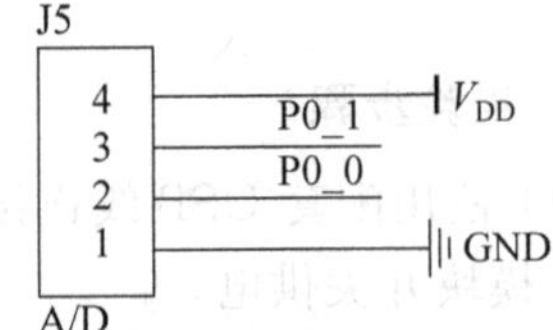


图 4.30 ZigBee 模块主板 A/D 接口

ZigBee 中的 CC2430 相关寄存器参见 6.6 节中的表 6.2～表 6.18。

### 2. 软件设计

关键源码分析：设置 CC2430 的 I/O 状态，模拟温湿度传感器时序，其中将数据线上拉电阻功能打开。

```
#define Sensor_DATA_IN()   do{P0DIR &=~(0X02<<0);P0INP &=~0X02;P2INP &=~(0x01
<<5);}while(0);
#define Sensor_CLK_IN()   do{P0DIR &=~(0X01<<0);}while(0);
#define Sensor_DATA_OUT()   do{P0DIR|=(0X02<<0);P0INP &=~0X02;
P2INP &=~(0x01<<5);}while(0);
#define Sensor_CLK_OUT()   do{P0DIR|=(0X01<<0);}while(0);
#define set_DATA_1()                (P0_1=1)
```

```
#define set_DATA_0()                 (P0_1=0)
#define set_CLK_1()                  (P0_0=1)
#define set_CLK_0()                  (P0_0=0)
#define IS_DATA_1()                  (P0_1)
#define IS_CLK_1()                   (P0_0)
```

温湿度采集模拟时序代码参见工程代码 sht11.c 文件，其中大部分采用官方提供的 DEMO 代码完成，稍加时序控制即可使用。

函数定义如下：

```
void uDelay(uint n);
void _nop_(void);
void s_connectionreset(void);
char s_measure(unsigned char * p_value, unsigned char * p_checksum, unsigned
char mode);
void calc_sth11(float * p_humidity ,float * p_temperature);
float calc_dewpoint(float h,float t);
char s_read_byte(unsigned char ack);
char s_write_byte(unsigned char value);
```

主函数如下：

```
void main(void)
{
    value humi_val,temp_val;
    unsigned char error=0,checksum;
    char temp_buf[10];
    char humi_buf[10];
    float dew_point;
    initUART();                              //初始化串口,波特率为 57600
    Init_IO();                               //P1、P0 IO 初始化
    Delay(200);
    Sensor_DATA_OUT();
    set_DATA_0();
    Sensor_CLK_OUT();
    set_CLK_0();
    s_connectionreset();                     //复位温湿度传感器
    Delay(20);
    while(1)                                 //循环采集温湿度状态并通过串口发送数据
    {
      error=0;
      LED2=1;
      error+=s_measure((unsigned char*)&humi_val.i,&checksum,HUMI);     //测量湿度
      Delay(50000);
      error+=s_measure((unsigned char*)&temp_val.i,&checksum,TEMP);     //测量温度
      Delay(50000);
      if(error!=0){ s_connectionreset();UartTX_Send_String("error",5);LED1=0;
                    Delay(50000);LED1=1;}
      else
      {
```

```
LED2=0;
humi_val.f=(float)humi_val.i;
temp_val.f=(float)temp_val.i;
//进行温湿度原始数据参照校准
calc_sth11(&humi_val.f,&temp_val.f);//calculate humidity, temperature
dew_point=calc_dewpoint(humi_val.f,temp_val.f);   //calculate dew point
Delay(50000);
//格式化数据输出
sprintf(humi_buf,(char *)"%f",(float)humi_val.f);
sprintf(temp_buf,(char *)"%f",(float)temp_val.f);
UartTX_Send_String("temp:",5);
UartTX_Send_String(temp_buf,sizeof(temp_buf));
UartTX_Send_String("humi:",5);
UartTX_Send_String(humi_buf,sizeof(humi_buf));
UartTX_Send_word(0x0A);
UartTX_Send_word(0x0D);
//Delay(50000);
    }
  }
}
```

程序通过配置 CC2430 处理器的 I/O P0_0、P0_1 引脚模拟温湿度传感器时序，进而取得传感器的状态，如果顺利采集到温湿度状态，则 LED2 闪烁且在串口输出相应的温湿度数据。

**3. 实验步骤**

(1) 使用配套 USB 线连接 PC 和 UP-CUP IOT-6410-Ⅱ型设备，设备上电，确保打开 ZigBee 模块开关供电。

(2) 使用 CCD_SETKEY 按键选择 ZigBee 仿真器要连接的 ZigBee 设备模块(根据 LED 指示灯判断)。

(3) 将系统配套串口线一端连接 PC，一端连接到平台上靠近 USB 口的串口(RS-232-2)上。

(4) 将系统配套温湿度传感器连接到 ZigBee 模块的主板上，连接 A/D 排针端，不要连接错。

(5) 启动 IAR 开发环境，新建工程，将 Exp6 实验工程中代码复制到新建工程中。

(6) 在 IAR 开发环境中编译、运行、调试程序。

(7) 使用 PC 自带的超级终端连接串口，将超级终端设置为串口波特率 57600、8 位、无奇偶奇校验、无硬件流模式。运行程序观察串口数据输出。

## 4.5.3 实践三：接近开关/红外反射传感器应用实践

在 UP-CUP IOT-6410-Ⅱ实验平台上，利用 ZigBee 模块上 CC2430 的 IO 中断，基于 IAR 开发环境设计程序来监测接近开关/红外反射传感器的状态。

**1. 硬件接口原理**

(1) ZigBee(CC2430)模块 LED 硬件接口

ZigBee(CC2430)模块 LED 硬件接口如前面所述的图 4.26 和图 4.27 所示。

ZigBee(CC2430)模块硬件上设计有 2 个 LED 灯,用来编程调试使用,分别连接 CC2430 的 P1_0、P1_1 两个 I/O 引脚。从原理图上可以看出,2 个 LED 灯共阳极,当 P1_0、P1_1 引脚为低电平时,LED 灯点亮。

(2) 接近开关/红外反射传感器模块硬件接口

接近开关/红外反射传感器模块与 ZigBee(CC2430)模块硬件接口如图 4.31 所示。

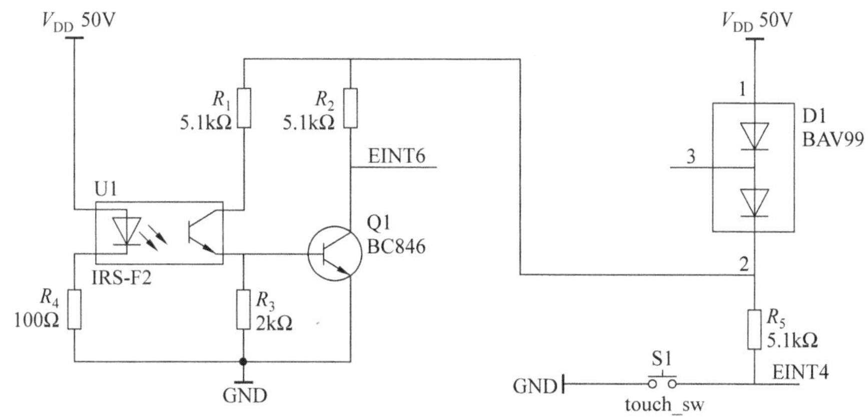


图 4.31 接近开关/红外反射传感器硬件接口

系统配套的接近开关/红外反射传感器与 ZigBee 模块的 IO/INT 排针相连,接近开关传感器模块的信号线与 ZigBee 模块的 P1_2 引脚相连,红外反射传感器与 P1_3 引脚相连。因此,需要在代码中将相应引脚配置成中断输入模式,来监测接近开关/红外反射传感器状态。

### 2. 软件设计

源码分析:

```
#include<ioCC2430.h>
#include<string.h>
#define uint unsigned int
#define uchar unsigned char
//定义控制灯的端口
#define LED1 P1_0
#define LED2 P1_1

//函数声明
void Delay(uint);
void initUARTtest(void);
void UartTX_Send_String(char * Data,int len);
unsigned int switch_flag;
unsigned int move_flag;

/* 延时函数 */
void Delay(uint n)
{
```

```
    uint i,t;
    for(i=0;i<5;i++);
    for(t=0;t<n;t++);
}

/*初始化串口函数*/
void initUART(void)
{
    CLKCON &=~0x40;                              //晶振
    while(!(SLEEP & 0x40));                      //等待晶振稳定
    CLKCON &=~0x47;                              //TICHSPD128分频,CLKSPD不分频
    SLEEP |=0x04;                                //关闭不用的RC振荡器
    PERCFG=0x00;                                 //位置1 P0口
    P0SEL=0x3c;                                  //P0用作串口
    P2DIR &=~0XC0;                               //P0优先作为串口0
    U0CSR |=0x80;                                //UART方式
    U0GCR |=10;                                  //baud_e
    U0BAUD |=216;                                //波特率设为57600
    UTX0IF=0;
}

/*串口发送字符串函数*/
void UartTX_Send_String(char *Data,int len)
{
  int j;
  for(j=0;j<len;j++)
  {
    U0DBUF=*Data++;
    while(UTX0IF==0);
    UTX0IF=0;
  }
}

void UartTX_Send_word(char word)
{
    U0DBUF=word;
    while(UTX0IF==0);
    UTX0IF=0;
}

/* P1_2、P1_3中断模式初始化*/
void Init_IO(void)
{
    P1DIR=0X03;                                  //设置LED
    LED1=1;
    LED2=1;
    //P1_2 I/O中断初始化
    P1DIR &=~(0x03<<2);                          //P1_2 input mode
    P1INP &=~(0x03<<2);                          //P1_2 Pull up
```

```
    P1IEN |=(0x03<<2);                          //P1_2 int enable
    PICTL &=~(0x01<<1);                         //P1_2 rasing edge
    //PICTL |=(0x03<<1);                        //falling edge
    IEN0 |=0x80;                                //全局允许中断
    IEN2 |=(0x01<<4);                           //P1 端口中断允许
    P1IFG &=~(0x03<<2);                         //P1_2 中断标志清 0
}

/*主函数*/
void main(void)
{
    switch_flag=0;
    move_flag=0;
    initUART();
    Init_IO();                                  //P1_0 I/O 初始化
    while(1)
    {
          LED1=1;
          LED2=1;
          //麦克声感中断处理
          if((1==switch_flag)&&(P0IFG==0)){
            switch_flag=0;
            LED1=0;
            //LED2=0;
            UartTX_Send_String("SWITCH Warning!",14);
            UartTX_Send_word(0x0A);
            UartTX_Send_word(0x0D);
            Delay(10000);                       //延时
          }

          //光感传感器中断处理
          if((1==move_flag)&&(P0IFG==0)){
            move_flag=0;
            //LED1=0;
            LED2=0;
            UartTX_Send_String("MOVE Warning!",14);
            UartTX_Send_word(0x0A);
            UartTX_Send_word(0x0D);
            Delay(10000);                       //延时
          }
    }
}

/*中断服务程序(P1_2\P1_3 端口)*/
#pragma vector=P1INT_VECTOR
__interrupt void P1_ISR(void)
{
        if((P1IFG&0X04)>0)                      //接近开关中断
        {
```

```
    P1IFG &=~(0x04);
    move_flag=1;
  }
  if((P1IFG&0X08)>0)                      //红外反射中断
  {
    P1IFG &=~(0x08);
    switch_flag=1;
  }
  P1IF=0;                                 //清中断标志
}
```

程序通过配置 CC2430 处理器的 I/O P1_2、P1_3 引脚为输入中断引脚，用来监测接近开关/红外反射传感器的状态，如果接近开关关闭或红外反射开关监测到明显的黑白信号则产生相应中断，则将分别点亮 LED1 和 LED2，并向串口输出"SWITCH Warning!"和"MOVE Warning!"字符串。

**3. 实验步骤**

(1) 使用配套 USB 线连接 PC 和 UP-CUP IOT-6410-Ⅱ型设备，设备上电，确保打开 ZigBee 模块开关供电。

(2) 使用 CCD_SETKEY 按键选择 ZigBee 仿真器要连接的 ZigBee 设备模块(根据 LED 指示灯判断)。

(3) 将系统配套串口线一端连接 PC，一端连接到平台上靠近 USB 口的串口(RS-232-2)上。

(4) 将系统配套接近开关/红外反射传感器连接到 ZigBee 模块的主板上，连接 IO/INT 排针端，不要连接错。

(5) 启动 IAR 开发环境，新建工程，将 Exp4 实验工程中代码复制到新建工程中。

(6) 在 IAR 开发环境中编译、运行、调试程序。

(7) 使用 PC 自带的超级终端连接串口，将超级终端设置为串口波特率 57600、8 位、无奇偶校验、无硬件流模式，当接近开关关闭，则点亮 ZigBee 模块的 LED1 灯，且串口输出"SWITCH Warning!"。当红外反射传感器监测黑白变化则点亮 ZigBee 模块的 LED2 灯，且串口输出"MOVE Warning!"字符串。

**说明**：接近开关很好测试，红外反射传感器的状态，可以在一张黑白线条明显的纸张上移动测试。

## 练习题

**一、单选题**

1. (　　)不是传感器的组成元件。

A. 敏感元件　　B. 转换元件　　C. 变换电路　　D. 电阻电路

2. 力敏传感器接受(　　)信息，并转化为电信号。

A. 力　　B. 声　　C. 光　　D. 位置

3. 声敏传感器接受(　　)信息,并转化为电信号。

A. 力　B. 声　C. 光　D. 位置

4. 位移传感器接受(　　)信息,并转化为电信号。

A. 力　B. 声　C. 光　D. 位置

5. 光敏传感器接受(　　)信息,并转化为电信号。

A. 力　B. 声　C. 光　D. 位置

6. (　　)年,哈里·斯托克曼发表的《利用反射功率的通信》奠定了射频识别 RFID 的理论基础。

A. 1948　B. 1949　C. 1960　D. 1970

7. 美军全资产可视化 5 级为机动车辆采用(　　)。

A. 全球定位系统　B. 无源 RFID 标签

C. 条形码　D. 有源 RFID 标签

8. (　　)不是物理传感器。

A. 视觉传感器　B. 嗅觉传感器　C. 听觉传感器　D. 触觉传感器

9. 机器人中的皮肤采用的是(　　)。

A. 气体传感器　B. 味觉传感器　C. 光电传感器　D. 温度传感器

10. (　　)不是智能尘埃的特点。

A. 广泛用于国防目标　B. 广泛用于生态、气候

C. 智能爬行器　D. 体积超过 1 立方米

## 二、简答题

1. 简述传感器的作用及组成。
2. 简述传感器的选用原则。
3. 简述智能传感器的结构和功能。
4. 光纤传感器有哪些特点?
5. 生物传感器主要有哪几类?
6. 检测技术按测量过程的特点分类可分为哪几类?

# 第 5 章 射频识别技术

**本章重点**

(1) RFID 技术的分类和 RFID 技术标准。
(2) RFID 的工作原理及系统的组成和 RFID 系统中的软件组件。
(3) RFID 中间件的组成及功能特点、RFID 中间件体系结构。
(4) RFID 典型模块应用及实训。

## 5.1 射频识别技术概述

### 5.1.1 射频识别

#### 1. 概述

RFID(Radio Frequency Identification)即射频识别。无线射频识别技术是 20 世纪 90 年代开始兴起的一种自动识别技术，射频识别技术是一项利用射频信号通过空间耦合(交变磁场或电磁场)实现无接触信息传递并通过所传递的信息达到识别目的的技术。RFID 常称为感应式电子芯片或近接卡、感应卡、非接触卡、电子标签、电子条码等。一套完整 RFID 系统由读写器和电子标签两部分组成，其工作原理为由读写器发射一特定频率的无限电波能量给电子标签，用以驱动电子标签的电路将内部之 ID Code 送出，此时读写器便接收此 ID Code。电子标签的特殊在于免用电池、免接触、免刷卡，故不怕脏污，且芯片密码为世界唯一，无法复制，安全性高、长寿命。

RFID 的应用非常广泛，目前典型应用有动物芯片、汽车芯片防盗器、门禁管制、停车场管制、生产线自动化、物料管理。RFID 标签有两种：有源标签和无源标签。

从信息传递的基本原理来说，射频识别技术在低频段基于变压器耦合模型(初级与次级之间的能量传递及信号传递)，在高频段基于雷达探测目标的空间耦合模型(雷达发射电磁波信号碰到目标后携带目标信息返回雷达接收机)。

许多高科技公司正在加紧开发 RFID 专用的软件和硬件，如英特尔、微软、甲骨文、SAP 和 SUN，无线射频识别技术(RFID)正在成为全球热门新科技。

**2. 射频识别技术发展历史**

射频识别技术的发展可按 10 年期划分如下。

1940—1950 年：雷达的改进和应用催生了射频识别技术，1948 年奠定了射频识别技术的理论基础。

1950—1960 年：早期射频识别技术的探索阶段，主要处于实验室实验研究。

1960—1970 年：射频识别技术的理论得到了发展，开始了一些应用尝试。

1970—1980 年：射频识别技术与产品研发处于一个大发展时期，各种射频识别技术测试得到加速。出现了一些最早的射频识别应用。

1980—1990 年：射频识别技术及产品进入商业应用阶段，各种规模应用开始出现。

1990—2000 年：射频识别技术标准化问题日趋得到重视，射频识别产品得到广泛采用，射频识别产品逐渐成为人们生活中的一部分。

2000 年后：标准化问题日趋为人们所重视，射频识别产品种类丰富，有源电子标签、无源电子标签及半无源电子标签均得到发展，电子标签成本不断降低，规模应用行业扩大。

至今，射频识别技术的理论得到丰富和完善。单芯片电子标签、多电子标签识读、无线可读可写、无源电子标签的远距离识别、适应高速移动物体的射频识别技术与产品正在成为现实并走向应用。

**3. 射频识别技术特点**

RFID 需要利用无线电频率资源，因此 RFID 必须遵守无线电频率管理的诸多规范。具体来说，与同期或早期的接触式识别技术相比较，RFID 还具有如下一些特点。

(1) 数据的读写功能。只要通过 RFID 读写器，不需要接触即可直接读取射频卡内的数据信息到数据库内，且一次可处理多个标签，也可将处理的数据状态写入电子标签。

(2) 电子标签的小型化和多样化。RFID 在读取上不受尺寸大小与形状之限制。RFID 电子标签正朝小型化发展，便于嵌入到不同物品内。

(3) 耐环境性。RFID 可以非接触读写(读写距离可以从 10cm 至几十米)、可识别高速运动物体，抗恶劣环境，且对水、油和药品等物质具有强力的抗污性。RFID 可以在黑暗或脏污的环境中读取数据。

(4) 可重复使用。由于 RFID 为电子数据，可以反复读写，因此可以回收标签重复使用，提高利用率，降低电子污染。

(5) 穿透性。RFID 即便是被纸张、木材和塑料等非金属、非透明材质包覆，也可以进行穿透性通信。但是它不能穿过铁质等金属物体进行通信。

(6) 数据的记忆容量大。数据容量随着记忆规格的发展而扩大，未来物品所需携带的数据量会越来越大。

(7) 系统安全性。将产品数据从中央计算机中转存到标签上将为系统提供安全保障。射频标签中数据的存储可以通过校验或循环冗余校验的方法得到保证。

## 5.1.2 RFID 技术分类

### 1. RFID 技术分类

依据电子标签的供电方式、工作频率、可读性和工作方式进行分类。

(1) 根据标签的供电形式分类

RFID 的电能消耗是非常低的(一般是 1/100mW 级别)。按照电子标签获取电能的方式不同,电子标签可分成有源式电子标签、无源式电子标签及半有源式电子标签。

① 有源式电子标签。有源式电子标签通过标签自带的内部电池进行供电,其电能充足、工作可靠、信号传送距离远。有源式电子标签的缺点主要是价格高、体积大、使用寿命受到限制,而且随着电子标签内电池电力的消耗,数据传输的距离会越来越小,影响系统的正常工作。

② 无源式电子标签。无源式电子标签的内部不带电池,需靠外界提供能量才能正常工作。无源式电子标签典型的产生电能的装置是天线与线圈,当电子标签进入系统的工作区域,天线接收到特定的电磁波,线圈就会产生感应电流,再经过整流并给电容充电,电容电压经过稳压后可作为工作电压。无源式电子标签具有永久的使用期,常用于需要每天读写或频繁读写信息的场合。无源式电子标签的缺点主要是数据传输的距离要比有源式电子标签短,所以需要敏感性比较高的信号接收器才能可靠识读。

③ 半有源式电子标签。半有源式电子标签内的电池仅对标签内要求供电维持数据的电路供电或者为标签芯片工作所需的电压提供辅助支持,为本身耗电很少的标签电路供电。标签未进入工作状态前,一直处于休眠状态,相当于无源式电子标签,标签内部电池能量消耗很少,因而电池可维持几年,甚至长达 10 年有效。当标签进入读写器的读取区域,受到读写器发出的射频信号激励而进入工作状态时,电子标签与读写器之间信息交换的能量支持以读写器供应的射频能量为主(反射调制方式),标签内部电池的作用主要在于弥补标签所处位置的射频场强不足,标签内部电池的能量并不转换为射频能量。

(2) 根据电子标签的工作频率分类

电子标签的工作频率也就是射频识别系统的工作频率,是其最重要的特点之一。电子标签的工作频率决定着射频识别系统的工作原理(电感耦合还是电磁耦合)、识别距离、电子标签及读写器实现的难易程度和设备的成本。工作在不同频段或频点上的电子标签具有不同的特点。射频识别应用占据的频段或频点在国际上有公认的划分,即位于 ISM 波段。典型的工作频率有 125kHz、133kHz、13.56MHz、27.12MHz、433MHz、902～928MHz、2.45GHz、5.8GHz 等。

① 低频段电子标签。低频段电子标签,简称为低频电子标签,其工作频率范围为 30～300kHz。典型工作频率有 125kHz、133kHz(也有接近的其他频率的,如 TI 公司使用 134.2kHz)。低频标签一般为无源式电子标签,其工作能量通过电感耦合方式从读写器耦合线圈的辐射近场中获得。低频标签与读写器之间传送数据时,低频电子标签需位于读写器天线辐射的近场区内。低频电子标签的阅读距离一般情况下小于 1m。

低频标签的典型应用有动物识别、容器识别、工具识别、电子闭锁防盗(带有内置应答器的汽车钥匙)等。与低频标签相关的国际标准有 ISO 11784/11785(用于动物识别)、

ISO 18000-2(125～135kHz)。低频标签有多种外观形式,应用于动物识别的低频标签外观有项圈式、耳牌式、注射式、药丸式等。

低频标签的主要优势体现在电子标签芯片一般采用普通的 CMOS 工艺,具有省电、廉价的特点,工作频率不受无线电频率管制约束,可以穿透水、有机组织、木材等。非常适合近距离、低速度、数据量要求较少的识别应用等。低频标签的劣势主要体现在标签存储数据量较少,只适用于低速、近距离的识别应用。

② 中高频段电子标签。中高频段电子标签的工作频率一般为 3～30MHz。典型工作频率为 13.56MHz。高频电子标签一般也采用无源方式,其工作能量同低频标签一样,也是通过电感(磁)耦合方式从读写器耦合线圈的辐射近场中获得。电子标签与读写器进行数据交换时,电子标签必须位于读写器天线辐射的近场区内。

高频电子标签典型应用包括电子车票、电子身份证、电子闭锁防盗(电子遥控门锁控制器)等。相关的国际标准有 ISO 14443、ISO 15693、ISO 18000-3(13.56MHz)等。

③ 超高频与微波标签。超高频与微波频段的电子标签,简称为微波电子标签,其典型工作频率为 433.92MHz、902～928MHz、2.45GHz、5.8GHz。微波电子标签可分为有源式电子标签与无源式电子标签两类。工作时,电子标签位于读写器天线辐射场的远区场内,电子标签与读写器之间的耦合方式为电磁耦合方式。读写器天线辐射场为无源式电子标签提供射频能量,将有源式电子标签唤醒。相应的射频识别系统阅读距离一般大于 1m,典型情况为 4～7m,最大可达 10m 以上。读写器天线一般均为定向天线,只有在读写器天线定向波束范围内的电子标签才可被读写。

微波电子标签的典型特点主要集中在是否无源,无线读写距离,是否支持多电子标签读写,是否适合高速识别应用,读写器的发射功率容限,电子标签及读写器的价格等方面。微波电子标签的数据存储容量一般限定在 2kb 以内,从技术及应用的角度来说,微波电子标签并不适合作为大量数据的载体,其主要功能在于标识物品并完成无接触的识别过程。典型的数据容量指标有 1kb、128b、64b 等。

微波电子标签的典型应用包括移动车辆识别、电子身份证、仓储物流应用、电子闭锁防盗(电子遥控门锁控制器)等。相关的国际标准有 ISO 10374,ISO 18000-4(2.45GHz)、ISO 18000-5(5.8GHz)、ISO 18000-6(860～930MHz)、ISO 18000-7(433.92MHz),ANSI NCITS 256-1999 等。

(3) 根据标签的可读性分类

根据使用的存储器类型,可以将标签分成只读(Read Only,RO)标签、可读可写(Read and Write,RW)标签和一次写入多次读出(Write Once Read Many,WORM)标签。

① 只读电子标签。只读标签内部有只读存储器(Read Only Memory,ROM)。ROM 中存储有电子标签的标识信息。这些信息可以在电子标签制造过程中,由制造商写入 ROM 中,电子标签在出厂时,即已将完整的电子标签信息写入电子标签。这种情况下,应用过程中,电子标签一般具有只读功能,也可以在电子标签开始使用时由使用者根据特定的应用目的写入特殊的编码信息。

② 可读可写标签。可读/写电子标签内部的存储器,除了 ROM、缓冲存储器之外,还

有非活动可编程记忆存储器。这种存储器一般是EEPROM(电可擦除可编程只读存储器),它除了存储数据功能外,还具有在适当的条件下允许多次对原有数据的擦除以及重新写入数据的功能。可读可写电子标签还可能有随机存取器(Random Access Memory,RAM),用于存储电子标签反应和数据传输过程中临时产生的数据。

③ 一次写入多次读出标签。一次写入多次读出(Write Once Read Many,WORM)的电子标签既有接触式改写的电子标签存在,也有无接触式改写的电子标签存在。这类WORM电子标签一般大量用在一次性使用的场合,如航空行李标签、特殊身份证件标签等。

(4) 根据标签的工作方式分类

根据标签的工作方式,可将RFID分为被动式、主动式和半主动式。一般来讲,无源系统为被动式,有源系统为主动式。

① 主动式电子标签。一般来说主动式RFID系统为有源系统,即主动式电子标签用自身的射频能量主动地发送数据给读写器,在有障碍物的情况下,只需穿透障碍物一次。由于主动式电子标签自带电池供电,它的电能充足,工作可靠性高,信号传输距离远。主要缺点是标签的使用寿命受到限制,而且随着标签内部电池能量的耗尽,数据传输距离越来越短,从而影响系统的正常工作。

② 被动式电子标签。被动式电子标签必须利用读写器的载波来调制自身的信号,标签产生电能的装置是天线和线圈。电子标签进入RFID系统工作区后,天线接收特定的电磁波,线圈产生感应电流供给电子标签工作,在有障碍物的情况下,读写器的能量必须来回穿过障碍物两次。这类系统一般用于门禁或交通系统中,因为读写器可以确保只激活一定范围内的电子标签。

③ 半主动式电子标签。在半主动式RFID系统里,电子标签本身带有电池,但是电子标签并不通过自身能量主动发送数据给读写器,电池只负责对电子标签内部电路供电。电子标签需要被读写器的能量激活,然后才通过反向散射调制方式传送自身数据。

**2. RFID系统的分类**

根据RFID系统完成的功能不同,可以粗略地把RFID系统分成4种类型:EAS系统、便携式数据采集系统、物流控制系统、定位系统。

(1) EAS系统

ELECTRONIC ARTICLE SURVEILLANCE(EAS)是一种设置在需要控制物品出入的门口的RFID技术。这种技术的典型应用场合是商店、图书馆、数据中心等地方,当未被授权的人从这些地方非法取走物品时,EAS系统会发出警告。在应用EAS技术时,首先在物品上黏附EAS标签,当物品被正常购买或者合法移出时,在结算处通过一定的装置使EAS标签失活,物品就可以取走。物品经过装有EAS系统的门口时,EAS装置能自动检测标签的活动性,发现活动性标签EAS系统会发出警告。典型的EAS系统一般由三部分组成:附着在商品上的电子标签(即电子传感器)、电子标签灭活装置(以便授权商品能正常出入)、监视器(在出口造成一定区域的监视空间)。

EAS系统的工作原理是:在监视区,发射器以一定的频率向接收器发射信号。发射器与接收器一般安装在零售店、图书馆的出入口,形成一定的监视空间。当具有特殊特征的标签进入该区域时，会对发射器发出的信号产生干扰，这种干扰信号也会被接收器接收，再经过微处理器的分析判断，就会控制警报器的鸣响。根据发射器所发出的信号不同以及标签对信号干扰原理不同，EAS可以分成许多种类型。EAS技术最新的研究方向是标签的制作，人们正在讨论EAS标签能不能像条码一样，在产品的制作或包装过程中加进产品，成为产品的一部分。

(2) 便携式数据采集系统

便携式数据采集系统是使用带有RFID阅读器的手持式数据采集器采集RFID标签上的数据。这种系统具有比较大的灵活性，适用于不宜安装固定式RFID系统的应用环境。手持式阅读器(数据输入终端)可以在读取数据的同时，通过无线电波数据传输方式(RFDC)实时地向主计算机系统传输数据，也可以暂时将数据存储在阅读器中，再一批一批地向主计算机系统传输数据。

(3) 物流控制系统

在物流控制系统中，固定布置的RFID阅读器分散布置在给定的区域，并且阅读器直接与数据管理信息系统相连，信号发射机是移动的，一般安装在移动的物体、人上面。当物体、人流经阅读器时，阅读器会自动扫描标签上的信息并把数据信息输入数据管理信息系统存储、分析、处理，达到控制物流的目的。

(4) 定位系统

定位系统用于自动化加工系统中的定位以及对车辆、轮船等进行运行定位支持。阅读器放置在移动的车辆、轮船上或者自动化流水线中移动的物料、半成品、成品上，信号发射机嵌入到操作环境的地表下面。信号发射机上存储有位置识别信息，阅读器一般通过无线的方式或者有线的方式连接到主信息管理系统。

总之，一套完整的RFID系统解决方案包括标签设计及制作工艺、天线设计、系统中间件研发、系统可靠性研究、读卡器设计和示范应用演示6部分，可以广泛应用于工业自动化、商业自动化、交通运输控制管理和身份认证等多个领域，而在仓储物流管理、生产过程制造管理、智能交通、网络家电控制等方面更是引起了众多厂商的关注。

## 5.1.3 RFID技术标准

由于RFID的应用牵涉到众多行业，因此其相关的标准非常复杂。从类别看，RFID标准可以分为以下4类：技术标准(如RFID技术、IC卡标准等)；数据内容与编码标准(如编码格式、语法标准等)；性能与一致性标准(如测试规范等)；应用标准(如船运标签、产品包装标准等)。具体来讲，RFID相关的标准涉及电气特性、通信频率、数据格式和元数据、通信协议、安全、测试、应用等方面。

与RFID技术和应用相关的国际标准化机构主要有：国际标准化组织(ISO)、国际电工委员会(IEC)、国际电信联盟(ITU)、世界邮联(UPU)。此外还有其他的区域性标准化机构(如EPC Global、UID Center、CEN)、国家标准化机构(如BSI、ANSI、DIN)和产业联盟(如ATA、AIAG、EIA)等也制定了与RFID相关的区域、国家、产业联盟标准，并通过不同的渠道提升为国际标准。表5.1列出了目前RFID系统主要频段标准与特性。

表 5.1 RFID 系统主要频段标准与特性

| | 低 频 | 高 频 | 超高频 | 微 波 |
|---|---|---|---|---|
| 工作频率 | 125～134kHz | 13.56MHz | 868～915MHz | 2.45～5.8GHz |
| 读取距离/m | 1.2 | 1.2 | 4(美国) | 15(美国) |
| 速度 | 慢 | 中等 | 快 | 很快 |
| 潮湿环境 | 无影响 | 无影响 | 影响较大 | 影响较大 |
| 方向性 | 无 | 无 | 部分 | 有 |
| 全球适用频率 | 是 | 是 | 部分 | 部分 |
| 现有 ISO 标准 | 11784/85,14223 | 14443,18000-3,15693 | 18000-6 | 18000-4/555 |

总体来看,目前 RFID 存在 3 个主要的技术标准体系:总部设在美国麻省理工学院(MIT)的自动识别中心(Auto-ID Center)、日本的泛在中心(Ubiquitous ID Center,UIC)和 ISO 标准体系。

# 5.2 RFID 系统的组成

## 5.2.1 RFID 的工作原理及系统组成

### 1. 工作原理

RFID 的工作原理是:标签进入磁场后,如果接收到阅读器发出的特殊射频信号,就能凭借感应电流所获得的能量发送出存储在芯片中的产品信息(即 Passive Tag,无源标签或被动标签),或者主动发送某一频率的信号(即 Active Tag,有源标签或主动标签),阅读器读取信息并解码后,送至中央信息系统进行有关数据处理。

### 2. RFID 系统的组成

射频识别系统至少应包括以下两个部分,一是读写器,二是电子标签(或称射频卡、应答器等,本文统称为电子标签)。另外还应包括天线、主机等。RFID 系统在具体的应用过程中,根据不同的应用目的和应用环境,系统的组成会有所不同,但从 RFID 系统的工作原理来看,系统一般都由信号发射机、信号接收机、发射接收天线等几部分组成。RFID 系统的组成如图 5.1 所示,下面分别加以说明。

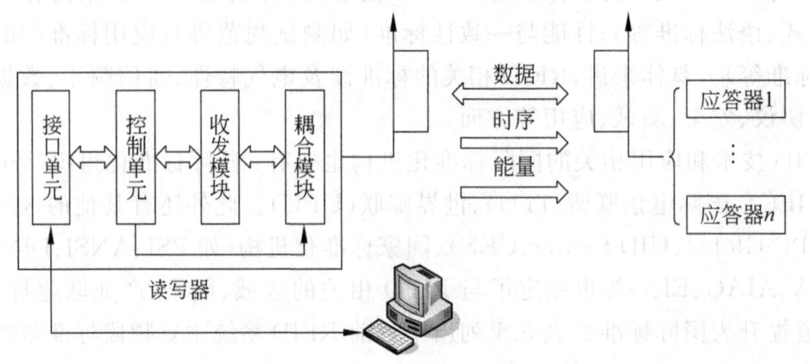


图 5.1 RFID 系统的组成

(1) 信号发射机

在 RFID 系统中,信号发射机为了不同的应用目的,会以不同的形式存在,典型的形式是标签(TAG)。标签相当于条码技术中的条码符号,用来存储需要识别传输的信息,另外,与条码不同的是,标签必须能够自动或在外力的作用下,把存储的信息主动发射出去。

(2) 信号接收机

在 RFID 系统中,信号接收机一般叫做阅读器。阅读器基本的功能就是提供与标签进行数据传输的途径。另外,阅读器还提供相当复杂的信号状态控制、奇偶错误校验与更正功能等。标签中除了存储需要传输的信息外,还必须含有一定的附加信息,如错误校验信息等。识别数据信息和附加信息按照一定的结构编制在一起,并按照特定的顺序向外发送。阅读器通过接收到的附加信息来控制数据流的发送。一旦到达阅读器的信息被正确地接收和译解后,阅读器通过特定的算法决定是否需要发射机对发送的信号重发一次,或者知道发射器停止发信号,这就是"命令响应协议"。使用这种协议,即便在很短的时间、很小的空间阅读多个标签,也可以有效地防止"欺骗问题"的产生。

(3) 编程器

只有可读可写标签系统才需要编程器。编程器是向标签写入数据的装置。编程器写入数据一般来说是离线(OFF-LINE)完成的,也就是预先在标签中写入数据,等到开始应用时直接把标签黏附在被标识项目上。也有一些 RFID 应用系统,写数据是在线(ON-LINE)完成的,尤其是在生产环境中作为交互式便携数据文件来处理时。

(4) 天线

天线是标签与阅读器之间传输数据的发射、接收装置。在实际应用中,除了系统功率,天线的形状和相对位置也会影响数据的发射和接收,需要专业人员对系统的天线进行设计、安装。

RFID 主要有线圈型、微带贴片型、偶极子型 3 种基本形式的天线。其中,小于 1m 的近距离应用系统的 RFID 天线一般采用工艺简单、成本低的线圈型天线,它们主要工作在中低频段。而 1m 以上远距离的应用系统需要采用微带贴片型或偶极子型的 RFID 天线,它们工作在高频及微波频段。这几种类型天线的工作原理是不相同的。

若从功能实现考虑,可将 RFID 系统分成边沿系统和软件系统两大部分,如图 5.2 所示。这种观点同现代信息技术观点相吻合。边沿系统主要是完成信息感知,属于硬件组件部分;软件系统完成信息的处理和应用;通信设施负责整个 RFID 系统的信息传递。

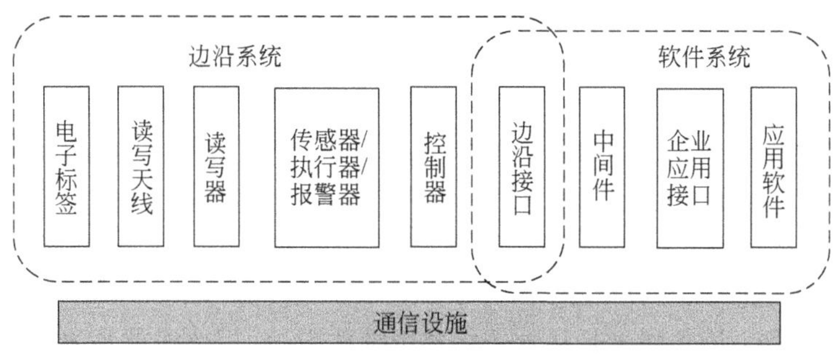


图 5.2 射频识别系统基本组成

### 5.2.2 RFID 系统中的软件组件

RFID 系统中的软件组件主要完成数据信息的存储、管理以及对 RFID 标签的读写控制，是独立于 RFID 硬件之上的部分。RFID 系统归根结底是为应用服务的，读写器与应用系统之间的接口通常由软件组件来完成。一般，RFID 软件组件包含有：边沿接口系统；中间件，即为实现所采集信息的传递与分发而开发的中间件；企业应用接口，即为企业前端软件，如设备供应商提供的系统演示软件、驱动软件、接口软件、集成商或者客户自行开发的 RFID 前端操作软件等；应用软件，主要指企业后端软件，如后台应用软件、管理信息系统(MIS)软件等。

**1. 边沿接口系统**

边沿接口系统主要完成 RFID 系统硬件与软件之间的连接，通过使用控制器实现同 RFID 硬软件之间的通信。边沿接口系统的主要任务是从读写器中读取数据和控制读写器的行为，激励外部传感器、执行器工作。此外，边沿接口系统还具有以下功能：

(1) 从不同读写器中过滤重复数据；

(2) 允许设置基于事件方式触发的外部执行机构；

(3) 提供智能功能，选择发送到软件系统；

(4) 远程管理功能。

**2. RFID 中间件**

RFID 系统中间件是介于读写器和后端软件之间的一组独立软件，它能够与多个 RFID 读写器和多个后端软件应用系统连接。应用程序使用中间件所提供的通用应用程序接口(API)，就能够连接到读写器，读取 RFID 标签数据。中间件屏蔽了不同读写器和应用程序后端软件的差异，从而减轻了多对多连接的设计与维护的复杂性。

使用 RFID 中间件有 3 个主要目的。

(1) 隔离应用层和设备接口。

(2) 处理读写器和传感器捕获的原始数据，使应用层看到的都是有意义的高层事件，大大减少所需处理的信息。

(3) 提供应用层接口用于管理读写器和查询 RFID 观测数据。目前，大多数可用的 RFID 中间件都有这些特性。

**3. 企业应用接口**

企业应用接口是 RFID 前端操作软件，主要是提供给 RFID 设备操作人员使用的，如手持读写设备上使用的 RFID 识别系统、超市收银台使用的结算系统和门禁系统使用的监控软件等，此外还应当包括将 RFID 读写器采集到的信息向软件系统传送的接口软件。

前端软件最重要的功能是保障电子标签和读写器之间的正常通信，通过硬件设备的运行和接收高层的后端软件控制来处理和管理电子标签和读写器之间的数据通信。前端软件完成的基本功能有以下几点。

(1) 读/写功能：读功能就是从电子标签中读取数据，写功能就是将数据写入电子标签。这中间涉及编码和调制技术的使用，例如采用 FSK 还是 ASK 方式发送数据。

(2) 防碰撞功能：很多时候不可避免地会有多个电子标签同时进入读写器的读取区域，要求同时识别和传输数据，这时，就需要前端软件具有防碰撞功能，即可以同时识别进入识别范围内的所有电子标签，其并行工作方式大大提高了系统的效率。

(3) 安全功能：确保电子标签和读写器双向数据交换通信的安全。在前端软件设计中可以利用密码限制读取标签内信息、读写一定范围内的标签数据以及对传输数据进行加密等措施来实现安全功能，也可以使用硬件结合的方式来实现安全功能。标签不仅提供了密码保护，而且能对标签上的数据和数据从标签传输到读取器的过程进行加密。

(4) 检/纠错功能：由于使用无线方式传输数据很容易被干扰，使得接收到的数据产生畸变，从而导致传输出错。前端软件可以采用校验和的方法，如循环冗余校验(Cyclic Redundance Check，CRC)、纵向冗余校验(Longitudinal Redundance Check，LRC)、奇偶校验等检测错误。可以结合自动重传请求(Automatic Repea Trequest，ARQ)技术重传有错误的数据来纠正错误，以上功能也可以通过硬件来实现。

**4. 应用软件**

应用软件也是系统的数据中心，它负责与读写器通信，将读写器经过中间件转换之后的数据，插入到后台企业仓储管理系统的数据库中，对电子标签管理信息、发行电子标签和采集的电子标签信息集中进行存储和处理。一般来说，后端应用软件系统需要完成以下功能。

(1) RFID 系统管理：系统设置以及系统用户信息和权限。

(2) 电子标签管理：在数据库中管理电子标签序列号和每个物品对应的序号及产品名称、型号规格，芯片内记录的详细信息等，完成数据库内所有电子标签的信息更新。

(3) 数据分析和存储：对整个系统内的数据进行统计分析，生成相关报表，对采集到的数据进行存储和管理。

## 5.3 几种常见的 RFID 系统

从电子标签到读写器之间的通信和能量感应方式来看，RFID 系统一般可分为电感耦合(磁耦合)系统和电磁反向散射耦合(电磁场耦合)系统。电感耦合系统是通过空间高频交变磁场实现耦合，依据的是电磁感应定律；电磁反向散射耦合，即雷达原理模型，发射出去的电磁波碰到目标后反射，同时携带回目标信息，依据的是电磁波的空间传播规律。

电感耦合方式一般适合于中、低频率工作的近距离 RFID 系统；电磁反向散射耦合方式一般适合于高频、微波工作频率的远距离 RFID 系统。电感耦合方式和电磁反向散射耦合方式如图 5.3 所示。

### 5.3.1 电感耦合 RFID 系统

电感耦合方式电路结构如图 5.4 所示。电感耦合的射频载波频率为 13.56MHz 和小于 135kHz 的频段，应答器和读写器之间的工作距离小于 1m。

**1. 应答器的能量供给**

电磁耦合方式的应答器几乎都是无源的，能量(电源)从读写器获得。由于读写器产

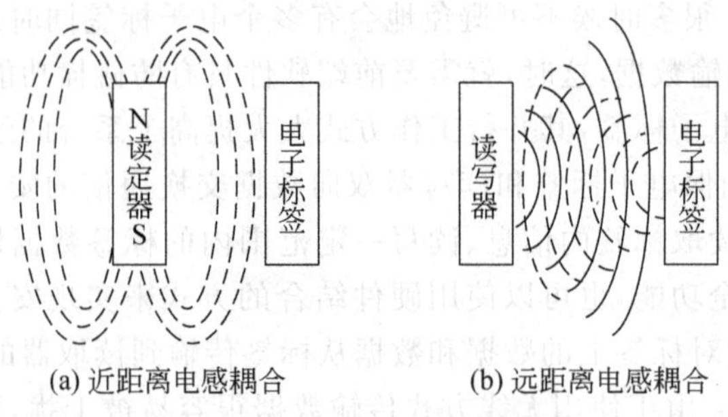


图 5.3 电感耦合和电磁耦合

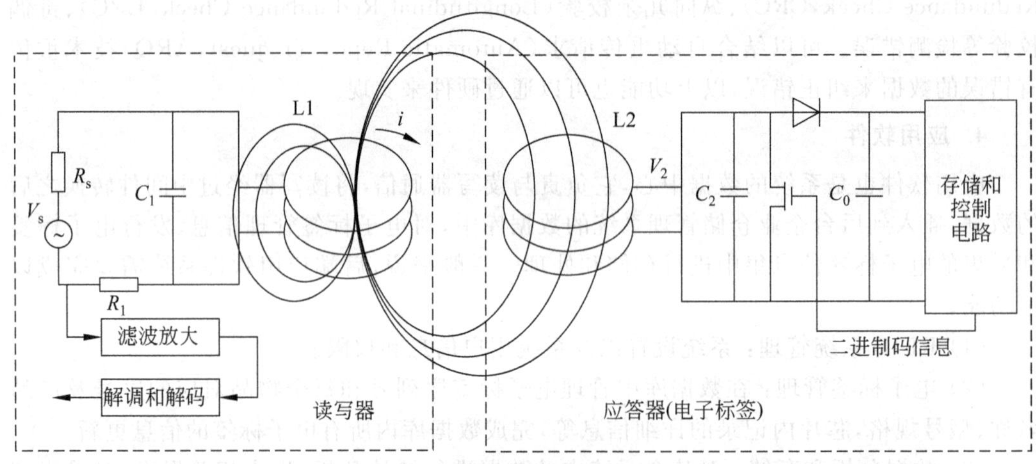


图 5.4 电感耦合方式的电路结构

生的磁场强度受到电磁兼容性能有关标准的严格限制,因此系统的工作距离较近。

在图 5.4 所示的读写器中,$V_s$ 为射频信号源,L1 和 $C_1$ 构成谐振回路(谐振于 $V_s$ 的频率),$R_s$ 是射频源的内阻,$R_1$ 是电感线圈 L1 的损耗电阻。$V_s$ 在 L1 上产生高频电流 $i$,谐振时高频电流 $i$ 最大,高频电流产生的磁场穿过线圈,并有部分磁力线穿过距离读写器电感线圈 L1 一定距离的应答器线圈 L2。由于所有工作频率范围内的波长(13.56MHz 的波长为 22.1m,135kHz 的波长为 2400m)比读写器和应答器线圈之间的距离大很多,所以两线圈之间的电磁场可以视为简单的交变磁场。

穿过电感线圈 L2 的磁力线通过感应,在 L2 上产生电压,将其通过 VD 和 $C_0$ 整流滤波后,即可产生应答器工作所需的直流电压。电容器 $C_2$ 的选择应使 L2 和 $C_2$ 构成对工作频率谐振的回路,以使电压 $V_2$ 达到最大值。

电感线圈 L2、$C_2$ 可以看做变压器初次级线圈,不过它们之间的耦合很弱。读写器和应答器之间的功率传输效率与工作频率 $f$、应答器线圈的匝数 $n$、应答器线圈包围的面积 $A$、两线圈的相对角度以及它们之间的距离是成比例的。

因为电感耦合系统的效率不高,所以只适合于低电流电路。只有功耗极低的只读电子标签(小于 135kHz)可用于 1m 以上的距离。具有写入功能和复杂安全算法的电子标签的功率消耗较大,因而其一般的作用距离为 15cm。

**2. 数据传输**

应答器向读写器的数据传输采用负载调制方法。应答器二进制数据编码信号控制开关器件,使其电阻发生变化,从而使应答器线圈上的负载电阻按二进制编码信号的变化而改变。负载的变化通过 L2 映射到 L1,使 L1 的电压也按二进制编码规律变化。该电压的变化通过滤波放大和调制解调电路,恢复应答器的二进制编码信号,这样,读写器就获得了应答器发出的二进制数据信息。

## 5.3.2 反向散射耦合 RFID 系统

**1. 反向散射**

雷达技术为 RFID 的反向散射耦合方式提供了理论和应用基础。当电磁波遇到空间目标时,其能量的一部分被目标吸收,另一部分以不同的强度散射到各个方向。在散射的能量中,一小部分反射回发射天线,并被天线接收(因此发射天线也是接收天线),对接收信号进行放大和处理,即可获得目标的有关信息。

**2. RFID 反向散射耦合方式**

一个目标反射电磁波的频率由反射横截面来确定。反射横截面的大小与一系列的参数有关,如目标的大小、形状和材料,电磁波的波长和极化方向等。由于目标的反射性能通常随频率的升高而增强,所以 RFID 反向散射耦合方式采用特高频和超高频,应答器和读写器的距离大于 1m。

RFID 反向散射耦合方式的原理框图如图 5.5 所示,读写器、应答器和天线构成一个收发通信系统。

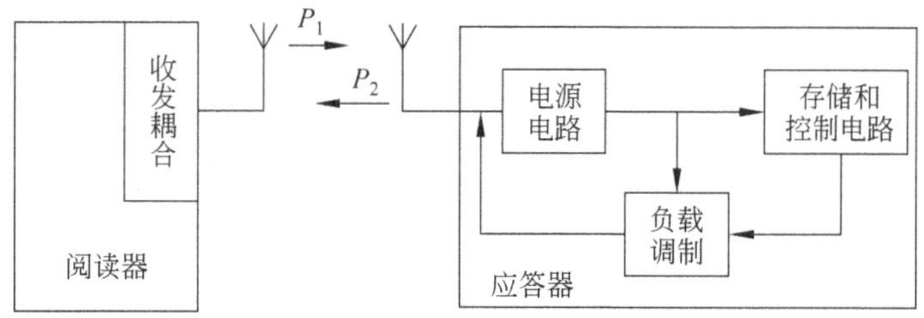


**图 5.5 RFID 反向散射耦合方式原理图**

(1) 应答器的能量供给

无源应答器的能量由读写器提供,读写器天线发射的功率 $P_1$ 经自由空间衰减后到达应答,被吸收的功率经应答器中的整流电路后形成应答器的工作电压。

在 UHF 和 SHF 频率范围,有关电磁兼容的国际标准对读写器所能发射的最大功率有严格的限制,因此在有些应用中,应答器采用完全无源方式会有一定困难。为解决应答器的供电问题,可在应答器上安装附加电池。为防止电池不必要的消耗,应答器平时处于低功耗模式,当应答器进入读写器的作用范围时,应答器由获得的射频功率激活,进入工作状态。

(2) 应答器至读写器的数据传输

由读写器传到应答器的功率的一部分被天线反射，反射功率 $P_2$ 经自由空间后返回读写器，被读写器天线接收。接收信号经收发耦合器电路传输到读写器的接收通道，被放大后经处理电路获得有用信息。

应答器天线的反射性能受连接到天线的负载变化的影响，因此，可采用相同的负载调制方法实现反射的调制。其表现为反射功率 $P_2$ 是振幅调制信号，它包含了存储在应答器中的识别数据信息。

(3) 读写器至应答器的数据传输

读写器至应答器的命令及数据传输，应根据 RFID 的有关标准进行编码和调制，或者按所选用应答器的要求进行设计。

**3. 声表面波应答器**

(1) 声表面波器件

声表面波(Surface Acoustic Wave，SAW)器件以压电效应和与表面弹性相关的低速传播的声波为依据。SAW 器件体积小、重量轻、工作频率高、相对带宽较宽，并且可以采用与集成电路工艺相同的平面加工工艺，制造简单，重获得性和设计灵活性高。

声表面波器件具有广泛的应用，如通信设备中的滤波器。在 RFID 应用中，声表面波应答器的工作频率目前主要为 2.45GHz。

(2) 声表面波应答器

声表面波应答器的基本结构如图 5.6 所示，长长的一条压电晶体基片的端部有指状电极结构。基片通常采用石英铌酸锂或钽酸锂等压电材料制作指状电极电声转换器(换能器)。在压电基片的导电板上附有偶极子天线，其工作频率和读写器的发送频率一致。在应答器的剩余长度安装了反射器，反射器的反射带通常由铝制成。

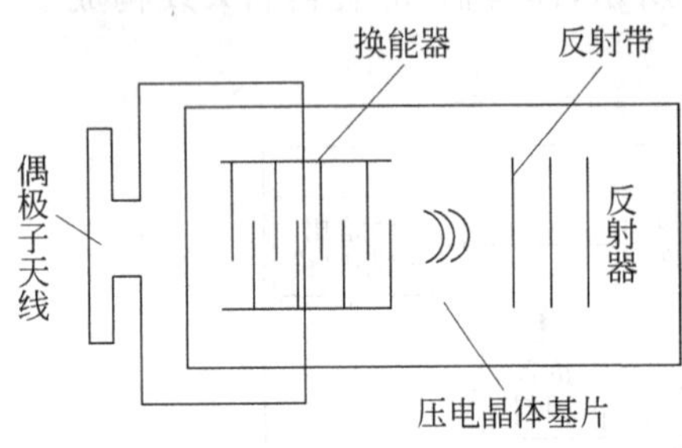


**图 5.6 声表面波应答器原理结构图**

读写器送出的射频脉冲序列电信号，从应答器的偶极子天线馈送至换能器。换能器将电信号转换为声波。转换的工作原理是利用压电衬底在电场作用时的膨胀和收缩效应。电场是由指状电极上的电位差形成的。一个时变输入电信号(即射频信号)引起压电衬底振动，并沿其表面产生声波。严格地说，传输的声波有表面波和体波，但主要是表面波，这种表面波纵向通过基片。一部分表面波被每个分布在基片上的反向带反射，而剩余部分到达基片的终端后被吸收。

一部分反向波返回换能器，在那里被转换成射频脉冲序列电信号(即将声波变换为电信号)，并被偶极子天线传送至读写器。读写器接收到的脉冲数量与基片上的反射带数量相符，单个脉冲之间的时间间隔与基片上反射带的空间间隔成比例，从而通过反射的空间布局可以表示一个二进制的数字序列。

由于基片上的表面波传播速度缓慢，在读写器的射频脉冲序列电信号发送后，经过约 1.5ms 的滞后时间，从应答器返回的第一个应答脉冲才到达。这是表面波应答器时序方式的重要优点。因为在读写器周围所处环境中的金属表面上的反向信号以光速返回到读写器天线(例如,与读写器相距 100m 处的金属表面反射信号,在读写器天线发射之后 0.6ms 就能返回读写器),所以当应答器信号返回时,读写器周围的所有金属表面反射都已消失,不会干扰返回的应答信号。

声表面波应答器的数据存储能力和数据传输取决于基片的尺寸和反射带之间所能实现的最短间隔,实际上,16~32b 的数据传输速率大约为 500Kbps。

声表面波 RFID 系统的作用距离主要取决于读写器所能允许的发射功率,在 2.45GHz 下,作用距离可达到 1~2m。

采用偶极子天线的好处是它的辐射能力强、制造工艺简单、成本低,而且能够实现全向性的方向图。微带贴片天线的方向图是定向的,适用于通信方向变化不大的 RFID 系统,但工艺较为复杂,成本也相对较高。

## 5.4 RFID 中间件技术

RFID 中间件(Middleware)技术将企业级中间件技术延伸到 RFID 领域,是 RFID 产业链的关键共性技术。它是 RFID 读写器和应用系统之间的中介。RFID 中间件屏蔽了 RFID 设备的多样性和复杂性,能够为后台业务系统提供强大的支撑,从而驱动更广泛、更丰富的 RFID 应用。

### 5.4.1 RFID 中间件的组成及功能特点

RFID 中间件是介于前端读写器硬件模块与后端数据库、应用软件之间的一类软件,是 RFID 应用部署运作的中枢。它使用系统软件所提供的基础服务(功能),衔接网络上应用系统的各个部分或不同的应用,能够达到资源共享、功能共享的目的。目前,对 RFID 中间件还没有很严格的定义,普遍接受的描述是:中间件是一种独立的系统软件或服务程序,分布式应用软件借助这种软件在不同的技术之间共享资源,中间件位于客户机服务器的操作系统之上,管理计算资源和网络通信。使用中间件主要有 3 个目的:隔离应用层与设备接口;处理读写器与传感器捕获的原始数据;提供应用层接口用于管理读写器、查询 RFID 观测数据。

**1. RFID 中间件的组成**

RFID 中间件(即 RFID Edge Server)也是 EPC global 推荐的 RFID 应用框架中相当重要的一环,它负责实现与 RFID 硬件以及配套设备的信息交互与管理,同时作为一个软硬件集成的桥梁,完成与上层复杂应用的信息交换。鉴于使用中间件的 3 个主要原因,大多数中间件应由读写器适配器、事件管理器和应用程序接口 3 个组件组成。

(1) 读写器适配器

读写器适配器的作用是提供读写器接口。假若每个应用程序都编写适应于不同类型读写器的 API 程序,那将是非常麻烦的事情。读写器适配器程序提供一种抽象的应用接口,来消除不同读写器与 API 之间的差别。

(2) 事件管理器

事件管理器的作用是过滤事件。读写器不断从电子标签读取大量未经处理的数据，一般来说，应用系统内部存在大量重复数据，因此数据必须进行去重和过滤。而不同的数据子集，中间件应能够聚合汇总应用系统定制的数据集合。事件管理器就是按照规则取得指定的数据。过滤有两种类型，一是基于读写器的过滤；二是基于标签和数据的过滤。提供这种事件过滤的组件就是事件管理器。

(3) 应用程序接口

应用程序接口的作用是提供一个基于标准的服务接口。这是一个面向服务的接口，即应用程序层接口，它为 RFID 数据的收集提供应用程序层语义。

**2. RFID 中间件的主要功能**

RFID 中间件的任务主要是对读写器传来的与标签相关的数据进行过滤、汇总、计算、分组，减少从读写器传往应用系统的大量原始数据、生成加入了语义解释的事件数据。因此说，中间件是 RFID 系统的“神经中枢”，也是 RFID 应用的核心设施。具体说来，RFID 中间件的功能主要集中在以下 4 个方面。

(1) 数据实时采集

RFID 中间件最基本的功能是从多种不同读写器中实时采集数据。目前，RFID 应用处于起始阶段，特别是在物流等行业，条码等还是主要的识别方式，而且现在不同生产商提供的 RFID 读写器接口未能标准化，功能也不尽相同，这就要求中间件能兼容多种读写器。

(2) 数据处理

RFID 的特性决定了它在短时间内能产生海量的数据，而这些数据有效利用率非常低，必须经过过滤聚合处理，缩减数据的规模。此外，RFID 本身具有错读、漏读和多读等在硬件上无法避免的问题，通过软件的方法弥补，事件的平滑过滤可确保 RFID 事件的一致性、准确性。这就需要进行数据底层处理，也需要进行高级处理功能，即事件处理。

(3) 数据共享

RFID 产生的数据最终的目的是数据的共享，随着部署 RFID 应用的企业增多，大量应用出现推动数据共享的需求，高效快速地将物品信息共享给应用系统，提高了数据利用的价值，是 RFID 中间件的一个重要功能。这主要涉及数据的存储、订阅和分发，以及浏览器控制。

(4) 安全服务

RFID 中间件采集了大量的数据，并把这些数据共享，这些数据可能是很敏感的数据，比如个人隐私，这就需要中间件实现网络通信安全机制，根据授权提供给应用系统相应的数据。

**3. 中间件的工作机制及特点**

中间件的工作机制为在客户端上的应用程序需要从网络中的某个地方获取一定的数据或服务，这些数据或服务可能处于一个运行着不同操作系统的特定查询语言数据库的服务器中。客户/服务器应用程序中负责寻找数据的部分只需访问一个中间件系统，由中间件完成到网络中寻址数据源或服务，进而传输客户请求、重组答复信息，最后将结果送回应用程序的任务。

中间件作为一个用 API 定义的软件层，在具体实现上应具有强大的通信能力和良好的可扩展性。作为一个中间件应具备如下几点。

(1) 标准的协议和接口，具备通用性、易用性。

(2) 分布式计算，提供网络、硬件、操作系统透明性。

(3) 满足大量应用需要。

(4) 能运行于多种硬件和操作系统平台。

其中，具有标准的协议和接口更为重要，因为由此可实现不同硬件、操作系统平台上的数据共享、应用互操作。

## 5.4.2 RFID 中间件体系结构

RFID 中间件技术涉及的内容比较多，包括并发访问技术、目录服务及定位技术、数据及设备监控技术、远程数据访问、安全和集成技术、进程及会话管理技术等。但任何 RFID 中间件应能够提供数据读出和写入、数据过滤和聚合、数据的分发、数据的安全等服务。根据 RFID 应用需求，中间件必须具备通用性、易用性、模块化等特点。对于通用性要求，系统采用面向服务架构(Service Oriented Architecture，SOA)的实现技术，Web Services 以服务的形式接受上层应用系统的定制要求并提供相应服务，通过读写器适配器提供通用的适配接口以“即插即用”的方式接收读写器进入系统；对于易用性要求，系统采用 B/S 结构，以 Web 服务器作为系统的控制枢纽，以 Web 浏览器作为系统的控制终端，可以远程控制中间件系统以及下属的读写器。

例如，根据 SOA 的分布式架构思想，RFID 中间件可按照 SOA 类型来划分层次，每一层都有一组独立的功能以及定义明确的接口，而且都可以利用定义明确的规范接口与相邻层进行交互。把功能组件合理划分为相对独立的模块，使系统具备更好的可维护性和可扩展性，如图 5.7 所示，将中间件系统按照数据流程划分为设备管理系统(包括数据采集及预处理)、事件处理以及数据服务接口模块。

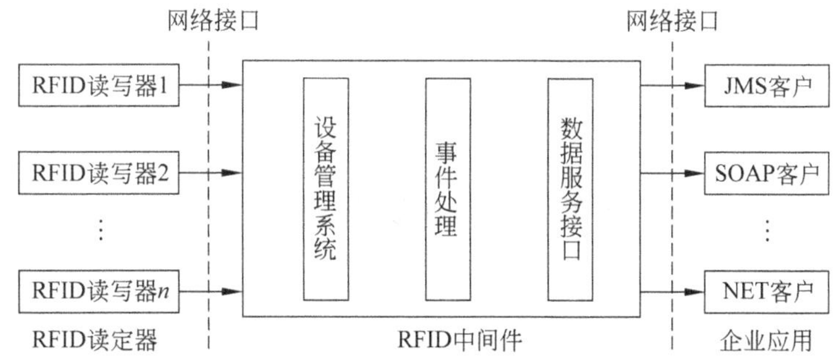


图 5.7 分布式 RFID 中间件分层结构示意图

### 1. 设备管理系统

设备管理系统实现的主要功能：一是为网络上的读写器进行适配，并按照上层的配置建立实时的 UDP 连接并做好接收标签数据的准备；二是对接收到的数据进行预处理。读写器传递上来的数据存在着大量的冗余信息以及一些误读的标签信息，所以要对数据进行过滤，消除冗余数据。预处理内容包括集中处理所属读写器采集到的标签数据，并统一进行冗余过滤、平滑处理、标签解读等工作。经过处理后，每条标签内容包含的信息有标准 EPC 格式数据、采集的读写器编号、首次读取时间、末次读取时间等，并以一个读周期为时间间隔，分时向事件处理子系统发送，为进一步的数据高级处理做好必要准备。

**2. 事件处理**

设备管理系统产生事件，并将事件传递到事件处理系统中，由事件处理系统进行处理，然后通过数据服务接口把数据传递到相关的应用系统。在这种模式下，读写器不必关心哪个应用系统需要什么数据。同时，应用程序也不需要维护与各个读写器之间的网络通道，仅需要将需求发送到事件处理系统中即可。由此，设计出的事件处理系统应具有如下功能：数据缓存功能、基于内容的路由功能和数据分类存储功能。

来自事件处理系统的数据一般以临时 XML 文件的形式和磁盘文件方式保存，供数据服务接口使用。这样，一方面可通过操作临时 XML 文件，实现数据入库前数据过滤功能；另一方面又实现了 RFID 数据的批量入库，而不是对于每条来自设备管理系统的 RFID 数据都进行一次数据库的连接和断开操作，减少了因数据库连接和断开而浪费的宝贵资源。

**3. 数据服务接口**

来自事件处理系统的数据最终是分类的 XML 文件。同一类型的数据以 XML 文件的形式保存，并提供给相应的一个或多个应用程序使用。而数据服务接口主要是对这些数据进行过滤、入库操作，并提供访问相应数据库的服务接口。具体操作如下。

(1) 将存放在磁盘上的 XML 文件进行批量入库操作，当 XML 数据量达到一定数量时，启动数据入库功能模块，将 XML 数据移植到各种数据库中。

(2) 在数据移植前将重复的数据过滤掉。数据过滤过程一般在处理临时存放的 XML 文件的过程中完成。

(3) 为企业内部和企业外部访问数据库提供 Web Services 接口。

## 5.5 RFID 典型模块应用及实训

### 5.5.1 RFID 的 TX125 系列射频读卡模块

**1. TX125 的概述**

TX125 系列非接触 IC 卡射频读卡模块采用 125K 射频基站。当有卡靠近模块时，模块会以韦根或 UART 方式输出 ID 卡卡号，用户仅需简单的读取即可，在串口方式下，可工作在主动与被动的模式。该读卡模块完全支持 EM、TEMIC、TK 及其兼容卡片的操作，非常适合于门禁、考勤等系统的应用。

TX125 系列读卡模块的特点如下。

(1) 体积小巧、简单、易用、性价比高。

(2) 支持 EM、TEMIC、TK 及其兼容卡。

(3) 可选低功耗模式，功耗低至 15μA 仍保持自动寻卡功能，特别适合于电池供电场合。

(4) 读写卡距离远(根据应用可达 60～150mm)。

(5) 根据需要，可选择 UAR 或 Wiegand 接口与任何 MCU 进行连接。

(6) 使用 UART 接口时，可以选择波特率 9600 或 19200。

(7) 模块内部具有看门狗，永不死机。

(8) 自动寻卡，检测到卡片就可主动发送。

(9) 在串口模式下，模块可设置成为主动或被动工作方式，主动方式下，当卡片进入到天线区后，TXD 口直接输出卡片序列号，被动模式下，当只有 CLK 出现下降沿时，TXD 口才会输出卡号。

(10) 工作温度范围宽，低温可到－40℃。

**2. TX125 硬件描述**

读卡模块使用了标准的 DIP24 封装(当然有些脚空出了)，模块可以直接安装在线路板上，也可以安装在 DIP24 的 IC 座上进行测试，如图 5.8 所示。

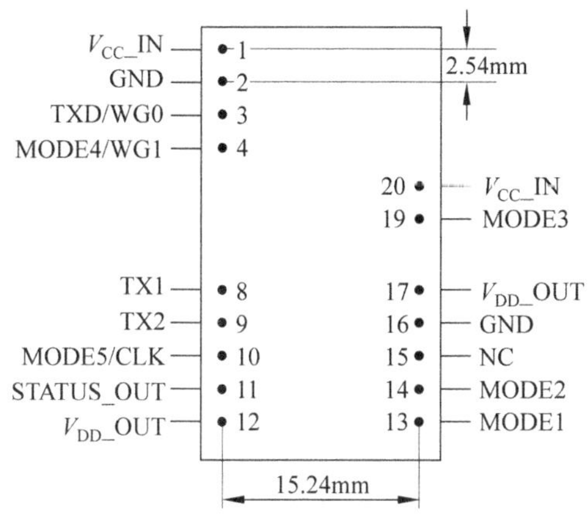


**图 5.8 TX125 引脚**

TX125 的引脚功能如表 5.2 所示。

**表 5.2 TX125 的引脚功能**

| 管脚 | 符 号 | 功 能 | |
|---|---|---|---|
| | | 串 口 模 式 | 韦 根 模 式 |
| 1 | $V_{CC}$_IN | DC 5V 电源输入，内部已经与 20 脚连通，请外接 100μF 以上电解电容 | |
| 2 | GND | 电源地 | |
| 3 | TXD/WG0 | TXD 用于数据发送 | WG0 用于发送 bit 0 |
| 4 | MODE4/WG1 | 悬空：主动模式；0：被动模式 | WG1 用于发送 bit 1 |

续表

| 管脚 | 符 号 | 功 能 | |
|---|---|---|---|
| | | 串口模式 | 韦根模式 |
| 8 | TX1 | 天线接口 1,连接到线圈的一端 | |
| 9 | TX2 | 天线接口 2,连接到线圈的另一端 | |
| 10 | MODE5/CLK | 如果天线区有卡,则 CLK 出现下降沿后,模块发送卡号(被动模式) | 韦根极性选择：悬空—正向输出 接地—反向输出 |
| 11 | STATUS_OUT | 有无卡状态指示(1：无卡;0：有卡) | |
| 12 | $V_{DD}$_OUT | DC 3.3V 输出 | |
| 13 | MODE1 | 波特率选择：悬空—9600 接地—19200 | 韦根位数选择：悬空—韦根 34 接地—韦根 26 |
| 14 | MODE2 | 保留,请悬空 | |
| 15 | NC | 保留,请悬空 | |
| 16 | GND | 电源地 | |
| 17 | $V_{DD}$_OUT | DC 3.3V 输出 | |
| 19 | MODE3 | 通信协议选择：悬空—串口(UART)输出;0—韦根(Wiegand)输出 | |
| 20 | $V_{CC}$_IN | DC 5V 电源输入 | |

应特别注意以下几点。

(1) 如果 MODE1～MODE4 全部悬空,则默认的模式为：串口输出、主动模式、波特率 9600。

(2) 如果把 MODE3 接地,而 MODE1～MODE2、MODE4～MODE5 悬空,则模式为：韦根输出、韦根 34、正向输出。

(3) 所有的模式设置脚在上电时检测,此后不再检测。

(4) 所有的模式设置脚内部已经上拉,所以要么悬空(不连接任何东西),要么接地,不能接电源。

**3. TX125 的数据通信协议**

所谓通信协议,就是读卡模块以何种格式把读取到的卡号发送出来。TX125 支持韦根接口和串口两种协议。

(1) 韦根接口协议

韦根接口在门禁行业广泛使用,是一个事实上的行业标准,它通过两条数据线 DATA0(D0)和 DATA1(D1)发送。目前用得最多的是韦根 34 和韦根 26 接口,二者数据格式相同,只是发送的位数的不同。

标准韦根 26 格式如图 5.9 所示,由 24 位卡号和 1 位偶校验位、1 位奇校验位组成。卡号中的高 12 位进行偶校验,低 12 位进行奇校验。发送顺序从高位(每字节的 bit7)开始,如箭头所示。发送规则为：DATA0 和 DATA1 在无信号时同时保持高电平,若下一位数据为 0,则 DATA0 数据线上出现一个 100$\mu$s(可定义)的低电平,DATA1 数据线上信号保持不变。若下一位数据为 1,则 DATA1 数据线上出现一个 100$\mu$s(可定义)的低电平，DATA0 数据线上信号保持不变。在 100μs 低电平之外，DATA0 和 DATA1 始终保持高电平。每一位数据的发送周期为 1ms（可定义）。

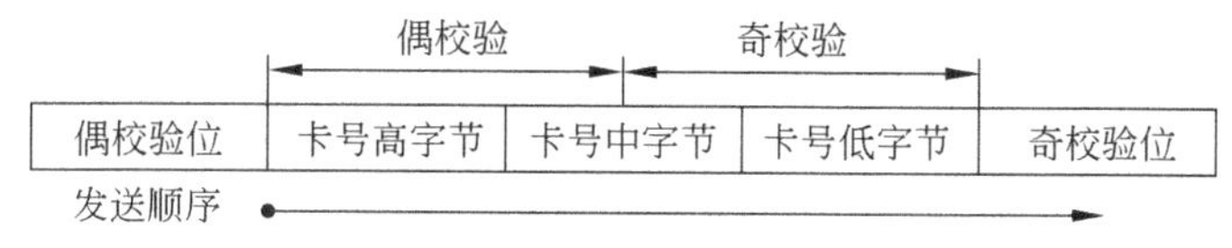


**图 5.9 标准韦根 26 格式**

韦根 26 的帧结构如图 5.10 所示。

| 1 | 2 | 3 | 4 | 5 | 6 | 7 | 8 | 9 | 10 | 11 | 12 | 13 | 14 | 15 | 16 | 17 | 18 | 19 | 20 | 21 | 22 | 23 | 24 | 25 | 26 |
|---|---|---|---|---|---|---|---|---|---|---|---|---|---|---|---|---|---|---|---|---|---|---|---|---|---|
| P | E | E | E | E | E | E | E | E | E | E | E | E | 0 | 0 | 0 | 0 | 0 | 0 | 0 | 0 | 0 | 0 | 0 | 0 | P |
| Even parity(E)偶同位校验 | | | | | | | | | | | | | Odd parity(0)奇同位校验 | | | | | | | | | | | | |

**图 5.10 韦根 26 的帧结构**

（2）串口（UART）协议

UART 接口一帧的数据格式为：1 个起始位、8 个数据位、无奇偶校验位、1 个停止位。

波特率可选择：9600bps 或者 19200bps。

数据格式：6 字节数据，高位在前，格式为 5 字节数据＋1 字节校验和（异或和）。例如：卡号数据为 0B00D5F0C7，则输出为 0x0B 0x00 0xD5 0xF0 0xC7 0xE9（校验和计算：0x0B^0x00^0xD5^0xF0^0xC7＝0xE9）。第一个字节 0x0B 一般是厂家码。中间 4 个字节 0x00 0xD5 0xF0 0xC7 是卡片的序列号。

一般卡片上印刷的都是十进制码。例如：001402807 213，61639。上面的数据可以通过转换得到。转换方式如下：将中间 4 个字节卡号 0x00D5F0C7 转换为十进制，即得 001402807；将卡号的第二字节 0xD5 转换为十进制，即得 $2^{13}$，将卡号的最后两字节 0xF0C7 转换为十进制，即得 61639。

主动模式：当有卡进入该射频区域内时，主动发出以上格式的卡号数据。

被动模式：CLK 的下降沿触发卡号的输出，格式为以上数据格式。操作方法为：在准备读取卡号之前，打开串口中断和并启动超时定时器（80ms），将一直保持高电平的 CLK 置低电平，产生下降沿并一直保持低电平，等待卡号数据接收，若接收到卡号后存储待用，若在等待过程中无数据接收，且超时定时器已经溢出，则表示本次读取卡号失败；无论成功与失败最后都将 CLK 重新置高电平，进入待机以便下一次读取卡号。

**4. 接口方式**

（1）串行接口

TX125 可以与任何具有串口的 MCU 连接，或者通过 RS-232 电平转换与 PC 连接。本模块支持主动串口和被动串口两种模式。

① 主动串口模式。图 5.11 所示的是主动串口模式的接线图，其模式为：串口（9600，N，1）、主动模式。图中未连接的管脚悬空即可。

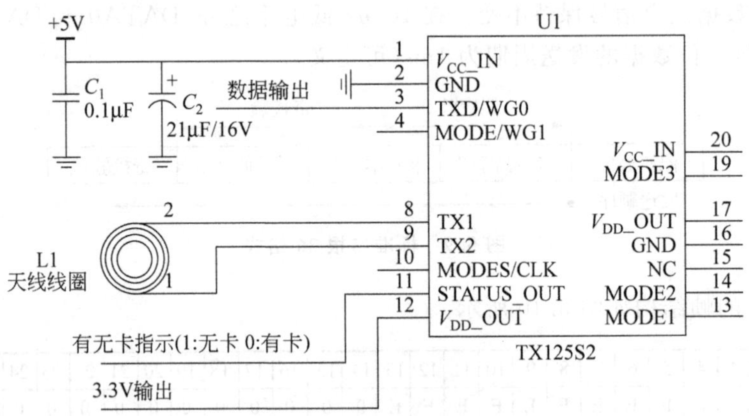


图 5.11 主动串口模式

② 被动串口模式。图 5.12 所示的是被动串口模式的接线图，其连接的模式为：串口(9600,N,1)、被动模式。当有卡时，主控单片机在 CLK 发起下降沿，则读卡模块输出卡号。

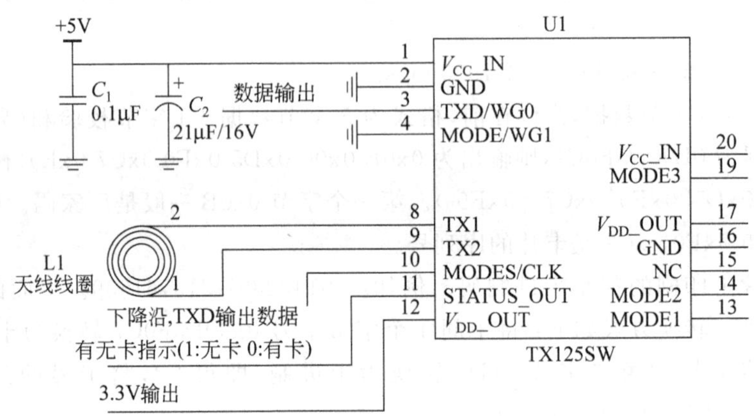


图 5.12 被动串口模式

(2) 韦根接口

当主控 MCU 没有串口或者串口不够时，可以选择韦根接口。韦根接口也是门禁控制器最常用的读头连接方式。韦根接口可以输出韦根 26 或者韦根 34，并可选输出反相脉冲。

① 正相韦根 34 接口。图 5.13 所示的是正向韦根 34 接口的接线图。其模式为：韦根 34、正向输出。

② 反相韦根 26 接口。图 5.14 所示的是反相韦根 26 接口的接线图。其模式为：韦根 26、反相输出。

本书使用的物联网综合实训平台的 RFID 的 TX125 连接成被动串口模式。

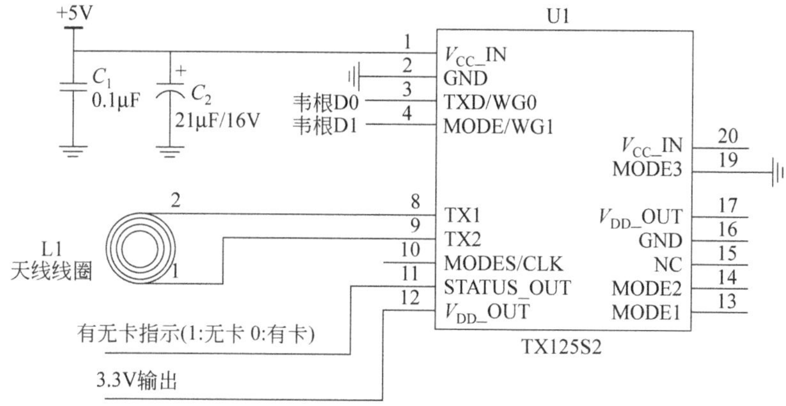


图 5.13 主动串口模式

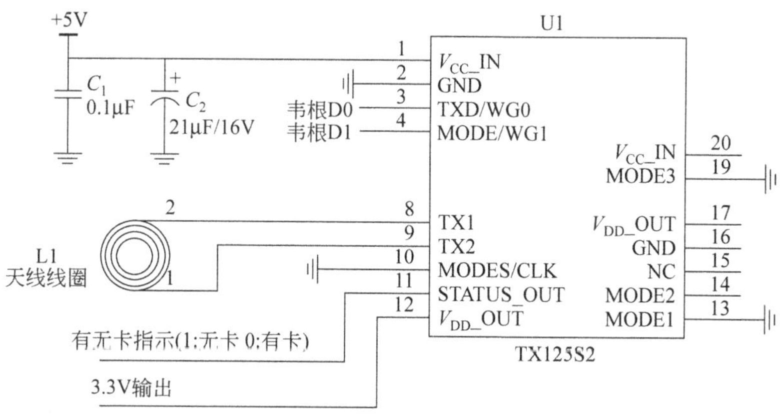


图 5.14 被动串口模式

## 5.5.2 RFID 读卡示例实训

### 1. 实验环境

硬件：UP-CUP IOT-6410-Ⅱ型嵌入式物联网综合实验系统，PC。

软件：Vmware Workstation＋Fedora Core 8＋MiniCom/Xshell＋ARM-LINUX 交叉编译开发环境。

### 2. 实验内容

学习 RFID 读卡的基本原理，掌握 TX125 系列非接触式射频读卡模块的使用方法。

在网关系统中通过对串口编程来实现读取卡片 ID 内容。

### 3. RFID 读卡程序的关键代码

TX125 射频读卡模块使用串口与嵌入式网关系统通信，默认平台上连接 6410 网关设备的/dev/ttySAC3 串口设备，波特率 9600。

因此，可以建立一个监听串口的线程来处理串口发送过来的电子标签 ID 信息。

```
int ComPthreadMonitorStart(void)
{
    gRFDatas=0x0;
    tty_init(&rf_fd, "/dev/ttySAC3",RF_BAUDRATE);           //初始化 RFID 模块串口设备
    sa.sa_handler=SigChild_Handler;
    sa.sa_flags=0;
    sigaction(SIGCHLD,&sa,NULL);                            /* handle dying child */
    pthread_mutex_init(&mutex, NULL);
    pthread_create(&th_kb, NULL, KeyBoardPthread, 0);
    pthread_create(&rf_rev, NULL, RFIDRevPthread, 0);   //创建读取 ID 线程
    return 0;
}
```

监听串口线程处理函数如下。

```
void* RFIDRevPthread(void * data)
{
    printf("rfid rev pthread.\n");
    struct timeval tv;
    fd_set rfds;
    tv.tv_sec=15;
    tv.tv_usec=0;
    int nread;
    int i,j,ret,datalen;
    unsigned char buff[BUFSIZE]={0,};
    unsigned char databuf[BUFSIZE]={0,};
    ret=0;
        //pthread_detach(pthread_self());
        while(STOP==FALSE)
        {
            //printf("rf phread wait...\n");
            tv.tv_sec=10;
            tv.tv_usec=0;
            FD_ZERO(&rfds);
            FD_SET(rf_fd, &rfds);
            ret=select(1+rf_fd, &rfds, NULL, NULL, &tv);
            if(ret>0)
            {
                //printf("rf select wait...\n");
                if(FD_ISSET(rf_fd, &rfds))
                {
                    nread=tty_read(rf_fd,buff, 6);       //读取 ID 信息
                    //printf("readlen=%d\n", nread);
                    buff[nread]='\0';
                    printf("\nRFID ID NUMBER:");          //打印 ID 信息
                     for(i=0;i<nread;i++){
                        printf("0x%x\t",buff[i]);
                     }
                    printf("\n");
                     databuf[0]=Data_CalcFCS(buff, 5);   //校验信息
```

```
                    if(databuf[0]==buff[5]){
                        //printf("CalcFcs OK\n");
                        HandleRFIDData(buff+1, 4);        //打印处理 ID 信息
                    }
                    else{
                        continue;
                    }
                }
                else{
                        //printf("not tty rf_fd.\n");
                }
            }
            else if(ret==0){
                printf("rf read wait timeout!!!\n");
                //gBTStatusFlag=0x00;
            }
            else{                                         //ret<0
                printf("rf select error.\n");
                //perror(ret);
            }
    }
    printf("exit from reading rf com\n");
    return NULL;            /* wait for child to die or it will become a zombie */
}
```

更详细的处理流程，具体见本书资源中的实验源代码。

**4. 实验步骤**

(1) 编译源程序

将本实验源码目录 RFID 复制至宿主机 FC8 的/UP-CUP6410/目录下(当然任意目录皆可以)。

① 进入实验目录。

```
[root@localhost/]#cd/UP-CUP6410/rfid/
[root@localhost rfid]#ls
Makefile global.h main.c main.o rfid rfid.c rfid.h rfid.o tty.c tty.h tty.o
[root@localhost rfid]#
```

② 清除中间代码，重新编译。

```
[root@localhost rfid]#make clean
rm-f ./rfid *.elf *.elf2flt *.gdb *.o
[root@localhost rfid]#make
arm-linux-gcc-c-o main.o main.c
arm-linux-gcc-c-o tty.o tty.c
arm-linux-gcc-c-o rfid.o rfid.c
arm-linux-gcc-W-o rfid main.o tty.o rfid.o  -lpthread
[root@localhost rfid]#
```

当前目录下生成可执行程序 rfid。

(2) NFS挂载实验目录测试

① 启动UP-CUP IOT-6410-Ⅱ型实验系统，RFID读卡模块上电，板载电子标签的点击转动。联好网线、串口线。通过串口终端挂载宿主机实验目录。

```
[root@UP_6410 yaffs]#mountnfs 192.168.1.145:/UP-CUP6410/mnt/nfs/
```

② 进入串口终端的NFS共享实验目录。

```
[root@UP_6410 yaffs]#cd/mnt/nfs/rfid/
[root@localhost rfid]#ls
Makefile global.h main.c main.o rfid rfid.c rfid.h rfid.o tty.c tty.h tty.o
[root@localhost gprs]#
```

③ 执行应用程序。

```
[root@UP_6410 rfid]#./rfid
```

默认通信波特率为B9600可用。此时随着电机转动模拟电子标签刷卡过程，串口终端会相应打印标签ID信息出来。

运用RFID技术设计开发一个实际应用系统是主要目的所在。下面通过一个RFID应用系统的示例，在介绍阅读器的开发技术基础上，介绍RFID在ETC系统的应用示例。

## 练习题

### 一、单选题

1. 物联网有4个关键性的技术，下列哪项技术被认为是能够让物品“开口说话”的一种技术？(　　)

A. 传感器技术　B. 电子标签技术　C. 智能技术　D. 纳米技术

2. (　　)是物联网中最为关键的技术。

A. RFID标签　B. 阅读器　C. 天线　D. 加速器

3. RFID卡(　　)可分为：主动式标签(TTF)和被动式标签(RTF)。

A. 按供电方式　B. 按工作频率　C. 按通信方式　D. 按标签芯片

4. 射频识别卡同其他几类识别卡最大的区别在于(　　)

A. 功耗　B. 非接触　C. 抗干扰　D. 保密性

5. 物联网技术是基于射频识别技术而发展起来的新兴产业，射频识别技术主要是基于(　　)进行信息传输的。

A. 电场和磁场　B. 同轴电缆　C. 双绞线　D. 声波

6. 作为射频识别系统最主要的两个部件——阅读器和应答器，二者之间的通信方式不包括(　　)。

A. 串行数据通信　B. 半双工系统　C. 全双工系统　D. 时序系统

7. RFID卡的读取方式是(　)。

A. CCD或光束扫描　B. 电磁转换

C. 无线通信　D. 电擦除、写入

8. RFID 卡(　　)可分为：有源(Active)标签和无源(Passive)标签。

A. 按供电方式分　B. 按工作频率分　C. 按通信方式分　D. 按标签芯片分

9. 利用 RFID、传感器、二维码等随时随地获取物体的信息，指的是(　　)。

A. 可靠传递　B. 全面感知　C. 智能处理　D. 互联网

10. (　　)标签工作频率是 30～300kHz。

A. 低频电子标签　B. 高频电子标签

C. 特高频电子标签　D. 微波标签

11. (　　)标签工作频率是 3～30MHz。

A. 低频电子标签　B. 高频电子标签

C. 特高频电子标签　D. 微波标签

12. (　　)标签工作频率是 300MHz～3GHz。

A. 低频电子标签　B. 高频电子标签

C. 特高频电子标签　D. 微波标签

13. (　　)标签工作频率是 2.45GHz。

A. 低频电子标签　B. 高频电子标签

C. 特高频电子标签　D. 微波标签

14. 二维码目前不能表示的数据类型是(　　)。

A. 文字　B. 数字　C. 二进制　D. 视频

15. (　　)抗损性强、可折叠、可局部穿孔、可局部切割。

A. 二维条码　B. 磁卡　C. IC 卡　D. 光卡

16. 行排式二维条码有(　　)。

A. PDF417　B. QR Code　C. Data Matrix　D. Maxi Code

17. QR Code 是由(　　)于 1994 年 9 月研制的一种矩阵式二维条码。

A. 日本　B. 中国　C. 美国　D. 欧洲

18. 哪个不是 QR Code 条码的特点？(　　)

A. 超高速识读　B. 全方位识读

C. 行排式　D. 能够有效地表示中国汉字

19. (　　)对接收的信号进行解调和译码，然后送到后台软件系统处理。

A. 射频卡　B. 读写器　C. 天线　D. 中间件

20. 低频 RFID 卡的作用距离为(　　)。

A. 小于 10cm　B. 1～20cm　C. 3～8m　D. 大于 10m

21. 高频 RFID 卡的作用距离为(　　)。

A. 小于 10cm　B. 1～20cm　C. 3～8m　D. 大于 10m

22. 超高频 RFID 卡的作用距离为(　　)。

A. 小于 10cm　B. 1～20cm　C. 3～8m　D. 大于 10m

23. 微波 RFID 卡的作用距离为(　　)。

A. 小于 10cm　B. 1～20cm　C. 3～8m　D. 大于 10m

**二、判断题(在正确的后面打√,错误的后面打×)**

1. 物联网中RFD标签是最关键的技术和产品。 (　　)
2. 中国在RFD集成的专利上并没有主导权。 (　　)
3. RFD系统包括标签、阅读器、天线。 (　　)
4. 射频识别系统一般由阅读器和应答器两部分构成。 (　　)
5. RFID是一种接触式的识别技术。 (　　)
6. 物联网的实质是利用射频自动识别(RFID)技术通过计算机互联网实现物品(商品)的自动识别和信息的互联与共享。 (　　)
7. 物联网目前的传感技术主要是RFID。植入这个芯片的产品,是可以被任何人进行感知的。 (　　)
8. 射频识别技术(RFID,Radio Frequency Identification)实际上是自动识别技术(AEI,Automatic Equipment Identification)在无线电技术方面的具体应用与发展。 (　　)
9. 射频识别系统与条形码技术相比,数据密度较低。 (　　)
10. 射频识别系统与IC卡相比,在数据读取中几乎不受方向和位置的影响。 (　　)

**三、简答题**

1. RFID系统中如何确定所选频率适合实际应用?
2. 简述RFID的基本工作原理,RFID技术的工作频率。
3. 简述RFID的分类。
4. 射频标签的能量获取方法有哪些?
5. 射频标签的天线有哪几种?各自的作用是什么?
6. 简述RFID的中间件的功能和作用。

# 第6章 物联网通信与网络技术

**本章重点**

(1) 无线通信技术、蓝牙技术的工作原理、基本结构和协议栈。

(2) Wi-Fi 网络结构和原理、Wi-Fi 技术的应用、ZigBee 网络及应用。

(3) 无线局域网及无线城域网。

(4) 物联网无线通信网关综合应用实践。

## 6.1 无线通信技术概述

古列尔默·马可尼在1896年发明了无线电报。他在1901年把长波无线电信号从康沃尔(Cornwall,位于英国的西南部)跨过大西洋传送到3200km之外的圣约翰(St. John,位于加拿大)的纽芬兰岛(Newfoundland)。他的发明使双方可以通过彼此发送用模拟信号编码的字母数字符号来进行通信。一个世纪以来,无线技术的发展为人类带来了无线电、电视、移动电话和通信卫星。现在,几乎所有类型的信息都可以发送到世界的各个角落。近年来,更为引人关注的是卫星通信、无线网络和蜂窝技术。

**1. 蜂窝革命**

蜂窝革命直观地表现在移动电话市场罕见的增长上。在1990年,移动用户数大约是1100万。今天,这个数字是几十亿。根据国际电信联盟(International Telecommunications Union,ITU)的统计,全世界范围的移动用户数在2002年首次超过固定电话的用户数。新一代的设备,添加了具有可接入Internet和内置数码照相机这样的强大功能。出现移动电话显著增长的原因有很多:首先是移动电话的便捷性,它们可随使用者移动;其次是它们的位置感知性;最后,移动电话是与处于固定位置的地区基站进行通信的。

随着新型无线设备的引进,这些新型设备可以接入到Internet上。它们即可对个人信息进行组织管理,又可实现Web接入、即时消息、E-mail和其他在Internet上的服务。

**2. 全球蜂窝网络**

国际电信联盟已开发出下一代无线设备的标准。新的标准使用更高的频率以增加其容量,新的标准也致力于消除在过去人们在开发和使用不同的第一代、第二代网络时产生的不兼容性。

在北美，使用较广泛的第一代数字无线网络是先进移动电话系统(Advanced Mobile Phone System，AMPS)。该网络使用蜂窝数字分组数据(Cellular Digital Packet Data，CDPD)覆盖网络提供数据服务，它提供 19.2Kbps 的数据速率。CDPD 在规则的话音通道上使用空闲期提供数据服务。

第二代无线系统有全球移动通信系统(Global System for Mobile Communications，GSM)、个人通信服务(Personal Communication Service，PCS)IS-136 和 PCS IS-95。PCS 标准 IS-136 使用时分多点接入(Time Division Multiple Access，TDMA)，IS-95 使用码分多址(Code Division Multiple Access，CDMA)。GSM 和 PCS IS-136 使用专用信道以 9.6Kbps 的速率交付数据服务。

ITU 已经开发出新的标准(International Mobile Telecommunication-2000，IMT-2000)。该系列标准致力于提供无缝的全球网，标准是围绕着 2GHz 频带开发的。新的标准和频带提供的数据速率可达到 2Mbps 以上。

**3. 宽带**

在万维网(World Wide Web，WWW)的网页上有大量的图片、视频和音频信息。E-mail 也常包含了大量的多媒体附件。这就要求无线网络具有与其进行通信的固定设备同样高的数据速率。通过宽带无线技术可以得到更高的数据速率。

宽带无线服务具有所有无线服务同样的优点是便利和廉价。运营商的服务可以比固定服务更快地交付，且没有铺设线路设备的成本。这样的服务也是移动的，几乎能够在任一地方交付。

围绕着很多不同的应用，有许多开发宽带无线标准的尝试。这些标准几乎覆盖了从无线局域网到小型无线家庭网络的所有方面。数据传输率范围也由 2Mbps 到 100Mbps，甚至 100Mbps 以上。这其中的很多技术现在就可获得，更多的技术在未来几年内也可获得。

无线局域网(WLAN)在架设固定网络很困难或太昂贵的地方提供网络服务。主要的 WLAN 标准是 IEEE 的 802.11，它提供高达 54Mbps 的数据速率。

802.11 的一个潜在问题是与蓝牙技术的兼容性。蓝牙是一个无线网络的规范，它定义了诸如膝上型计算机(Laptop)、个人数字助理(Personal Digital Assistant，PDA)和移动电话设备之间的无线通信。蓝牙和 802.11 的某些版本使用相同的频带。如果在同一个设备上配置，这两种技术很可能会相互干扰。

## 6.2 蓝牙技术

### 6.2.1 蓝牙技术的概述

蓝牙(Bluetooth)技术是由爱立信、诺基亚、Intel、IBM 和东芝 5 家公司于 1998 年5 月共同提出开发的。蓝牙技术的本质是设备间的无线连接，主要用于通信与信息设备。近年来，在电声行业中也开始使用蓝牙技术。一般情况下，工作范围是 10m 半径之内。在此范围内,可进行多台设备间的互联。但对于某些产品,设备间的连接距离甚至远隔100m也照样能建立蓝牙通信与信息传递。

有了蓝牙技术,存储于手机中的信息可以在电视机上显示出来,也可以将其中的声音信息数据进行转换,以便在PC(个人电脑)上聆听。东芝公司已开发了一种蓝牙无线Modem和PC卡,将两张卡中的一张插入Modem的主机上,另一张插入PC(个人电脑),这样用户就成功实现了与因特网的无线联网。

蓝牙技术的特点包括以下几点。

(1) 采用跳频技术,数据包短,抗信号衰减能力强。

(2) 采用快速跳频和前向纠错方案以保证链路稳定,减少同频干扰和远程传输噪声。

(3) 使用2.4GHz ISM频段,无须申请许可证。

(4) 可同时支持数据、音频、视频信号。

(5) 采用FM调制方式,降低设备的复杂性。

蓝牙技术的传输速率设计为1MHz,以时分方式进行全双工通信,其基带协议是电路交换和分组交换的组合。一个跳频频率发送一个同步分组,每个分组占用一个时隙,使用扩频技术也可扩展到5个时隙。同时,蓝牙技术支持1个异步数据通道或3个并发的同步话音通道,或一个同时传送异步数据和同步话音的通道。每一个话音通道支持64Kbps的同步话音;异步通道支持最大速率为721Kbps,反向应答速率为57.6Kbps的非对称连接,或者是432.6Kbps的对称连接。

### 6.2.2 蓝牙协议栈体系结构

在蓝牙系统中,为了支持不同应用,需要使用多个协议,这些协议按层次组合在一起,构成了蓝牙协议栈。蓝牙协议栈是蓝牙技术的核心组成部分,它能使设备之间互相定位并建立连接,通过这个连接,设备间能通过各种各样的应用程序进行交互和数据交换。蓝牙技术的一个主要目的就是使符合该规范的各种设备能够互通,这就要求本地设备和远端设备使用相同的协议。不同的应用,其使用的协议栈可能不同。但它们都必须使用蓝牙技术规范中的物理层和数据链路层。完整的蓝牙协议栈体系结构如图6.1所示。当然,不是任何应用都必须使用所有全部协议,可以只采用部分协议,例如,语音通信时,就只需经过基带协议(Baseband)就行,而不用通过L2CAP。

设计蓝牙协议栈的主要原则是尽可能地利用现有的各种高层协议,保证现有协议与蓝牙技术的融合以及各种应用之间的互通性以及充分利用兼容蓝牙技术规范的软硬件系统。蓝牙技术规范的开放性保证了设备制造商可自由地选用其专利协议或常用的公共协议,在蓝牙技术规范基础上开发新的应用。蓝牙技术规范包括Core和Profiles两大部分。Core是蓝牙的核心,主要定义蓝牙的技术细节;Profiles部分定义了在蓝牙的各种应用中的协议栈组成,并定义了相应的实现协议栈。

按照各层协议在整个蓝牙协议栈体系中所处的位置,蓝牙协议可分为底层协议、中间层协议和高层协议3大类。

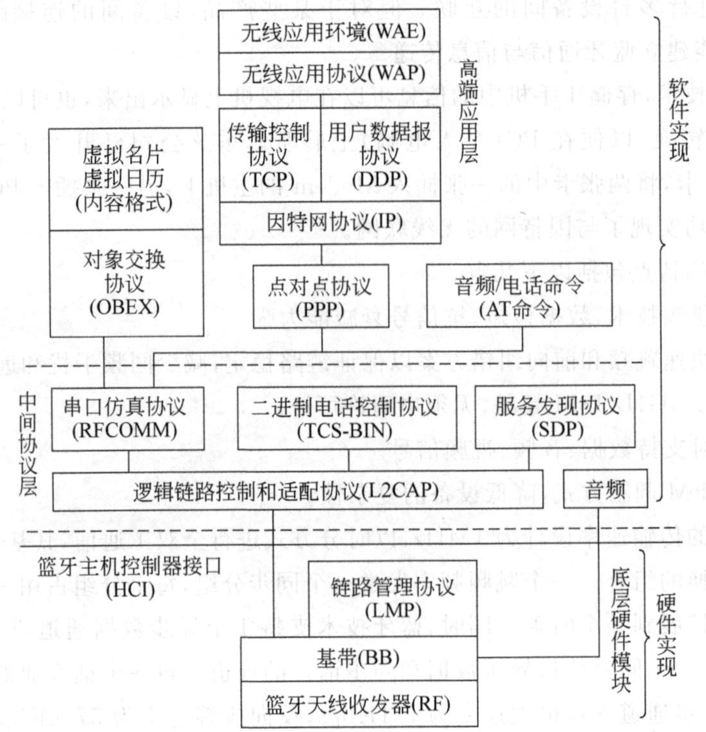


**图 6.1 蓝牙协议栈体系结构**

**1. 蓝牙底层协议**

蓝牙底层协议实现蓝牙信息数据流的传输链路，是蓝牙协议体系的基础，它包括射频协议、基带协议和链路管理协议。

(1) 射频协议(Radio Frequency Protocol)

蓝牙射频协议处于蓝牙协议栈的最底层，主要包括频段与信道安排、发射机特性和接收机特性等，用于规范物理层无线传输技术，实现空中数据的收发。蓝牙工作在 2.4GHz ISM 频段，此频段在多数国家无须申请运营许可。

在信道安排上，系统采用跳频扩频技术，抗干扰能力强、保密性好。蓝牙 SIG 制订了两套跳频方案，其一是分配 79 个跳频信道，每个频道的带宽为 1MHz；其二是 23 信道的分配方案，1.2 版本以后的蓝牙规范目前已经不再推荐使用第二套方案。

(2) 基带协议(Base Band Protocol)

基带层在蓝牙协议栈中位于蓝牙射频层之上，同射频层一起构成了蓝牙的物理层。

基带层的主要功能包括：链路控制，比如承载链路连接和功率控制这类链路级路由；管理物理链路，即 SCO 链路和 ACL 链路；定义基带分组格式和分组类型，其中 SCO 分组有 HV1、HV2、HV3 和 DV 等类型，而 ACL 分组有 DM1、DH1、DM3、DH3、DM5、DH5、AUX1 等类型；流量控制，通过 STOP 和 GO 指令来实现；采用 1/3 比例前向纠错码、2/3 比例前向纠错码以及数据的自动重复请求 ARQ(Automatic Repeat Qequest)方案实现纠错功能；另外还有处理数据包、寻呼、查询接入和查询蓝牙设备等功能。

蓝牙的网络拓扑结构如图 6.2 所示。它首先由一个个微微网(Piconet) 构成。一个微微网中，只有一个蓝牙设备是主设备(Master)，可以有 7 个从设备(Slave)，它们是由 3 位的 MAC 地址区分的。主设备的时钟和跳频序列用于同步同一个微微网中的从设备。多个独立的非同步的微微网又可以形成分布式网络(Scatternet)，一个微微网中的主/从设备可以是另外一个微微网中的主/从设备，但是各个微微网通过使用不同的跳频序列来加以区分。

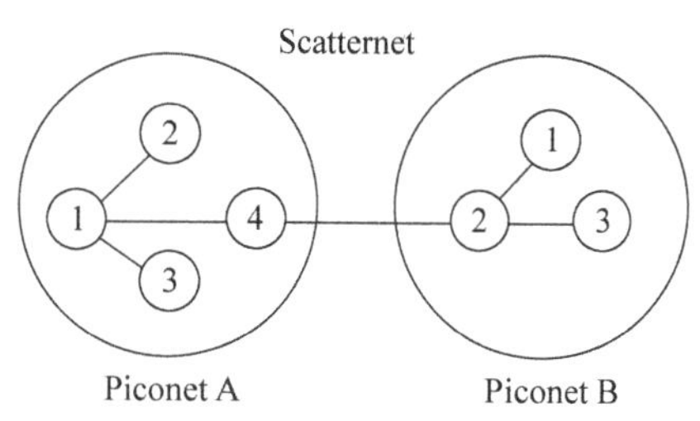


图 6.2　网络拓扑结构

基带协议就是确保各个蓝牙设备之间的物理射频连接，以形成微微网。蓝牙的射频系统是一个跳频系统，其任一分组在指定时隙、指定频率上发送，它使用查询(Inquiry) 和寻呼(Page) 进程同步不同设备间的发送频率和时钟，可为基带数据分组提供两种物理连接方式：同步面向连接(SCO)和异步非连接(ACL)。SCO 既能传输语音分组(采用 CVSD 编码)，也能传输数据分组；而 ACL 只能传输数据分组。所有的语音和数据分组都附有不同级别的前向纠错(FEC) 或循环冗余校验(CRC) 编码，并可进行加密，以保证传输可靠。此外，对于不同的数据类型都会分配一个特殊的信道，可传递连接管理信息和控制信息等。

(3) 链路管理协议(Link Manager Protocol，LMP)

链路管理协议(LMP)是在蓝牙协议栈中的一个数据链路层协议。LMP 执行链路设置、认证、链路配置和其他协议；链路管理器发现其他远程链路管理器(LM)并与它们通过链路管理协议(LMP)进行通信。

连接管理协议负责蓝牙各设备间连接的建立。首先，它通过连接的发起、交换、核实，进行身份认证和加密；其次，它通过设备间协商以确定基带数据分组的大小；最后，它还可以控制无线部分的电源模式和工作周期，以及微微网内各设备的连接状态。

**2. 蓝牙中间层协议**

蓝牙中间层协议完成数据帧的分解与重组、服务质量控制、组提取等功能，为上层应用提供服务，并提供与底层协议的接口，此部分包括主机控制器接口协议、逻辑链路控制与适配协议、串口仿真协议、电话控制协议和服务发现协议。

(1) 主机控制器接口协议(Host Controller Interface Protocol，HCI)

蓝牙 HCI 是位于蓝牙系统的逻辑链路控制与适配协议层和链路管理协议层之间的一层协议。HCI 为上层协议提供了进入链路管理器的统一接口和进入基带的统一方式。在 HCI 的主机和 HCI 主机控制器之间会存在若干传输层，这些传输层是透明的，只需完成传输数据的任务，不必清楚数据的具体格式。蓝牙的 SIG 规定了 4 种与硬件连接的物理总线方式，即 4 种 HCI 传输层：USB、RS-232、UART 和 PC 卡。

(2) 逻辑链路控制与适配协议(Logical Link Control and Adaptation Protocol，L2CAP)

逻辑链路控制与适配层协议(L2CAP)是蓝牙系统中的核心协议，它是基带的高层协议，可以认为它与链路管理协议(LMP)并行工作。L2CAP 为高层提供数据服务，允许高层和应用层协议收发大小为64KB的L2CAP数据包。L2CAP只支持基带面向无连接的异步传输(ACE),不支持面向连接的同步传输(SCO)。

L2CAP采用了多路技术、分割和重组技术、组提取技术,主要提供协议复用、分段和重组、认证服务质量、组管理等功能。

(3) 串口仿真协议(RFCOMM)

串口仿真协议在蓝牙协议栈中位于L2CAP协议层和应用层协议层之间,基于ETSI标准TS 07.10,在L2CAP协议层之上实现了仿真9针RS-232串口的功能,可实现设备间的串行通信,从而对现有使用串行线接口的应用提供了支持。

(4) 电话控制协议(Telephony Control Protocol Spectocol,TCS)

电话控制协议位于蓝牙协议栈的L2CAP层之上,包括电话控制规范二进制(TCS BIN)协议和一套电话控制命令(AT Commands)。其中,TCS BIN定义了在蓝牙设备间建立话音和数据呼叫所需的呼叫控制信令;AT Commands则是一套可在多使用模式下用于控制移动电话和调制解调器的命令,它是在ITU-TQ.931的基础上开发而成的。

TCS层不仅支持电话功能(包括呼叫控制和分组管理),同样可以用来建立数据呼叫,呼叫的内容在L2CAP上以标准数据包形式运载。

电话控制协议主要有以下两种。

① 二元电话控制协议(TCS Binary)。二元电话控制协议是面向比特的协议,它定义了蓝牙设备间建立语音和数据呼叫的控制信令,定义了处理蓝牙TCS设备群的移动管理进程。

② AT命令集电话控制协议(AT Commands)。在ITU2T-V.250和ETS300 916(GSM 07.07)的基础之上,SIG定义了控制多用户模式下,移动电话、调制解调器和可用于传真业务的AT命令集。

(5) 电缆替代协议(RFCOMM)

RFCOMM是基于ETSI 07.10规范的串行线仿真协议,它在蓝牙基带协议上仿真RS-232控制和数据信号,为使用串行线传送机制的上层协议(如OBEX)提供服务。

(6) 服务发现协议(Service Discovery Protocol,SDP)

服务发现协议(SDP)是蓝牙技术框架中至关重要的一层,它是所有应用模型的基础。任何一个蓝牙应用模型的实现都是利用某些服务的结果。在蓝牙无线通信系统中,建立在蓝牙链路上的任何两个或多个设备随时都有可能开始通信,仅仅是静态设置是不够的。蓝牙服务发现协议就确定了这些业务位置的动态方式,可以动态地查询到设备信息和服务类型,从而建立起一条对应所需要服务的通信信道。

**3. 蓝牙高层协议**

蓝牙高层协议包括对象交换协议、无线应用协议、音频协议和选用协议。

(1) 对象交换协议(Object Exchange Protocol,OBEX)

OBEX是由红外数据协会(IrDA)制定用于红外数据链路上数据对象交换的会话层协议。蓝牙SIG采纳了该协议,使得原来基于红外链路的OBEX应用有可能方便地移植到蓝牙上或在两者之间进行切换。

OBEX是一种高效的二进制协议,采用简单和自发的方式来交换对象。它在假定传输层可靠的基础上，采用客户机/服务器模式。它只定义传输对象，而不指定特定的传输数据类型，可以是从文件到商业电子贺卡、从命令到数据库等任何类型，从而具有很好的平台独立性。

对象交换协议其基本功能类似于 HTTP，采用客户机/服务器模式，而独立于传输机制和传输应用程序接口(API)。另外，OBEX 专门提供了一个文件夹列表对象，用于浏览远端设备上的文件夹内容。在我国目前使用的蓝牙协议有 1.0 和 2.0 的版本，欧洲使用的蓝牙协议 2.2 的版本比较多，在蓝牙 1.0 协议中，RFCOMM 是 OBEX 唯一的传输层，在以后的版本中，有可能也支持 TCP/IP 作为传输层。

(2) 无线应用协议(Wireless Application Protocol，WAP)

无线应用协议(WAP)由无线应用协议论坛制订，是由移动电话类的设备使用的无线网络定义的协议。WAP 融合了各种广域无线网络技术，其目的是将互联网内容和电话债券的业务传送到数字蜂窝电话和其他无线终端上。选用 WAP 可以充分利用为无线应用环境开发的高层应用软件。

(3) 音频协议(Audio)

蓝牙音频(Audio)是通过在基带上直接传输 SCO 分组实现的，目前蓝牙 SIG 并没有以规范的形式给出此部分。虽然严格意义上来讲它并不是蓝牙协议规范的一部分，但也可以视为蓝牙协议体系中的一个直接面向应用的层次。

(4) 选用协议

① 点对点协议(PPP)。PPP 是 IETF(Internet Engineering Task Force)制订的，在蓝牙技术中，它运行于 RFCOMM 之上，完成点对点的连接。

② UDP/TCP/IP。UDP/TCP/IP 也是由 IETF 制订的，是互联网通信的基本协议，在蓝牙设备中使用这些协议，是为了与互联网连接的设备进行通信。

## 6.2.3 蓝牙网关

### 1. 蓝牙网关的功能

蓝牙网关用于办公网络或物联网内部的蓝牙移动终端，通过无线方式访问局域网以及 Internet；跟踪、定位办公网络内的所有蓝牙设备，在两个属于不同匹配网的蓝牙设备之间建立路由连接，并在设备之间交换路由信息。蓝牙网关的主要功能包括以下几点。

(1) 实现蓝牙协议与 TCP/IP 协议的转换，完成办公网络内部蓝牙移动终端的无线上网功能。

(2) 在安全的基础上实现蓝牙地址与 IP 地址之间的地址解析，它利用自身的 IP 地址和 TCP 端口来唯一地标识办公网络内部没有 IP 地址的蓝牙移动终端，比如蓝牙打印机等。

(3) 通过路由表来对网络内部的蓝牙移动终端进行跟踪、定位，使得办公网络内部的蓝牙移动终端可以通过正确的路由，访问局域网或者另一个匹配网中的蓝牙移动终端。

(4) 在两个属于不同匹配网的蓝牙移动终端之间交换路由信息，从而完成蓝牙移动终端通信的漫游与切换。在这种通信方式中，蓝牙网关在数据包路由过程中充当中继作用，相当于蓝牙网桥。

**2. 蓝牙移动终端(MT)**

蓝牙移动终端是普通的蓝牙设备,能够与蓝牙网关以及其他蓝牙设备进行通信,从而实现办公网络内部移动终端的无线上网以及网络内部文件、资源的共享。各个功能模块关系如图 6.3 所示。

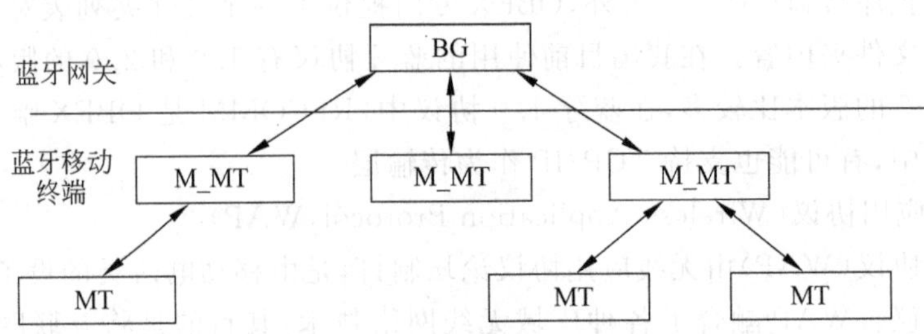


**图 6.3 功能模块关系**

如果目的端位于单位内部的局域网或者 Internet,则需要通过蓝牙网关进行蓝牙协议与 TCP/IP 协议的转换,如果该 MT 没有 IP 地址,则由蓝牙网关来提供,其通信方式为 MT-BG-MT。如果目的端位于办公网络内部的另一个匹克网,则通过蓝牙网关来建立路由连接,从而完成整个通信过程的漫游,其通信方式为 MT-BG-M_MT(为主移动终端)-MT。采用蓝牙技术也可使办公室的每个数据终端互相连通。例如,多台终端共用 1 台打印机,可按照一定的算法登录打印机的等待队列,依次执行。

## 6.2.4 蓝牙系统的结构及组成

**1. 蓝牙网络的结构**

微微网是实现蓝牙无线通信的最基本方式。每个微微网只有一个主设备,一个主设备最多可以同时与 7 个从设备同时进行通信,多个蓝牙设备组成微微网如图 6.4 所示。

散射网是多个微微网相互连接所形成的比微微网覆盖范围更大的蓝牙网络,其特点是不同的微微网之间有互联的蓝牙设备,如图 6.5 所示。

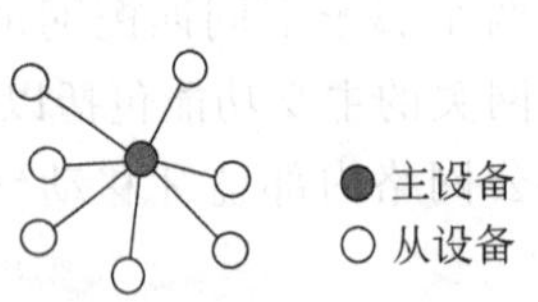


**图 6.4 多个蓝牙设备组成微微网(Piconet)**

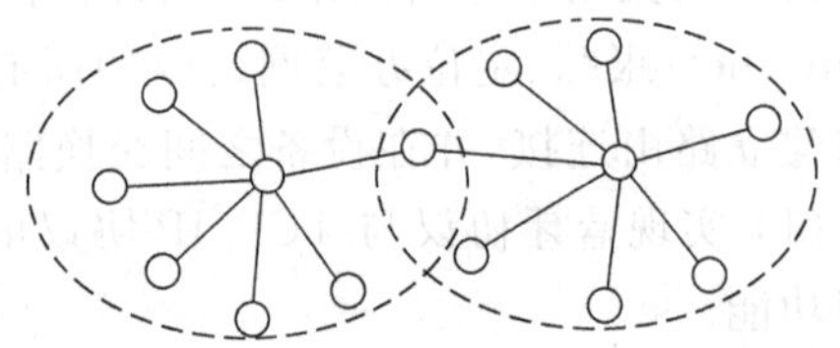

**图 6.5 多个微微网组成散射网(Scatternet)**

虽然每个微微网只有一个主设备,但从设备可以基于时分复用机制加入不同的微微网,而且一个微微网的主设备可以成为另外一个微微网的从设备。每个微微网都有其独立的跳频序列,它们之间并不跳频同步,由此避免了同频干扰。

**2. 蓝牙系统的组成**

蓝牙系统由无线单元、链路控制单元、链路管理三部分组成。

(1) 无线单元

蓝牙是以无线LAN的IEEE 802.11标准技术为基础的，使用2.45GHz ISM全球通自由波段。蓝牙天线属于微带天线，空中接口是建立在天线电平为0dBm基础上的，遵从FCC(美国联邦通信委员会)有关0dBm电平的ISM频段的标准。当采用扩频技术时，其发射功率可增加到100mW。频谱扩展功能是通过起始频率为2.402GHz、终止频率为2.480GHz、间隔为1MHz的79个跳频频点来实现的。其最大的跳频速率为1660跳/s。系统设计通信距离为10cm～10m，如增大发射功率，其距离可长达100m。

(2) 链路控制单元

链路控制单元(即基带)描述了硬件—基带链路控制器的数字信号处理规范。基带链路控制器负责处理基带协议和其他一些低层常规协议。

① 建立物理链路。微微网内的蓝牙设备之间的连接被建立之前，所有的蓝牙设备都处于待命(Standby)状态。此时，未连接的蓝牙设备每隔1.28s就周期性地“监听”信息。每当一个蓝牙设备被激活，它就将监听划给该单元的32个跳频频点。跳频频点的数目因地理区域的不同而异(32这个数字只适用于使用2.400～2.4835GHz波段的国家)。作为主蓝牙设备首先初始化连接程序，如果地址已知，则通过寻呼(Page)消息建立连接；如果地址未知，则通过一个后接寻呼消息的查询(Inquiry)消息建立连接。在最初的寻呼状态，主单元将在分配给被寻呼单元的16个跳频频点上发送一串16个相同的寻呼消息。如果没有应答，主单元则按照激活次序在剩余16个频点上继续寻呼。从单元收到从主单元发来的消息的最大延迟时间为激活周期的2倍(2.56s)，平均延迟时间是激活周期的一半(0.6s)。查询消息主要用来寻找蓝牙设备。查询消息和寻呼消息很相像，但是查询消息需要一个额外的数据串周期来收集所有的响应。

② 差错控制。基带控制器有3种纠错方式。1/3比例前向纠错(1/3FEC)码，用于分组头；2/3比例前向纠错(2/3FEC)码，用于部分分组；数据的自动请求重发方式(ARQ)，用于带有CRC(循环冗余校验)的数据分组。差错控制用于提高分组传送的安全性和可靠性。

③ 验证和加密。蓝牙基带部分在物理层为用户提供保护和信息加密机制。验证基于“请求—响应”运算法则，采用口令/应答方式，在连接进程中进行，它是蓝牙系统中的重要组成部分。它允许用户为个人的蓝牙设备建立一个信任域，比如只允许主人自己的笔记本电脑通过主人自己的移动电话通信。

加密采用流密码技术，适用于硬件实现。它被用来保护连接中的个人信息。密钥由程序的高层来管理。网络传送协议和应用程序可以为用户提供一个较强的安全机制。

(3) 链路管理器

链路管理器(LM)软件模块设计了链路的数据设置、鉴权、链路硬件配置和其他一些协议。链路管理器能够发现其他蓝牙设备的链路管理器，并通过链路管理协议(LMP)建立通信联系。链路管理器提供的服务项目包括：发送和接收数据、设备号请求(LM能够有效地查询和报告名称或者长度最大可达16位的设备ID)、链路地址查询、建立连接、验证、协商并建立连接方式、确定分组类型、设置保持方式及休眠方式。

## 6.3 GPRS技术

### 1. GPRS简介

GPRS(General Packet Radio Service)为通用分组无线业务的简称，是欧洲电信协会GSM系统中有关分组数据所规定的标准。GPRS具有充分利用现有的网络、资源利用率高、始终在线、传输速率高、资费合理等特点。

世界上有大约10亿普通电话用户，3亿无线通信用户和1亿互联网用户。世界电信业的发展趋势使无线语音业务的发展速度超过普通电话业务，两者间在不断融合。未来的网络将是一个有线、无线和互联网三者合一的数字化的全球网络。其覆盖将超越一切地理障碍，使信息无处不在。

与GSM CSD业务不同的是，GPRS业务将以数据流量计费，而GSM CSD业务则以时间计费，GPRS这一计费方式更适应数据通信的特点。此外，GPRS业务的速度较GSM CSD业务也将有很大提高，GPRS可提供高达115Kbps的传输速率(最高值为171.2Kbps)，下一代GPRS业务的速度可以达到384Kbps。

GPRS一个较大的优势是能够充分利用现有的GSM网，可以使运营商在全国范围内推出此项业务。

GPRS用户只有在发送或接收数据期间才占用资源，这意味着多个用户可高效率地共享同一无线信道，从而提高了资源的利用率。同时，用户只需按数据通信量付费，而无须对整个链路占用期间付费。实际上，GPRS用户可能连接的时间长达数小时，却只需支付相对低廉的连接费用，可使用户的使用费用大大降低。

GPRS通信模块就是为使用GPRS服务而开发的无线通信终端设备，可应用到下列系统集成中：远程数据监测系统、远程控制系统、自动售货系统、无线定位系统、门禁保安系统、物质管理系统等。

### 2. GPRS特点

GPRS，通用无线分组业务是一种基于GSM系统的无线分组交换技术，提供端到端的、广域的无线IP连接。GPRS充分利用共享无线信道，采用IP Over PPP实现数据终端的高速、远程接入。作为现有GSM网络向第三代移动通信演变的过渡技术(2.5G)，GPRS在许多方面都具有显著的优势。

GPRS有下列特点。

(1) 可充分利用现有资源——中国移动全国范围的电信网络——GSM，方便、快速、低建设成本地为用户数据终端提供远程接入网络的部署。

(2) 传输速率高，GPRS数据传输速度可达到57.6Kbps，最高可达到115～170Kbps，完全可以满足用户应用的需求，下一代GPRS业务的速度可以达到384Kbps。

(3) 接入时间短，GPRS接入等待时间短，可快速建立连接，平均为两秒。

(4) 提供实时在线功能(Always Online)，用户将始终处于连线和在线状态，这将使访问服务变得非常简单、快速。

(5) 按流量计费，GPRS用户只有在发送或接收数据期间才占用资源，用户可以一直在线,按照用户接收和发送数据包的数量来收取费用,没有数据流量的传递时,用户即使挂在网上也是不收费的。

GPRS业务,具有接入迅速、永远在线、流量计费等特点,在远程突发性数据实时传输中有不可比拟的优势,特别适合于频发小数据量的实时传输,因而GPRS业务在某些行业上有特殊的应用。

**3. GPRS系统结构**

GSM已发展到了Phase $2^+$阶段,这一阶段的核心问题就是高速移动数据通信。现在,越来越多的GSM网络运营商引入移动数据业务,不仅使GSM网络实现无线互联网功能,而且积累无线多媒体业务运营经验,为向第三代移动通信网络的过渡做好准备。

GSM移动数据业务主要分为电路型数据业务和分组型数据业务。GSM第一阶段提供的9.6Kbps以下数据业务及Phase $2^+$阶段提出的HSCSD都属于电路型数据业务。Phase $2^+$阶段提出的GPRS,则属于分组型数据业务。

GPRS网是在GSM电话网的基础上增加以下功能实体构成的:SGSN(服务GPRS支持节点)、GGSN(网关GPRS支持节点)、PTMSC(点对多点服务中心);共用GSM基站,但基站要进行软件更新;采用新的GPRS移动台;GPRS要增加新的移动性管理程序;通过路由器实现GPRS骨干网互联;GSM网络系统要进行软件更新和增加新的MAP信令和GPRS信令等。

GPRS系统结构如图6.6所示。

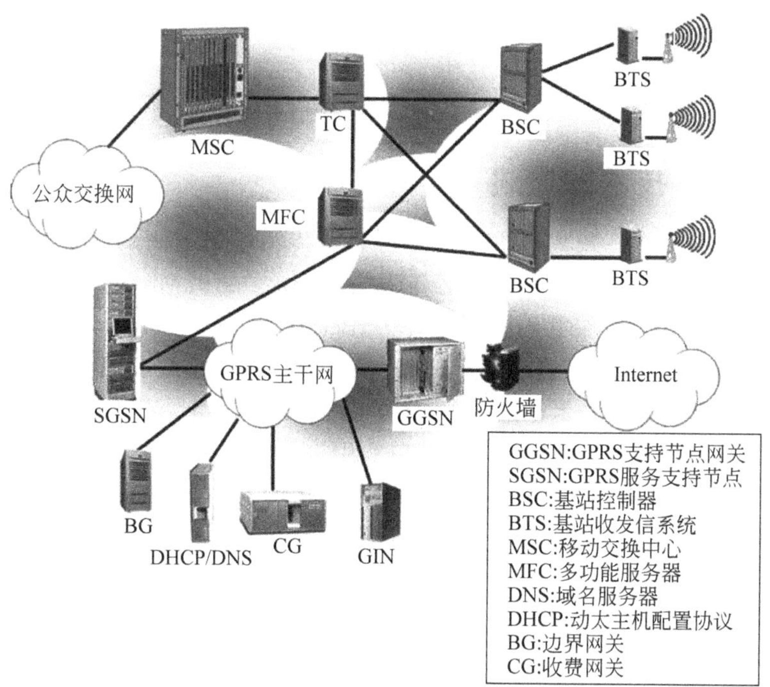


**图6.6 GPRS系统结构**

GPRS网上增加了一些接口，主要包括以下几种。

(1) Gb口：SGSN通过Gb口与基站BSS相连，为移动台MS服务。通过逻辑控制协议LLC，建立SGSN与MS之间的连接，提供移动性管理(位置跟踪)和安全管理功能。SGSN完成MS和SGSN之间的协议转换，即骨干网使用的IP协议转换成SNDCP和LLC协议，并提供MS鉴权和登记功能。

(2) Gn口：SGSN通过Gn口和GGSN相连，通过GPRS隧道协议(GTP)建立SGSN和外部数据网(X.25或IP)之间的通道，实现MS和外部数据网的互联。

(3) Gs口：用于SGSN向MSC/VLR发送地址信息，并从MSC/VLR接收寻呼请求，实现分组型业务和非分组型业务的关联。

(4) Gr口：HLR保存GPRS用户数据和路由信息(IMSI、SGSN地址)，每个IMSI还包含分组数据协议PDP信息，包括PDP类型(X.25或IP)、PDP地址及其QoS等级以及路由信息。

(5) Gi口：GGSN通过Gi口实现GPRS网和外部数据网(PDP)的互联。GGSN实际上是两个互联网网关，GPRS本身属于IP领域网络，Gi口支持X.25和IP协议。从PDN网看GGSN，GGSN可看作是一个路由器连到PDN网。GGSN包含用于连接GPRS用户的路由信息，为外部数据网的PDU送到MS提供通道。通过GGSN与GPRS网互联的分组数据网PDN，可以是PSPDN网，这时，GPRS支持ITU-T X.121和ITU-T E.164编号方案，提供X.25虚电路及对X.25快速选择，还支持网间的X.75协议连接；也可以是Internet，基于IP协议，在IP数据报传输方式中，GPRS支持TCP/IP头的压缩功能。

## 6.4 ZigBee技术

### 6.4.1 ZigBee技术的概述

ZigBee主要应用在短距离范围之内并且数据传输速率不高的各种电子设备之间。ZigBee联盟成立于2001年8月。2002年下半年，Invensys、Mitsubishi、Motorola以及Philips半导体公司四大巨头共同宣布加盟ZigBee联盟，研发ZigBee的下一代无线通信标准。到目前为止，该联盟大约已有27家成员企业。所有这些公司都参加了负责开发ZigBee物理和媒体控制层技术标准的IEEE 802.15.4工作组。ZigBee协议比蓝牙、高速率个人区域网或802.11x无线局域网更简单实用。

ZigBee使用2.4GHz波段，采用跳频技术。它的基本速率是250Kbps，当降低到28Kbps时，传输范围可扩大到134m，并获得更高的可靠性。另外，它可与254个节点联网，可以比蓝牙更好地支持游戏、消费电子、仪器和家庭自动化应用。

ZigBee技术具有如下主要特点。

(1) 数据传输速率低：只有10～250Kbps，专注于低传输应用。

(2) 功耗低：在低耗电待机模式下，两节普通5号干电池可使用6个月以上。这也是ZigBee的支持者所一直引以为豪的独特优势。

(3) 成本低：因为 ZigBee 数据传输速率低，协议简单，所以大大降低了成本；积极投入 ZigBee 开发的 Motorola 以及 Philips，均已在 2003 年正式推出芯片，飞利浦预估，应用于主机端的芯片成本和其他终端产品的成本比蓝牙更具价格竞争力。

(4) 网络容量大：每个 ZigBee 网络最多可支持 255 个设备，也就是说每个 ZigBee 设备可以与另外 254 台设备相连接。

(5) 有效范围小：有效覆盖范围为 10～75m，具体依据实际发射功率的大小和各种不同的应用模式而定，基本上能够覆盖普通的家庭或办公室环境。

(6) 工作频段灵活：使用的频段分别为 2.4GHz、868MHz(欧洲)及 915MHz(美国)，均为免执照频段。

根据 ZigBee 联盟目前的设想，ZigBee 的目标市场主要有 PC 外设(鼠标、键盘、游戏操控杆)、消费类电子设备(TV、VCR、CD、VCD、DVD 等设备上的遥控装置)、家庭内智能控制(照明、煤气计量控制及报警等)、玩具(电子宠物)、医护(监视器和传感器)、工控(监视器、传感器和自动控制设备)等非常广阔的领域。

## 6.4.2 ZigBee 协议栈

ZigBee 协议栈结构如图 6.7 所示，是基于标准 OSI 七层模型的，包括高层应用规范、应用汇聚层、网络层、媒体接入层和物理层。

**图 6.7　ZigBee 协议栈**

IEEE802.15.4 定义了两个物理层标准，分别是 2.4GHz 物理层和 868/915MHz 物理层。两者均基于直接序列扩频(Direct Sequence Spread Spectrum，DSSS)技术。868MHz 只有一个信道，传输速率为 20Kbps；902～928MHz 频段有 10 个信道，信道间隔为 2MHz，传输速率为 40Kbps。以上这两个频段都采用 BPSK 调制。2.4～2.4835GHz 频段有 16 个信道，信道间隔为 5MHz，能够提供 250Kbps 的传输速率，采用 O-QPSK 调制。为了提高传输数据的可靠性，IEEE 802.15.4 定义的媒体接入控制(MAC)层采用了 CSMA-CA 和时隙 CSMA-CA 信道接入方式和完全握手协议。应用汇聚层主要负责把不同的应用映射到 ZigBee 网络上，主要包括安全与鉴权、多个业务数据流的会聚、设备发现和业务发现。

## 6.4.3 ZigBee 的网络系统

### 1. ZigBee 网络配置

低数据速率的 WPAN 中包括两种无线设备：全功能设备(FFD)和精简功能设备(RFD)。其中，FFD 可以和 FFD、RFD 通信，而 RFD 只能和 FFD 通信，RFD 之间是无法通信的。RFD 的应用相对简单，例如，在传感器网络中，它们只负责将采集的数据信息发送给它的协调点，并不具备数据转发、路由发现和路由维护等功能。RFD 占用资源少，需要的存储容量也小，成本比较低。

在一个 ZigBee 网络中，至少存在一个 FFD 充当整个网络的协调点，即 PAN 协调点，ZigBee 中也称作 ZigBee 协调点。一个 ZigBee 网络只有一个 PAN 协调点。通常，PAN 协调点是一个特殊的 FFD，它具有较强大的功能，是整个网络的主要控制者，它负责建立新的网络、发送网络信标、管理网络中的节点以及存储网络信息等。FFD 和 RFD 都可以作为终端节点加入 ZigBee 网络。此外，普通 FFD 也可以在它的个人操作空间(POS)中充当协调点，但它仍然受 PAN 协调点的控制。ZigBee 中每个协调点最多可连接 255 个节点，一个 ZigBee 网络最多可容纳 65535 个节点。

**2. ZigBee 网络的拓扑结构**

ZigBee 网络的拓扑结构主要有 3 种，星状网、网状(Mesh)网和混合网。

星状网如图 6.8(a)所示，是由一个 PAN 协调点和一个或多个终端节点组成的。PAN 协调点必须是 FFD，它负责发起建立和管理整个网络，其他的节点(终端节点)一般为 RFD，分布在 PAN 协调点的覆盖范围内，直接与 PAN 协调点进行通信。星状网通常用于节点数量较少的场合。

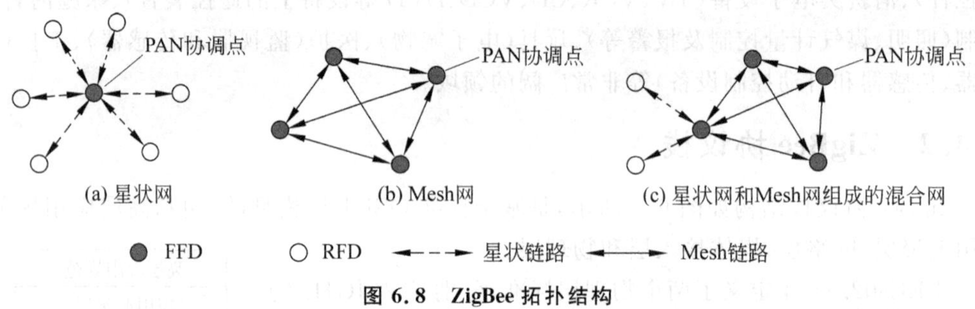


**图 6.8 ZigBee 拓扑结构**

Mesh 网如图 6.8(b)所示，一般是由若干个 FFD 连接在一起形成的，它们之间是完全的对等通信，每个节点都可以与它的无线通信范围内的其他节点通信。Mesh 网中，一般将发起建立网络的 FFD 节点作为 PAN 协调点。Mesh 网是一种高可靠性网络，具有“自恢复”能力，它可为传输的数据包提供多条路径，一旦一条路径出现故障，则存在另一条或多条路径可供选择。

Mesh 网可以通过 FFD 扩展网络，组成 Mesh 网与星状网构成的混合网如图 6.8(c)所示。混合网中，终端节点采集的信息首先传到同一子网内的协调点，再通过网关节点上传到上一层网络的 PAN 协调点。混合网都适用于覆盖范围较大的网络。

**3. ZigBee 组网技术**

ZigBee 中，只有 PAN 协调点可以建立一个新的 ZigBee 网络。当 ZigBeePAN 协调点希望建立一个新网络时，首先扫描信道，寻找网络中的一个空闲信道来建立新的网络。如果找到了合适的信道，ZigBee 协调点会为新网络选择一个 PAN 标识符(PAN 标识符是用来标识整个网络的，所选的 PAN 标识符必须在信道中是唯一的)。一旦选定了 PAN 标识符，就说明已经建立了网络，此后，如果另一个 ZigBee 协调点扫描该信道，这个网络的协调点就会响应并声明它的存在。另外，这个 ZigBee 协调点还会为自己选择一个 16bit 网络地址。ZigBee 网络中的所有节点都有一个 64bit IEEE 扩展地址和一个 16bit 网络地址，其中，16bit 的网络地址在整个网络中是唯一的，也就是 802.15.4 中的 MAC 短地址。

ZigBee 协调点选定了网络地址后，就开始接受新的节点加入其网络。当一个节点希望加入该网络时，它首先会通过信道扫描来搜索它周围存在的网络，如果找到了一个网络，它就会进行关联过程加入网络，只有具备路由功能的节点可以允许别的节点通过它关联网络。如果网络中的一个节点与网络失去联系后想要重新加入网络，它可以进行孤立通知过程重新加入网络。网络中每个具备路由器功能的节点都维护一个路由表和一个路由发现表，它可以参与数据包的转发、路由发现和路由维护，以及关联其他节点来扩展网络。

ZigBee 网络中传输的数据可分为 3 类：①周期性数据，例如，传感器网中传输的数据，这一类数据的传输速率根据不同的应用而确定；②间歇性数据，例如，电灯开关传输的数据，这一类数据的传输速率根据应用或者外部激励而确定；③反复性的、反应时间低的数据，例如，无线鼠标传输的数据，这一类数据的传输速率是根据时隙分配而确定的。为了降低 ZigBee 节点的平均功耗，ZigBee 节点有激活和睡眠两种状态，只有当两个节点都处于激活状态才能完成数据的传输。在有信标的网络中，ZigBee 协调点通过定期地广播信标为网络中的节点提供同步；在无信标的网络中，终端节点定期睡眠、定期醒来，除终端节点以外的节点要保证始终处于激活状态，终端节点醒来后会主动询问它的协调点是否有数据要发送给它。在 ZigBee 网络中，协调点负责缓存要发送给正在睡眠的节点的数据包。

## 6.5 Wi-Fi 技术

### 6.5.1 Wi-Fi 技术的概念

Wi-Fi 是一种可以将个人电脑、手持设备（如 PDA、手机）等终端以无线方式互相连接的技术。简单来说其实就是 IEEE 802.11b 的别称，是由一个名为“无线以太网相容联盟”（Wireless Ethernet Compatibility Alliance，WECA）的组织所发布的业界术语，它是一种短程无线传输技术，能够在数百英尺范围内支持互联网接入的无线电信号。随着技术的发展，以及 IEEE 802.11a 和 IEEE 802.11g 等标准的出现，现在 IEEE 802.11 这个标准已被统称作 Wi-Fi。它可以帮助用户访问电子邮件、Web 和流式媒体。它为用户提供了无线的宽带互联网访问。同时，它也是在家里、办公室或在旅途中上网的快速、便捷的途径。Wi-Fi 无线网络是由 AP（Access Point）和无线网卡组成的无线网络。在开放性区域，通信距离可达 305m；在封闭性区域，通信距离为 76～122m，方便与现有的有线以太网络整合，组网的成本更低。Wi-Fi 优点如下。

(1) 无线电波的覆盖范围广。Wi-Fi 的半径则可达 100m，适合办公室及单位楼层内部使用。而蓝牙技术只能覆盖 15m 内。

(2) 速度快，可靠性高。802.11b 无线网络规范是 IEEE 802.11 网络规范的变种，最高带宽为 11Mbps，在信号较弱或有干扰的情况下，带宽可调整为 6.5Mbps、2Mbps 和 1Mbps，带宽的自动调整，有效地保障了网络的稳定性和可靠性。

(3) 无须布线。Wi-Fi 最主要的优势在于不需要布线，不受布线条件的限制，因此非常适合移动办公用户的需要，具有广阔市场前景。目前它已经从传统的医疗保健、库存控制和管理服务等特殊行业向更多行业拓展开去，甚至开始进入家庭以及教育机构等领域。

(4) 健康安全。IEEE 802.11 规定的发射功率不可超过 100mW，实际发射功率约 60～70mW，手机的发射功率约 200mW～1W 间，手持式对讲机高达 5W，而且无线网络使用方式并非像手机直接接触人体，是绝对安全的。

目前使用的 IP 无线网络，Wi-Fi 存在一些不足之处，如带宽不高、覆盖半径小、切换时间长等，并且无线网络系统对上层业务开发不开放，使得适合 IP 移动环境的业务难以开发。

由于 Wi-Fi 的频段在世界范围内是无需任何电信运营执照的免费频段，因此 WLAN 无线设备提供了一个世界范围内可以使用的、费用极其低廉且数据带宽极高的无线空中接口。用户可以在 Wi-Fi 覆盖区域内快速浏览网页，随时随地接听拨打电话。而其他一些基于 WLAN 的宽带数据应用，如流媒体、网络游戏等功能更是值得用户期待。有了 Wi-Fi 功能，打长途电话(包括国际长途)、浏览网页、收发电子邮件、音乐下载、数码照片传递等，再无须担心速度慢和花费高的问题。

随着 3G 时代的来临越来越多的电信运营商也将目光投向了 Wi-Fi 技术，Wi-Fi 覆盖小、带宽高，3G 覆盖大、带宽低，两种技术有着相互对立的优缺点，取长补短相得益彰。Wi-Fi 技术低成本、无线、高速的特征非常符合 3G 时代的应用要求。在手机的 3G 业务方面，目前支持 Wi-Fi 的智能手机可以轻松地通过 AP 实现对互联网的浏览。随着 VOIP 软件的发展，以 Skype 为代表的 VOIP 软件已经可以支持多种操作系统。在装有 Wi-Fi 模块的智能手机上装上相应的 VOIP 软件后就可以通过 Wi-Fi 网络来实现语音通话，所以 3G 与 Wi-Fi 是不矛盾的，而 Wi-Fi 可以作为 3G 的高效有利的补充。

## 6.5.2 Wi-Fi 网络结构和原理

Wi-Fi 网络是基于 IEEE 802.11 定义的一个无线网络通信的工业标准，利用这些标准来组成网络并进行数据传输的局域网，由于支持无线上网，只要移动终端具有这种功能就可无线上网。

**1. Wi-Fi 网络架构**

Wi-Fi 网络架构如图 6.9 所示，主要包括如下 6 部分。

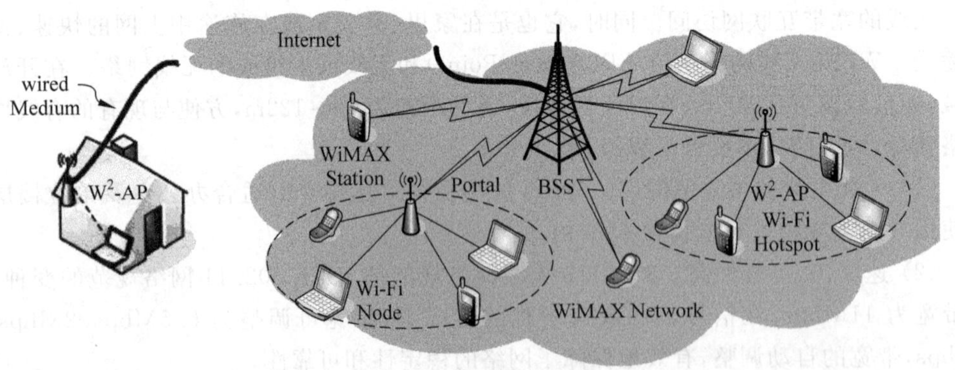


**图 6.9 Wi-Fi 网络架构**

(1) 站点(Station):网络最基本的组成部分。

(2) 基本服务单元(Basic Service Set,BSS):网络最基本的服务单元。最简单的服务单元可以只由两个站点组成。站点可以动态地连接到基本服务单元中。

(3) 分配系统(Distribution System,DS):用于连接不同的基本服务单元。分配系统使用的媒介(Medium)逻辑上和基本服务单元使用的媒介是截然分开的,尽管它们物理上可能会是同一个媒介,例如同一个无线频段。

(4) 接入点(Access Point,AP):既有普通站点的身份,又有接入到分配系统的功能。

(5) 扩展服务单元(Extended Service Set,ESS):由分配系统和基本服务单元组合而成。这种组合是逻辑上,并非物理上的,不同的基本服务单元物有可能在地理位置相去甚远。分配系统也可以使用各种各样的技术。

(6) 关口(Portal):也是一个逻辑成分,用于将无线局域网和有线局域网或其他网络联系起来。

网络中有3种媒介:站点使用的无线的媒介,分配系统使用的媒介以及和无线局域网集成一起的其他局域网使用的媒介。物理上它们可能互相重叠。IEEE 802.11只负责在站点使用的无线的媒介上的寻址(Addressing)。分配系统和其他局域网的寻址不属无线局域网的范围。

IEEE 802.11没有具体定义分配系统,只是定义了分配系统应该提供的服务(Service)。整个无线局域网定义了9种服务,其中有5种服务属于分配系统的任务,分别是连接(Association)、结束连接(Dissociation)、分配(Distribution)、集成(Integration)、再连接(Reassociation),4种服务属于站点的任务,分别为鉴权(Authentication)、结束鉴权(Deauthentication)、隐私(Privacy)、MAC数据传输(MSDU Delivery)。

**2. Wi-Fi网络工作原理**

Wi-Fi的设置至少需要一个Access Point(AP)和一个或一个以上的Client(hi)。AP每100ms将SSID(Service Set Identifier)经由Beacons(信号台)封包广播一次,Beacons封包的传输速率是1Mbps,并且长度相当短,所以这个广播动作对网络效能的影响不大。因为Wi-Fi规定的最低传输速率是1Mbps,所以确保所有的Wi-Fi Client端都能收到这个SSID广播封包,Client可以借此决定是否要和这一个SSID的AP连线。使用者可以设定要连线到哪一个SSID。Wi-Fi总是对客户端开放其连接标准,并支持漫游。但亦意味着,一个无线适配器有可能在性能上优于其他的适配器。由于它是通过空气传送信号的,所以和非交换以太网有相同的特点。

**3. Wi-Fi网络的使用**

一般架设无线网络的基本配备就是无线网卡及一台AP,如此便能以无线的模式,配合既有的有线架构来分享网络资源,架设费用和复杂程度远远低于传统的有线网络。如果只是几台电脑的对等网,也可不要AP,只需要每台电脑配备无线网卡。AP为Access Point的简称,一般翻译为"无线访问节点"或"桥接器"。它主要在媒体存取控制层MAC中扮演无线工作站及有线局域网络的桥梁。有了AP,就像一般有线网络的Hub一般,无线工作站可以快速且轻易地与网络相连。特别是对于宽带的使用,Wi-Fi更显优势,有线宽带网络(ADSL、小区 LAN 等)到户后,连接到一个 AP,然后在电脑中安装一块无线网卡即可。普通的家庭有一个 AP 已经足够,甚至用户的邻里得到授权后,则无须增加端口,也能以共享的方式上网。

无线 Wi-Fi 的工作距离不大,在网络建设完备的情况下,802.11b 的真实工作距离可以达到 100m 以上,而且解决了高速移动时数据的纠错问题、误码问题,Wi-Fi 设备与设备、设备与基站之间的切换和安全认证都得到了很好的解决。

# 6.6 无线局域网

## 6.6.1 IEEE 802.11 协议简述

无线局域网(Wireless Local Area Networks,WLAN)是计算机网络技术与无线电通信技术结合的产物,是在有线局域网的基础上发展起来的。与有线局域网相比,无线局域网采用的是无线链路(Cable-free link)构成网络。局域网广泛应用于办公自动化、工业自动化和银行等金融系统,具有很大的发展潜力。

**1. 无线局域网的主要特征**

无线局域网的出现弥补了有线网络的不足,较之有线网络它具有安装的灵活性、网络的伸缩性、网络的移动性等优势。

(1) 网络拓扑结构

WLAN 拓扑结构可分为有中心(Hub-Based)和无中心(Peer to Peer)局域网两类。在有中心结构的网络拓扑中,设有一个无线节点充当基站,所有节点访问均由其控制,每个节点只要在中心站覆盖范围之内就可与其他节点通信,并且中心节点为访问有线主干网提供了一个逻辑节点,这与蜂窝式移动通信的方式非常相似。这种结构的缺点是抗毁性差,中心节点的故障容易导致整个网络的瘫痪;对于无中心结构的网络,要求其中任意节点均可与其他节点通信,所以又称自组织网络(Ad-Hoc)。由于无中心节点控制网络的接入,各节点都具有路由器功能,又都可以竞争共用信道,为此,大多数无中心结构的 WLAN 都要采用 CSMA 类型的 MAC 协议。

(2) 传输介质及传输方式

WLAN 的传送介质有两种,即无线电波和红外线,前者使用居多。红外线局域网有较强的方向性,适于近距离通信。而采用无线电波作为媒体的局域网,覆盖范围大,而且,这种局域网多采用扩频技术,发射功率比自然背景的噪声低,有效地避免了信号的偷听和窃取,使通信非常安全,具有很高的实用性。无线局域网采用微波传输,使用的频段有 3 个:L 频段、S 频段、C 频段。目前大多数产品使用 S 频段(2.4~2.4835GHz),在这些波段内的 WLAN 的产品大多数采用扩频调制方式,主要有 DS 和 FH 两种。

**2. 无线局域网标准**

WLAN 近年来的迅速发展受到了一系列标准协议的制定的促进,这些协议中影响最大的是 IEEE 802.11 系列标准,在此主要介绍无线局域网的这种标准。

(1) IEEE 802.11 标准

1997 年 6 月,IEEE 推出了第一代无线局域网标准—IEEE 802.11。该标准定义了物理层和介质访问控制子层的协议规范。

IEEE 802.11 在物理层定义了数据传输的信号特征和调制方法,定义了两个无线电射频(RF)传输方法和一个红外线传输方法。RF 传输标准包括直接序列扩频技术和跳频扩频技术。直接序列扩频技术采用二进制相移键控(BPSK)技术,可以以 1Mbps 的速率进行发射,如果使用正交相移键控(QPSK)技术,发射速率可以达到 2Mbps。跳频扩频技术利用 GFSK 二级或四级调制方式可以达到 2Mbps 的工作速率。

(2) IEEE 802.11b 标准

为了支持更高的数据传输速率和更健全的连接性,IEEE 于 1999 年 9 月批准了 IEEE 802.11b 标准。IEEE 802.11b 标准对 IEEE 802.11 标准进行了修改和补充,其中最重要的改进就是在 IEEE 802.11 的基础上增加了两种更高的通信速率 5.5Mbps 和 11Mbps。

IEEE 802.11b 采用了补充编码键控(CCK),CCK 由 64 个 8 比特长的码字组成。IEEE 802.11b 规定在速率为 5.5Mbps 时使用 CCK,对每个载波进行 4 比特编码。而当速率为 11Mbps 时,对每个载波进行 8 比特编码。同时,MAC 层的多速率机制确保当工作站之间距离过长或干扰过大时信噪比低于某个门限值时,传输速率能够从 11Mbps 自动降到 5.5Mbps,进一步可调整到 2Mbps 和 1Mbps。

由于现行的以太网技术可以实现不同速率以太网络之间的兼容,因此有了 IEEE 802.11b 标准之后,移动用户将可以得到以太网级的网络性能、速率和可用性,管理者也可以无缝地将多种 LAN 技术集成起来,形成一种能够最大限度地满足用户需求的网络。

## 6.6.2 几种无线通信标准比较

目前,无线局域网仍处于众多标准共存时期。在美国和欧洲,形成了几个互不相让的高速无线标准:美国 IEEE 创建的高速无线标准 802.11(包括 802.11a 和 802.11b),HomeRF 标准和 Bluetooth。802.11b 标准的最高数据传输速率能达到 11Mbps,规定采用 2.4GHz 频带,这个标准目前在北美非常流行;另外一种高速无线标准 802.11a,其数据传输速率为 54Mbps,规定采用 2.4GHz 频带,比当前的 802.11b 技术快近 5 倍。

现在,没有人能够解决无线互联标准不统一的问题,主要是因为行业发展太快而标准跟不上,造成标准“百花齐放”。表 6.1 所示的是对这几种标准做的一个比较。

**表 6.1　几种标准的比较**

| | 802.11b | HomeRF | Bluetooth |
|---|---|---|---|
| 传输速度 | 11Mbps | 1,2,10Mbps | 30～400Kbps |
| 应用范围 | 办公区和校园局域网 | 家庭办公室,私人住宅和庭院的网络 | |
| 终端类型 | 笔记本电脑,桌面 PC,掌上电脑和因特网网关 | 笔记本电脑,桌面 PC,modem,电话,移动设备和因特网网关 | 笔记本电脑,蜂窝式电话,掌上电脑,寻呼机和轿车 |
| 接入方式 | 接入方式多样化 | 点对点或每节点多种设备的接入 | |
| 覆盖范围 | 15.240～91.440m | 45.720m | 9.144m |
| 传输协议 | 直接顺次发射频谱 | 跳频发射频谱 | 窄带发射频谱 |

### 6.6.3 无线局域网的组成及工作原理

无线局域网也类似有线局域网，设备相应的有无线网卡、无线接入点(AP)、无线网桥(Bridge)、无线网关(Gate-way)和无线路由器等。下面仅介绍无线网卡和无线接入点的组成原理。

**1. 无线网卡**

无线网卡是在无线局域网的覆盖下，通过无线连接网络上网所使用的无线终端设备。无线网卡一般由网络接口控制器(NIC)、扩频调制及解扩解调单元及微波收发信机单元等三部分组成，如图6.10所示。其中：NIC为网络接口控制单元；BBP是基带处理单元；IF是中频调制解调器；RF是射频单元。

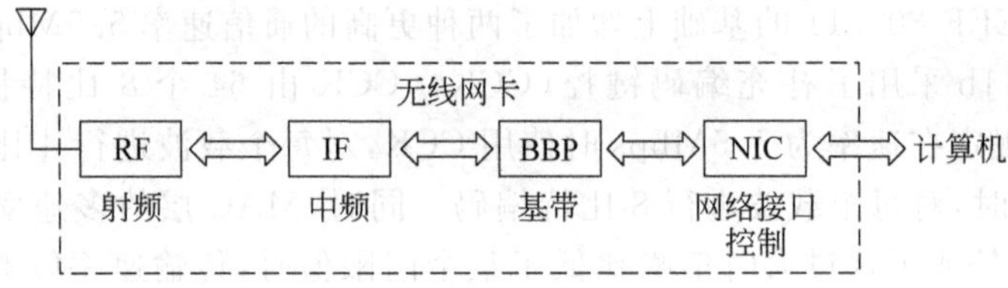


图6.10 无线局域网网卡的组成

NIC可以实现IEEE 802.11的协议规范的MAC层功能，主要负责接入控制，在移动主机有数据要发送时，NIC负责接收主机发送的数据，并按照一定的格式封装成帧，然后根据多址接入协议(在WLAN中为IEEE 802.11协议)把数据帧发送到信道中去。当接收数据时，NIC根据接收帧中的目的地址，判别是否是发往本机的数据，如果是则接收该帧信息，并进行CRC校验。为了实现上述功能，NIC还需要完成发送和接收缓存的管理，通过计算机总线进行DMA操作和I/O操作，与计算机交换数据。

后面3个单元组成一个通信机，用来实现物理层功能，并与NIC进行必要的信息交换。由于宽带无线IP网络中的通信业务具有宽带、突发的特点，因此对通信机提出了更高的要求。BBP在发送数据时对数据进行调制，IF处理器把基带数据调制到中频载波上去，再由RF单元进行上变频，把中频信号变换到射频上发射。在接收数据时，先由RF单元把射频信号变换到中频上，然后由IF进行中频处理，得到基带接收信号。BBP对基带信号进行解调处理，恢复位定时信息，把最后获得的数据交给NIC处理。

事实上，在物理实现上可以将不同的功能单元组合到一起。例如，NIC与BBP处理器都工作在基带，可以将两者集成到一起；IF可以全数字化，它与BBP结合在一起可以更方便地实现一些功能。

无线网卡的软件主要包括基于MAC控制芯片的固件和主机操作系统下的驱动程序。固件是网卡上最基本的控制系统，主要基于MAC芯片来实现对整个网卡的控制和管理。在固件中完成了最底层、最复杂的传输/发送模块功能，并向下提供与物理层的接口，向上提供一个程序开发接口，为程序开发人员开发附加的移动主机应用功能提供支持。

**2. 无线接入点(AP)**

无线接入点作为移动终端与有线网络通信的接入点，其主要任务是协调多个移动终端对无线信道的访问，所以其功能主要对应于 OSI 模型中的 MAC 层。和有线以太网中的 Hub 类似，可以实现无线网络的帧格式(IEEE 802.11 帧)与有线网络的帧格式(IEEE 802.3 帧)之间的转换；负责本 CELL 内的管理，包括终端的登录、认证、散步和漫游的管理；具有简单网管功能；做到“操作透明性”和“性能透明性”。

从逻辑上讲，AP 由无线收发部分、有线收发部分、管理与软件部分及天线组成，如图 6.11 所示。

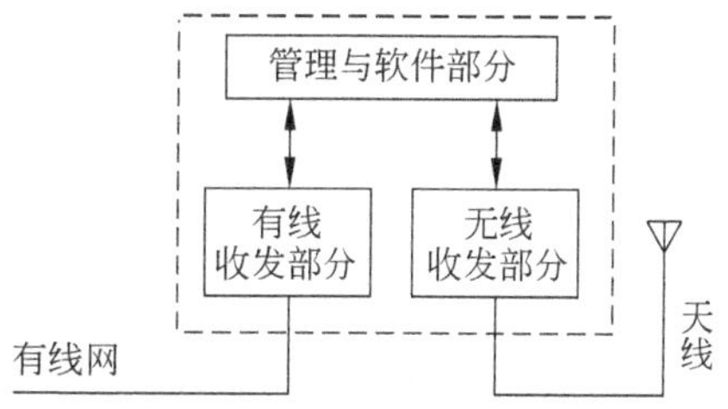


**图 6.11　AP 组成图**

AP 上有两个端口，一个是无线端口，所连接的是无线小区中的移动终端；另一个是有线端口，连接的是有线网络。在 AP 的无线端口，接收无线信道上的帧，经过格式转换后成为有线网格式的帧结构，再转发到有线网络上；同样，AP 把从有线端口上接收到的帧，转换成无线信道上的帧格式转发到无线端口上。AP 在对帧处理过程中，可以相应地完成对帧的过滤及加密工作，从而可以保证无线信道上数据的安全性。

**3. 无线网络的组建**

无线局域网可以简单也可以复杂，最简单的网络可以只要两个装有无线适配卡(Wireless Adapter Card)的 PC，放在有效距离内，这就是所谓的对等(Peer-to-Peer)网络，这类简单网络无须经过特殊组合或专人管理，任何两个移动式 PC 之间不需中央服务器(Central Server)就可以相互对通，如图 6.12 所示。

无线网络访问点(Access Point，AP)可增大 Ad-Hoc 网络移动室 PC 之间的有效距离到原来的两倍。因为访问点是连接在有线网络上，每一个移动式 PC 都可经服务器与其他移动式 PC 实现网络的互联互通，每个访问点可容纳许多 PC，视其数据的传输实际要求而定，一个访问点容量可达 15～63 个 PC。通过无线网络接入点连接如图 6.13 所示。

**图 6.12　对等方式无线网络**

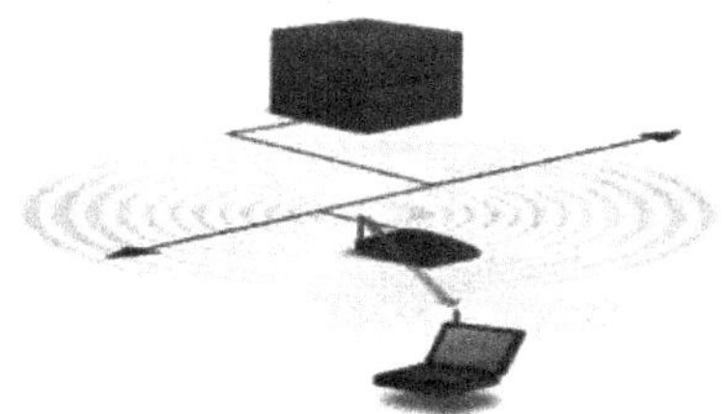

**图 6.13　通过无线网络接入点连接**

无线网络交换机和 PC 之间有一定的有效距离，在室内约为 150m，户外约为 300m。在大的场所，如在仓库中或在学校中，可能需要多个访问点，网桥的位置需要事先考察决定，使有效范围覆盖全场并互相重叠，使每个用户都不会和网络失去联络。用户可以在一群访问点覆盖的范围内漫游(Roam)。访问点把用户在不知不觉中从一个访问点的覆盖范围转移到另一个访问点的覆盖范围，确保通信不会中断。

为了解决覆盖问题，在设计网络时可用接力器(Extension Point，EP)来增大网络的转接范围，接力器看起来和功能上都像是访问点，但接力器并不接在有线网络上。接力器望文生义，其作用就是把信号从一个AP传递到另一个AP或EP来延伸无线网络的覆盖范围。EP可串在一起，将信号从一个AP传递到遥远的地方。

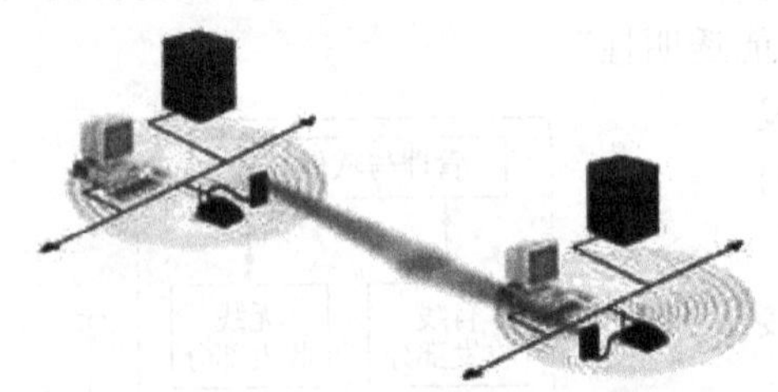

图6.14 通过定向天线构建无线网桥

若要将在第一栋楼内无线网络的范围扩展到一公里甚至数公里以外的第二栋楼，其中的一个方法是在每栋楼上安装一个定向天线，天线的方向互相对准，第一栋楼的天线经过网桥连到有线网络上，第二栋楼的天线是接在第二栋楼的网桥上，如此无线网络就可接通相距较远的两个或多个建筑物。通过定向天线构建无线网桥，如图6.14所示。

## 6.7 无线城域网

### 6.7.1 IEEE 802.16x标准和机制

**1. IEEE 802.16标准的进展**

IEEE 802.16是为制定无线城域网(Wireless MAN)标准成立的工作组，自1999年成立后，主要负责开发2～66GHz频带的无线接入系统空中接口物理层和媒体接入控制层规范。2001年，由业界主要的无线宽带接入厂商和芯片制造商成立了非营利工业贸易联盟组织WiMAX(Worldwide in teroperability for Microwave Access，全球微波接入互操作性)。该联盟对基于IEEE 802.16标准和ETSI HiperMAN标准的宽带无线接入产品进行兼容性和互操作性的测试和认证，发放WiMAX认证标志，借此推动无线宽带接入技术的发展。IEEE 802.16工作组于2001年12月通过最早的IEEE 802.16标准，2003年4月，发布了修正和扩展后的IEEE 802.16a。该标准工作频段为2～11GHz，在MAC层提供了QoS保证机制，支持语音和视频等实时性业务。2004年7月，通过了IEEE 802.16d，对2～66GHz频段的空中接口物理层和MAC层做了详细的规定。该协议是相对成熟的版本，业界各大厂商基于该标准开发产品。2005年10月，IEEE正式批准IEEE 802.16e标准，该标准在2～6GHz频段上支持移动宽带接入，实现了移动中提供高速数据业务的宽带无线接入解决方案。

**2. IEEE 802.16协议体系结构**

IEEE 802.16协议规定了MAC层和PHY层的规范。MAC层独立于PHY层，并且支持多种不同的PHY层。

IEEE 802.16的MAC层采用分层结构，分为3个子层：特定业务汇聚子层(CS)负责将业务接入点(SAP)收到的外部网络数据转换和映射到MAC业务数据单元(SDU)，并传递到MAC层业务接入点；公共部分子层(CPS)是MAC的核心部分，主要功能包括系统接入、带宽分配、连接建立和连接维护等，将CS层的数据分类到特定的MAC连接，同时对物理层上传输和调度的数据实施QoS控制；加密子层主要功能是提供认证、密钥交换和加解密处理。

IEEE 802.16的MAC层支持两种网络拓扑方式，802.16主要针对点对多点(PMP)结构的宽带无线接入应用而设计。为了适应2～11GHz频段的物理环境和不同业务需求，802.16a增强了MAC层的功能，提出了网状(Mesh)结构，用户站(SS)之间可以构成小规模多跳无线连接。IEEE 802.16 MAC层是基于连接的，用户站进入网络后会与基站(BS)建立传输连接。SS在上行信道上进行资源请求，由BS根据链路质量和服务协议进行上行链路资源分配管理。

**3. 物理层**

IEEE 802.16支持时分双工(TDD)和频分双工(FDD)。两种模式下都采用突发(Burst)格式发送。上行信道基于时分多用户接入(TDMA)和按需分配多用户接入(DMDA)相结合的方式。上行信道被划分为多个时隙，初始化、竞争、维护、业务传输等都通过占用一定数量的时隙来完成，由BS的MAC层统一控制，并根据系统情况动态改变。下行信道采用时分复用(TDM)方式，BS将资源分配信息写入上行链路映射(UL-MAP)广播给SS。

IEEE 802.16没有具体规定载波带宽，系统可采用1.25～20MHz之间的带宽。IEEE 802.16建议了几个系列：1.25MHz系列包括1.25、2.5、5、10、20MHz等，1.75系列包括1.75、3.5、7、14MHz等。对于10～66GHz，还可以采用28MHz载波带宽，提供更高接入速率。

IEEE 802.16中规定了两种调制方式：单载波和正交频分复用OFDM。IEEE 802.16规定在10～66GHz频段采用单载波调制方式。在2～11GHz频段，存在多径衰落，采用OFDM技术。OFDM的物理层采用256个子载波，每个子载波采用BPSK、QPSK、16QAM或64QAM调制。

**4. MAC层的QoS机制**

IEEE 802.16 MAC层实现QoS的核心原理是将MAC层传输的数据包与业务流对应起来以使该连接获得QoS支持。业务流由连接标识符(CID)标识，CID中包含了业务类型和其他QoS参数。

(1) 业务流管理

业务流提供了上下行QoS管理的机制，系统上下行带宽在不同业务流之间分配。业务流标识(SFID)用来标识网络中每个已经创建(DSA)的务流。业务流有3个QoS参数集：指派QoS参数集(Provisioned QoS ParamSet)、已接纳QoS参数集(Admitted QoS ParamSet)和激活QoS参数集(Active QoS ParamSet)。指派QoS参数集是对业务流静态或动态配置时指派的。已接纳QoS参数集是BS认为能够满足该业务流资源要求的参数集，BS将按照已接纳QoS参数集为其预留资源。激活QoS参数集是通过注册或动态业务流管理过程被激活的参数集。BS为激活的业务流提供其实际需要同时又不大于已接纳QoS参数集的资源。同一条服务流的3个QoS参数集满足如下关系：激活QoS参数集为已接纳参数集的子集,已接纳 QoS 参数集为指派参数集的子集。业务流被激活或接纳时获得一个 CID,可以通过 MAC 管理消息动态创建、改变或删除。

(2) 分类器

分类器是对进入系统的数据单元进行分类的匹配标准。ATM 信元匹配标准为虚通路识别器(VPI)和虚通道识别器(VCI),分组匹配标准为 IP 地址。分类器与 CID 相关联。当上层数据单元通过 MAC 接口到来时,通过分类器映射到各个激活的业务流上。

(3) 调度业务类型

IEEE 802.16 定义了 4 种调度业务类型,并对每种业务类型的带宽请求方式进行了规定(优先级从高到低)。

① 主动授权业务(UGS)。传输固定速率实时数据业务,如 T1/E1 和 VoIP 等。BS 将基于服务流的最大持续速率周期性的提供固定带宽授予,不允许使用任何单播轮询或竞争请求机会,同时禁止捎带请求。

② 实时轮询业务(rtPS)。支持可变速率实时业务,如 MPEG。BS 提供周期性单播查询请求机会,禁止使用其他竞争请求机会和捎带请求。

③ 非实时轮询业务(nrtPS)。支持周期变长分组的非实时数据流,有最小带宽要求的业务如 ATM、Internet 接入。BS 提供比 rtPS 更长周期或不定期的单播请求机会,可使用竞争请求,可以被设置优先级。

④ 尽力而为(BE)业务。支持非实时无任何速率和时延抖动要求的分组数据业务,如短信、E-mail。允许使用任何类型的请求机会和捎带请求。

(4) 带宽分配与调度策略

IEEE 802.16 协议中对带宽分配与调度策略并未作出规定,而是把接入控制、资源预留、流量控制、分组调度算法等一系列的问题留待开发者来解决。SS 接入系统时,BS 必须监测出该业务是否会对已有的传输业务产生影响,以及进行资源分配,BS 需要为高优先权业务预留足够的资源。MAC 层将业务按不同类型分类后进行排队,对不同的队列调用不同的分组调度算法,同时还涉及内存管理、流量监控等算法,满足不同业务的 QoS 需求。这些算法在有线网络中已经有比较成熟的研究。如何将它们与无线信道的多变、时延、干扰、多径衰落等特性以及 IEEE 802.16 的 MAC 层特点结合起来,提出新的算法,是未来研究的重点。

## 6.7.2 WiMAX 网络构建

### 1. WiMAX 的概念及其特点

随着通信网的进一步发展,WiMAX 作为一种面向"最后一公里"接入的标准,尤其在目前全球缺乏统一宽带无线接入标准之际,有重要现实意义与战略价值。该标准大体可以分为两种,一种是 IEEE 802.16d 标准,支持固定宽带无线接入系统空中接口;另外一种就是目前正在制定中的 IEEE 802.16e,支持固定和移动性的宽带无线接入系统空中接口标准。

全球微波接入互操作性是一项基于 IEEE 802.16 标准的宽带无线接入城域网(BWA-MAN)技术,也可以称为 IEEE Wireless MAN。该技术是针对微波和毫米波频段提出的一种新的空中接口标准,其主要目标是提供一种在城域网一点对多点的多厂商环境下,可有效地互操作的宽带无线接入手段。WiMAX具有如下特点。

(1) 传输距离远:无线信号传输距离最远可达50km,并能覆盖半径达1.6km的范围,是3G基站的10倍。

(2) 传输速率高:可实现高达74.81Mbps的传输速度。

(3) 容量高:WiMAX的一个基站可以同时接入数百个远端用户站。

(4) 灵活的信道宽度:WiMAX能在信道宽度和连接用户数量之间取得平衡,其信道宽度由1.5MHz到20MHz不等。

(5) QoS性能:可向用户提供具有QoS性能的数据、视频、话音业务。

(6) 丰富的多媒体通信服务:能够实现电信级的多媒体通信服务。

(7) 保密性:支持安全传输,并提供鉴权与数字加密等功能。

由于上述特点及其建网快、见效早的优点,WiMAX具有重要的现实意义与战略价值。

**2. WiMAX网络体系结构**

(1) 网络体系架构

WiMAX网络体系如图6.15所示,包括核心网、用户基站(SS)、基站(BS)、接力站(RS)、用户终端设备(TE)和网管。

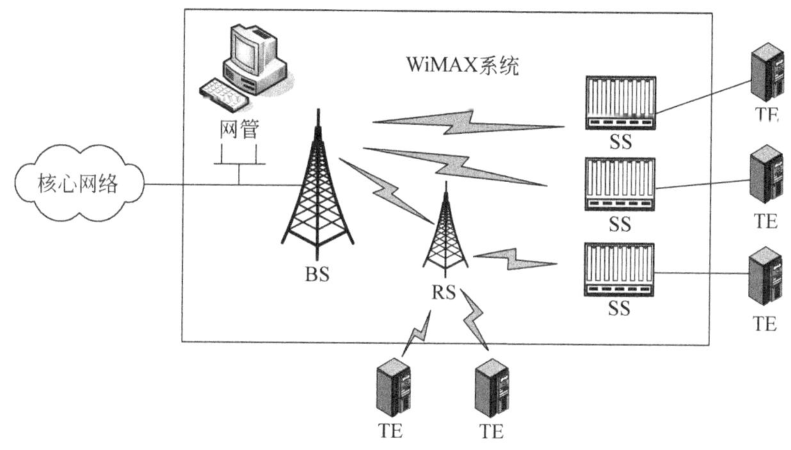


**图6.15 WiMAX网络体系**

① 核心网络:WiMAX连接的核心网络通常为传统交换网或因特网。WiMAX提供核心网络与基站间的连接接口,但WiMAX系统并不包括核心网络。

② 基站:基站提供用户基站与核心网络间的连接,通常采用扇形/定向天线或全向天线,可提供灵活的子信道部署与配置功能,并根据用户群体状况不断升级扩展网络。

③ 用户基站:属于基站的一种,提供基站与用户终端设备间的中继连接,通常采用固定天线,并被安装在屋顶上。基站与用户基站间采用动态适应性信号调制模式。

④ 接力站:在点到多点体系结构中,接力站通常用于提高基站的覆盖能力,也就是说充当一个基站和若干个用户基站(或用户终端设备)间信息的中继站。接力站面向用户

侧的下行频率可以与其面向激战的上行频率相同，当然也可以采用不同的频率。

⑤ 用户终端设备：WiMAX系统定义用户终端设备与用户基站间的连接接口，提供用户终端设备的接入。但用户终端设备本身并不属于WiMAX系统。

⑥ 网管系统：用于监视和控制网内所有的基站和用户基站，提供查询、状态监控、软件下载、系统参数配置等功能。

(2) 端到端的参考模型

WiMAX网络的参考模型分为非漫游模式和漫游模式，分别如图6.16和图6.17所示。其功能逻辑组，包括移动用户台(MSS)、接入网络(ASN)、连接服务网络(CSN)和应用服务提供商(ASP)网络。与图6.16相比，图6.17主要增加了CSN之间的R5参考点。另外，WiMAX NWG规范不定义CSN和ASP之间的接口。

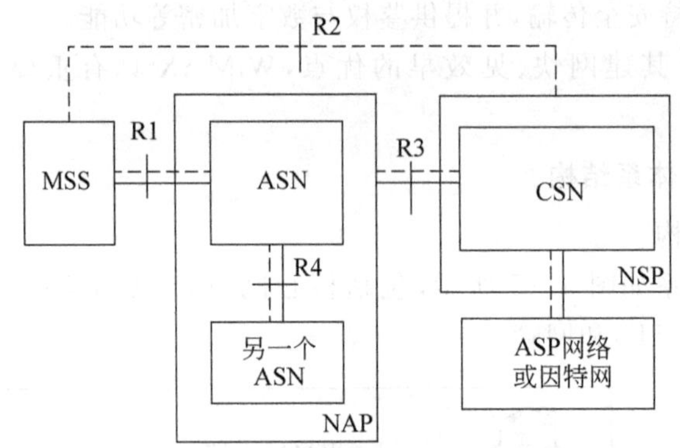


图6.16 非漫游模式端到端参考模型

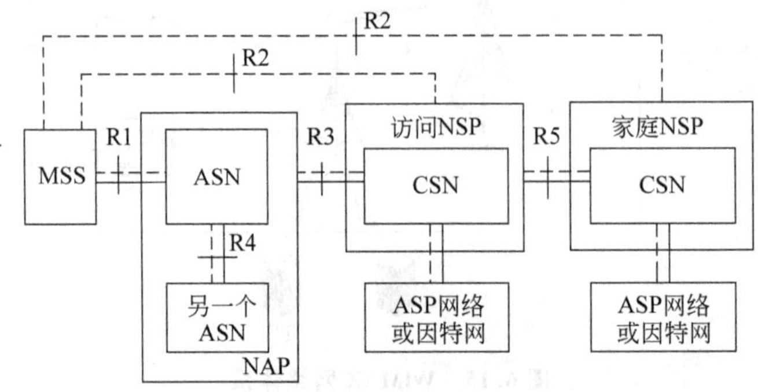


图6.17 漫游模式端到端参考模型

其中，ASN是一套网络功能的集合，为WiMAX用户提供无线接入。一个ASN由基站(BS)和接入网关(ASN-GW)组成。一个ASN可以被一个或者多个CSN共享。

CSN被定义为一套网络功能的组合，为WiMAX用户提供IP连接。CSN可以由路由器、AAA代理/服务器、用户数据库、Internet网关设备等组成。CSN既可以作为全新的WiMAX系统的一个新建网元，也可以利用部分现有的网络设备实现其功能。

NAP是一种运营实体，为一个或者多个WiMAX网络业务提供者(NSPs)提供WiMAX无线接入设备。一个NAP可以拥有一个或者多个ASN。

NSP 是一种运营实体，为用户提供 IP 连接和 WiMAX 业务，这些服务满足事先与用户建立的服务协定。为了提供这些服务，一个 NSP 需要与一个或者多个 NAP 签约，以使用接入网设备。NSP 的设备都在一个 CSN 内。一个 NSP 可以与其他的 NSP 建立漫游协定，也可以与第三方业务提供者签订协约，为用户提供 WiMAX 服务。从 WiMAX 用户的角度来看，NSP 可以分成归属 NSP(H-NSP)和拜访 NSP(V-NSP)。

ASP 主要的功能是提供增值业务以及 3 层之上的业务，例如 IMS、企业应用等，并管理 IP 层之上的应用。

(3) 网络实体

① 接入网络。接入网络(ASN)由 BS 和接入网关(ASN GW)组成，如图 6.18 所示，可以连接到多个 CSN，为不同 NSP 的 CSN 提供无线接入服务。其中，BS 用于处理 IEEE 802.16 空中接口，包括 BS 和 SS 两种；ASN GW 主要处理到 CSN 的接口功能和 ASN 的管理。ASN 管理 IEEE 802.16 空中接口，为 WiMAX 用户提供无线接入，主要功能有：发现网络；在 BS 和 MSS 之间建立两层连接，协助高层与 MSS 建立 3 层连接；ASN 内寻呼和移动性管理；ASN 和 CSN 之间隧道建立和管理；无线资源管理；存储临时用户信息列表。

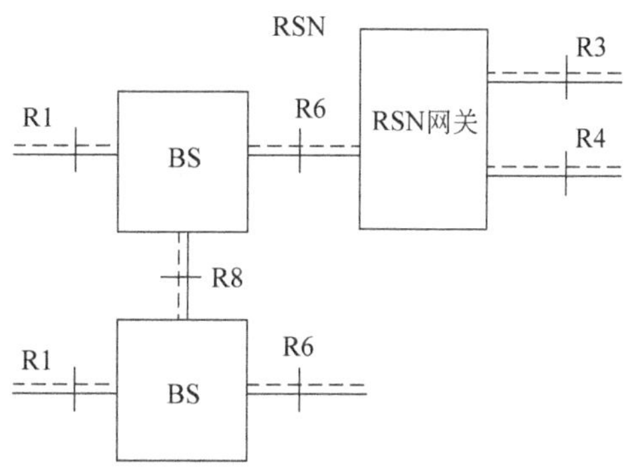


图 6.18 ASN 参考模型

② 连接服务网络。连接服务器网络(CSN)可以由路由器、AAA 代理或服务器、用户数据库、因特网网关设备等组成，CSN 可作为全新的 WiMAX 系统的一个新建网络实体，也可利用部分现有的网络设备实现 CSN 功能。CSN 为 WiMAX 用户提供 IP 连接，主要功能有：因特网接入，为用户会话连接，给终端分配 IP 地址；AAA 代理或者服务器，用户计费以及结算；基于用户系统参数的 QoS 及许可控制；ASN 之间的移动性管理，ASN 和 CSN 之间的隧道建立和管理；WiMAX 服务，如基于位置的服务、组播服务等。

(4) 网络接口

WiMAX 网络开放接口如图 6.19 所示。接口 R1 至 R5 为网络工作组初步确定了在 Release 1 规范中定义的开放接口，接口 R6 至 R8 为后续版本中考虑开放的接口。各个接口的定义和功能如图 6.20 所示。

① R1：MSS 与 ASN 之间的接口，可能包含管理平面的功能。

② R2：MSS 与 CSN 之间的逻辑接口，提供鉴权、业务授权和 IP 主机配置等服务。此外，可能还包含管理和承载平面的移动性管理。

③ R3：ASN 和 CSN 之间互操作的接口，包括一系列控制和承载平面的协议。

④ R4：用于处理 ASN GW 间移动性相关的一系列控制和承载平面协议。

⑤ R5：拜访 CSN 与归属 CSN 之间互操作的一系列控制和承载平面协议。

⑥ R6：BS 和 ASN GW 间的互操作接口，属于 ASN 内的接口，由一系列控制和承载平面协议构成。

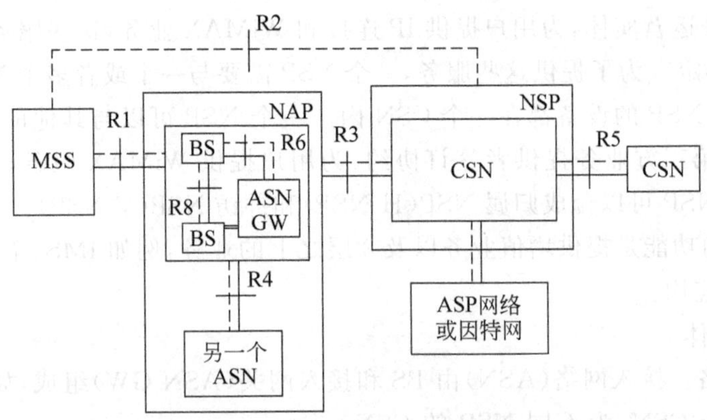


**图 6.19 WiMAX 网络开放接口**

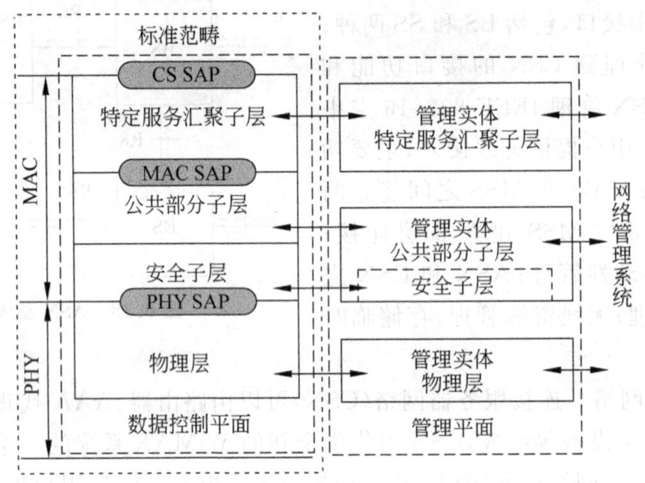


**图 6.20 IEEE 802.16 空中接口协议栈模型**

⑦ R7：该接口属于 ASN GW 内部接口，图 6.19 中没有标注，具体定义还在讨论之中。

⑧ R8：BS 之间的接口，用于快速无缝切换功能，由一系列控制和承载平面协议组成。

(5) 协议栈参考模型

IEEE 802.16 标准描述了一个点到多点的固定宽带无线接入系统的空中接口。空中接口由物理层和 MAC 层组成。IEEE 802.16 MAC 层能支持多种物理层规范，以适合各种应用环境。

物理层由传输汇聚子层(TCL)和物理媒质依赖子层(PMD)组成，通常说的物理层主要是指 PMD。物理层定义了两种双工方式：时分双工(TDD)和频分双工(FDD)，这两种方式都使用突发数据传输格式，这种传输机制支持自适应的突发业务数据，传输参数(调制方式、编码方式、发射功率等)可以动态调整，但是需要 MAC 层协助完成。

MAC 层分成 3 个子层：特定服务汇聚子层(Service Specific Convergence Sublayer, CS)、公共部分子层(Common Part Sublayer, CPS)、安全子层(Privacy Sublayer, PS)。

① CS 子层主要功能是负责将其业务接入点(SAP)收到的外部网络数据转换和映射到 MAC 业务数据单元(SDU)，并传递到 MAC 层的 SAP。协议提供多个 CS 规范作为与

外部各种协议的接口。

② CPS是MAC的核心部分，主要功能包括系统接入、带宽分配、连接建立和连接维护等。它通过MAC SAP接收来自各种CS层的数据并分类到特定的MAC连接，同时对物理层上传输和调度的数据实施QoS控制。

③ 安全子层的主要功能是提供认证、密钥交换和加解密处理。

**3. WiMAX的应用模式**

从技术特点分析，WiMAX不适合单独组网进行运营，从目前运营商的情况来看，WiMAX的应用模式主要有以下场景。

(1) 固网宽带业务的接入

WiMAX固定应用模式采用符合IEEE 802.16d标准的设备，工作频段根据标准规定和国家的频率划分可以为3.5GHz频段，载波带宽为3.5MHz。由于技术的限制，网络不支持小区间的用户数据的切换。终端设备的形式为固定安装在室内的或可携带的调制解调器形式。在WiMAX固定应用模式中，WiMAX网络主要作为IP/E1的承载。在光纤或其他有线资源到位后，网络设备可以移到其他地方布网。WiMAX的固定应用模式主要包括两个方面，如图6.21所示。

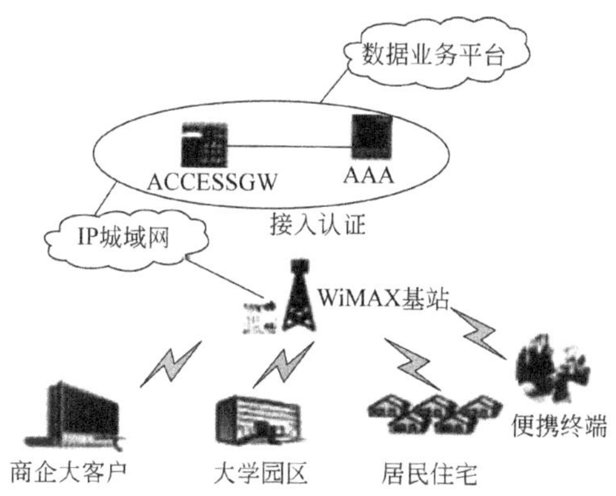


**图6.21 WiMAX作为固网宽带业务的接入**

① 家庭宽带接入市场。作为xDSL方式的互补。由于WiMAX设备成本呈现逐渐下滑的趋势，且用户峰值接入速率较高、安装方便，同时具有一定的便携能力，因此运营商可利用WiMAX技术，在客户端采用室内型CPE，快速进入个人宽带接入市场，提供宽带数据业务。

② 商企等大客户接入市场。大客户接入主要实现基于IP和电路业务的综合接入。运营商可利用WiMAX作为数字分组网(DDN)、帧中继(FR)网络等有线接入平台的补充，在客户端采用室内型或室外型CPE。而新兴运营商或移动运营商可利用宽带无线设备迅速开展业务，抓住重要客户，弥补其固网资源的不足。

(2) NGN网络的接入

WiMAX可用作NGN网络的接入，如图6.22所示。利用IP语音业务可实时带宽分配、占用空中无线资源少的特点进行语音业务的接入。对于新兴运营商，可利用WiMAX设备取代光缆和铜缆，在客户端配合IAD、综合AG等设备快速布局，打破传统固网运营商对语音业务的垄断。

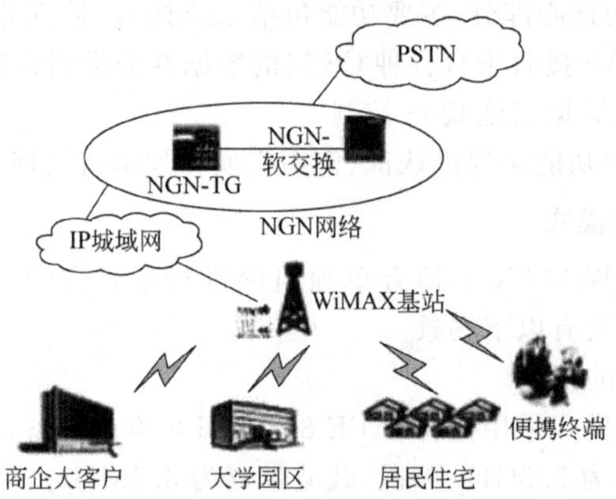


图 6.22 WiMAX 作为 NGN 网络的接入

(3) 数据业务的接入补充

目前,移动宽带数据业务主要指移动增值数据业务,包括移动互联网、消息类、游戏、企业应用、视频等多种业务。随着短信和移动游戏类业务的增长,用户对移动宽带数据类业务提出了更高的数据传输带宽需求。WiMAX 可以作为数据接入业务的一个有力的补充手段。

(4) 移动网络基站传输

WiMAX 移动应用模式如图 6.23 所示,其采用符合 IEEE 802.16e 标准的设备,根据标准其工作频段应在 6GHz 以下。WiMAX 移动应用模式是面向个人用户的,提供支持切换和 QoS 机制的无线数据接入业务。其网络架构同 WLAN、3G 无线接入网络相似,可以通过蜂窝组网方式覆盖较大区域。在这种应用模式下,可以将 WiMAX 看作一种无线城域网、多点基站互联和回运的支持手段;同时,由于 WiMAX 的非视距特性,能够在城市中提供很好的应用,配合运营商实现快速建网的目的,如针对我国城域网建设的实际情况,可建立采用 WiMAX 接入技术的宽带 SDH 城域网。

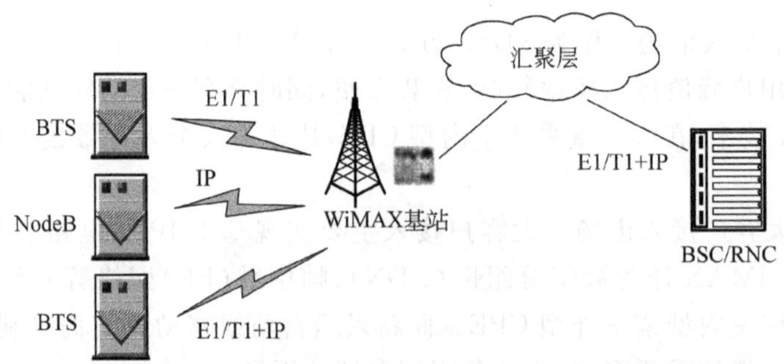


图 6.23 WiMAX 作为移动网络基站传输

(5) WiMAX 与 3G 融合组网方案

WiMAX 网络和移动蜂窝网组网的网络架构,如图 6.24 所示。

依据与移动蜂窝系统结合的紧密程度,移动蜂窝网络和 WiMAX 网络组网方案可以

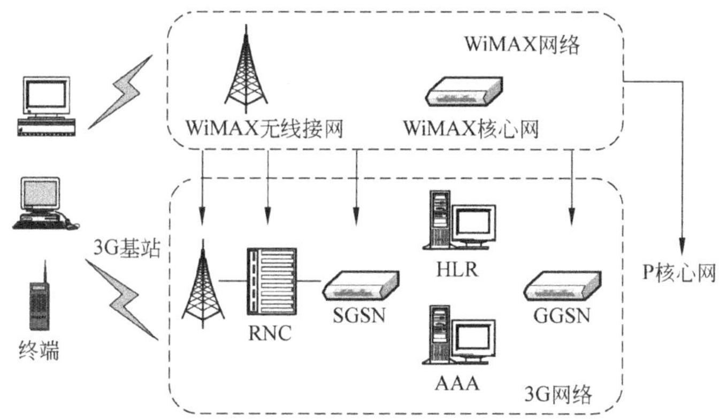


AAA—签权、认证、计费；GGSN—网关GPRS支持节点；HLR—归属位置寄存器；
RNC—无线网络控制器；SGSN—服务GPRS支持节点

图 6.24 WiMAX 与 3G 融合组网

分成松耦合和紧耦合两大类。考虑耦合程度从浅到深，移动蜂窝网络和 WiMAX 网络可以有 6 个工作模式。

① 统一计费和用户管理模式。

② 给予蜂窝移动网络的 WiMAX 网络认证和计费模式。

③ WiMAX 网络接入移动蜂窝网络的标准分组域业务模式。

④ 业务一致性和连续性的模式。

⑤ 无缝的分组域业务切换模式。

⑥ WiMAX 接入到移动蜂窝标准电路域模式。

前两种模式属于松耦合，后 4 种模式属于紧耦合。在模式①中，在两个系统间外挂一个附加的网络，AAA 在附加网络中实现，完成鉴权和计费功能；在模式②中，WiMAX 作为移动蜂窝网络互补网络，其认证和计费需要用移动蜂窝网络的归属位置寄存器（HLR）和 AAA 等，WiMAX 流量出口直接连接到城域网；在模式③中，WiMAX 认证和计费方式与模式②类似，其业务流量出口将由移动蜂窝网络的分组域网关负责；在模式④中，WiMAX 网络可以直接访问移动蜂窝网络所有业务；在模式⑤中，WiMAX 网络切换要受蜂窝移动网络的控制，其 VoIP 语音业务可以切换到移动蜂窝网络中；在模式⑥中，WiMAX 网络无线资源和移动蜂窝网络中无线资源将被统一调度。

WiMAX 组网可以先考虑采用模式①，再通过移动蜂窝网络升级，逐步演进到模式④和⑤，模式⑥是终极发展目标。WiMAX 终端认证计费功能都在移动蜂窝系统中相应的设备中实现。在松耦合场景下，WiMAX 移动性管理由 WiMAX 专有设备实现，而在紧耦合场景下，移动蜂窝中的设备也要参与 WiMAX 终端的移动性管理。

## 6.8 物联网无线通信网关综合应用实践

### 6.8.1 实践一：基于 ZigBee 的烟雾传感器应用

在 UP-CUP IOT-6410-Ⅱ 实验平台上，利用 ZigBee 模块上 CC2430 的 I/O 中断，基于

IAR 开发环境设计程序来监测烟雾传感器的状态。

**1. CC2430 芯片的主要特点**

CC2430 芯片沿用了以往 CC2420 芯片的架构，在单个芯片上整合了 ZigBee 射频(RF)前端、内存和微控制器。它使用 1 个 8 位 MCU(8051)，具有 128KB 可编程闪存和 8KB 的 RAM，还包含模拟数字转换器(ADC)、几个定时器(Timer)、AES128 协同处理器、看门狗定时器(Watchdog timer)、32kHz 晶振的休眠模式定时器、上电复位电路(Power On Reset)、掉电检测电路(Brown out detection)，以及 21 个可编程 I/O 引脚。CC2430 芯片采用 0.18μmCMOS 工艺生产，工作时的电流损耗为 27mA；在接收和发射模式下，电流损耗分别低于 27mA 或 25mA。CC2430 的休眠模式和转换到主动模式的超短时间的特性，特别适合那些要求电池寿命非常长的应用。

(1) 高性能和低功耗的 8051 微控制器核。

(2) 集成符合 IEEE 802.15.4 标准的 2.4GHz 的 RF 无线电收发机。

(3) 优良的无线接收灵敏度和强大的抗干扰性。

(4) 在休眠模式时仅 0.9μA 的流耗，外部的中断或 RTC 能唤醒系统；在待机模式时少于 0.6μA 的流耗，外部的中断能唤醒系统。

(5) 硬件支持 CSMA/CA 功能。

(6) 较宽的电压范围(2.0～3.6V)。

(7) 数字化的 RSSI/LQI 支持和强大的 DMA 功能。

(8) 具有电池监测和温度感测功能。

(9) 集成了 14 位模数转换的 ADC。

(10) 集成 AES 安全协处理器。

(11) 带有 2 个强大的支持几组协议的 USART，以及 1 个符合 IEEE 802.15.4 规范的 MAC 计时器，1 个常规的 16 位计时器和 2 个 8 位计时器。

(12) 强大和灵活的开发工具。

**2. CC2430 芯片的引脚功能**

CC2430 芯片采用 7mm×7mm QLP 封装，共有 48 个引脚。全部引脚可分为 I/O 端口线引脚、电源线引脚和控制线引脚 3 类。CC2430 有 21 个可编程的 I/O 口引脚，P0、P1 口是完全的 8 位口，P2 口只有 5 个可使用的位。通过软件设定一组 SFR 寄存器的位和字节，可使这些引脚作为通常的 I/O 口或作为连接 ADC、计时器或 USART 部件的外围设备 I/O 口使用。

I/O 口有下面的关键特性。

(1) 可设置为通常的 I/O 口，也可设置为外围 I/O 口使用。

(2) 在输入时有上拉和下拉能力。

(3) 全部 21 个数字 I/O 口引脚都具有响应外部的中断能力。如果需要外部设备，可对 I/O 口引脚产生中断，同时外部的中断事件也能被用来唤醒休眠模式。

CC2430 芯片的引脚功能如下。

1～6 脚(P1_2～P1_7)：具有 4mA 输出驱动能力。8、9 脚(P1_0，P1_1)：具有 20mA 的驱动能力。43、44、45、46、48 脚(P2_4、P2_3、P2_2、P2_1、P2_0)：具有 4mA 输出驱动能力。

电源线引脚功能如下。

7 脚($DV_{DD}$)：为 I/O 提供 2.0～3.6V 工作电压。

20 脚($AV_{DD}$_SOC)：为模拟电路连接 2.0～3.6V 的电压。

23 脚($AV_{DD}$_RREG)：为模拟电路连接 2.0～3.6V 的电压。

24 脚(RREG_OUT)：为 25,27～31,35～40 引脚端口提供 1.8V 的稳定电压。

25 脚 ($AV_{DD}$_IF1 )：为接收器波段滤波器、模拟测试模块和 VGA 的第一部分电路提供 1.8V 电压。

27 脚($AV_{DD}$_CHP)：为环状滤波器的第一部分电路和充电泵提供 1.8V 电压。

28 脚(VCO_GUARD)：VCO 屏蔽电路的报警连接端口。

29 脚($AV_{DD}$_VCO)：为 VCO 和 PLL 环滤波器最后部分电路提供 1.8V 电压。

30 脚($AV_{DD}$_PRE)：为预定标器、DIV2 和 LO 缓冲器提供 1.8V 的电压。

31 脚($AV_{DD}$_RF1)：为 LNA、前置偏置电路和 PA 提供 1.8V 的电压。

33 脚(TXRX_SWITCH)：为 PA 提供调整电压。

35 脚($AV_{DD}$_SW)：为 LNA/PA 交换电路提供 1.8V 电压。

36 脚($AV_{DD}$_RF2)：为接收和发射混频器提供 1.8V 电压。

37 脚($AV_{DD}$_IF2)：为低通滤波器和 VGA 的最后部分电路提供 1.8V 电压。

38 脚($AV_{DD}$_ADC)：为 ADC 和 DAC 的模拟电路部分提供 1.8V 电压。

39 脚($DV_{DD}$_ADC)：为 ADC 的数字电路部分提供 1.8V 电压。

40 脚($AV_{DD}$_DGUARD)：为隔离数字噪声电路连接电压。

41 脚($AV_{DD}$_DREG)：向电压调节器核心提供 2.0～3.6V 电压。

42 脚(DCOUPL)：提供 1.8V 的去耦电压,此电压不为外电路所使用。

47 脚($DV_{DD}$)：为 I/O 端口提供 2.0～3.6V 的电压。

控制线引脚功能如下。

10 脚(RESET_N)：复位引脚,低电平有效。

19 脚(XOSC_Q2)：32MHz 的晶振引脚 2。

21 脚(XOSC_Q1)：32MHz 的晶振引脚 1 或外部时钟输入引脚。

22 脚(RBIAS1)：为参考电流提供精确的偏置电阻。

26 脚(RBIAS2)：提供精确电阻,43kΩ,±1%。

32 脚(RF_P)：在 RX 期间向 LNA 输入正向射频信号;在 TX 期间接收来自 PA 的输入正向射频信号。

34 脚(RF_N)：在 RX 期间向 LNA 输入负向射频信号;在 TX 期间接收来自 PA 的输入负向射频信号。

43 脚 (P2_4/XOSC_Q2)：32.768kHz XOSC 的 2.3 端口。

44 脚 (P2_4/XOSC_Q1)：32.768kHz XOSC 的 2.4 端口。

1～18 脚(P0_0 ～P0_7)：具有 4mA 输出驱动能力。

**3. 硬件接口原理**

(1) ZigBee(CC2430)模块 LED 硬件接口

ZigBee(CC2430)模块 LED 硬件接口如图 6.25 所示。

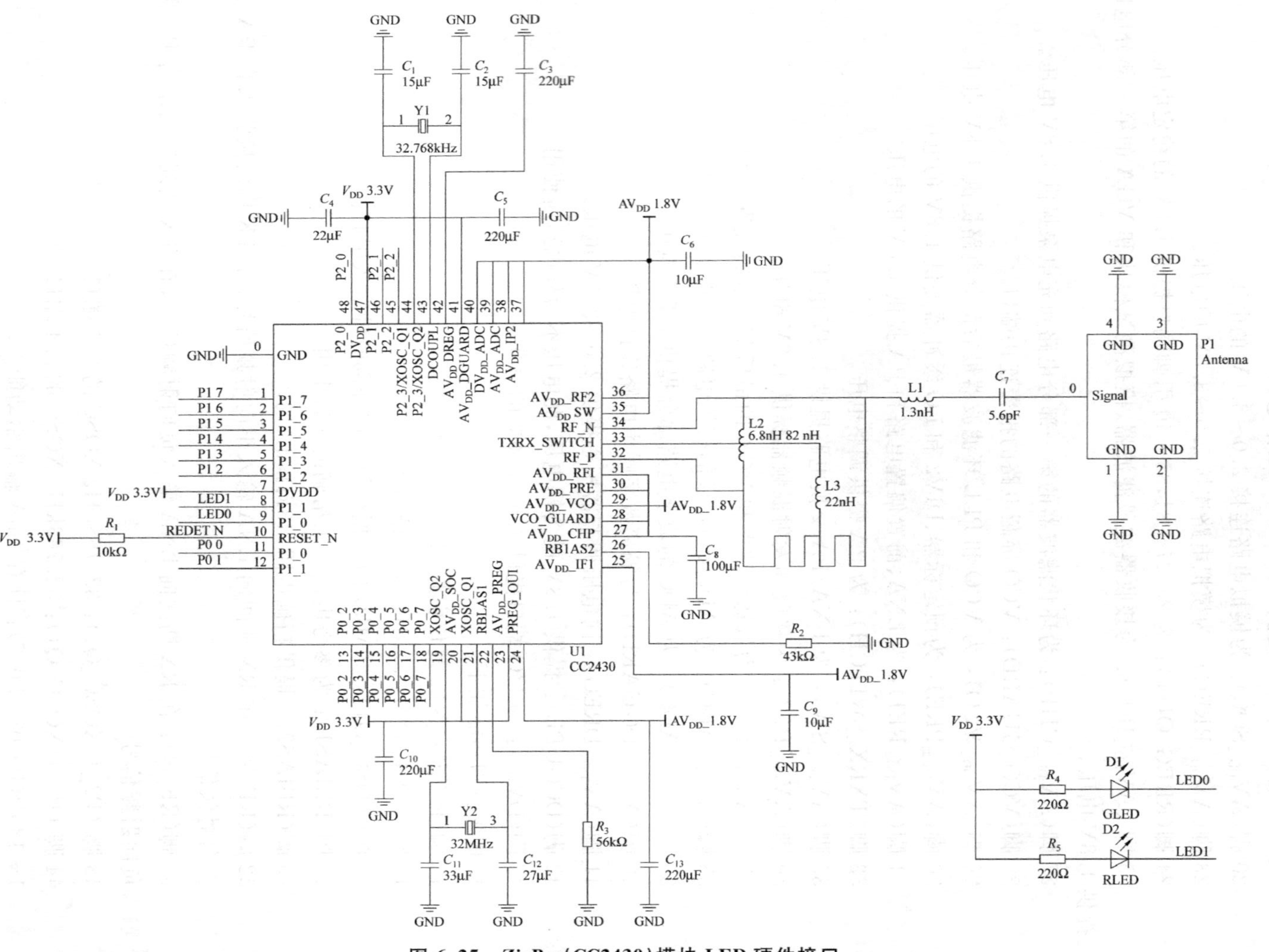


图 6.25 ZigBee(CC2430)模块 LED 硬件接口

ZigBee(CC2430)模块硬件上设计有 2 个 LED 灯,用来编程调试使用。分别连接 CC2430 的 P1_0、P1_1 两个 I/O 引脚。从原理图上可以看出,2 个 LED 灯共阳极,当 P1_0、P1_1 引脚为低电平时候,LED 灯点亮。

(2) 烟雾传感器模块硬件接口

广谱气体感器模块与 ZigBee(CC2430)模块硬件接口如图 6.26 所示。

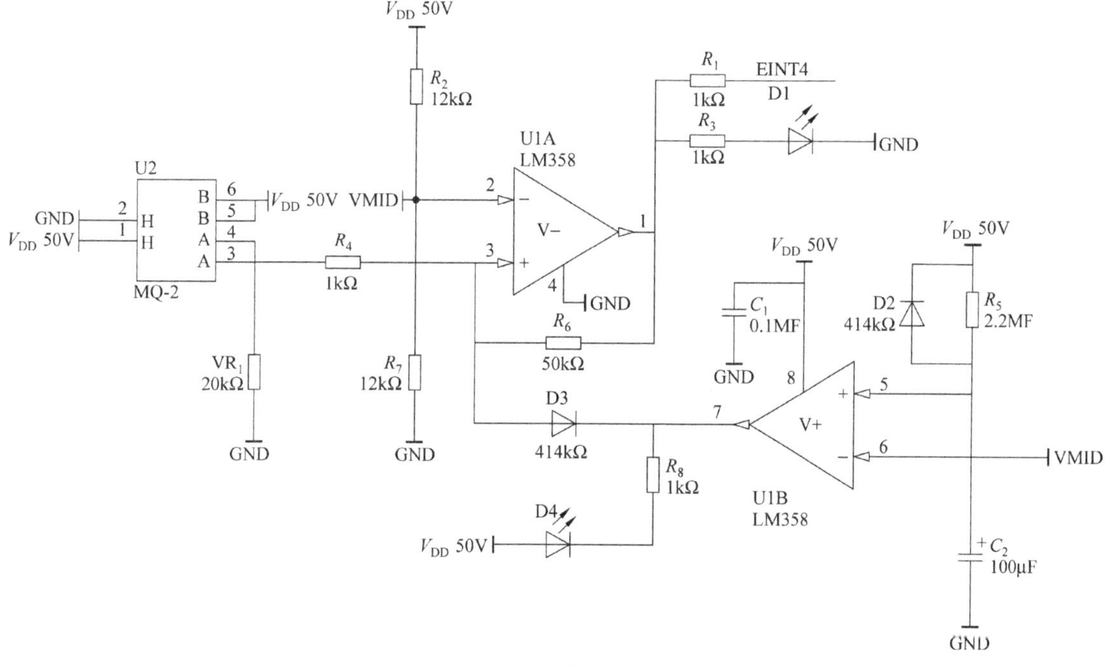


图 6.26　烟雾传感器与 ZigBee 接口

系统配套的红外传感器,与 ZigBee 模块的 IO/INT 排针相连,红外模块的信号线与 ZigBee 模块的 P1_2 I/O 引脚相连。因此,需要在代码中将该引脚配置成中断输入模式,来监测烟雾传感器的状态。

**4. CC2430 寄存器及中断**

(1) CC2430 的 P1 口寄存器

CC2430 处理器的 P1 口的相关寄存器主要有 P1DIR 方向寄存器,P1INP 端口输入配置寄存器,PICTL 中断使能和中断触发模式寄存器,如表 6.2～表 6.6 所示。

**表 6.2　P1DIR 寄存器(P1DIR(0XFE)-端口 1 方向)**

| 位 | 位　名 | 复位 | 读/写 | 功 能 描 述 |
| --- | --- | --- | --- | --- |
| 7:0 | DIRP1[7:0] | 0 | 读/写 | DIRP1_7 到 DIRP1_0,0—输入;1—输出 |

**表 6.3　P1INP 寄存器(P1INP (0xF6) -端口 1 输入模式)**

| 位 | 位　名 | 复位 | 读/写 | 功 能 描 述 |
| --- | --- | --- | --- | --- |
| 7:2 | MDP1_[7:2] | 0 | R/W | P1_7 到 P1_2 I/O 输入模式: 0 上拉/下拉;1—三态 |
| 1:0 | — | 0 | RO | 未使用 |

**表 6.4 P1CTL 寄存器(P1CTL (0x8C)-端口中断控制)**

| 位 | 位 名 | 复位 | 读/写 | 功 能 描 述 |
|---|---|---|---|---|
| 7 | — | 0 | RO | 未使用 |
| 6 | PADSC | 0 | R/W | 强制控制 I/O 引脚在输出模式。选择 $DV_{DD}$引脚上压占低的输出驱动能力<br>0—最小驱动能力。$DV_{DD}$等于或大于 2.6V<br>1—最大驱动能力。$DV_{DD}$小于 2.6V |
| 5 | P2IEN | 0 | R/W | 端口 2,P2_4～P2_0 输入模式下的中断使能。该位为端口 2 输入模式下的 4 到 0 使能中断请求<br>0—中断禁止;1—中断使能 |
| 4 | PIOENH | 0 | R/W | 端口 0,P0_7～P0_4 输入模式下的中断使能。该位为端口 0 输入模式下的 7 到 4 使能中断请求<br>0—中断禁止;1—中断使能 |
| 3 | PIOENL | 0 | R/W | 端口 0,P0_3～P2_0 输入模式下的中断使能。该位为端口 0 输入模式下的 3 到 0 使能中断请求<br>0—中断禁止;1—中断使能 |
| 2 | P2ICON | 0 | R/W | 端口 2,P2_4～P2_0 输入模式下的中断使能。该位为端口 2 输入选择中断请求<br>0—输入的上升沿引起中断;1—输入的上升沿引起中断 |
| 1 | P1ICON | 0 | R/W | 端口 1,P1_7～P1_0 输入模式下的中断配置。该位为所有端口 1 的输入选择中断请求条件<br>0—输入的上升沿引起中断;1—输入的上升沿引起中断 |
| 0 | P0ICON | 0 | R/W | 端口 0,P0_7～P0_0 输入模式下的中断配置。该位为所有端口 1 的输入选择中断请求条件<br>0—输入的上升沿引起中断;1—输入的上升沿引起中断 |

**表 6.5 P1IFG(P1 口中断标志寄存器)**

| 位号 | 位 名 | 复位 | 操作性 | 功 能 描 述 |
|---|---|---|---|---|
| 7:0 | P1IF[7:0] | 0x00 | 可读/写 0 | P1(0～7)中断标志位,在中断条件发生,相应位自动置 1 |

**表 6.6 P1 寄存器(P1 口 (0x90))**

| 位 | 位 名 | 复位 | 读/写 | 功 能 描 述 |
|---|---|---|---|---|
| 7:0 | P1[7:0] | 0 | R/W | 端口 1:通用 I/O 口,位寻址 |

(2) CC2430 的中断相关寄存器

CPU 有 18 个中断,每个中断源都有它自己的位于一系列特殊功能寄存器中的中断请求标志,中断分别组合为不同的、可以选择的优先级别。CC2430 的中断寄存器如表 6.7～表 6.9 所示。

表 6.7 IEN0(中断使能控制寄存 0)

| 位 | 位 名 | 复位 | 读/写 | 功 能 描 述 |
| --- | --- | --- | --- | --- |
| 7 | EAL | 0 | 读/写 | 总中断使能：0—禁止所有中断；1—允许中断 |
| 6 | — | 0 | 可读 | 保留，读出为 0 |
| 5 | STIE | 0 | 读/写 | 睡眠定时器中断使能：0—关中断；1—开中断 |
| 4 | ENCIE | 0 | 可读 | AES 加解密中断使能：0—关中断；1—开中断 |
| 3 | URX1IE | 0 | 读/写 | 串口 1 接收中断使能：0—关中断；1—开中断 |
| 2 | URX0IE | 0 | 读/写 | 串口 0 接收中断使能：0—关中断；1—开中断 |
| 1 | ADCIE | 0 | 读/写 | ADC 中断使能：0—关中断；1—开中断 |
| 0 | RFERRIE | 0 | 读/写 | 射频 TX/RX FIFO 中断，0—关中断；1—开中断 |

表 6.8 IEN1(中断使能寄存器 1)

| 位 | 位 名 | 复位 | 读/写 | 功 能 描 述 |
| --- | --- | --- | --- | --- |
| 7:6 | — | 00 | 可读 0 | 保留 |
| 5 | P0IE | 0 | 读/写 | P0 口中断使能：0—关中断；1—开中断 |
| 4 | T4IE | 0 | 读/写 | 定时器 4 中断使能：0—关中断；1—开中断 |
| 3 | T3IE | 0 | 读/写 | 定时器 3 中断使能：0—关中断；1—开中断 |
| 2 | T2IE | 0 | 读/写 | 定时器 2 中断使能：0—关中断；1—开中断 |
| 1 | T1IE | 0 | 读/写 | 定时器 1 中断使能：0—关中断；1—开中断 |
| 0 | DMAIE | 0 | 读/写 | DMA 传输中断使能：0—关中断；1—开中断 |

表 6.9 IEN2 (中断使能寄存器 2)

| 位 | 位 名 | 复位 | 读/写 | 功 能 描 述 |
| --- | --- | --- | --- | --- |
| 7:6 | — | 00 | 可读 0 | 保留 |
| 5 | WDTIE | 0 | 读/写 | 看门狗定时器中断使能：0—关中断；1—开中断 |
| 4 | P1IE | 0 | 读/写 | P1 中断使能使能：0—关中断；1—开中断 |
| 3 | UTX1IE | 0 | 读/写 | 串口 1 发送中断使能：0—关中断；1—开中断 |
| 2 | UTX0IE | 0 | 读/写 | 串口 0 发送中断使能：0—关中断；1—开中断 |
| 1 | P2IE | 0 | 读/写 | P2 口中断使能：0—关中断；1—开中断 |
| 0 | RFIE | 0 | 读/写 | 普通射频中断使能：0—关中断；1—开中断 |

CC2430 相关中断向量定义如下。

```
#define  RFERR_VECTOR     VECT(0, 0x03)
#define  ADC_VECTOR       VECT(1, 0x0B)
#define  URX0_VECTOR      VECT(2, 0x13)
#define  URX1_VECTOR      VECT(3, 0x1B)
#define  ENC_VECTOR       VECT(4, 0x23)
#define  ST_VECTOR        VECT(5, 0x2B)
#define  P2INT_VECTOR     VECT(6, 0x33)
#define  UTX0_VECTOR      VECT(7, 0x3B)
#define  DMA_VECTOR       VECT(8, 0x43)
#define  T1_VECTOR        VECT(9, 0x4B)
```

```
#define  T2_VECTOR      VECT(10, 0x53)
#define  T3_VECTOR      VECT(11, 0x5B)
#define  T4_VECTOR      VECT(12, 0x63)
#define  P0INT_VECTOR   VECT(13, 0x6B)
#define  UTX1_VECTOR    VECT(14, 0x73)
#define  P1INT_VECTOR   VECT(15, 0x7B)
#define  RF_VECTOR      VECT(16, 0x83)
#define  WDT_VECTOR     VECT(17, 0x8B)
```

(3) CC2430 的其他相关寄存器

CC2430 的其他主要寄存器如表 6.10～表 6.19 所示。

**表 6.10 CLKCON(时钟控制寄存器)**

| 位号 | 位 名 | 复位 | 读/写 | 功 能 描 述 |
|---|---|---|---|---|
| 7 | OSC32K | 1 | 读/写 | 32kHz 时钟源选择：0—32K 晶振；1—32KRC 振荡 |
| 6 | OSC | 1 | 读/写 | 主时钟源选择：0—32M 晶振；1—16M RC 振荡 |
| 5:3 | TICKSPD[2:0] | 001 | 读/写 | 定时器计数时钟分频(该时钟频不大于 OSC 决定频率)：000—32M；001—16M；010—8M；011—4M；100—2M；101—1M；110—0.5M；111—0.25M |
| 2:0 | — | 001 | 读/写 | 保留，写 0 |

**表 6.11 SLEEP(睡眠模式控制寄存器)**

| 位号 | 位 名 | 复位值 | 读/写 | 功 能 描 述 |
|---|---|---|---|---|
| 7 | — | 00 | 可读 | 保留 |
| 6 | XOSC_STB | 0 | 可读 | 低速时钟状态：0—未打开或不稳定；1—打开且稳定 |
| 5 | HFRC_STB | 0 | 可读 | 主时钟状态：0—未打开或不稳定；1—打开且稳定 |
| 4:3 | RST[1:0] | XX | 可读 | 最后一次复位指示：00—上电复位；01—外部复位；10—看门狗复位 |
| 2 | OSC_PD | 0 | 读/写 H0 | 节能控制，OSC 状态改变的时候硬件清 0；0—不关闭无用时钟，1—关闭无用时钟 |
| 1:0 | MODE[1:0] | 0 | 可读/写 | 功能模式选择：00—PM0；01—PM1；10—PM2；11—PM3 |

**表 6.12 WDCTL(看门狗定时器控制寄存器)**

| 位号 | 位 名 | 复位 | 读/写 | 功 能 描 述 |
|---|---|---|---|---|
| 7:4 | CLR[3:0] | 0000 | 读/写 | 看门狗复位，先写 0xa 再写 0x5 复位看门狗，两次写入不超过 0.5 个看门狗周期，读出为 0000 |
| 3 | EN | 0 | 读/写 | 看门狗定时器使能位，在定时器模式下写 0 停止计数，在看门狗模式下写 0 无效<br>0—停止计数，1—启动看门狗/开始计数 |
| 2 | MODE | 0 | 读/写 | 看门狗定时器模式：0—看门狗模式；1—定时器模式 |
| 1:0 | INT[1:0] | 00 | 读/写 | 看门狗时间间隔选择：00—1 秒；01—0.25 秒<br>10—15.625 毫秒；11—1.9 毫秒(以 32.768K 时钟计算) |

表 6.13　PERCFG(外设控制寄存器)

| 位号 | 位　名 | 复位值 | 操作性 | 功 能 描 述 |
| --- | --- | --- | --- | --- |
| 7 | — | 0 | 可读 0 | 保留 |
| 6 | T1CFG | 0 | 可读/写 | T1 I/O 位置选择：0—位置 1;1—位置 2 |
| 5 | T3CFG | 0 | 可读/写 | T3 I/O 位置选择：0—位置 1;1—位置 2 |
| 4 | T4CFG | 0 | 可读/写 | T4 I/O 位置选择：0—位置 1;1—位置 2 |
| 3:2 | — | 00 | 可读 0 | 保留 |
| 1 | U1CFG | 0 | 可读/写 | 串口 1 位置选择：0—位置 1;1—位置 2 |
| 0 | U0CFG | 0 | 可读/写 | 串口 0 位置选择：0—位置 1;1—位置 2 |

表 6.14　U0CSR(串口 0 控制 & 状态寄存器)

| 位 | 位　名 | 复位 | 操作性 | 功 能 描 述 |
| --- | --- | --- | --- | --- |
| 7 | MODE | 0 | 读/写 | 串口模式选择：0—SPI 模式;1—UART 模式 |
| 6 | RE | 0 | 读/写 | 接收使能：0—关闭接收;1—允许接收 |
| 5 | SLAVE | 0 | 读/写 | SPI 主从选择：0—SPI 主;1—SPI 从 |
| 4 | FE | 0 | 读/写 0 | 串口帧错误状态：0—没有帧错误;1—出现帧错误 |
| 3 | ERR | 0 | 读/写 0 | 串口校验结果：0—没有校验错误;1—字节校验出错 |
| 2 | RX_BYTE | 0 | 读/写 0 | 接收状态：0—没有接收到数据;1—接收到一字节数据 |
| 1 | TX_BYTE | 0 | 读/写 0 | 发送状态：0—没有发送;1—最后一次写入 U0BUF 的数据已经发送 |
| 0 | ACTIVE | 0 | 可读 | 串口忙标志：0—串口闲;1—串口忙 |

表 6.15　U0GCR(串口 0 常规控制寄存器)

| 位 | 位　名 | 复位 | 读/写 | 功 能 描 述 |
| --- | --- | --- | --- | --- |
| 7 | CPOL | 0 | 读/写 | SPI 时钟极性：0—低电平空闲;1—高电平空闲 |
| 6 | CPHA | 0 | 读/写 | SPI 时钟相位：0—由 CPOL 跳向非 CPOL 时采样，由非 CPOL 跳向 CPOL 时输出；1—由非 CPOL 跳向 CPOL 时采样，由 CPOL 跳向非 CPOL 时输出 |
| 5 | ORDER | 0 | 读/写 | 传输位序：0—低位在先，1—高位在先 |
| 4:0 | BAUD_E[4:0] | 0x00 | 读/写 0 | 波特率指数值，与 BAUD_F 决定波特率 |

表 6.16　U0BAUD(串口 0 波特率控制寄存器)

| 位号 | 位　名 | 复位值 | 操作性 | 功 能 描 述 |
| --- | --- | --- | --- | --- |
| 7:0 | BAUD_M[7:0] | 0x00 | 读/写 | 波特率尾数，与 BAUD_E 决定波特率 |

表 6.17　U0BUF(串口 0 收发缓冲器)

| 位号 | 位　名 | 复位值 | 操作性 | 功 能 描 述 |
| --- | --- | --- | --- | --- |
| 7:0 | DATA[7:0] | 0x00 | 可读/写 | UART0 收发寄存器 |

表 6.18 ADCCON1

| 位 | 位 名 | 复位 | 操作性 | 功 能 描 述 |
|---|---|---|---|---|
| 7 | EOC | 0 | 读 H0 | ADC 结束标志位：0—ADC 进行中；1—ADC 转换结束 |
| 6 | ST | 0 | 读/写 1 | 手动启动 A/D 转换(读 1 表示当前正在进行 A/D 转换)：<br>0—没有转换；1—启动 AD 转换(STSEL=11) |
| 5:4 | STSEL[1:0] | 11 | 读/写 | A/D 转换启动方式选择：<br>00—外部触发,01—全速转换,不需要触发<br>10—T1 通道 0—比较触发;11—手工触发 |
| 3:2 | RCTRL[1:0] | 00 | 读/写 | 16 位随机数发生器控制位(写 01,10 会在执行后返回 00)：<br>00—普通模式(13x 打开)；01—开启 LFSR 时钟一次<br>10—生成调节器种子;11—信用随机数发生器 |
| 1:0 | — | 11 | 读/写 0 | 保留,总是设置为 1 |

表 6.19 ADCCON3

| 位号 | 位 名 | 复位 | 读/写 | 功 能 描 述 |
|---|---|---|---|---|
| 7:6 | SREF[1:0] | 00 | 读/写 | 选择单次 A/D 转换参考电压：<br>00—内部 1.25V 电压;01—外部参考电压 AIN7 输入<br>10—模拟电源电压;11—外部参考电压 AIN6-AIN7 输入 |
| 5:4 | SDIV[1:0] | 01 | 读/写 | 选择单次 A/D 转换分辨率：<br>00—8 位(64dec);01—10 位(128dec)<br>10—12 位(256dec);11—14 位(512dec) |
| 3:0 | SCH[3:0] | 00 | 读/写 | 单次 A/D 转换选择,如果写入时 ADC 正在运行,则在完成序列 A/D 转换后立刻开始,否则写入后立即开始 A/D 转换,转换完成后自动清 0<br>0000—AIN0,0001 AIN1,0010 AIN2,0011 AIN3<br>0100—AIN4,0101 AIN5,0110 AIN6,0111 AIN7<br>1000—AIN0-AIN1,1001 AIN2-AIN3,1010 AIN4-AIN5<br>1011—AIN6-AIN7,1100 GND,1101 正电源参考电压<br>1110—温度传感器,1111 1/3 模拟电压 |

**5. 软件设计**

源码分析：

```
#include<ioCC2430.h>
#include<string.h>
#define uint unsigned int
#define uchar unsigned char

//定义控制灯的端口
#define LED1 P1_0
#define LED2 P1_1

//函数声明
void Delay(uint);
void initUARTtest(void);
```

```
void UartTX_Send_String(char * Data,int len);
unsigned int smog_flag;
/* 延时函数 */
void Delay(uint n)
{
    uint i,t;
    for(i=0;i<5;i++);
    for(t=0;t<n;t++);
}

/* 初始化串口函数 */
void initUART(void)
{
    CLKCON &=~0x40;               //晶振
    while(!(SLEEP & 0x40));       //等待晶振稳定
    CLKCON &=~0x47;               //TICHSPD128 分频,CLKSPD 不分频
    SLEEP |=0x04;                 //关闭不用的 RC 振荡器
    PERCFG=0x00;                  //位置 1 P0 口
    P0SEL=0x3c;                   //P0 用作串口
    P2DIR &=~0XC0;                //P0 优先作为串口 0
    U0CSR |=0x80;                 //UART 方式
    U0GCR |=10;                   //baud_e
    U0BAUD |=216;                 //波特率设为 57600
    UTX0IF=0;
}

/* 串口发送字符串函数 */
void UartTX_Send_String(char * Data,int len)
{
  int j;
  for(j=0;j<len;j++)
  {
    U0DBUF= * Data++;
    while(UTX0IF==0);
    UTX0IF=0;
  }
}
void UartTX_Send_word(char word)
{
    U0DBUF=word;
    while(UTX0IF==0);
    UTX0IF=0;
}

/* P1_2 中断模式初始化 */
void Init_IO(void)
{
    P1DIR=0X03;                   //设置 LED
    LED1=1;
```

```
    LED2=1;
    P1DIR &=~(0x01<<2);              //P1_2 输入模式
    P1INP &=~(0x01<<2);              //P1_2 开开上拉、下拉
    P1IEN |=(0x01<<2);               //P1_2 中断使能
    PICTL &=~(0x01<<1);              //P1_2 上升沿触发
    IEN0 |=0x80;                     //全局允许中断
    IEN1 |=0x20;                     //P0 端口中断允许
    P1IFG &=~(0x01<<2);              //P1_2 中断标志清 0
}

/*主函数*/
void main(void)
{
  smog_flag=0;
  initUART();
  Init_IO();                         //P1_0 IO 初始化
   while(1)
   {
    LED1=1;
    LED2=1;
    if((1==smog_flag)&&(P0IFG==0)){
      smog_flag=0;
      LED1=0;
      LED2=0;
      UartTX_Send_String("SMOG Warning!",14);
      UartTX_Send_word(0x0A);
      UartTX_Send_word(0x0D);
      Delay(10000);                  //延时
    }
  }
}

/*中断服务程序(P1_2 端口)*/
#pragma vector=P1INT_VECTOR
 __interrupt void P1_ISR(void)
 {
    if((P1IFG&0X04)>0)               //中断
    {
      P1IFG &=~(0x04);
      smog_flag=1;
      LED1=0;
      Delay(1000);
    }
    P1IF=0;                          //清中断标志
  }
```

程序通过配置 CC2430 处理器的 I/O P1_2 引脚为输入中断引脚，用来监测烟雾传感器的状态，如果检测到烟雾或可燃气体报警信号中断，则将点亮 LED，并向串口输出 SMOG Warning! 字符串。

#### 6. 实验步骤

(1) 使用配套 USB 线连接 PC 和 UP-CUP IOT-6410-Ⅱ型设备,设备上电,确保打开 ZieBee 模块开关供电。

(2) 使用 CCD_SETKEY 按键选择 ZigBee 仿真器要连接的 ZigBee 设备模块(根据 LED 指示灯判断)。

(3) 将系统配套串口线一端连接 PC,一端连接到平台上靠近 USB 口的串口(RS232-2)上。

(4) 将系统配套烟雾传感器连接到 ZigBee 模块的主板上,连接 IO/INT 排针端,勿要连接错。

(5) 启动 IAR 开发环境,新建工程,将 Exp2 实验工程中代码复制到新建工程中。

(6) 在 IAR 开发环境中编译、运行、调试程序。

(7) 使用 PC 自带的超级终端连接串口,将超级终端设置为串口波特率 57600、8 位、无奇偶奇校验、无硬件流模式,当烟雾传感器传感器监测到有可燃气体将报警,即可在终端收到字符串"IRDA interrupt!",且 ZigBee 模块上 LED 灯闪烁一次。

**说明**:光谱气体传感器上电后,硬件需要一段时间来预热,此时预热 LED 灯将点亮,待预热结束后 LED 灯将熄灭,方可正确使用。

### 6.8.2　实践二:GPRS 无线通信

在 PC 上,安装配置 Vmware Workstation + Fedora Core 9 + MiniCom/Xshell + ARM-LINUX 交叉编译开发环境,通过对串口编程来控制 UP-CUP IOT-6410-Ⅱ型嵌入式物联网综合实验系统上的 GPRS 功能单元,实现发送固定内容的短信、接打语音电话等通信模块的基本功能。

#### 1. 实验原理

(1) SIM900 GPRS 模块硬件

UP-CUP IOT-6410-Ⅱ型嵌入式物联网综合实验系统中的 GPRS 功能模块,采用的 GPRS 模块型号为 SIM900,是 SIMCOM 公司推出的新一代 GPRS 模块,主要为语音传输、短消息和数据业务提供无线接口。SIM900 集成了完整的射频电路和 GSM 的基带处理器,适合于开发一些 GSM/GPRS 的无线应用产品,如移动电话、PCMCIA 无线 MODEM 卡、无线 POS 机、无线抄表系统以及无线数据传输业务,应用范围十分广泛。SIM900 模块的详细技术指标请参阅本书提供资源中的硬件说明文档及 Datasheet 手册。

SIM900 提供标准的 RS-232 串行接口,用户可以通过串行口使用 AT 命令完成对模块的操作。串行口支持以下通信速率:300、1200、2400、4800、9600、19200、38400、57600、115200(起始默认)。

当模块上电启动并报出 RDY 后,用户才可以和模块进行通信,用户可以首先使用模块默认速率 115200 与模块通信,并可通过 AT+IPR=<rate>命令自由切换至其他通信速率。在应用设计中,当 MCU 需要通过串口与模块进行通信时,可以只用 3 个引脚:TXD、RXD 和 GND。其他引脚悬空,建议 RTS 和 DTR 置低。

SIM900 模块提供了完整的音频接口，应用设计只需增加少量外围辅助元器件，主要是为 MIC 提供工作电压和射频旁路。音频分为主通道和辅助通道两部分。可以通过 AT+CHFA 命令切换主副音频通道。音频设计应该尽量远离模块的射频部分，以降低射频对音频的干扰。本扩展板硬件支持两个语音通道，主通道可以插普通电话机的话柄，辅助通道可以插带 MIC 的耳幔。

当选择为主通道时，有电话呼入时板载蜂鸣器将发出铃声以提示来电。但选择辅助通道时来电提示音乐只能在耳机中听到。蜂鸣器是由 GPRS 模块的 BUZZER 引脚加驱动电路控制的。

GPRS 模块的射频部分支持 GSM900/DCS1800 双频，为了尽量减少射频信号在射频连接线上的损耗，必须谨慎选择射频连线。应采用 GSM900/DCS1800 双频段天线，天线应满足阻抗 50Ω 和收发驻波比小于 2 的要求。为了避免过大的射频功率导致 GPRS 模块的损坏，在模块上电前请确保天线已正确连接。

模块支持外部 SIM 卡，可以直接与 3.0V SIM 卡或者 1.8V SIM 卡连接。模块自动监测和适应 SIM 卡类型。对用户来说，GPRS 模块实现的就是一个移动电话的基本功能，该模块正常的工作是需要电信网络支持的，需要配备一个可用的 SIM 卡，在网络服务计费方面和普通手机类似。

(2) 16C550 芯片介绍

S3C6410 处理器通过 CPLD 逻辑单元控制连接在外部总线上的 16C550 芯片，网关设备使用 16C550 芯片扩展串口来实现控制 GPRS 功能单元电路。其中 16C550 芯片连接在 S3C6410 处理器的 BANK1，地址空间为 0x18004000～0x18005FFF。另外 S3C6410 处理器定义的 BANK1 空间地址为 16 位，低 8 位有效。CPLD 译码地址如表 6.20 所示。

**表 6.20 CPLD 译码地址**

| 外　设 | Bank | 地址 A[15:13] | 系统物理地址空间 |
|---|---|---|---|
| DM9000A-0 | 1 | 001 | 0x1800 2000～0x1800 3FFF |
| 16C550 | 1 | 010 | 0x1800 4000～0x1800 5FFF |
| CPLS 内部 | 1 | 011 | 0x1800 6000～ |

详细说明请见产品光盘中硬件原图目录中的 CPLD 硬件说明。

16C550 功能单元连接如图 6.27 所示。

16C550 使用处理器的外部中断 13(XEINT13/GPN13)。

(3) 通信模块的 AT 指令集

GPRS 模块和应用系统是通过串口连接的，控制系统可以发给 GPRS 模块 AT 命令的字符串来控制其行为。GPRS 模块具有一套标准的 AT 命令集，包括一般命令、呼叫控制命令、网络服务相关命令、电话本命令、短消息命令、GPRS 命令等。详细信息请参考 GPRS/SIM900 的应用文档。

① 一般命令。AT 命令字符串功能描述如下。

AT+CGMI　返回生产厂商标识。

AT+CGMM　返回产品型号标识。

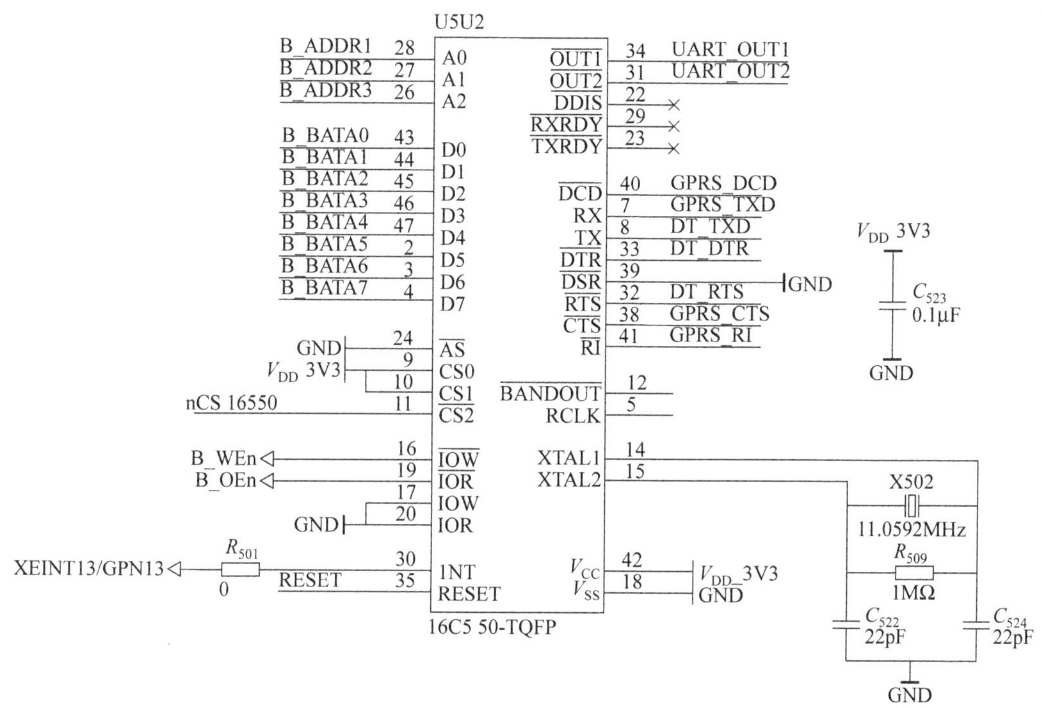


图 6.27　16C550 原理图

AT+CGMR　返回软件版本标识。

ATI　发行的产品信息。

ATE ＜value＞　决定是否回显输入的命令。value=0 表示关闭回显，1 打开回显。

AT+CGSN　返回产品序列号标识。

AT+CLVL?　读取受话器音量级别。

AT+CLVL=＜level＞　设置受话器音量级别，level 在 0～100，数值越小则音量越轻。

AT+CHFA=＜state＞　切换音频通道。State=0 为主音频通道，1 为辅助音频通道。

AT+CMIC=＜ch＞,＜gain＞　改变 MIC 增益，ch=0 为主 MIC，1 为辅助 MIC；gain 为 0～15。

② 呼叫控制命令描述如下。

ATD××××××××；　拨打电话号码××××××××，注意最后要加分号，中间无空格。

ATA　接听电话。

ATH　拒接电话或挂断电话。

AT+VTS=＜dtmfstr＞：在语音通话中发送 DTMF 音。dtmfstr 为“4,5,6”表示 456 三字符。

③ 网络服务相关命令描述如下。

AT+CNUM=？ 读取本机号码。

AT+COPN 读取网络运营商名称。

AT+CSQ 信号强度指示，返回接收信号强度指示值和信道误码率。

④ 电话本命令(略)。

⑤ 短消息命令描述如下。

AT+CMGF=<mode> 选择短消息格式。mode=0 为 PDU 模式，1 为文本模式。建议文本模式。

AT+CSCA? 读取短消息中心地址。

AT+CMGL=<stat> 列出当前短消息存储器中的短信。stat 参数空白为收到的未读短信。

AT+CMGR=<index> 读取短消息。index 为所要读取短信的记录号。

AT+CMGS=×××××××××××'CR'Text'Ctrl+Z'发送短消息。×××××××××××为对方手机号码，回车后接着输入短信内容，然后按 Ctrl+Z 发送短信。Ctrl+Z 的 ASCII 码是 26。

AT+CMGD=<index> 删除短消息。index 为所要删除短信的记录号。

⑥ GPRS 命令，本实验仅实现基本功能，GPRS 命令请参考手册。

**2. 关键代码**

在本实验中创建了两个线程：发送指令线程 Keyshell 和 GPRS 反馈读取线程 gprs_read。

(1) Keyshell 线程启动后会在串口终端提示如下的提示信息：

```
<gprs control shell>
[1]  give a call
[2]  respond a call
[3]  hold a call
[4]  send a msg
[**] help menu
```

(2) 循环采集键盘的信息，若为符合选项的内容就执行相应的功能函数。以按键按下 1 为例：

```
get_line(cmd);                                  //采集按键
if(strncmp("1",cmd,1)==0){                      //如果为 1
        printf("\nyou select to gvie a call, please input number:")
        fflush(stdout);                         //立即输出串口缓冲区中的内容
        get_line(cmd);                          //继续读取按键输入的电话号码
gprs_call(cmd, strlen(cmd));                    //调用具体的实现函数
printf("\ncalling...");                         //显示相应的提示信息
```

(3) gprs_call 实现：

```
void gprs_call(char *number, int num)
{                                               //tty_write 串口写函数
```

```
    tty_write("atd", strlen("atd"));                    //发送拨打命令 ATD,详见 AT 命令
    tty_write(number, num);                             //发送电话号码
    tty_write(";\r", strlen(";\r"));                    //发送结束字符
    usleep(200000);                                     //进行适当的延时
}
```

(4) gprs_hold 实现：

```
void gprs_hold()
{
    tty_writecmd("at", strlen("at"));
    tty_writecmd("ath", strlen("ath"));                 //发送挂机命令 ATH
}
```

(5) gprs_ans 实现：

```
void gprs_ans()
{
    tty_writecmd("at", strlen("at"));
    tty_writecmd("ata", strlen("ata"));                 //发送接听命令 ATA
}
```

(6) gprs_msg 实现：

```
//发送短信
void gprs_msg(char * number, int num)
{
    char ctl[]={26,0};
    /* 定义固定短信字符串 */
    char text[]="Welcome to use up-tech embedded platform!";
    tty_writecmd("at", strlen("at"));
    usleep(5000);
    tty_writecmd("at", strlen("at"));
    tty_writecmd("at+cmgf=1", strlen("at+cmgf=1"));          //发送修改字符集命令
    tty_write("at+cmgs=", strlen("at+cmgs="));  //发送发短信命令,具体格式见手册
    tty_write("\"", strlen("\""));
    tty_write(number, strlen(number));
    tty_write("\"", strlen("\""));
    tty_write(";\r", strlen(";\r"));
    tty_write(text, strlen(text));
    tty_write(ctl, 1);                                  //Ctrl+Z 的 ASCII 码
    usleep(300000);
}
```

主函数 main.c 分析：

```
int main(int argc,char** argv)
{
    int ok;
    pthread_t th_a, th_b;
    void * retval;
```

```
    if(argc>1)
    {
      baud=get_baudrate(argc, argv);        /*命令行参数设置串口波特率默认 B9600*/
    }
      tty_init();                           /*初始化 16C550 串口   */

      /*建立键盘及 gprs_read 监听线程*/
      pthread_create(&th_b, NULL, gprs_read, 0);
      pthread_create(&th_a, NULL, keyshell, 0);
      while(!STOP){
       usleep(100000);
      }
     tty_end();
     exit(0);
}
```

更详细的处理流程，具体见实验源代码。

**3. 实验步骤**

(1) 编译源程序

将本次实验源码目录 gprs 复制至宿主机 FC8 的/UP-CUP6410/目录下(当然任意目录皆可以)。

① 进入实验目录。

```
[root@localhost/]#cd/UP-CUP6410/gprs/
[root@localhost gprs]#ls
Makefile   Rules.mak  gprs    gprs.h  keyshell.c  main.c  tty.c  tty.o   driver
Makefile~  bin                gprs.c  gprs.o  keyshell.o  main.o  tty.h  types.h
[root@localhost gprs]#
```

② 清除中间代码，重新编译。

```
[root@localhost gprs]#make clean
rm-f gprs *.elf *.elf2flt *.gdb *.o
[root@localhost gprs]#make
arm-linux-gcc     -c-o main.o main.c
arm-linux-gcc     -c-o tty.o tty.c
arm-linux-gcc     -c-o gprs.o gprs.c
arm-linux-gcc     -c-o keyshell.o keyshell.c
arm-linux-gcc     -o gprs main.o tty.o gprs.o keyshell.o  -lpthread
[root@localhost gprs]#ls
Makefile   Rules.mak  gprs    gprs.h  keyshell.c  main.c  tty.c  tty.o   driver
Makefile~  bin                gprs.c  gprs.o  keyshell.o  main.o  tty.h  types.h
[root@localhost gprs]#
```

当前目录下生成可执行程序 gprs，另外 driver 目录下存放着 16c550 串口驱动 8250.ko。

(2) NFS 挂载实验目录测试

① 将 GSM 网络的手机 SIM 卡插入平台设备的 SIM 卡插槽中，连接好 GPRS 模块

天线。启动 UP-CUP IOT-6410-Ⅱ型实验系统，连好网线、串口线。通过串口终端挂载宿主机实验目录。

```
[root@UP_6410 yaffs]#mountnfs 192.168.1.145:/UP-CUP6410  /mnt/nfs/
```

② 进入串口终端的 NFS 共享实验目录。

```
[root@UP_6410 yaffs]#cd/mnt/nfs/gprs/
[root@UP_6410 gprs]#ls
Makefile    bin       gprs.c    keyshell.c  main.o    tty.o
Makefile~   driver    gprs.h    keyshell.o  tty.c     types.h
Rules.mak   gprs      gprs.o    main.c      tty.h
[root@UP_6410 gprs]#
```

③ 加载串口驱动程序。

```
[root@UP_6410 gprs]#insmod driver/8250.ko
serial8250: ttyS0 at I/O 0xc7884000(irq=77)is a 16450
[root@UP_6410 gprs]#
```

此时产生串口节点 ttyS0，即 GPRS 模块通信接口，系统中由于出厂烧写了演示程序，可能已经加载过串口驱动 8250. ko，因此如果系统已经加载了驱动，则无须用户手动加载驱动。

④ 执行应用程序。

```
[root@UP_6410 gprs]#./gprs
默认通信波特率为 B9600,可用。
实验效果
[root@UP_6410 gprs]#./gprs
read modem

<gprs control shell>
[1]give a call              //拨号
[2]respond a call           //接电话
[3]hold a call              //挂断
[4]send a msg               //发送短信(已定)
[**]help menu
Keyshell>
```

如要验证通话效果可连接耳机和话筒来实现。

**注意**：此时数字 PC 端键盘输入。

### 6.8.3 实践三：Bluetooth 模块传感器传输综合

在 PC 上，安装配置 Vmware Workstation + Fedora Core 9 + MiniCom/Xshell + ARM-LINUX 交叉编译开发环境，在 UP-CUP IOT-6410-Ⅱ型嵌入式物联网综合实验系统上，基于嵌入式网关系统，进行 Bluetooth 模块传感器传输简单图形界面显示设计及嵌入式 GUI 中绘制温湿度曲线图。

**1. 实验原理**

针对GUI的综合实例,具体实现都是通过网络层对底层ZigBee(传感器、控制设备)、蓝牙、RFID等功能进行封装,提供给GUI上层界面统一的调用接口。

(1) 网络服务层实现(Socket通信)

网络服务层实现可查看本书提供的资源中的《ZigBee网络拓朴绘图综合样例实验》部分的说明。

本实验用到的发送帧接口:

```
void GetConnect(char * ipaddr,int port);            //连接服务器的 port 端口
void Api_Cliect_GetTempHum();                       //获得蓝牙模块上的温湿度值
```

接收后处理接口:

```
void Cliect_TempHum_Process(unsigned int * temp);   //蓝牙温湿度处
```

主要是针对上层GUI的设计,网络服务客户端提供的接口可供上层应用直接使用,所以对于Socket通信只是了解即可,有兴趣的可阅读源程序,其具体实现源程序位于"UP-CUP IOT-6410-Ⅱ型嵌入式物联网综合实验系统产品光盘\物联网无线传感网络部分\exp\linux\Qt_exp\smarthome、server"目录,此目录针对4个GUI的综合样例及演示程序都是一致的,可做了解即可。

(2) Qt/E GUI界面设计

本实验上位机界面软件采用Qt/E4.6作为网关界面的开发软件包,具体Qt/E在嵌入式系统中的移植,请参考本书提供的资源《ARM嵌入式网关系统实验指导》中与Qt实验相关章节,这里不再赘述。以下主要介绍和本次试验相关的Qt软件设计方法。

本实验程序,大体流程是首先调用网络客户端的GetConnect(char * ipaddr,int port)接口函数,连接到服务器的port端口,然后开启了一个线程(zigbeetopo.cpp),用来调用网络客户端的Api_Cliect_GetTempHum()接口函数,获得蓝牙模块的温湿度传感器的值。

同时利用定时器connect(nd_timer,SIGNAL(timeout()),this,SLOT(lcd_display()))将获得的温湿度值实时地显示在TempLcdNumber及HumLcdNumber上,并在继承的自定义MyLabel标签上实时绘制温湿度曲线图。

界面构造函数:

```
MainWidget::MainWidget(QWidget * parent):
    QWidget(parent),
    ui(new Ui::MainWidget)
{
    ui->setupUi(this);
    QPalette palette1=this->palette();
    palette1.setBrush(QPalette::Window,QBrush(QPixmap(":/images/up_wsn_bg2.jpg")));
    this->setPalette(palette1);
    this->setAutoFillBackground(true);
    palette1.setBrush(QPalette::Window,QBrush(QPixmap(":/images/02.jpg")));
```

```
    ui->frame_2->setPalette(palette1);
    ui->frame_2->setAutoFillBackground(true);
    char * ipaddr="192.168.12.248";
    printf("ipaddr%s\n",ipaddr);
    int port=7838;
    cliect_thread=new Cliect();
    cliect_thread->GetConnect(ipaddr,port);
    cliect_thread->start();
    zb_thread=new ZigbeeTopo();
    nd_timer=new QTimer();
    connect(nd_timer,SIGNAL(timeout()),this,SLOT(lcd_display()));
    nd_timer->start(100);
    temp_count=0;
    hum_count=0;
    TempLcdNumber=new QLCDNumber(ui->frame_4);
    TempLcdNumber->setObjectName(QString::fromUtf8("TempLcdNumber"));
    TempLcdNumber->setGeometry(QRect(370, 45, 90, 31));
    TempLcdNumber->setNumDigits(5);
    HumLcdNumber=new QLCDNumber(ui->frame_4);
    HumLcdNumber->setObjectName(QString::fromUtf8("HumLcdNumber"));
    HumLcdNumber->setGeometry(QRect(560, 45, 90, 31));
    HumLcdNumber->setNumDigits(5);
    line=new MyLabel(ui->frame_5);
    line->setGeometry(QRect(0, 0, 720, 322));
}
```

以上函数即为Qt主界面构造函数,具体代码参见工程源码。

(3) 其他函数

① lcd_display()函数：lcd_display()函数即为绘制曲线图的函数。

```
lcd_display()函数即为绘制曲线图的函数。
void MainWidget::lcd_display(){
char temp[5],humi[5],data[4];
char * pTemp, * pHumi;
pTemp=temp;
pHumi=humi;
int return_t=0;
{
    //qDebug("------------------MainWidget::lcd_display-----------------\n");
    data[0]=BREAK_UINT32(ptemperature,3);
    data[1]=BREAK_UINT32(ptemperature,2);
    data[2]=BREAK_UINT32(ptemperature,1);
    data[3]=BREAK_UINT32(ptemperature,0);
    return_t=getsht11(data, pTemp, pHumi);
    TempLcdNumber->display((pTemp));
    HumLcdNumber->display((pHumi));
    show_buf_temp[temp_count %720]=atof(pTemp);
    show_buf_hum[temp_count %720]=atof(pHumi);
    line->update();                              //更新曲线显示的标签
}
```

② 绘制曲线的标签：Line 标签继承了 QLabel，并重新实现了 paintEvent 函数，用于绘制曲线，代码如下。

```
void MyLabel::paintEvent(QPaintEvent * event)
{
    int j=0;
    QPainterPath * painterPath, * painterPath_hum;
    painterPath=new QPainterPath;
    painterPath_hum=new QPainterPath;
    if(show_count<720)
    for(j=0;j<temp_count;j++)
    {
        if(j==0)
        {
            painterPath->moveTo(75,(276-(int)show_buf_temp[j] * 200/100));
            painterPath_hum->moveTo(75,(276-(int)show_buf_hum[j] * 200/100));
        }
        else{
            painterPath->lineTo(75+(j),276-(int)show_buf_temp[j] * 200/100);
            painterPath_hum->lineTo(75+(j),276-(int)show_buf_hum[j] * 200/
            100);
        }
    }
    else{
        for(j=0;j<720;j++)
        {
            if(j==0)
            {
                painterPath->moveTo(75,(276-(int)show_buf_temp[j] * 200/100));
                painterPath_hum->moveTo(75,(276-(int)show_buf_hum[j] * 200/
                100));
            }else{
                painterPath->lineTo(75+(j),276-show_buf_temp[(temp_count+j)%
               720] * 200/100);
                painterPath_hum->lineTo(75+(j),276-show_buf_hum[(temp_
                count+j)%720] * 200/100);
            }
        }
    }
    QPainter painter(this);
    QPen pen(QColor(255,67,0),3);                          //温度路径
    QPen pen_blue(QColor(0,255,0),3);                      //湿度路径
    painter.setPen(pen);
    painter.drawPath(* painterPath);
    painter.setPen(pen_blue);
    painter.drawPath(* painterPath_hum);
    temp_count++;
    if(show_count<720)
        show_count++;
```

```
    delete painterPath;
    delete painterPath_hum;
}
```

**2. 实验步骤**

进行本次试验之前，需要按照 UP-CUP IOT-6410-Ⅱ型嵌入式物联网综合实验系统产品光盘\演示程序烧写目录\img 的 UP-CUP IOT-6410-Ⅱ型演示程序烧写说明文档，将蓝牙模块烧写上演示程序，以便进行接下来的 Qt 界面上层实验。

(1) 编译源程序

将本次实验源码目录“X:\UP-CUP IOT-6410-Ⅱ型嵌入式物联网综合实验系统产品光盘\物联网无线传感网络部分\exp\linux\Qt_exp\bluetooth”复制至宿主机 FC8 的/UP-CUP6410/目录下(当然任意目录皆可以)。

本实验上位机界面软件采用 Qt/E 4.6 作为界面的开发软件包，请参考 ARM 网关系统 Qt 实验相关章节，进行 Qt/E 在嵌入式系统中的移植，这里不再赘述。假设移植好的 Qt/E 目录为/usr/local/Trolltech/Qt-embedded-4.6.2/，则进行实验按如下操作。

① 进入实验目录。

```
[root@localhost/]#cd/UP-CUP6410/bluetooth/
```

② 清除中间代码，重新编译。

```
[root@localhost bluetooth]#make clean
[root@localhost bluetooth]#/usr/local/Trolltech/Qt-embedded-4.6.2/bin/qmake-project
[root@localhost bluetooth]#/usr/local/Trolltech/Qt-embedded-4.6.2/bin/qmake
[root@localhost bluetooth]#make
```

当前目录下生成可执行程序 Bluetooth。

③ 将 Bluetooth 复制到 tftp 下载目录。

```
[root@localhost bluetooth]#cp bluetooth/tftpboot
```

(2) 下载程序测试

① 启动 UP-CUP IOT-6410-Ⅱ型实验系统。连好网线、串口线。打开开发板上 BTS_PWR 开关，使蓝牙模块正常工作。

② 下载演示程序(如若下载了演示程序，此步骤可省略)。

需要按照“UP-CUP IOT-6410-Ⅱ型嵌入式物联网综合实验系统产品光盘\演示程序烧写目录\img、UP-CUP IOT-6410-Ⅱ型演示程序烧写说明文档”，将蓝牙模块烧写上演示程序，以便进行接下来的 Qt 界面上层实验。

③ 进入开发板实验目录。

启动开发板，默认会自启动演示程序，必须先关闭它，按照如下方法，若已关闭自启动，可省略。

a. 执行 PC 的“开始”→“运行”命令，输入“cmd”并按 Enter 键。

b. 通过 telnet 登录开发板，命令为 telnet 192.168.1.248。

c. 输入 root 登录。

d. 按 Ctrl+C 键终止掉后台程序，然后进入/mnt/yaffs/up_wsn 目录。

e. [root@ up_wsn]# vi export4arm. sh。

修改自启动脚本 export4arm. sh，注释掉（“#”为注释符）以下两行。

```
/mnt/yaffs/up_wsn/ev_server 7838 9 &
/mnt/yaffs/up_wsn/wsn-qws-font wenquanyi
```

④ 下载实验程序。

```
[root@up_wsn]#tftp-gr bluetooth 192.168.1.145
```

⑤ 修改环境变量脚本。

```
[root@localhost up_wsn]#cp export4arm.sh export4arm-bluetooth.sh
[root@localhost up_wsn]#vi export4arm-bluetooth.sh
```

脚本内容如下。

```
#!/bin/bash
cd/mnt/yaffs/up_wsn/
export QTDIR=$PWD
export LD_LIBRARY_PATH=$PWD/lib
export TSLIB_TSDEVICE=/dev/event1
export TSLIB_PLUGINDIR=$PWD/lib/ts
export TSLIB_CONSOLEDEVICE=none
export TSLIB_CONFFILE=$PWD/etc/ts.conf
export POINTERCAL_FILE=$PWD/etc/ts-calib.conf
export QWS_MOUSE_PROTO=tslib:/dev/event1
export TSLIB_CALIBFILE=$PWD/etc/ts-calib.conf
export QT_QWS_FONTDIR=$PWD/lib/fonts
export QT_PLUGIN_PATH=$PWD/plugins/
#export QWS_DISPLAY="LinuxFb:mmWidth260:mmHeight245:0"
export LANG=zh_CN
#for tslib
if [ !-f/mnt/yaffs/up_wsn/etc/ts-calib.conf ];then
/mnt/yaffs/up_wsn/bin/ts_calibrate
fi
insmod/mnt/yaffs/up_wsn/8250.ko
ifconfig eth0 192.168.1.248
/usr/sbin/telnetd&
/mnt/yaffs/up_wsn/ev_server 7838 9&
/mnt/yaffs/up_wsn/wsn  -qws-font wenquanyi
```

将脚本 export4arm-bluetooth. sh 中/mnt/yaffs/up_wsn/wsn -qws -font wenquanyi 修改为

```
/mnt/yaffs/up_wsn/bluetooth-qws-font wenquanyi
#!/bin/bash
```

```
cd/mnt/yaffs/up_wsn/
export QTDIR=$PWD
export LD_LIBRARY_PATH=$PWD/lib
export TSLIB_TSDEVICE=/dev/event1
export TSLIB_PLUGINDIR=$PWD/lib/ts
export TSLIB_CONSOLEDEVICE=none
export TSLIB_CONFFILE=$PWD/etc/ts.conf
export POINTERCAL_FILE=$PWD/etc/ts-calib.conf
export QWS_MOUSE_PROTO=tslib:/dev/event1
export TSLIB_CALIBFILE=$PWD/etc/ts-calib.conf
export QT_QWS_FONTDIR=$PWD/lib/fonts
export QT_PLUGIN_PATH=$PWD/plugins/
#export QWS_DISPLAY="LinuxFb:mmWidth260:mmHeight245:0"
export LANG=zh_CN
#for tslib
if [ !-f/mnt/yaffs/up_wsn/etc/ts-calib.conf ];then
/mnt/yaffs/up_wsn/bin/ts_calibrate
fi

insmod/mnt/yaffs/up_wsn/8250.ko
ifconfig eth0 192.168.1.248
/usr/sbin/telnetd&
/mnt/yaffs/up_wsn/ev_server 7838 9&
/mnt/yaffs/up_wsn/bluetooth-qws-font wenquanyi
```

上述代码中，/mnt/yaffs/up_wsn/ev_server 7838 9& 表示后台执行 ev_server 程序（为网络通信服务器程序）；/mnt/yaffs/up_wsn/bluetooth -qws -font wenquanyi 中的 bluetooth 为要执行的程序。

⑥ 执行脚本进行测试应用程序。

```
[root@localhost up_wsn]#./export4arm-bluetooth.sh
```

⑦ 执行脚本之后，在开发板的 LCD 显示屏上显示如图 6.28 所示的画面。

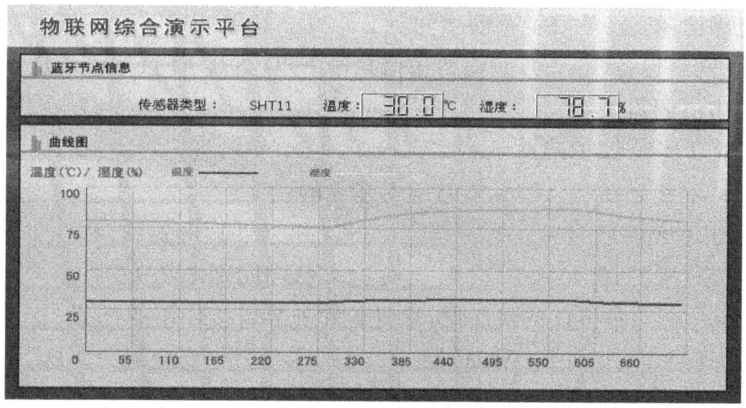


图 6.28　开发板的 LCD 显示屏上显示的画面

## 练习题

**一、单选题**

1. 下列物联网相关标准中(　　)是由中国提出的。

A. IEEE 802.15.4a　　B. IEEE 802.15.4b

C. IEEE 802.15.4c　　D. IEEE 802.15.4n

2. ZigBee(　　)是指无须人工干预,网络节点能够感知其他节点的存在,并确定联结关系,组成结构化的网络。

A. 自愈功能　　B. 自组织功能　　C. 碰撞避免机制　　D. 数据传输机制

3. 下列不属于无线通信技术的是(　　)

A. 数字化技术　　B. 点对点的通信技术

C. 多媒体技术　　D. 频率复用技术

4. 蓝牙的技术标准为(　　)。

A. IEEE 802.15　　B. IEEE 802.2　　C. IEEE 802.3　　D. IEEE 802.16

5. 下列不属于3G网络技术体制的是(　　)。

A. WCDMA　　B. CDMA2000　　C. TD-SCDMA　　D. IP

6. ZigBee(　　)是指增加或者删除一个节点,节点位置发生变动,节点发生故障等,网络都能够自我修复,并对网络拓扑结构进行相应的调整,无须人工干预,保证整个系统仍然能正常工作。

A. 自愈功能　　B. 自组织功能

C. 碰撞避免机制　　D. 数据传输机制

7. ZigBee采用了CSMA-CA(　　),同时为需要固定带宽的通信业务预留了专用时隙,避免了发送数据时的竞争和冲突。

A. 自愈功能　　B. 自组织功能　　C. 碰撞避免机制　　D. 数据传输机制

8. 通过无线网络与互联网的融合,将物体的信息实时准确地传递给用户,指的是(　　)。

A. 可靠传递　　B. 全面感知　　C. 智能处理　　D. 互联网

9. ZigBee网络设备(　　),只能传送信息给FFD或从FFD接收信息。

A. 网络协调器　　B. 全功能设备(FFD)

C. 精简功能设备(RFD)　　D. 交换机

10. ZigBee堆栈是在(　　)标准基础上建立的。

A. IEEE 802.15.4　　B. IEEE 802.11.4

C. IEEE 802.12.4　　B. IEEE 802.13.4

11. ZigBee(　　)是协议的最底层,承付着和外界直接作用的任务。

A. 物理层　　B. MAC层　　C. 网络/安全层　　D. 支持/应用层

12. ZigBee(　　)负责设备间无线数据链路的建立、维护和结束。

A. 物理层　　B. MAC层　　C. 网络/安全层　　D. 支持/应用层

13. ZigBee(　　)建立新网络，保证数据的传输。

A. 物理层　　B. MAC 层　　C. 网络/安全层　　D. 支持/应用层

14. ZigBee(　　)根据服务和需求使多个器件之间进行通信。

A. 物理层　　B. MAC 层　　C. 网络/安全层　　D. 支持/应用层

15. ZigBee 的频带，(　　)传输速率为 20Kbps 适用于欧洲。

A. 868MHz　　B. 915MHz　　C. 2.4GHz　　D. 2.5GHz

16. ZigBee 的频带，(　　)传输速率为 40Kbps 适用于美国。

A. 868MHz　　B. 915MHz　　C. 2.4GHz　　D. 2.5GHz

17. ZigBee 的频带，(　　)传输速率为 250Kbps 全球通用。

A. 868MHz　　B. 915MHz　　C. 2.4GHz　　D. 2.5GHz

18. ZigBee 网络设备(　　)发送网络信标、建立一个网络、管理网络节点、存储网络节点信息、寻找一对节点间的路由消息、不断地接收信息。

A. 网络协调器　　B. 全功能设备(FFD)

C. 精简功能设备(RFD)　　D. 路由器

**二、判断题(在正确的后面打√，错误的后面打×)**

1. 物联网是互联网的应用拓展，与其说物联网是网络，不如说物联网是业务和应用。(　　)

2. ZigBee 是 IEEE 802.15.4 协议的代名词。ZigBee 就是一种便宜的，低功耗的近距离无线组网通信技术。(　　)

3. 物联网、泛在网、传感网等概念基本没有交集。(　　)

4. 在物联网节点之间做通信的时候，通信频率越高，意味着传输距离越远。(　　)

5. 2009 年，IBM 提出“智慧地球”这一概念，因此有“互联网＋物联网＝智慧地球”的说法。(　　)

**三、简答题**

1. 无线网与物联网的区别是什么？

2. 蓝牙核心协议有哪些？蓝牙网关的主要功能是什么？

3. WLAN 无线网技术的安全性定义了哪几级？

# 第 7 章

# 无线传感器网络技术

**本章重点**

(1) 传感器网络的基本组成、传感器网络的特点。

(2) 传感器网络的体系结构、传感器网络协议体系结构、路由协议、传感器网络 MAC 协议。

(3) 传感器网络的关键技术。

(4) 典型的传感器网络应用系统。

(5) 物联网无线通信应用实践。

## 7.1 无线传感器网络简介

### 1. 无线传感器网络概述

无线传感器网络(Wireless Sensor Network),是新一代传感器网络,具有非常广泛的应用前景,其发展和应用将会给人类的生活和生产的各个领域带来深远影响。无线传感器网络综合了微电子技术、嵌入式计算技术、现代网络及无线通信技术、分布式信息处理技术等先进技术,能够协同地实时监测、感知和采集网络覆盖区域中各种环境或监测对象的信息,并对其进行处理,处理后的信息通过无线方式发送,并以自组多跳的网络方式传送给观察者。

无线传感器网络可以定义为:无线传感器网络就是部署在监测区域内大量的廉价微型传感器节点组成的,通过无线通信方式形成的一个多跳自组织网络的网络系统,其目的是协作感知、采集和处理网络覆盖区域中感知对象的信息,并发送给观察者。

可以看出,传感器、感知对象和观察者是传感器网络的 3 个基本要素。这 3 个要素之间通过无线网络建立通信路径,协作地感知、采集、处理、发布感知信息。

### 2. 无线传感器网络的特点

目前常见的无线网络包括移动通信网、无线局域网、蓝牙网络、Ad-Hoc 网络等,无线传感器网络在通信方式、动态组网以及多跳通信等方面有许多相似之处,但同时也存在很大的差别。无线传感器网络具有如下特点。

(1) 电源能量有限

传感器节点体积微小，通常由电池供电。由于传感器节点数目庞大，成本要求低廉，分布区域广，而且部署区域环境复杂，有些区域甚至人员不能到达，所以传感器节点通过更换电池的方式来补充能源是不现实的。如何在使用过程中节省能源，最大化网络的生命周期，是传感器网络面临的首要挑战。

(2) 通信能量有限

传感器网络的通信带宽窄经常变化，通信覆盖范围只有几十到几百米。由于传感器网络更多地受到高山、建筑物、障碍物等地势地貌以及风雨雷电等自然环境的影响，传感器可能会长时间脱离网络，离线工作。如何在有限通信能力的条件下高质量地完成感知信息的处理与传输，是传感器网络面临的挑战之一。

(3) 传感器接点的能量、计算能力和存储能力有限

传感器节点是一种微型嵌入式设备，要求价格低、功耗小，这些限制必然导致其携带的处理器能力比较弱，存储器容量比较小。为了完成各种任务，传感器节点需要完成监测数据的采集和转换、数据的管理和处理、应答汇聚节点的任务请求和节点控制等多种工作。如何利用有限的计算和存储资源完成诸多协同任务，成为传感器网络设计的挑战。

(4) 网络规模大，分布广

传感器网络中的节点分布密集、数量巨大，此外，传感器网络可分布在很广泛的地理区域。因此，传感器网络的软、硬件必须具有高强壮性和容错性，以满足传感器网络的功能要求。

(5) 自组织、动态性网络

在传感器网络应用中，传感器节点的位置和节点之间的相互邻居关系预先不知道，这就要求传感器节点具有自组织能力，能够自动进行配置和管理，通过拓扑控制机制和网络协议自动形成转发监控数据的多跳无线网络系统。这就要求传感器网络具有很强的动态性，以适应网络拓扑结构的动态变化。

(6) 具有数据融合能力

传感器节点具有数据融合能力，与无线 Ad-Hoc 网络相比，数量多、密度大、易受损、拓扑结构频繁、广播式点对多通信、节点能量、计算能力受限。

(7) 应用相关的网络

传感器网络用来感知客观物理世界，获取物理世界的信息量。但不同的应用背景对传感器网络的要求不同，针对每个具体应用来研究传感器网络技术，这是传感器网络设计不同于传统网络的显著特征。

## 7.2 无线传感器网络体系结构及协议系统结构

### 7.2.1 无线传感器网络体系结构

#### 1. 无线传感器网络的组成

无线传感器网络系统的组成如图 7.1 所示。监测区域中随机分布着大量的传感器节

点,这些节点以自组织的方式构成网络结构。每个节点既有数据采集又有路由功能,采集数据经过多跳传递给汇聚节点,连接到互联网。在网络的任务管理节点对信息进行管理、分类、处理,最后供用户进行集中处理。

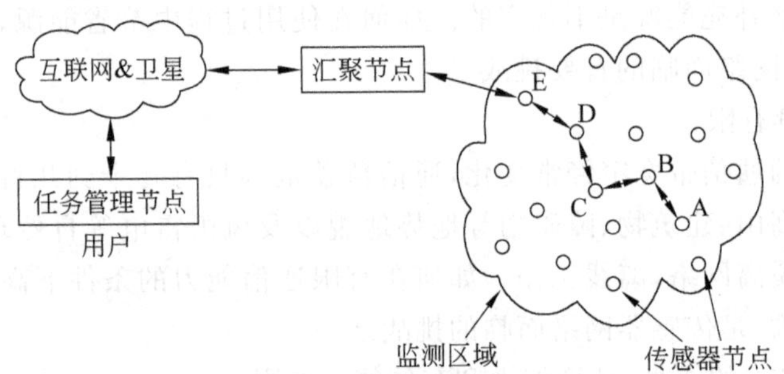


图 7.1 无线传感器网络的组成

**2. 无线传感器网络的节点结构**

节点同时具有传感、信息处理和进行无线通信及路由的功能。对于不同的应用环境,节点的结构也可能不一样,但它们的基本组成部分是一致的,一个节点通常包含传感器、微处理器、存储器、A/D 转换接口、无线发射以及接收装置和电源组成。概括之,可分为传感器模块、处理器模块、无线通信模块和能量供应模块 4 个部分,无线传感器节点的体系结构如图 7.2 所示。传感器模块负责信息采集和数据转换;处理模块控制整个传感器节点的操作,处理本身采集的数据和其他节点发来的数据,运行高层网络协议;无线收发模块负责与其他传感器节点进行通信;能量供应模块为传感器节点提供运行所需的能量,通常是微型蓄电池。

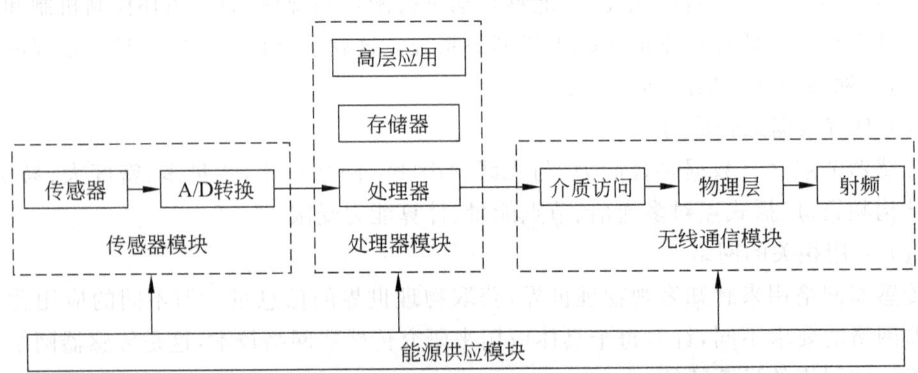


图 7.2 传感器节点的体系结构

**3. 无线传感器网络应用系统结构**

无线传感器网络应用系统结构如图 7.3 所示。无线传感器网络应用支撑层、无线传感器网络基础设施和基于无线传感器网络应用业务层的一部分共性功能以及管理、信息安全等部分组成了无线传感器网络中间件和平台软件。其基本含义是,应用支撑层支持应用业务层为各个应用领域服务,提供所需的各种通用服务,在这一层中核心的是中间件软件;管理和信息安全是贯穿各个层次的保障。无线传感器网络中间件和平台软件体系结构主要分为 4 个层次：网络适配层、基础软件层、应用开发层和应用业务适配层，其中网络适配层和基础软件层组成无线传感器网络节点嵌入式软件(部署在无线传感器网络节点中)的体系结构，应用开发层和基础软件层组成无线传感器网络应用支撑结构(支持应用业务的开发与实现)。网络适配层是在网络适配层中，网络适配器是对无线传感器网络底层(无线传感器网络基础设施、无线传感器操作系统)的封装。基础软件层包含无线传感器网络各种中间件。这些中间件构成无线传感器网络平台软件的公共基础，并提供了高度的灵活性、模块性和可移植性。无线传感器网络中间件有如下几种。

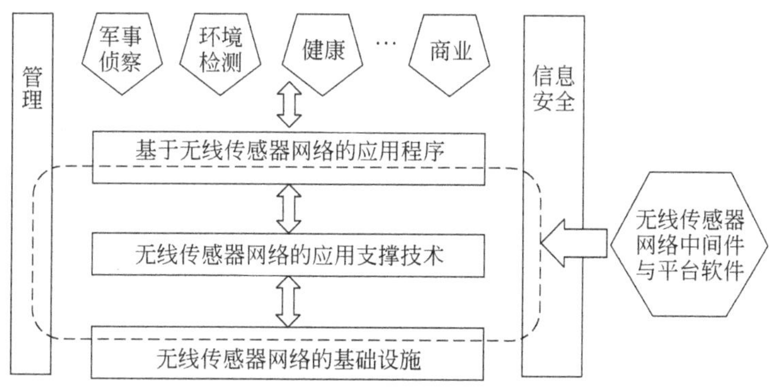


**图 7.3　无线传感器网络应用系统结构**

(1) 网络中间件：网络中间件完成无线传感器网络接入服务、网络生成服务、网络自愈合服务、网络连通等。

(2) 配置中间件：配置中间件完成无线传感器网络的各种配置工作，如路由配置、拓扑结构的调整等。

(3) 功能中间件：功能中间件完成无线传感器网络各种应用业务的共性功能，提供各种功能框架接口。

(4) 管理中间件：管理中间件为无线传感器网络应用业务实现各种管理功能，如目录服务、资源管理、能量管理、生命周期管理。

(5) 安全中间件：安全中间件为无线传感器网络应用业务实现各种安全功能，如安全管理、安全监控、安全审计。

无线传感器网络中间件和平台软件采用层次化、模块化的体系结构，使其更加适应无线传感器网络应用系统的要求，并用自身的复杂换取应用开发的简单，而中间件技术能够更简单明了地满足应用的需要。一方面，中间件提供满足无线传感器网络个性化应用的解决方案，形成一种特别适用的支撑环境;另一方面，中间件通过整合，使无线传感器网络应用只需面对一个可以解决问题的软件平台，因而以无线传感器网络中间件和平台软件的灵活性、可扩展性保证了无线传感器网络安全性，提高了无线传感器网络数据管理能力和能量效率，降低了应用开发的复杂性。

**4. 无线传感器网络通信体系结构**

无线传感器网络的实现需要自组织网络技术，相对于一般意义上的自组织网络，传感器网络有以下一些特色，需要在体系结构的设计中特殊考虑。

(1) 无线传感器网络中的节点数目众多，这就对传感器网络的可扩展性提出了要求，由于传感器节点的数目多、开销大，传感器网络通常不具备全球唯一的地址标识，这使得传感器网络的网络层和传输层相对于一般网络而言有很大的简化。

(2) 自组织传感器网络最大的特点就是能量受限，传感器节点受环境的限制，通常由电量有限且不可更换的电池供电，所以在考虑传感器网络体系结构以及各层协议设计时，节能是设计的主要考虑目标之一。

(3) 由于传感器网络应用的环境的特殊性，无线信道不稳定以及能源受限的特点，传感器网络节点受损的概率远大于传统网络节点，因此必须自组织网络的健壮性保障，以保证部分传感器网络的损坏不会影响全局任务的进行。

(4) 传感器节点高密度部署，网络拓扑结构变化快。对于拓扑结构的维护也提出了挑战。

根据以上特性分析，传感器网络需要根据用户对网络的需求设计适应自身特点的网络体系结构，为网络协议和算法的标准化提供统一的技术规范，使其能够满足用户的需求。无线传感执行网络通信体系结构如图 7.4 所示，即横向的通信协议层和纵向的传感器网络管理面。通信协议层可以划分为物理层、链路层、网络层、传输层、应用层。而网络管理面则可以划分为能耗管理面、移动性管理面以及任务管理面，网络管理面的存在主要是用于协调不同层次的功能以求在能耗管理、移动性管理和任务管理方面获得综合考虑的最优设计。

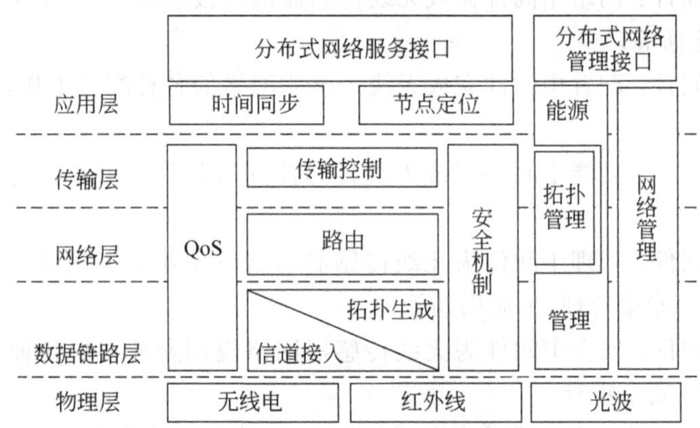


图 7.4 无线传感器网络通信体系结构

## 7.2.2 无线传感器网络的通信协议栈

无线传感器网络协议栈与互联网协议框架类似，无线传感器网络的协议框架也包括 5 层，如图 7.5 所示。网络协议各层功能如下。

(1) 物理层协议：物理层负责数据的调制、发送与接收。该层的设计将直接影响到电路的复杂度和能耗。对于距离较远的无线通信来说，从实现的复杂性和能量的消耗来考虑，代价都是很高的。研究的目标是设计低成本、低功耗、小体积的传感器节点。在物理层面上，无线传感器网络遵从的主要是 IEEE 802.15.4 标准(ZigBee)。

(2) 数据链路层协议：数据链路层负责数据成帧、帧检测、差错控制以及无线信道的使用控制，减少邻居节点广播引起的冲突。它用于解决信道的多路传输问题。数据链路层的工作集中在数据流的多路技术，数据帧的监测，介质的访问和错误控制，它保证了无线传感器网络中点到点或一点到多点的可靠连接。

(3) 路由层协议(又称网络层)：路由层实现数据融合，负责路由生成和路由选择。它关心的是对传输层提供的数据进行路由。大量的传感器节点散布在监测区域中，需要设计一套路由协议来供采集数据的传感器节点和基站节点之间的通信使用。

(4) 传输控制层协议：传输控制层负责数据流的传输控制，协作维护数据流，是保障通信质量的重要部分。TCP 协议是 Internet 上通用的传输层协议。但无线传感器网络的资源受限、高错误率、拓扑结构动态变化的特点将严重影响 TCP 协议的性能。

(5) 应用层协议：基于检测任务，在应用层上开发和使用不同的应用层软件。

无线传感器网络的应用支撑服务包括时间同步和节点定位。其中，时间同步服务为协同工作的节点同步本地时钟；节点定位服务依靠有限的位置已知节点(信标)，确定其他节点的位置，在系统中建立起一定的空间关系。

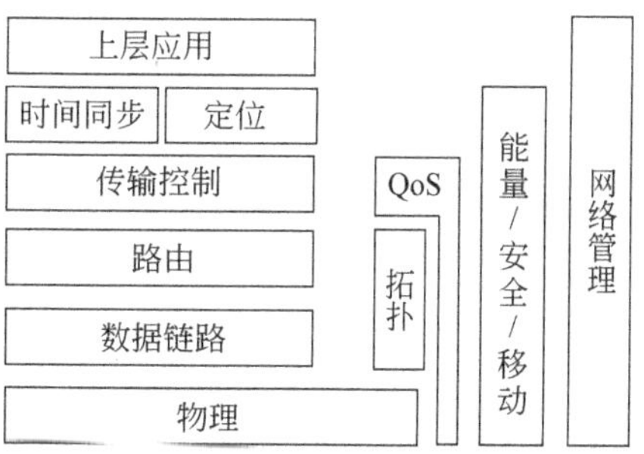

图 7.5 无线传感器网络协议栈

图 7.5 中右侧部分不是独立的模块，它们的功能渗透到各层中，如能量、安全、移动，在各层设计实现中都要考虑；而拓扑管理主要是为了节约能量，制定节点的休眠策略，保持网络畅通；网络管理主要是实现在传感器网络环境下对各种资源的管理，为上层应用服务的执行提供一个集成的网络环境；QoS 支持是指为用户提供高质量的服务。通信协议中的各层都需要提供 QoS 支持。

## 7.3 无线传感器网 MAC 协议

媒体访问控制协议简称 MAC(Medium Access Control)协议，处于无线传感器网络协议的底层部分，以解决无线传感器网络中节点以怎样的规则共享媒体才能保证满意的网络性能问题。对传感器网络的性能有较大影响，是保证无线传感器网络高效通信的关键网络协议之一，传感器网络的性能如吞吐量、延迟性能等完全取决于所采用的 MAC 协议。

目前的 MAC 协议，主要是有如下 3 类。

(1) 无线信道随机竞争接入方式(CSMA)：节点需要发送数据时采用随机方式使用无线信道，典型的如采用载波监听多路访问(CSMA)的 MAC 协议，需要注意隐藏终端和暴露终端问题，尽量减少节点间的干扰。

(2) 无线信道时分复用无竞争接入方式(TDMA)：采用时分复用(TDMA)方式给每个节点分配了一个固定的无线信道使用时段，可以有效避免节点间的干扰。

(3) 无线信道时分/频分/码分等混合复用接入方式(TDMA/FDMA/CDMA):通过混合采用时分和频分或码分等复用方式,实现节点间的无冲突信道分配策略。

### 7.3.1 基于竞争的无线传感器网络 MAC 协议

基于竞争的 MAC 协议的基本思想是当节点需要发送数据时,通过竞争方式使用无线信道,如果发送的数据产生了碰撞,就按照某种策略(如 IEEE 802.11 MAC 协议的分布式协调工作模式 DCF 采用的是二进制退避重传机制)重发数据,直到数据发送成功或彻底放弃发送数据。

IEEE 802.1 1 作为典型的竞争型介质访问控制协议,广泛应用在无线网络环境以作为无线节点的 MAC 协议。由于无线网络使用的传输媒介属于开放式共享资源,移动节点要传输时必须完全占用传输媒介才能运作,因此,802.11 采用了载波侦听多路访问/冲突检测(CSMA/CA)的方式来争夺传输媒介,只有获得信道的节点才能进行数据传输。但是 CSMA/CA 的运作方式需要节点长期侦听信道,显然,对于传感器节点来说会消耗相当多的能源,另外 CSMA/CA 倾向支持独立的点到点通信业务,容易导致临近网关的节点获得更多的通信机会,而抑制多跳业务流量。因此,802.11 协议不能直接应用于无线传感器网络领域。在各种类型的 WSN MAC 协议中,对基于 802.11 竞争型协议的研究和改进居多,各学者也不断提出新的改进思路。

基于竞争的 MAC 协议具有良好的扩展性,且不要求严格的时钟同步,但它们对接收节点的考虑相对较少。在节省节点能量和增大消息延迟之间需要权衡。基于竞争的 MAC 协议在保证一定的节能性的前提下,在各种性能指标之间进行折中。竞争型的 WSN MAC 协议很多,研究人员从不同的应用环境和不同的性能需求角度提出了许多竞争型 MAC 协议,如 S-MAC、T-MAC、WiseMAC、AC-MAC/DPM、CB-MAC、PMAC (Pattern MAC)、PCS-MAC、TEEM(Traffic aware,Energy Efficient MAC)和 PAMAS (Poweraware Multiple Access Protocol With Signaling)等。下面介绍几种常用的随机竞争类 MAC 协议。

**1. 带冲突避免的载波侦听多路访问 MAC 层协议——CSMA/CA 协议**

为尽量减少数据的传输碰撞和重试发送,防止各节点无序地争用无线信道,提出了 CSMA/CA 协议,它主要是应用于无线局域网 IEEE 802.11 MAC 协议的分布式协调工作模式下的一种协议。在节点侦听到无线信道忙之后,采用 CSMA/CA 机制和随机退避时间,实现无线信道的共享。

为了使各种 MAC 操作互相配合,IEEE 802.11 推荐使用 3 种帧间隔(IFS),以便提供基于优先级的访问控制。

(1) DIFS(分布式协调 IFS):最长的 IFS,优先级最低,用于异步帧竞争访问的时延。

(2) PIFS(点协调 IFS):中等长度的 IFS,优先级居中,在 PCF 操作中使用。

(3) SIFS(短 IFS):最短的 IFS,优先级最高,用于需要立即响应的操作。

传统的载波侦听多路访问(CSMA)协议不适合传感器,当一个节点要传输一个分组时,它首先侦听信道状态。如果信道空闲,而且经过一个帧间间隔 DIF 后,信道仍然空闲,则站点开始发送信息。如果信道忙,要一直侦听到信道的空闲时间超过 DIFS。当信道最终空闲下来时，节点进一步使用二进制退避算法，来避免发生碰撞。节点进入退避状态时，启动一个退避计时器，当计时到达退避时间后结束退避状态。802.11 MAC协议中通过立即主动确认机制和预留机制来提高性能。

**2. S-MAC协议**

S-MAC(Self-organizing MAC)协议是由Wei Ye和Heidemann于2003年在IEEE 802.11 MAC协议基础上，采纳了其DCF节能模式的设计思想，针对传感器网络的节省能量需求而提出的传感器网络MAC协议。S-MAC以多跳网络环境为应用平台，节点周期性地在监听状态和休眠状态之间转换。

S-MAC协议的主要设计目标是提供良好的扩展性，减少能量的消耗。

S-MAC协议的工作原理如图7.6所示，图中Normal标识一般情况(802.11 MAC协议下)的数据交换，S-MAC标识S-MAC的数据间歇交换过程。

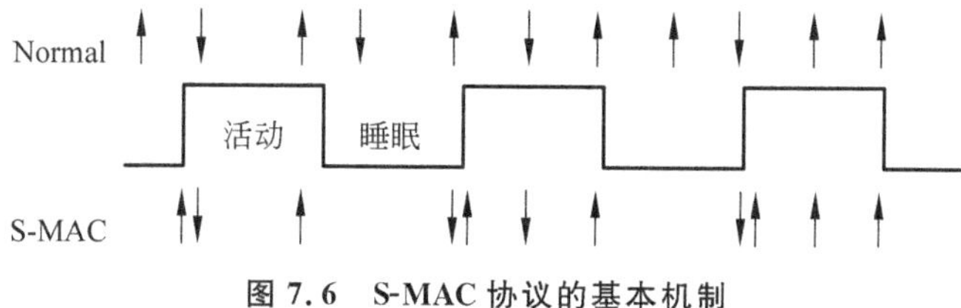


**图7.6 S-MAC协议的基本机制**

对碰撞重传、串音、空闲侦听和控制消息等可能造成传感器网络的消耗更多能量的主要因素，S-MAC协议采用以下机制：周期性侦听/睡眠的低占空比工作方式，控制节点尽可能处于睡眠状态来降低节点能量的消耗；邻居节点通过协商一致性睡眠调度机制形成虚拟簇，减少节点的空闲侦听时间；通过流量自适应的侦听机制，减少消息在网络中的传输延迟；采用带内信令来减少重传和避免监听不必要的数据；通过消息分割和突发传递机制来减少控制消息的开销和消息的传递延迟。

**3. T-MAC协议**

T-MAC(Timeout MAC)协议的工作原理如图7.7所示。T-MAC协议是在S-MAC协议的基础上提出来的。S-MAC协议通过采用周期性侦听/睡眠工作方式来减少空闲侦听，周期长度是固定不变的，节点的侦听活动时间也是固定的。而周期长度受限于延迟要求和缓存大小，活动时间主要依赖于消息速率。这样就存在一个问题：延迟要求和缓存大小是固定的，而消息速率通常是变化的。如果要保证可靠及时的消息传输，节点的活动时间必须适应最高通信负载。当负载动态较小时，节点处于空闲侦听的时间相对增加。针对这个问题，T-MAC协议在保持周期长度不变的基础上，根据通信流量动态地调整活

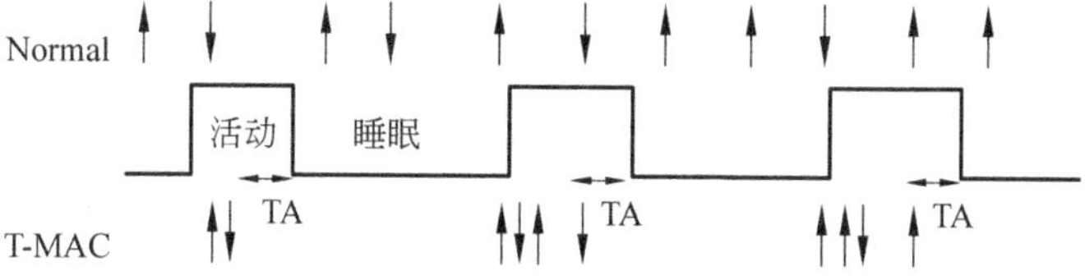


**图7.7 T-MAC协议的基本机制**

动时间，用突发方式发送消息，减少空闲侦听时间。T-MAC 协议相对 S-MAC 协议减少了处于活动状态的时间。

在 T-MAC 协议中，发送数据时仍采用 RTS/CTS/DATA/ACK 的通信过程，节点周期性唤醒进行侦听，如果在一个经定时间 TA 内没有发生下面任何一个激活事件，则活动结束，周期时间定时器溢出；在无线信道上收到数据；通过接收信号强度指示 RSSI 感知存在无线通信；通过侦听 RTS/CTS 分组，确认邻居的数据交换已经结束。

T-MAC 协议根据当前的网络通信情况，通过提前结束活动周期来减少空闲侦听，但带来了早睡问题。为解决这个问题，提出了未来请求发送和满缓冲区优先两种方法。

**4. WiseMAC 协议**

WiseMAC 协议是基于竞争的 MAC 协议，采用了 np-CSMA 机制，并通过先序采样(preamble sampling)技术达到减少节点空闲监听时间的目的。所谓先序采样，即节点发送数据包之前先发送一个先序(preamble)，网络中的节点周期性地对媒介进行采样。如果发现媒介忙(即监听到此先序数据)，则继续监听并接收可能的数据。B-MAC 协议采用的先序数据的长度与采样的周期相同，而 WiseMAC 协议则根据接收者的采样调度动态地调整先序数据的长度。当节点要传送数据至其邻居时，先检查该邻居的采样调度，并在该邻居采样之前发送一个较短的先序，则邻居活动后将检测到此先序并很快进入接收数据状态。因此，适中长度的先序不仅节约了发送方的能量，也缩短了接收方等待接收数据的时间。

WiseMAC 协议获得了比 S-MAC 更好的性能，其动态地先序长度调整能适应网络负载的变化，在协议的内部可以处理时钟的漂移。

但由于节点的睡眠调度是相互独立的，节点邻居的睡眠、活动时间各不相同，这对消息的广播非常不利。广播的数据包将在每个邻居苏醒时发送，因此广播数据包需要进行缓存并要发送多次，这些冗余的传送将带来较高的延迟和能量消耗；此外，WiseMAC 协议不能处理隐藏终端问题。

## 7.3.2 基于时分复用的无线传感器网络 MAC 协议

基于时分复用的无线传感器网络 MAC 协议主要指 TDMA 时间调度型的协议。时分复用 TDMA 是实现信道分配的简单、成熟的机制，TDMA 机制具有下列特点：没有竞争机制的碰撞重传问题；数据传输时不需要过多的控制信息；节点在空闲时隙能够及时进入睡眠状态。但是 TDMA 机制需要节点之间比较严格的时间同步。基于 TDMA 的 MAC 协议将时间区分为连续的时隙，每个时隙分配给某个特定的节点，每个节点只能在分配的时隙内发送消息。这样，节点可以在非发送或接收的时隙内及时进入睡眠状态，从而有效地减少能量消耗。下面介绍几种基于时分复用的 MAC 协议。

**1. DMAC 协议**

S-MAC 和 T-MAC 协议采用周期性的活动/睡眠策略，睡眠策略是减少能量消耗，但是存在数据通信停顿问题，从而引起数据的传输延迟。而在无线传感器网络中，经常采用的通信模式是数据采集树，针对这种结构，为了减少网络的能量消耗和数据的传输延迟，提出了 DMAC 协议。

DMAC 协议采用不同深度节点之间的活动/睡眠的交错调度机制，数据能够沿着多跳路径连续传播，减少睡眠带来的通信延迟。该协议通过自适应占空比机制，根据网络流量变化动态调整整条路径上节点的活动时间，通过数据预测机制解决相同父节点的不同子节点间的相互干扰问题，通过 MTS 机制解决不同父节点的邻居节点之间干扰带来的睡眠延迟问题。但是，该协议实现复杂。

**2. DEANA 协议**

分布式能量感知节点活动协议 DEANA(Distributed Energy-Aware Node Activation)将时间帧分为周期性的调度访问阶段和随机访问阶段。调度访问阶段由多个连续的数据传输时隙组成，某个时隙分配给特定节点用来发送数据。除相应的接收节点外，其他节点在此时隙处于睡眠状态。随机访问阶段由多个连续的信令交换时隙组成，用于处理节点的添加、删除以及时间同步等。

与传统的 TDMA 协议相比，DEANA 协议在数据传输时隙前加入了一个控制时隙，使节点在得知不需要接收数据时进入睡眠状态，从而能够部分解决串音问题。但是，DEANA 协议对时隙分配考虑较少。

**3. TRAMA 协议**

流量自适应介质访问(TRAMA)协议将时间划分为连续时隙，根据局部两跳内的邻居节点信息，采用分布选举机制确定每个时隙的无冲突发送者。同时，通过避免把时隙分配给无流量的节点，并让非发送和接收节点处于睡眠状态达到节省能量的目的。为了适应节点失败或节点增加等引起的网络拓扑结构变化，将时间划分为交替的随机访问周期和调度访问周期。随机访问周期和调度访问周期的时隙个数根据具体应用情况而定。随机访问周期主要用于网络维护。

TRAMA 协议根据两跳范围内的邻居节点信息，由节点独立确定自己发送消息的时隙，同时避免把时隙分配给没有信息发送的节点，由此提高了网络吞吐量，克服了基于 TDMA 的 MAC 协议扩展性差的不足。但是 TRAMA 协议相对比较复杂，为了建立节点间一致的调度消息，计算和通信开销都比较大。

### 7.3.3 混合型的无线传感器网络 MAC 协议

采用单纯的竞争型或调度型机制很难在各种指标中获得较平衡的优良性能，它们往往用较大的某些性能损失代价去换取另一种性能的提高，如 S-MAC 用较大的时延代价来获取可接受的节能效率。而竞争性 MAC 机制与 TDMA 调度机制的有机结合可以平衡两者的优势和不足，取得较好的性能。下面介绍几种常用的"混合型"的 MAC 协议。

**1. SMACS/EAR 协议**

SMACS/EAR(Sefl-organizing Medium Access Control/Eavesdrop And Register)协议是一种结合时分复用和频分复用的基于固定信道分配的 MAC 协议。其主要思想是为每一对邻居节点分配一个特有频率进行数据传输，不同节点对时间的频率互不干扰，从而避免同时传输的数据之间产生碰撞。SMACS 协议主要用于静止节点间链路的建立，而

EAR协议则用于建立少量运动节点与静止节点之间的通信链路。SMACS/EAR协议不要求所有节点之间进行时间同步，只需要两个通信节点间保持相对的帧同步。它不能完全避免碰撞，因为多个节点在协商过程中可能同时发出"邀请"消息或应答消息。由于每个节点要支持多种通信频率，这对节点硬件提出了很高的要求，同时，由于每个节点需要建立的通信链路数无法事先预计，使得整个网络的利用率不高。

**2. Z-MAC**

综合CSMA和TDMA二者各自的优点，由Rhee等提出了一种混合机制的Z-MAC(Zebra MAC)协议。Z-MAC将信道使用划为时间帧的同时，使用CSMA作为基本机制，时隙的占有者只有数据发送的优先权，其他节点也可以在该时隙发送信息帧，当节点之间产生碰撞之后，时隙占有者的回退时间短，从而真正获得时隙的信道使用权。Z-MAC使用竞争状态标示来转换MAC机制，节点在ACKs重复丢失和碰撞回退频繁的情况下，将由低竞争状态转为高竞争状态，由CSMA机制转为TDMA机制。可以说，Z-MAC在低网络负载下类似CSMA，在网络进入高竞争的信道状态之后类似TDMA。

Z-MAC并不需要精确的时间同步，有着较好的信道利用率和网络扩展性。协议达到即时的适应网络负载变化的同时，TDMA和CSMA机制的互换会产生大量的能耗，对于网络负载的突发波动会造成网络延迟问题。

总体而言，Z-MAC在较低竞争情况下性能像CSMA，在较高竞争情况下性能像TDMA。优点是比较好地结合了CSMA和TDMA的优点，节点在任何时隙都可以发送数据，信道利用率得到了提高。缺点是网络开始的时候，花费大量的开销来初始化网络，造成网络能量大量消耗，且协议实现过于复杂，虽然设计思想非常新颖和有效，但实用性不高。

**3. TRAMA**

流量自适应介质访问(TRaffic Adaptive Medium Access，TRAMA)协议在某些文献中归为TDMA型的MAC协议，TRAMA已经在协议运行过程中使用了关键的竞争策略来动态地建立网络拓扑、选举节点、分配时隙，且将时间划分为交替的随机访问周期和调度访问周期，有别于一般的TDMA型协议，属于典型的混合型的MAC协议。

TRAMA包含两种接入模式：随机接入采用分时段CSMA，定期接入采用TDMA方式。主要应用场合为周期性数据采集和监控。它将时间划分为连续时槽，根据局部两跳内的邻居节点信息，采用分布式选举机制确定每个时槽的无冲突发送者。同时，通过避免把时槽分配给无流量的节点，并让非发送和接收节点处于睡眠状态达到节省能量的目的。TRAMA协议包括邻居NP(Neighbor Protocol)、调度交换协议SEP(Schedule Exchange Protocol)和自适应时槽选择算法AEA(Adaptive Election Algorithm)。

TRAMA协议中，节点间通过NP协议获得一致的两跳内的拓扑信息，通过SEP协议建立和维护发送者和接收者的调度信息，通过AEA算法决定节点在当前时槽的活动策略。TRAMA通过分布式协商保证节点无冲突地发送数据，无数据收发的节点处于睡眠状态；同时避免把时槽分配给没有信息发送的节点。在节省能量消耗的同时，保证网络的高数据传输率。但该协议要求节点有较大的存储空间来保存拓扑信息和邻居调度信息，需要计算两跳内邻居的所有节点的优先级来运行 AEA 算法。TRAMA 将时间分成时槽，用基于各节点流量信息的分布式选举算法来决定哪个节点可以在某个特定的时槽传输，以此来达到一定的吞吐量和公平性，并能有效地避免隐藏终端引起的竞争，但 TRAMA 的缺点是实现太复杂，而且 AEA 算法要经常运行，算法复杂，运行代价大，TRAMA 的延迟较大，更适用于对延迟要求不高的应用。

## 7.4 无线传感器网络路由协议

### 1. 路由协议的衡量标准

针对无线传感器网络（Wireless Sensor Network，WSN）的特点与通信需求，网络层需要解决通过局部信息来决策并优化全局行为（路由生成与路由选择）的问题。无线传感器网络的路由协议不同于传统网络的协议，它具有能量优先、基于局部的拓扑信息、以数据为中心和应用相关 4 个特点，因而，根据具体的应用设计路由机制，从 4 个方面衡量路由协议的优劣。

（1）能量高效：传统路由协议在选择最优路径时，很少考虑节点的能量问题。由于无线传感器网络中节点的能量有限，传感器网络路由协议不仅要选择能量消耗小的消息传输路径，更要能量均衡消耗，实现简单且高效的传输，尽可能地延长整个网络的生存期。

（2）可扩展性：无线传感器网络的应用决定了它的网络规模不是一成不变的，而且很容易造成拓扑结构动态发生变化，因而要求路由协议有可扩展性，能够适应结构的变化，具体体现在传感器的数量、网络覆盖区域、网络生命周期、网络时间延迟和网络感知精度等方面。

（3）鲁棒性：无线传感器网络中，由于环境和节点的能量耗尽造成传感器的失效、通信质量的降低使网络变得不可靠，所以在路由协议的设计过程中必须考虑软硬件的高容错性，保障网络的健壮性。

（4）快速收敛性：由于网络拓扑结构的动态变化，要求路由协议能够快速收敛，以适应拓扑的动态变化，提高带宽和节点能量等有限资源的利用率和消息传输效率。

### 2. 路由协议的分类

针对不同传感器网络的应用，研究人员提出了不同的路由协议，目前已有的分类方式主要包括按网络结构划分和按协议的应用特征划分。按网络结构可以分为平面路由协议、基于位置路由协议和分级网络路由协议；按协议的应用特征可以分为基于多径路由协议、基于可靠路由协议、基于协商路由协议、基于查询路由协议、基于位置路由协议和基于 QoS 路由协议。基于平面的路由协议，所有节点通常都具有相同的功能和对等的角色。而基于分级的路由节点通常扮演不同的角色。基于位置的路由，网络节点利用传感器节点的位置来路由数据。但这种分类方式太过分散，没有整体概念，本书就各个协议的不同侧重点提出一种新的分类方法，把现有的代表性路由协议按节点的传播方式划分为广播式路由协议、坐标式路由协议和分簇式路由协议。下面进行详细的介绍和分析。

### 7.4.1 广播式路由协议

**1. 扩散法(Flooding)**

扩散法是一种传统的网络通信路由协议。它实现简单,不需要为保持网络拓扑信息和实现复杂的路由算法消耗计算资源,适用于健壮性要求高的场合。但是,扩散存在信息爆炸问题,既能出现一个节点可能得到数据多个副本的情况,而且也会出现部分重叠的现象。此外,扩散法没有考虑各节点的能量,无法做出相应的自适应路由选择,当一个节点能量耗尽,网络就死去。

具体实现:节点 A 希望发送数据给节点 B,节点 A 首先通过网络将数据的副本传给其每一个邻居节点,每一个邻居节点又将其传给除 A 外的其他的邻居节点,直到将数据传到 B 为止或者为该数据设定的生命期限变为零为止或者所有节点拥有此副本为止。

**2. 定向路由扩散(Directed Diffusion)**

C. Intanagonwiwat 等人为传感器网络提出一种新的数据采集模型,即定向路由扩散。它通过泛洪方式传播兴趣消息给所有的传感器节点,随着兴趣消息在整个网络中传播,协议逐条地在每个传感器节点上建立反向的从数据源节点到基站或者汇聚节点的传输梯度。该协议通过将来自不同源节点的数据聚集再重新路由达到消除冗余和最大限度降低数据传输量的目的,因而可以节约网络能量、延长系统生存期。然而,路径建立时的兴趣消息扩散要执行一个泛洪广播操作,时间和能量开销大。

具体实现:首先是兴趣消息扩散,每个节点都在本地保存一个兴趣列表,其中专门存在一个表项用来记录发送该兴趣消息的邻居节点、数据发送速率和时间戳等相关信息,之后建立传输梯度。数据沿着建立好的梯度路径传输。

**3. 谣传路由(Rumor Routing)**

D. Braginsky 等人提出的适用于数据传输量较小的无线传感器网络高效路由协议。其基本思想是时间监测区域的感应节点产生代理消息,代理消息沿着随机路径向邻居节点扩散传播。同时,基站或汇聚节点发送的查询消息也沿着随机路径在网络中传播。当查询消息和代理消息的传播路径交叉在一起时,就会形成一条基站或汇聚节点到时间监测区域的完整路径。

具体实现:每个传感器节点维护一个邻居列表和一个事件列表,当传感器节点监测到一个事件发生时,在事件列表中增加一个表项并根据概率产生一个代理消息,代理消息是一个包含事件相关信息的分组,将事件传给经过的节点,收到代理消息的节点检查表项进行更新和增加表项的操作。节点根据事件列表到达事件区域的路径,或者节点随机选择邻居转发查询消息。

**4. SPIN(Sensor Protocols for Information via Negotiation)**

W. Heinzelman 等人提出的一种自适应的 SPIN 路由协议。该协议假定网络中所有节点都是 Sink 节点,每一个节点都有用户需要的信息,而且相邻的节点拥有类似的数据,所以只要发送其他节点没有的数据。SPIN 协议通过协商完成资源自适应算法,即在发送真正数据之前,通过协商压缩重复的信息,避免了冗余数据的发送;此外,SPIN 协议有权访问每个节点的当前能量水平，根据节点剩余能量水平调整协议，所以可以在一定程度上延长网络的生存期。

具体实现：SPIN 采用了 3 种数据包来通信。ADV 用于新数据的广播，当节点有数据要发送时，利用该数据包向外广播；REQ 用于请求发送数据，当节点希望接收数据时，发送该报文；DATA 包含带有 Meta-data 头部数据的数据报文；当一个传感器节点在发送一个 DATA 数据包之前，首先向其邻居节点广播式地发送 ADV 数据包，如果一个邻居希望接收该 DATA 数据包，则向该节点发送 REQ 数据包，接着节点向其邻居节点发送 DATA 数据包。

**5. GEAR(Geographical and Energy Aware Routing)**

Y. Yu 等人提出了 GEAR 路由协议，即根据时间区域的地址位置，建立基站或者汇聚节点到时间区域的优化路径。把 GEAR 划分为广播式路由协议有点牵强，但是由于它是在利用地理信息的基础上将数据发送到合适区域，而且又是基于 DD 提出的，这里仍然作为广播式的一种。

具体实现：首先向目标区域传递数据包，当节点收到数据包时，先检查是否有邻居比它更接近目标区域。如有就选择离目标区域最近的节点作数据传递的下一跳节点。如果数据包已经到达目标区域，利用递归的地理传递方式和受限的扩散方式发布该数据。

## 7.4.2　坐标式路由协议

**1. GEM(Graph Embedding)**

J. Newsome 和 D. Song 提出了建立一个虚拟极坐标系统(Virtual Polar Coordinate System，VPCS)GEM 路由协议，用来代表实际的网络拓扑结构。整个网络节点形成一个以基站或汇聚节点为根的带环树(Ringed Tree)。每个节点用距离树根的跳数距离和角度范围两个参数表示。

具体实现：首先建立虚拟极坐标系统，主要有 3 个阶段。由跳数建立路由并扩展到整个网络形成生成树型结构，再从叶节点开始反馈子树的大小，即树中包含的节点数目，最后确定每个子节点的虚拟角度范围。建立好系统之后，利用虚拟极坐标算法发送消息，即节点收到消息检查是否在自己的角度范围内，不在就向父节点传递，直到消息到达包含目的位置角度的节点。另外，当实际网络拓扑结构发生变化时，需要及时更新，比如节点加入和节点失效。

**2. GRWLI(Geographic Routing Without Location Information)**

A. Rao 等人提出了建立全局坐标系的路由协议，其前提是需要少数节点精确位置信息。首先确定节点在坐标系中的位置，根据位置进行数据路由。关键是利用某些知道自己位置信息的信标节点确定全局坐标系及其他节点在坐标系中的位置。

具体实现：A. Rao 等人提出了 3 种策略确定信标节点。一是确定边界节点都为信标节点，则非边界节点通过边界节点确定自己的位置信息。在平面情况下，节点通过邻居节点位置的平均值计算。二是使用两个信标节点，则边界节点只知道自己处于网络边界不知道自己的精确位置消息。引入两个信标节点，并通过边界节点交换信息建立全局坐标系。三是使用一个信标节点,到信标节点最大的节点标记自己为边界节点。

### 7.4.3 分簇式路由协议

**1. LEACH(Low Energy Adaptive Clustering Hierarchy)**

MIT 的 Chandrakasan 等人为无线传感器设计的一种分簇路由算法,其基本思想是以循环的方式随机选择簇首节点,平均分配整个网络的能量到每个传感器节点,从而可以降低网络能源消耗,延长网络生存时间。簇首的产生是簇形成的基础,簇首的选取一般基于节点的剩余能量、簇首到基站或汇聚节点的距离、簇首的位置和簇内的通信代价。簇首的产生算法可以被分为分布式和集中式两种,这里不予介绍。

具体实现:LEACH 不断地循环执行簇的重构过程,可以分为两个阶段。一是簇的建立,即包括簇首节点的选择、簇首节点的广播、簇首节点的建立和调度机制的生成。二是传输数据的稳定阶段。每个节点随机选一个值,小于某阈值的节点就成为簇首节点,之后广播告知整个网络,完成簇的建立。在稳定阶段中,节点将采集的数据送到簇首节点,簇首节点将信息融合后送给汇聚点。一段时间后,重新建立簇,不断循环。

**2. GAF(Geographic Adaptive Fidelity)**

Y. Xu 等人提出的一种利用分簇进行通信的路由算法。它最初是为移动 Ad-Hoc 网络应用设计的,也可以适用于无线传感器网络。其基本思想是网络区被分成固定区域,形成虚拟网格,每个网格里选出一个簇首节点在某段时间内保持清醒,其他节点都进入睡眠状态,但是簇首节点并不做任何数据汇聚或融合工作。GAF 算法关掉网络中不必要的节点节省能量,同样可以达到延长网络生存期的目的。

具体实现:当划分好固定的虚拟网格之后,网络中每个节点利用 GPS 接受卡指示的位置信息将节点本身与虚拟网格中某个点关联映射起来。网格上同一个点关联的节点对分组路由的代价是等价的,因而可以使某个特定网格区域的一些节点睡眠,且随着网络节点数目的增加可以极大地提高网络的寿命,在可扩展性上有很好的表现。

总之,通过对广播式路由协议、坐标式路由协议和分簇式路由协议 3 类协议的分析,每个协议在其设计的时候都有各自的侧重点和最优的方面,按照衡量标准可以把以上协议做简略的比较并找出相对较好的一类协议。其中,如何提供有效的节能,即能量有效性是无线传感器网络路由协议最首要注重的方面,可扩展性和鲁棒性是路由协议应该满足的基本要求,而快速收敛性和网络存在的时间有紧密的联系。依据上述 4 个标准可见,广播式总是存在一种矛盾,当具有好的扩展性时势必以差的鲁棒性和能量高效为代价,即以牺牲鲁棒性换取扩展性和高能量,这同时也严重影响了节点的快速收敛性。而坐标式弥补了广播式的不足,可以同时达到 4 个衡量标准。分簇式相对于前两种方式来说,具备了较好的性能,可以满足人们对传感器网络的一般要求。所以,以能量高效、可扩展性、鲁棒性和快速收敛性 4 个基本标准来衡量路由协议,分簇式是最佳的选择。

## 7.5 无线传感器网络的关键技术

无线传感器网络目前研究的难点涉及通信、组网、管理、分布式信息处理等多个方面。无线传感器网络有相当广泛的应用前景,但是也面临很多的关键技术需要解决。下面列出部分关键技术。

**1. 网络拓扑管理**

无线传感器网络是自组织的，如果有一个很好的网络拓扑控制管理机制，对于提高路由协议和MAC协议效率是很有帮助的，而且有利于延长网络寿命。目前这个方面主要的研究方向是在满足网络覆盖度和连通度的情况下，通过选择路由路径，生成一个能高效的转发数据的网络拓扑结构。拓扑控制分为节点功率控制和层次型拓扑控制。节点功率控制是控制每个节点的发射功率，均衡节点单跳可达的邻居数目。而层次型拓扑控制采用分簇机制，有一些节点作为簇头，它将作为一个簇的中心，簇内每个节点的数据都要通过它来转发。

**2. 网络协议**

因为传感器节点的计算能力、存储能力、通信能力、携带的能量有限，每个节点都只能获得局部网络拓扑信息，在节点上运行的网络协议也要尽可能的简单。目前研究的重点主要集中在网络层和MAC层上。网络层的路由协议主要控制信息的传输路径，好的路由协议不但能考虑到每个节点的能耗，还要能够关心整个网络的能耗均衡，使得网络的寿命尽可能地保持得长一些。目前已经提出了一些比较好的路由机制。设计无线传感器网络的MAC协议首先要考虑的是节省能量和可扩展性；其次考虑公平性和带宽利用率。由于能量消耗主要发生在空闲监听、碰撞重传和接收到不需要的数据等方面，MAC层协议的研究也主要体现在如何减少上述3种情况，从而降低能量消耗以延长网络和节点寿命。

**3. 网络安全**

无线传感器网络除了考虑上面提出的两个方面的问题外，还要考虑到数据的安全性，这主要从两个方面考虑。一方面是从维护路由安全的角度出发，寻找尽可能安全的路由，以保证网络的安全。有人提出了一种叫"有安全意识的路由"的方法，其思想是找出真实值和节点之间的关系，然后利用这些真实值来生成安全的路由。另一方面是把重点放在安全协议方面，在此领域也出现了大量研究成果。在具体的技术实现上，先假定基站总是正常工作的，并且总是安全的，满足必要的计算速度、存储器容量，基站功率满足加密和路由的要求；通信模式是点到点，通过端到端的加密保证了数据传输的安全性，射频层的正常工作。基于以上前提，典型的安全问题可以总结为：信息被非法用户截获；一个节点遭破坏；识别伪节点；如何向已有传感器网络添加合法的节点4个方面。

**4. 定位技术**

节点定位是确定传感器的每个节点的相对位置或绝对位置。节点定位在军事侦察、环境检测、紧急救援等应用中尤其重要。节点定位分为集中定位方式和分布定位方式。定位机制要满足自组织性、鲁棒性、能量高效和分布式计算等要求。定位技术也主要有基于距离的定位和距离无关的定位两种方式。其中基于距离的定位对硬件要求比较高，通常精度也比较高。与距离无关的定位对硬件要求较小，受环境因素的影响也较小，虽然误差较大，但是其精度已经足够满足大多数传感器网络应用的要求，所以这种定位技术是研究的重点。

**5. 时间同步技术**

传感器网络中的通信协议和应用，比如基于 TDMA 的 MAC 协议和敏感时间的监测任务等，要求节点间的时钟必须保持同步。J. Elson 和 D. Estrin 曾提出了一种简单实用的同步策略。其基本思想是，节点以自己的时钟记录事件，随后用第三方广播的基准时间加以校正，精度依赖于对这段间隔时间的测量。这种同步机制应用在确定来自不同节点的监测事件的先后关系时有足够的精度，设计高精度的时钟同步机制是传感器网络设计和应用中的一个技术难点。普遍认为，考虑精简 NTP(Network Time Protocol)协议的实现复杂度，将其移植到传感器网络中来应该是一个有价值的研究课题。

**6. 数据融合**

传感器网络为了有效地节省能量，可以在传感器节点收集数据的过程中，利用本地计算和存储能力将数据进行融合，取出冗余信息，从而达到节省能量的目的。数据融合可以在多个层次中进行。在应用层中，可以应用分布式数据库技术，对数据进行筛选，达到融合效果。在网络层中，很多路由协议结合了数据融合技术，以减少数据传输量。MAC 层也能减少发送冲突和头部开销来达到节省能量的目的。当然，数据融合是以牺牲延时等代价来换取能量的节约。

# 7.6 传感器网络系统设计与开发

## 7.6.1 无线传感器网络系统设计基本要求

**1. 系统总体设计原则**

无线传感器网络的载波媒体可能的选择包括红外线、激光和无线电波。为了提高网络的环境适应性，所选择的传输媒体应该是在多数地区内都可以使用的。红外线的使用不需要申请频段，不会受到电磁信号干扰，而且红外线收发器价格便宜。激光通信保密性强、速度快。但是红外线和激光通信的一个共同问题是要求发送器和接收器在视线范围之内，这对于节点随机分布的无线传感器网络来说难以实现，因而使用受到了限制。在国外已经建立起来的无线传感器网络中，多数传感器节点的硬件设计多基于射频电路。由于使用 9.2MHz、2.4GHz 及 5.8GHz 的 ISM 频段不需要向无线电管理部门申请，所以很多系统采用 ISM 频段作为载波频率。

节点的设计方法主要有两种：一种是利用市场上可以获得的商业元器件构建传感器节点，如围绕 TinyOS 项目所设计的系列硬件平台；另一种方法是采用 MEMS(微机电与微系统)和集成电路技术，设计包含微处理器、通信电路、传感器等模块的高度集成化传感器节点，如智能尘埃(Smart Dust)、无线集成网络传感器(WINS)等。通过对无线传感器网络节点的制作工艺及各种不同场合下的应用分析，总结了以下几个方面的基本设计原则。

(1) 节能是传感器网络节点设计最主要的问题。无线传感器网络要部署在人们无法接近的场所，而且不常更换供电设备，对节点功耗要求就非常严格。在设计过程中，应采用合理的能量监测与控制机制，功耗要限制在几十毫瓦甚至更低数量级。

(2) 成本的高低是衡量传感器网络节点设计好坏的重要指标。传感器网络节点通常大量散布，只有低成本才能保证节点广泛使用。这就要求无线传感器节点的各个模块的设计不能特别复杂，否则不利于降低成本。

(3) 微型化是传感器网络追求的终极目标。只有节点本身足够小，才能保证不影响目标系统环境；另外，在战争侦查等特定用途的环境下，微型化更是首先考虑的问题之一。

(4)可扩展性也是设计中必须考虑的问题。节点应当在具备通用处理器和通信模块的基础上拥有完整、规范的外部接口，以适应不同的组件。

**2. WSN 路由协议设计要求**

对于传感器网络的特点与通信需求，网络层需要解决通过局部信息来决策并优化全局行为(路由生成与路由选择)的问题，其协议设计非常具有挑战性。在设计过程中需主要考虑的因素有节能(Energy efficiency)、可扩展性(Scalability)、传输延迟(Latency)、容错性(Faultto lerance)、精确度(Accuracy)和服务质量(QoS )等。由于 WSN 资源有限且与应用高度相关，应该采用多种策略来设计路由协议。根据上述因素的考虑和对当前的各种路由协议的分析，在 WSN 路由协议设计时一般应遵循以下一些设计原则。

(1) 健壮性：是路由协议应具备的基本特征。在 WSN 中，由于能量限制、拓扑结构频繁变化和环境等因素的干扰，WSN 节点易发生故障，因此应尽量利用节点易获得的网络信息计算路由，以确保在路由出现故障时能够尽快得到恢复，还可以采用多路径传输来提高数据传输的可靠性。路由协议具有健壮性可以保证部分传感器节点的损坏不会影响到全局任务。

(2) 减少通信量来降低能耗：由于 WSN 中数据通信最为耗能，因此应在协议中尽量减少数据通信量，例如，可在数据查询或数据上报中采用某种过滤机制，抑制节点传输不必要的数据；采用数据融合机制，在数据传输到 Sink 点前就完成可能的数据计算。

(3) 保持通信量负载平衡：通过更加灵活地使用路由策略让各个节点分担数据传输，平衡节点的剩余能量，提高整个网络的生命周期。例如，可在层次路由中采用动态簇头；在路由选择中采用随机路由而非稳定路由；在路径选择中考虑节点的剩余能量等。

(4) 路由协议应具有安全机制：由于 WSN 的固有特性，路由协议通过广播多跳的方式实现数据交换，其路由协议极易受到安全威胁，攻击者对未受到保护的路由信息可进行各种形式的攻击。传统 Ad-Hoc 网络的安全通信大多是基于公钥密码的，但公钥密码的通信开销较大，不适合在资源受限的 WSN 中使用。

(5) 可扩展性：随着节点数量的增加，网络的存活时间和处理能力增强。路由协议的可扩展性可以有效地融合新增节点，使它们参与到全局的应用中。

**3. 评价指标体系**

在系统一级，主要的评价指标包括采样效率和寿命、应用空间覆盖性、响应时间和时间精度、易实施性和成本、安全性等。节点一级主要评价指标包括功率、灵活性、鲁棒性、安全性、计算和通信能力、同步性能，以及成本和体积等，其中功耗和通信能力是决定性的指标。下面对几个主要的无线传感器网络性能的评价标准作简要说明。

(1) 能源有效性：指该网络在有限的能源条件下能够处理的请求数量。能源有效性是无线传感器网络的重要性能指标。

(2)生命周期：指从网络启动到不能为观察者提供需要的信息为止所持续的时间。

(3)时间延迟：指当观察者发出请求到其接收到回答信息所需要的时间。

(4)感知精度：指观察者接收到的感知信息的精度、传感器的精度、信息处理方法、网络通信协议等都对感知精度有所影响。

(5)容错性：由于环境或其他原因，维护或替换失效节点是十分困难的。因此 WSN 的软、硬件必须具有很强的容错性，以保证系统具有高强壮性。

(6)可扩展性：表现在节点数量、网络覆盖区域、生命周期、时间延迟、感知精度等方面的可扩展极限。给定可扩展性级别，传感器网络必须提供支持该可扩展性级别的机制和方法。

## 7.6.2 无线传感器网络的实现方法

无线传感器节点一般通过电池供电，硬件结构简单，通信带宽小，点到点的通信距离短，所以工作时间有限及通信距离短成为无线传感器网络的两个主要瓶颈。下面详细介绍无线传感器网络的实现方法。

**1. 系统总体方案**

系统由基站节点、传感器节点和上位机组成。节点硬件主要包括 7 部分：处理器(MSP430F149)、Si4432 射频收发模块、电源管理模块、串口通信模块、JTAG 下载模块、传感器接口模块和 E2PROM 存储模块。基站节点没有传感器模块，传感器节点没有串口通信模块。基站节点由上位机 USB 接口供电。传感器节点使用 2 节 5 号电池供电。采用 TPS61200 作为电源管理器，只要电池电压在 0.2～5V 范围内，系统即可正常工作，大大地延长了电池的使用时间。为了调试方便，在节点上增加了拨码开关和 LED 信号指示灯。整个系统软件由上位机处理软件、基站节点软件、传感器节点软件三部分组成。在传感器节点软件设计上充分考虑了低功耗节能问题，因为它的能量主要消耗于无线射频模块，因此在组网时尽量使 Si4432 的输出能量设定为最小，且在没有收发信息时工作在睡眠模式，即等待唤醒模式。

**2. 自组织协议设计**

在协议中，通过定义数据包的格式和关键字来实现节点的自组织。

(1) 协议格式

自组织协议格式如图 7.8 所示。

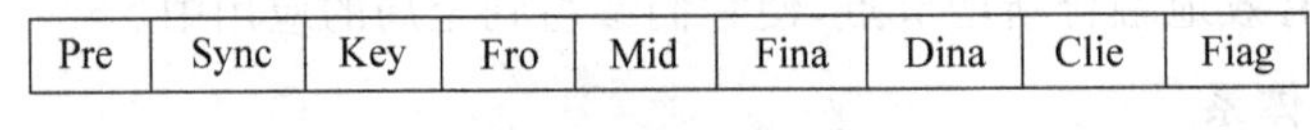

| Pre | Sync | Key | Fro | Mid | Fina | Dina | Clie | Fiag |
|---|---|---|---|---|---|---|---|---|

图 7.8 自组织协议格式

其中，Pre 表示前导码，这些字符杂波不容易产生，通过测试和试验发现，噪声中不容易产生 0x55 和 0xAA 等非常有规律的信号，因此前导码采用 0x55AA。Sync 表示同步字，在前导码之后，本系统设定的同步字为 2B，同步字内容为 0x2DD4，接收端在检测到同步字后才开始接收数据。Key 表示关键字，高 6 位用来表示目标地址的级别，接收节点会根据高 6 位决定数据的去向（比本级节点大则向下级节点传，小则反之，如果相等则判断目标地址是否为本节点地址，是则直接向目标表地址发送，否则向上级发送节点回复重发应答）；低 2 位用来区分各种情况下的数据（命令信号、组网信息、采集信息、广播信息）；接收节点会根据这些关键字低 2 位分别进入不同的数据处理单元。Fro 表示源地址，是发送数据的节点地址；Mid 表示接收信息的中转节点地址；Fina 表示数据的目标地址；除广播信息外，每个信息都有唯一的源地址和目标地址；Data 表示有效数据，这些数据随着关键字（Key）的不同而采用不同的格式，可携带不同的信息；Che 表示检验位，说明采用何种校验方式（校验和还是 CRC 校验），可避免接收错误的数据包；Flag 表示数据包的结束标志位。Si4432 内部集成有调制/解调、编码/解码等功能，从而 Pre、Sync 和 Che 都是硬件自动加上去的，用户只需设定数据包的组成结构和部分结构的具体内容（如前导码和同步字）。

（2）自组织算法

网络由一个基站和若干个传感器节点组成，基站上电初始化后就马上进入低功耗状态（Si4432 射频模块处于睡眠状态）；传感器节点随机地部署在需要采集信息的区域内，上电初始化后开始组网。首先发送请求基站分配级别的命令，若收到基站应答则定义为一级并把自身信息（包括地址、级别等）发给基站；反之，若发送次数达到设定值，则向周围节点发送广播信号，通过周围节点应答信息整理得出自身的网络级别，并向周围节点及基站发送自身信息。如果还是未能分配到级别，则延时等待其他节点分配好级别后重新请求入网。每个入网的传感器节点都保存有周围节点（上级、同级、下级节点）信息（级别及对应的地址），最后就形成了网络拓扑结构。自组织算法流程图如图 7.9 所示。

**3. 节点硬件设计**

传感器节点要求低功耗、体积小，因此选用的芯片都是集成度高、功耗低、体积小的芯片，其他器件基本上采用贴片封装。节点硬件框图如图 7.10 所示。

本设计中 MCU 采用 TI 公司生产的一种混合信号处理器 MSP430F149，其内部资源丰富，具有两个 16 位定时器、一个 14 路的 12bit 的模数转换器、6 组 I/O、一个看门狗、两路 USART 通信端口等；因此节点的外部电路非常简单，并且还具有功耗超低的突出特点，当工作频率为 1MHz、电压为 2.2V 时全速工作电流仅为 280$\mu$A，待机状态下电流低至 1.6$\mu$A。它的工作电压范围为 1.8～3.6V，非常适合应用于电池供电的节能系统中。

Si4432 芯片是 SiliconLabs 公司推出的一款高集成度、低功耗、宽频带 EZRadioPRO 系列无线收发芯片。其工作电压 1.8～3.6V，可工作频率范围为 240～930MHz；内部集成分集式天线、功率放大器、唤醒定时器、数字调制解调器、64B 的发送和接收数据 FIFO 以及可配置的 GPIO 等。Si4432 在使用时所需的外部元件很少，1 个 30MHz 的晶振、几个电容和电感就可组成一个高可靠性的收发系统，设计简单且成本低。预留了大量外接传感器接口，外接传感器的信号能以中断方式唤醒节点。

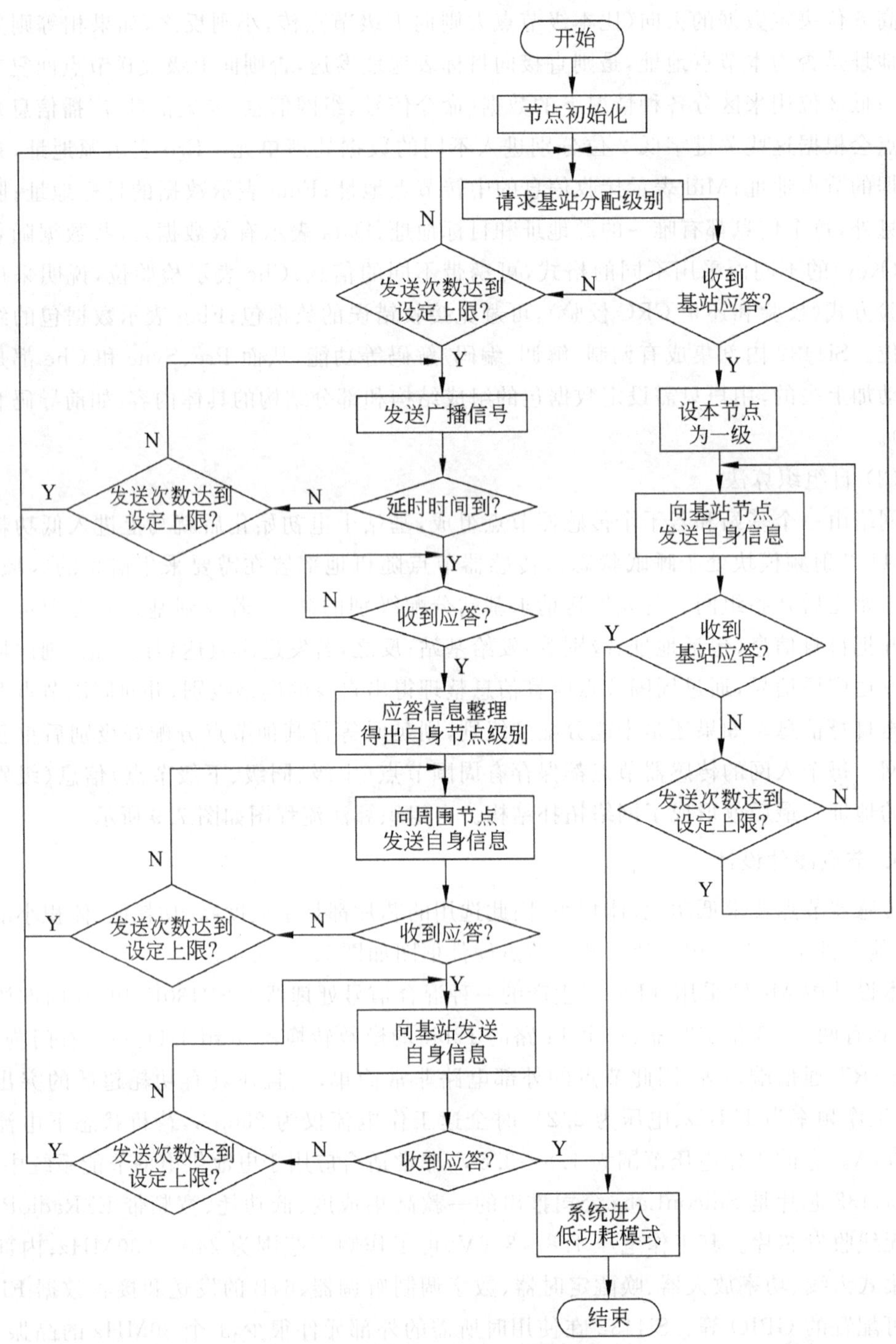


图 7.9 自组织算法流程图

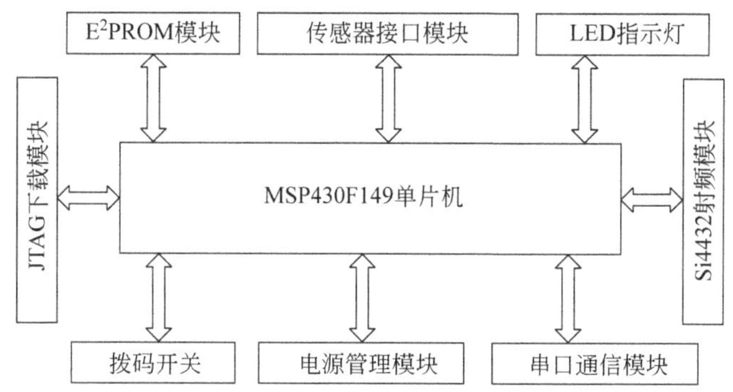


图 7.10 节点硬件框图

**4. 系统软件设计**

本系统软件设计注重低功耗、数据采集实时性、系统稳健性及可靠性，在低功耗设计中采用智能控制策略，让系统需要工作时处于全速工作模式，其他时刻处于低功耗模式。数据采集实时性设计中关键是路由选择，主要依据是跳数最少、路径最短原则(兼顾能量优先原则)。系统稳健性设计部分，当传感器节点因能量耗尽或其他原因不能工作或者有新的传感器节点请求加入网络时，整个网络会马上重新组网，形成新的网络拓扑结构。在系统可靠性设计中采用看门狗等技术增强系统抗干扰能力。系统软件结构如图 7.11 所示。

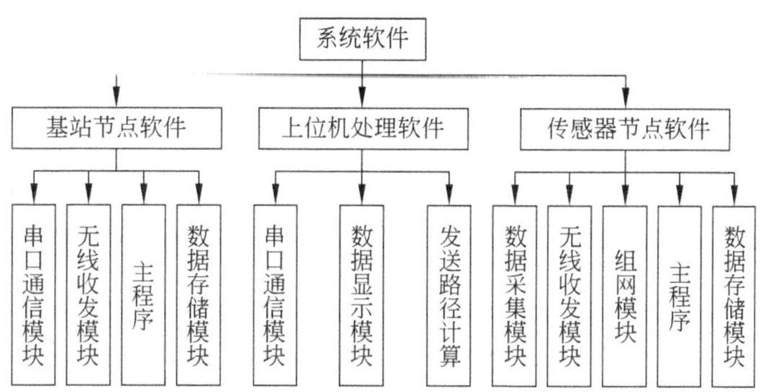


图 7.11 系统软件结构

(1) 基站软件

基站节点通过上位机 USB 供电所以一直工作在全速状态，加快了对外部的响应速度。上电初始化后，根据中断程序中的标志位值对获得的信息进行相应处理，处理完后把标志位置零，循环执行此操作。基站节点通过串口与上位机相连；因此外部事件包括串口中断事件和接收到数据中断事件。

为了防止串口通信过程中丢失数据，软件设计上加了握手协议。当基站节点每发送一个数据包给上位机时，上位机都会向基站节点发送应答信号，直到数据包发送给上位机。上位机接收到数据包后，马上进入中断处理，处理完后把相应标志位置 1，通过主程序做进一步处理。

(2) 传感器节点软件

传感器节点主程序主要是实现组网，当节点上电初始化后设定发射功率为最小，请求入网。如果入网不成功，则加大发射功率，继续请求入网。经试验证实，发射功率越小，电池的使用寿命就越长。入网成功后，保存入网信息，并马上进入低功耗状态，同时使用外部接收数据中断和定时器采集中断。程序流程图分别如图 7.12 和图 7.13 所示。数据发送放在定时中断程序里完成。

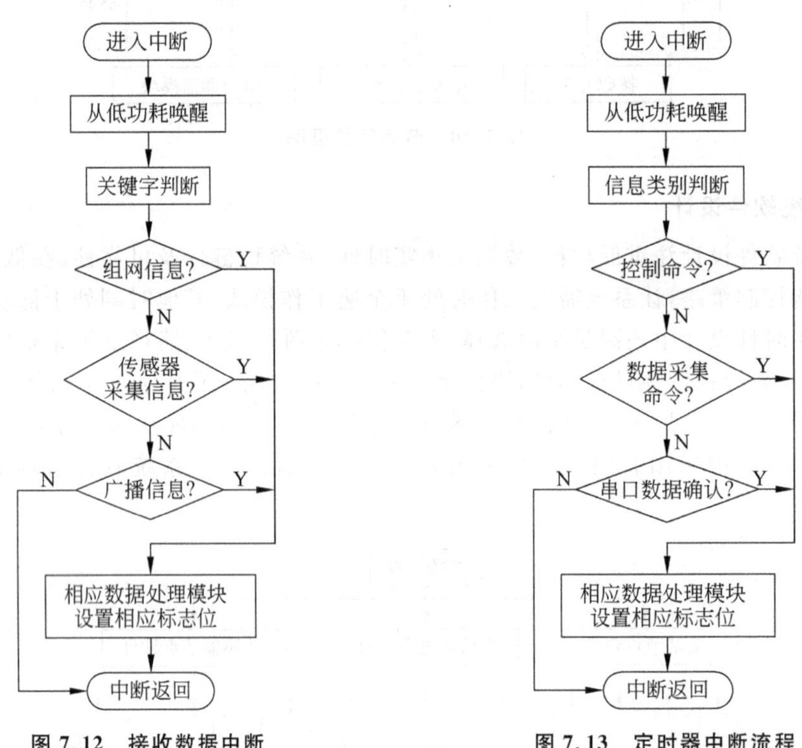


图 7.12　接收数据中断　　　　图 7.13　定时器中断流程

当多个传感器节点同时发送数据时，则会出现争抢信道的现象。为了避免多个传感器节点同时与某个传感器节点通信造成数据丢失，软件上采用一定的退避机制。一方面，利用射频芯片 Si4432 的载波侦听信号来产生随机延时，以避免同时发送信号；另一方面，当一个传感器节点与某个传感器节点建立了通信通道时，其他发送数据的节点会增加发射数据的次数。

(3) 上位机软件

上位机主要功能有发送重组网命令、向任意传感器节点发送采集信息命令、建立良好的人机界面用于观察传感器采集来的信息、帮助基站节点处理数据减轻基站的负担等。

采用 MSP430F149 作为处理器，Si4432 作为无线收发器，利用它们的高集成度、超低功耗等优势设计了一种无线传感器网络系统。该系统节点上电后会自行组网，当向网络加入新节点或移除某个节点时系统会重新组网，并且不会对系统通信产生毁坏性影响。系统节点最多可达 256 个，覆盖范围广。Si4432 的缓冲寄存器为 64KB，一次性可发送接收信息量可多达 62KB。基站节点通过串口跟上位机相连，在上位机建立良好的人机界

面可以观察每个传感器采集来的信息，并且可以控制每个节点的工作状态。本系统已在实际中成功应用。

## 7.6.3　车载无线传感器网络监测系统

### 1. 系统设计方案

本系统在现有的车载系统上，将数据传输的方式扩展为无线传输方式，实现一个星状网络的数据采集系统。本系统能分别将各个数据采集节点的所获得的数据传输到网关，网关通过串口将数据上传到主机上，在主机中实现数据的实时波形显示，并以数据库的方式加以保存，供后续数据处理。该采集系统的应用对象由温度传感器、油压传感器、转速传感器、速度传感器、电流传感器、压力传感器等传感器子系统所组成。这样设计的目的是用一个监控主机端来检测多个待测目标环境，考虑到接入的数据吞吐量和软件系统的复杂程度，采用时分复用的方式，逐个对网内的终端采集点进行控制采集。

如图 7.14 所示，该车载系统分 3 个部分：车载监控中心、车载网关和车载传感器节点。车载网关是整个车载系统的核心，可以和所有的车载传感器节点通信。车载监控中心可以向车载网关发出控制命令，由车载网关将控制命令转换为射频信号后发送给车载传感器节点。当车载传感器节点发送数据时，车载网关进入数据接收状态，并将数据上传到车载监控中心作进一步处理。此外，车载传感器节点之间不能互相通信。监控中心的监控软件与车载网关之间以 RS-232 的接口标准进行通信。

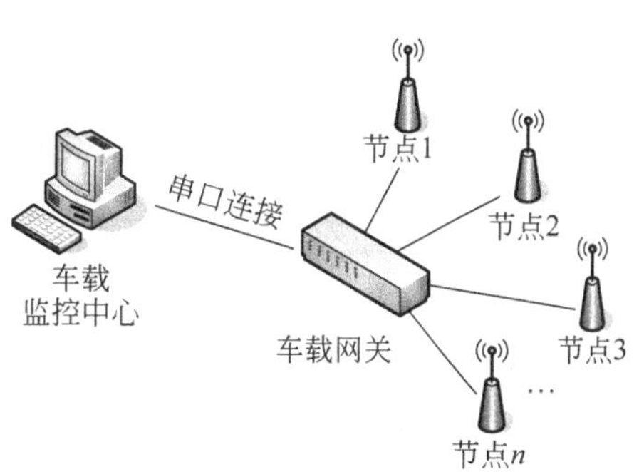


**图 7.14　系统总体结构图**

车载传感器节点的生命周期由活跃期和休眠期构成。节点在活跃期完成数据采集，向网关发送数据，接收并执行网关命令；在休眠期关闭无线射频模块以节省能量，直到下一个活跃期来临。系统通过这种休眠机制来减少系统的能量消耗，延长系统整体寿命。

本系统用 PC 作为监控中心，PC 上的监控软件在 VB 环境下开发，是一个基于对话框的应用软件。为了提高通信传输模块的智能化水平，在设计中，它的功能不限于数据的实时显示，所有的数据采集由监控软件通过发送请求信号的方式触发。考虑到原始数据需要进行后续的处理与深入的分析，才能对车载系统的状况进行准确的判定，软件中还添加了数据文件形式的保存与数据文件回显功能。

总体上来讲，整个网络的所有节点都受控于主机监控软件，工作过程中网络的每一个节点都不需要人为的参与。

### 2. 系统硬件设计

(1) 应用芯片介绍

Freescale 公司的 MC13192 符合 IEEE 802.15.4 标准，工作频率是 2.405～2.480GHz，数据传输速率为 250Kbps，采用 0-QPSK 调试方式。这种功能丰富的双向 2.4GHz 收发

器带有一个数据调制解调器,可以在ZigBee技术应用中使用。它还具有一个优化的数字核心,有助于降低MCU处理功率,缩短执行周期。

主控MCU选用Freescale公司HCS08系列的低功耗、高性能微处理器MC9S08GB60。该处理器具有60 KB的应用可编程Flash、4KB的RAM、8通道的10位ADC、2个异步串行通信接口(SCI)、1个同步串行外部接口(SPI)以及I2C总线模块,完全能够满足车载网关和节点对处理器的要求。

(2) MCl3192与MC9S08GB60的硬件连接

MC13192与MC9S08GB60的硬件连接如图7.15所示。MC13192的控制和数据传送依靠4线串行外设接口(SPI)完成,其4个接口信号分别是MOS-I、MISO、$\overline{\text{CE}}$、SPICLK。主控MCU通过控制信号$\overline{\text{ATTN}}$退出睡眠模式或休眠模式,通过$\overline{\text{RST}}$来复位收发器,通过RXTXEN来控制数据的发送和接收,或者强制收发器进入空闲模式。由传感器输出的模拟信号经过MCU的8通道10位ADC转换后输入到MCU。MCU通过SPI口进行MC13192的读写操作,并把传感器采集的信号经过处理后通过MC13192发射出去。MC13192的中断通过IRQ引脚和中断寄存器来判断中断类型。MC908GB60通过$\overline{\text{ATTN}}$、RXTXEN、$\overline{\text{RST}}$引脚来控制MC13192进入不同的工作模式。对传感器的控制信号可以从MC13192的天线接收进来,通过SPI传送到MCU上,经过MCU的判断处理后通过GPIO口传送到传感器上,完成对传感器的控制。同时,MCU完成MC13192收发控制和所需要的MAC层操作。

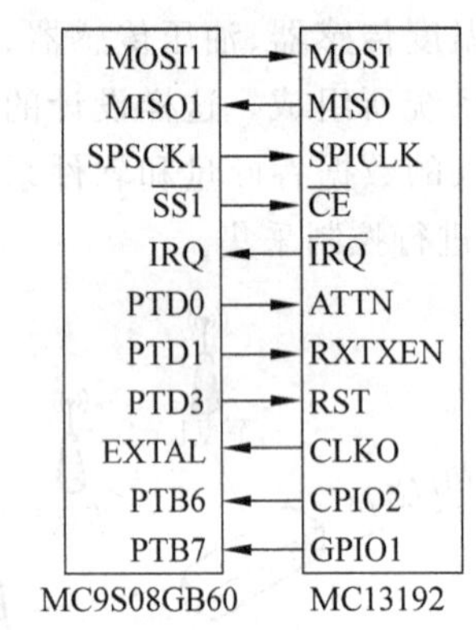


**图7.15 MC13192与MC9S08GB60的连接**

**3. 系统软件设计**

(1) 软件整体设计

软件设计是本设计的核心,关键在于软件的总体架构和数据结构的设计。着重要考虑的因素一个是效率,另一个是设计的清晰性。

车载系统软件由网关节点与传感器节点两大部分组成,这两部分都需要完成SMAC协议的移植,并根据不同需要为上层通信应用提供API接口函数。因为SMAC协议栈编程模型采用层次设计,只有底层的PHY和MAC程序层与硬件相关,而网络层和应用层程序则不受硬件影响。SMAC在不同硬件平台的移植只需修改PHY和MAC层,其上各层可以屏蔽硬件差异直接运行。

如图7.16所示,本设计把软件分为系统平台层、协议层和应用层3层。同时,定义了3个API接口:系统层接口、协议层接口和应用层接口。系统层接口定义了硬件的寄存器映射,这样C语言就能直接访问硬件寄存器来控制硬件。系统平台层建立在μC/OS-Ⅱ实时操作系统上,为协议层提供系统服务。硬件驱动模块提供硬件驱动程序,所有对硬件的控制都通过该模块提供的服务。系统平台层通过协议层接口为协议层提供服务。协议层则实现了基于IEEE 802.15.4的物理层和链路层以及基于ZigBee的网络层协议。

应用层通过应用层接口来调用协议层提供的服务,实现网络的管理和数据传输等任务。应用配置模块既会调用协议层提供的网络服务,也会直接对系统进行配置和查询,这主要是通过AT指令来实现的,因此该模块会调用应用层接口和协议层接口提供的服务。

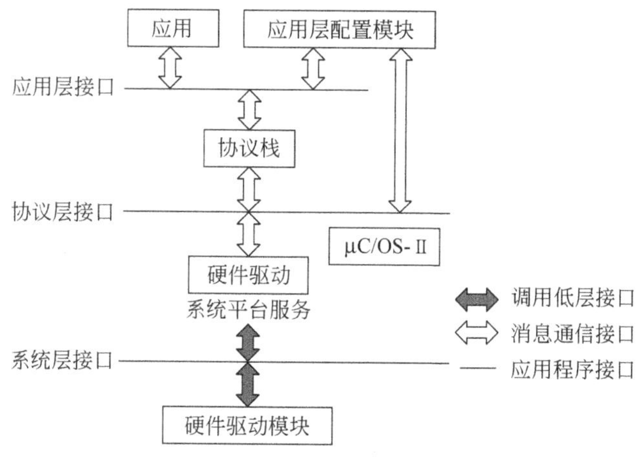


图7.16 软件总体结构

(2) 传感器节点软件设计

基于系统长期使用的功能需求,传感器节点中软件设计的关键是既能实现所需的功能,又能最大限度地减少传感器节点的能耗。

通过测试发现,ZigBee模块的能耗要远远大于中央处理器和传感模块的能耗。因此,传感器节点应用软件的设计既要尽量使各模块处于休眠状态,又要尽量减少唤醒ZigBee模块的次数。因此,在传感器节点上电各功能模块初始化完成并加入了网络后,即进入休眠状态,中央处理器周期地被定时唤醒向网关发送数据,并接收网关的命令。传感器节点的工作流程如图7.17所示。

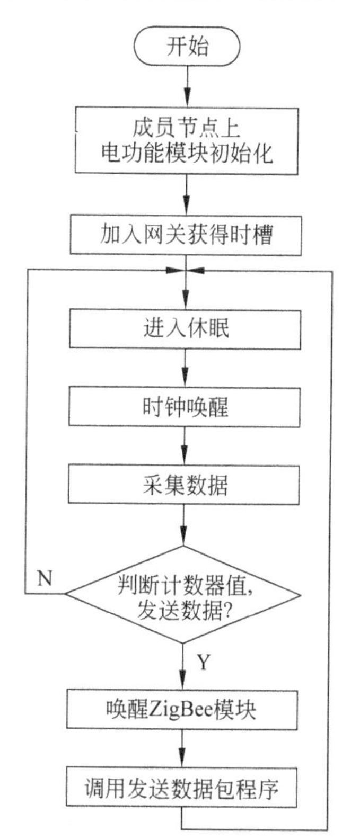


图7.17 传感器节点的工作流程

(3) 网关节点软件设计

车载网关向下管理传感器节点,向上完成和PC监控中心的交互,需要进行复杂的任务管理和调度。因此,采用基于μC/OS内核的嵌入式操作系统管理整个网关,为应用任务的高效运行提供良好的软件平台支撑。根据网关的功能需求,将μC/OS-Ⅱ、SMAC协议有机的结合,构成一个网络化的操作环境,用户可以方便地在其基础上开发应用程序。基于μC/OS-Ⅱ扩展的网关软件平台结构如图7.18所示。基于μC/OS-Ⅱ操作系统,分别构建系统任务SYS_task()、SMAC星型组网任务START_task()、网关和传感器节点交互任务COMM_task()、PC监控中心端口监听任务SER_task()等一系列应用任务,从而实现网关软件的应用功能。

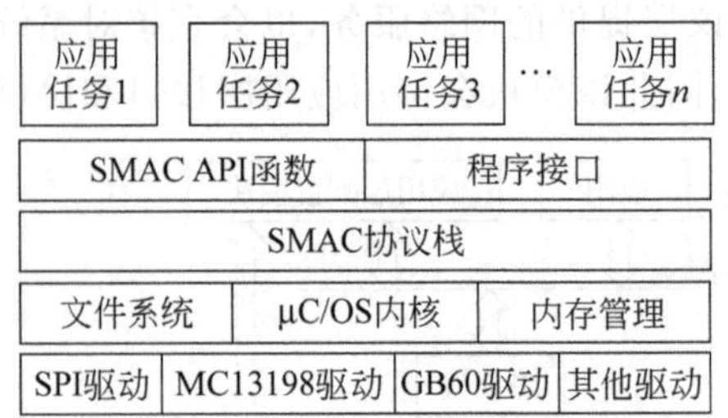


**图 7.18 网关软件平台结构**

(4) 主机监控软件的设计

本系统最终目的是将采集到的车载传感器数据实时地传送到主机,并在主机中得到显示和保存。显示的目的是获得被车载传感器节点所监控环境的初步情况,保存的目的是作为深入分析的数据样本。除此以外,作为整个系统的主控方和数据采集请求的发起者,需要能够按照要求发送数据请求信号。根据以上要求,在 VB 环境下开发了一个基于对话框的应用程序。这个应用程序包括了 4 个模块。

① 实时数据显示波形模块。该模块的作用是将节点的数据以波形的形式实时地进行显示,实现的方式是利用 MSChart 和 Timer 控件。

② 拓扑显示模块。当用户希望了解无线传感器网络的拓扑构建情况时,可以查看拓扑信息栏,了解网络中节点的加入和丢失情况。

③ 历史数据显示模块。在车载网络系统运行到一定时期,可能需要对过去某一段时间的原始数据进行后续的处理与深入的分析,以便对车载系统的状况进行准确的判定。借助历史数据显示模块,可以将监控中心从车载网关中得到的数据,按照不同节点的属性、地址和时间分别保存到数据库的相应字段中,并可以通过波形图的方式将历史数据显示出来,供用户分析。

④ 控制模块。在车载系统运行过程中可能关心某一个车载传感器节点的数值,或者需要对某一个传感器进行阈值设置,以便待监测的环境出现异常情况可以及时地报告给系统。这些都可以通过控制模块对系统进行相应的设置,控制模块还可以对系统中的某个不需要的节点进行删除操作。

总之,通过主机监控软件用户可以直观且多方面地对通用无线传感器网络系统进行了解和使用。

## 7.7 物联网无线通信应用实践

### 7.7.1 实践一:点对点无线通信

在 UP-CUP IOT-6410-Ⅱ 实验平台上,使用 IAR 开发环境设计程序,利用 2 个 CC2430 ZigBee 模块实现点对点无线通信。

**1. 硬件接口原理**

ZigBee(CC2430)模块 LED 硬件接口如第 6 章的图 6.25 所示。

ZigBee(CC2430)模块硬件上设计有 2 个 LED 灯,用来编程调试使用,分别连接 CC2430 的 P1_0、P1_1 两个 I/O 引脚。从原理图上可以看出,2 个 LED 灯共阳极,当 P1_0、P1_1 引脚为低电平时,LED 灯点亮。

**2. 软件设计**

(1) 软件流程图

P2P 软件流程图如图 7.19 所示。

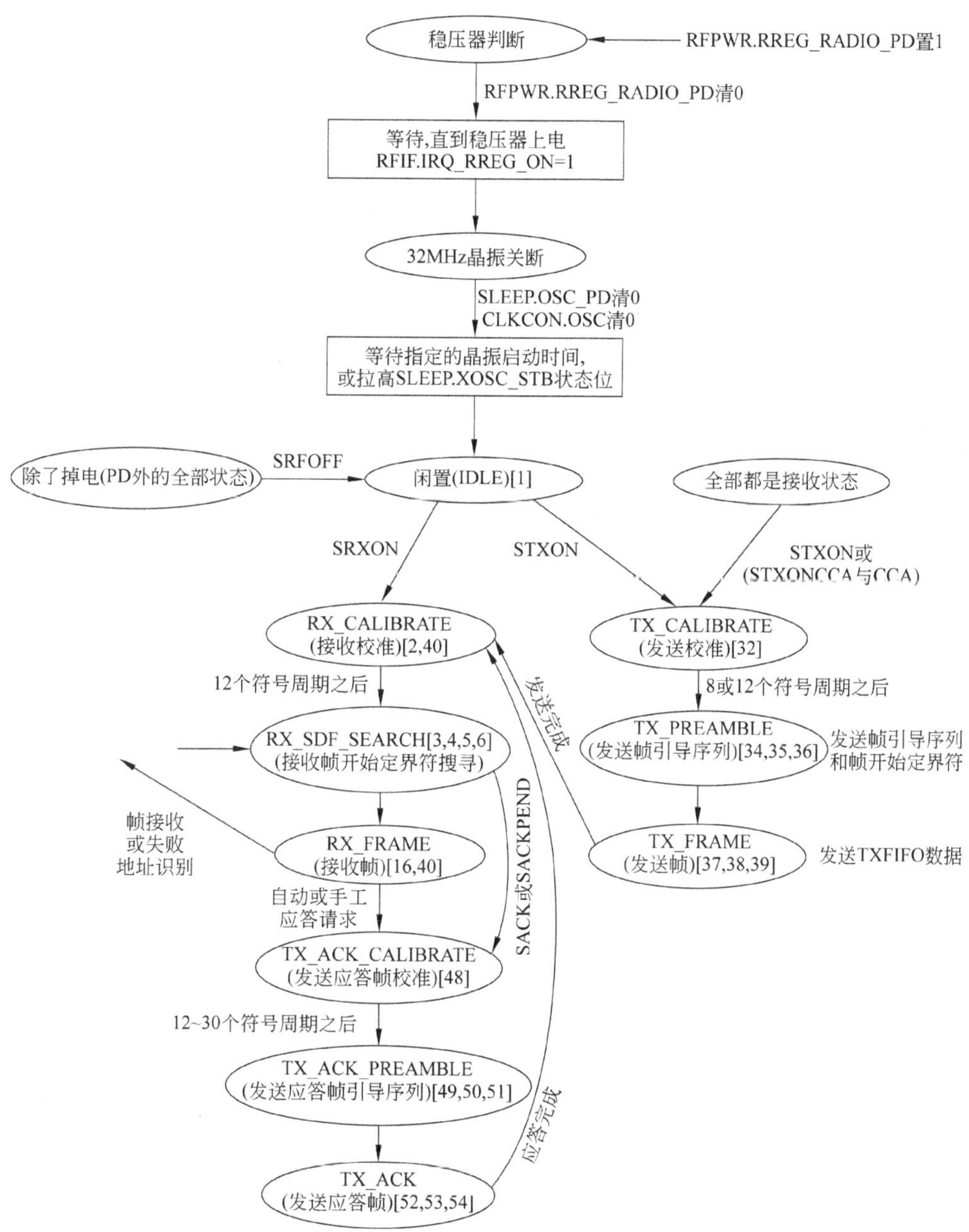


**图 7.19　P2P 软件流程图**

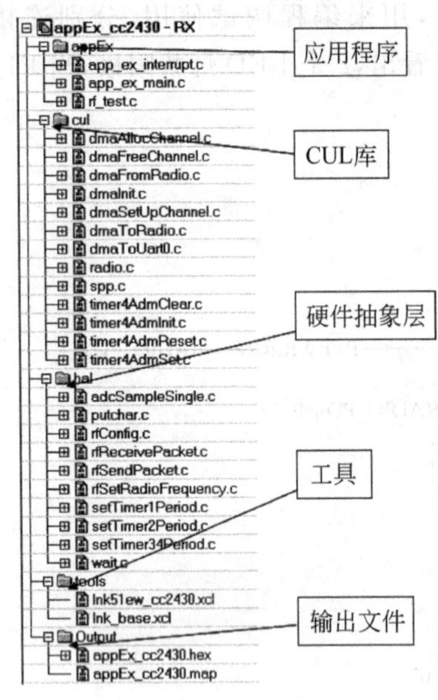


图 7.20 工程目录树

(2) 协议栈目录

工程目录树如图 7.20 所示。

(3) 关键函数分析

① 射频初始化函数：BOOL sppInit（UINT32 frequency，BYTE address）

功能描述：初始化简单的数据包装协议 Simple Packet Protocol（SPP），从 DMA 管理器申请两个 DMA 通道，用于分别从 Rx FIFO 和 Tx FIFO 传输数据。定时器 4 管理器同样被设置，这个单元用于在数据包发送后接收器在一定时间内没有返回应答时产生中断。无线部分配置为发送，工作在特定的频率，在发送时自动计算、插入和检查 CRC 值。

参数描述：UINT32 frequency 为 RF 的频率（kHz）；BYTE address 为节点地址。

返回：配置成功返回 TRUE，失败返回 FALSE。

② 发送数据包函数：BYTE sppSend（SPP_TX_STRUCT * pPacketPointer）

功能描述：发送 length 字节的数据（最多 122），标志，目的地址，源地址在 Tx DMA 通道传送有效载荷到 Tx FIFO 前插入，如果期望应当，设置相应的标志。

参数：SPP_TX_STRUCT * pPacketPointer 为发送数据包头指针。

返回：发送成功返回 TRUE，失败返回 FALSE。

③ 接收数据函数：void sppReceive（SPP_RX_STRUCT * pReceiveData）

功能描述：这个函数能接收 128 字节，包括头和尾。接收数据通过 DMA 传输到 pReceiveData。DMA 装备同时接收开启。接收数据将触发 DMA，当所有的数据包接收并且移走，DMA 产生一个中断同时运行以前定义的函数 rxCallBack。

参数：SPP_TX_STRUCT * pPacketPointer 为接收数据包头指针。

返回：无。

源码实现：

```
//app_ex_main.c
void main(void)
{
    SET_MAIN_CLOCK_SOURCE(CRYSTAL);        //初始化时钟 选择 32MHz 晶振
    RFPWR=0x04;                            //无线电供电
    while(RFPWR & 0x10);                   //等待稳压器稳定
    initUART();                            //初始化串口
    rf_test_main();                        //进入无线程序
}

//rf_test.c
/* This file provides 4 small tests which demonstrates use of the radio. */
```

```
#include "ioCC2430.h"
#include "cul.h"
#include "hal.h"
#include "RF04EB.h"
#define ADDRESS_0 0x01
#define ADDRESS_1 0x02
#define SEND        0
#define RECEIVE     1
#define SINGLE      0
#define CONTINUOUS  1
#define PING_PONG   2
#define PER_TEST    3
#define EXIT        4
#define RECEIVE_TIMEOUT                800
#define PING_PONG_TIMEOUT              1200
#define PING_PONG_REQUEST              0x80
#define PING_PONG_RESPONSE             0x40
#define PER_RECEIVE_TIMEOUT            10000
#define PER_TOTAL_PACKET_NUMBER        1000
#define PER_TEST_REQUEST               0x20
void initRfTest(void);                                   //初始化 RF
void rf_test_main(void);
void receivePacket(UINT8 * receiveByte);
void sendPacket(UINT8 sendByte);
void receiveMode(void);                                  //接收函数
void contionuousMode(void);                              //发送函数
UINT8 RxTxState;
UINT8 myAddr;
UINT8 remoteAddr;
#ifndef RX
#define RX
#endif
void initRfTest(void)
{
    UINT32 frequency=2405000;
    INIT_GLED();
    INIT_YLED();
    radioInit(frequency, myAddr);
}

#ifdef COMPLETE_APPLICATION
void rf_test_main(void){
#else
void main(void){
#endif
    INT_GLOBAL_ENABLE(INT_ON);
#ifdef RX
    {
            myAddr=ADDRESS_0;
```

```
            remoteAddr=ADDRESS_1;
            initRfTest();
            receiveMode();
    }
#endif
#ifdef TX
    {
            myAddr=ADDRESS_1;
            remoteAddr=ADDRESS_0;
            initRfTest();
            contionuousMode();
    }
#endif
}
void contionuousMode(void)
{
    BOOL res;
    BYTE sendBuffer[]="Hello";
    while(1)
    {
        GLED=LED_OFF;
        YLED=LED_ON;
        res=radioSend(sendBuffer, sizeof(sendBuffer), remoteAddr, DO_NOT_ACK);
        halWait(200);
        YLED=LED_OFF;
        halWait(200);
        if(res==TRUE)
        {
            GLED=LED_ON;
            halWait(200);
        }
        else
        {
            GLED=LED_OFF;
            halWait(200);
        }
    }
}
void receiveMode(void)
{
    BYTE * receiveBuffer;
    BYTE length;
    BYTE res;
    BYTE sender;
    while(1)
    {
        YLED=LED_OFF;
        res=radioReceive(&receiveBuffer, &length, RECEIVE_TIMEOUT, &sender);
        //YLED=LED_OFF;
```

```
            GLED=LED_OFF;
            halWait(200);
            if(res==TRUE)
            {
                GLED=LED_ON;
                halWait(200);
            }
            else
            {
                YLED=LED_ON;
                halWait(200);
            }
        }
    }
```

程序 RX/TX 宏定义实现对收发模块的功能定义，因此编译工程时需要编译两次，一次打开 RX 宏定义，另外一次打开 TX 宏定义，分别生成映像文件下载到 ZigBee 模块中进行测试。

**3. 实验步骤**

(1) 使用配套 USB 线连接 PC 和 UP-CUP IOT-6410-Ⅱ型设备，设备上电，确保打开 ZieBee 模块开关供电。

(2) 使用 CCD_SETKEY 按键选择 ZigBee 仿真器要连接的 ZigBee 设备模块(根据 LED 指示灯判断)。

(3) 将系统配套串口线一端连接 PC，一端连接到平台上的串口(RS-232-2)上。

(4) 启动 IAR 开发环境，新建工程，将实验工程中代码复制到新建工程中。

(5) 在 IAR 开发环境中编译、运行、调试程序。注意，本工程需要编译 2 次，一次编译 RX 工程，另一次编译 TX 工程，并分别下载入 2 个 ZigBee 模块。

(6) 通信测试：依次打开 2 个分别烧写入发送和接收的 ZigBee 模块，默认 LED1 点亮，如果点对点通信开始，则 2 个 ZigBee 模块上的 2 个 LED 灯交替闪烁。

## 7.7.2　实践二：基于 Zstack 的无线组网

在 UP-CUP IOT-6410-Ⅱ实验平台上，使用 IAR 开发环境设计程序，ZStack-1.4.2-1.1.0 协议栈源码例程 SampleApp 工程基础上，实现无线组网及通信，即协调器自动组网，终端节点自动入网，并发送周期信息"HELLO"广播，协调器接收到信息后将数据通过串口发送给 PC。

**1. 硬件接口原理**

ZigBee(CC2430)模块 LED 硬件接口如第 6 章的图 6.25 所示。

ZigBee(CC2430)模块硬件上设计有 2 个 LED 灯，用来编程调试使用，分别连接 CC2430 的 P1_0、P1_1 两个 I/O 引脚。从原理图上可以看出，2 个 LED 灯共阳极，当 P1_0、P1_1 引脚为低电平时，LED 灯点亮。

**2. 软件设计**

TI的ZStack-1.4.2-1.1.0协议栈中自带了一些演示实验DEMO,存放在默认安装目录的C:\Texas Instruments\ZStack-1.4.2-1.1.0\Projects\zstack\Samples目录下,本次实验将利用该目录下的SampleApp实验工程来实现ZigBee模块的自动组网和通信。

SampleApp实验是协议栈自带的ZigBee无线网络自启动(组网)样例,该实验实现的功能主要是协调器自启动(组网),节点设备自动入网。之后两者建立无线通信,数据的发送主要有2种方式,一种为周期定时发送信息(本次实验采用该方法测试);另一种需要通过按键事件触发发送Flash信息。由于实验配套ZigBee模块硬件上与TI公司的ZigBee样板有差异,因此本次实验没有采用按键触发方式。

接下来分析发送Periodic信息流程(发送按键事件Flash流程略)。

Periodic消息是通过系统定时器开启并定时广播到group1出去的,因此在SampleApp_ProcessEvent事件处理函数中有如下定时器代码。

```
case ZDO_STATE_CHANGE:
    SampleApp_NwkState=(devStates_t)(MSGpkt->hdr.status);
    if((SampleApp_NwkState==DEV_ZB_COORD)
        ||(SampleApp_NwkState==DEV_ROUTER)
        ||(SampleApp_NwkState==DEV_END_DEVICE))
    {
      //Start sending the periodic message in a regular interval.
      osal_start_timerEx(SampleApp_TaskID,
                          SAMPLEAPP_SEND_PERIODIC_MSG_EVT,
                          SAMPLEAPP_SEND_PERIODIC_MSG_TIMEOUT);
    }
    else
    {
      //Device is no longer in the network
    }
    break;
```

当设备加入到网络后,其状态就会变化,对所有任务触发ZDO_STATE_CHANGE事件,开启一个定时器。当定时时间一到,就触发广播Periodic消息事件,触发事件SAMPLEAPP_SEND_PERIODIC_MSG_EVT,相应任务为SampleApp_TaskID,于是再次调用SampleApp_ProcessEvent()处理SAMPLEAPP_SEND_PERIODIC_MSG_EVT事件,该事件处理函数调用SampleApp_SendPeriodicMessage()来发送周期信息。

```
if(events & SAMPLEAPP_SEND_PERIODIC_MSG_EVT)
  {
    SampleApp_SendPeriodicMessage();           //周期性发送信息
    //Setup to send message again in normal period(+a little jitter)
    osal_start_timerEx(SampleApp_TaskID, SAMPLEAPP_SEND_PERIODIC_MSG_EVT,
    (SAMPLEAPP_SEND_PERIODIC_MSG_TIMEOUT+(osal_rand()& 0x00FF)));
    //return unprocessed events
    return(events ^ SAMPLEAPP_SEND_PERIODIC_MSG_EVT);
  }
```

### 3. 实验步骤

(1) 使用配套 USB 线连接 PC 和 UP-CUP IOT-6410-Ⅱ型设备，设备上电，确保打开 ZieBee 模块开关供电。

(2) 使用 CCD_SETKEY 按键选择 ZigBee 仿真器要连接的 ZigBee 设备模块(根据 LED 指示灯判断)。

(3) 将系统配套串口线一端连接 PC，一端连到平台上的串口(RS-232-2)上。

(4) 安装 TI Zstack 协议栈(配套版本 ZStack-1.4.2-1.1.0)。进入默认路径的实验工程目录，并使用 IAR 软件打开该工程 C:\Texas Instruments\ZStack-1.4.2-1.1.0\Projects\zstack\Samples\SampleApp\CC2430DB SampleAPP，工程界面如图 7.21 所示。

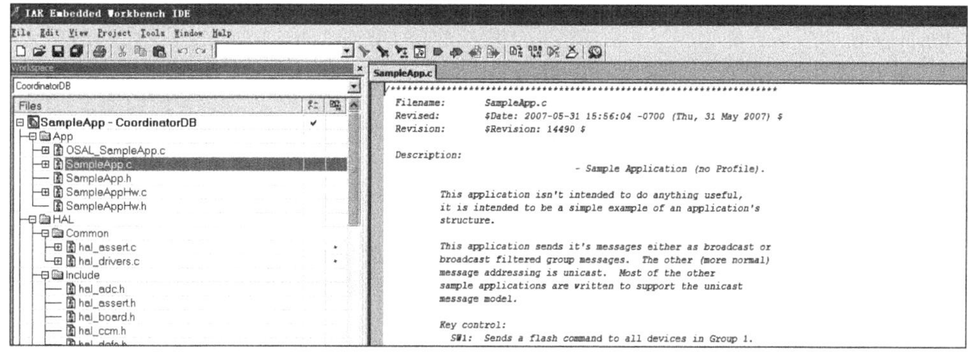

图 7.21　SampleAPP 工程界面

(5) 修改 SampleApp.c 源文件，加入串口相关代码和修改 Periodic 消息处理函数。

① 在 SampleApp_Init()函数外末尾添加串口初始化相关函数定义。

```
void UartInit(void)
{
      PERCFG=0x00;                //位置 1 P0 口
      P0SEL |=0x0C;               //P0 用作串口
      P2DIR &=~0xC0;              //P0 优先作为串口 0
      U0CSR |=0x80;               //UART 方式
      UTX0IF=0;
}
void UartTX_Send_String(char * Data,int len)
{
  int j;
  for(j=0;j<len;j++)
  {
    U0DBUF= * Data++;
    while(UTX0IF==0);
    UTX0IF=0;
  }
}
void Uart_Baud_rate(int Baud_rate)
{
```

```
switch(Baud_rate)
{
  case 384:
    U0GCR=10;
    U0BAUD=59;                    //波特率设置
  break;
  case 1152:
    U0GCR=11;
    U0BAUD=216;                   //波特率设置
  break;
  default:
  break;
 }
}
```

② 在 SampleApp_Init()函数之前加入串口相关函数的声明。

```
void UartInit(void);
void Uart_Baud_rate(int Baud_rate);
void UartTX_Send_String(char * Data,int len);
```

③ 在 SampleApp_Init()函数中的末尾加入串口初始化函数调用。

```
#if defined(LCD_SUPPORTED)
  HalLcdWriteString("SampleApp", HAL_LCD_LINE_1);
#endif
      UartInit();
      Uart_Baud_rate(384);
```

④ 修改 SampleApp_SendPeriodicMessage 函数，添加发送数据内容为“HELLO”。完整函数内容如下。

```
void SampleApp_SendPeriodicMessage(void)
{
  uint8 buffer[10];
  buffer[0]=0x00;
  buffer[1]=LO_UINT16(1000);
  buffer[2]=HI_UINT16(1000);
  buffer[3]='H';
  buffer[4]='E';
  buffer[5]='L';
  buffer[6]='L';
  buffer[7]='O';
  buffer[8]='\n';
  buffer[9]='\r';
  if(AF_DataRequest(&SampleApp_Periodic_DstAddr, &SampleApp_epDesc,
                    SAMPLEAPP_PERIODIC_CLUSTERID,     //簇 ID
                    10,                               //发送数据长度
                    buffer,                           //发送数据内容
                    &SampleApp_TransID,
                    AF_DISCV_ROUTE,
```

```
                  AF_DEFAULT_RADIUS)==afStatus_SUCCESS)
  {
  }
  else
  {
    //Error occurred in request to send.
  }
}
```

⑤ 修改周期消息处理函数 SampleApp_MessageMSGCB,完整内容如下。

```
void SampleApp_MessageMSGCB(afIncomingMSGPacket_t *pkt)
{
  uint16 flashTime;
  uint8 *pointer;
  uint8 test=0x30;
  switch(pkt->clusterId)                                //簇 ID 匹配
  {
    case SAMPLEAPP_PERIODIC_CLUSTERID:                  //周期消息处理分支
      flashTime=1000;                                   //延时 1000ms
      HalLedBlink(HAL_LED_1, 4, 50,(flashTime/ 4));     //LED1 灯闪烁指示
      pointer=&(pkt->cmd.Data[3]);                      //定位有效数据指针
      UartTX_Send_String(pointer, 7);          //向串口写收到的数据大小为 7 个字节
      break;
    case SAMPLEAPP_FLASH_CLUSTERID:
      flashTime=BUILD_UINT16(pkt->cmd.Data[1], pkt->cmd.Data[2]);
      HalLedBlink(HAL_LED_4, 4, 50,(flashTime/ 4));
      break;
  }
}
```

(6) 将修改好的工程文件分别编译成 CoordinatorDB 工程和 EndDeviceDB 工程,分别对应协调器和节点设备。选择协调器模板和工程模板的选择分别如图 7.22 和图 7.23 所示。

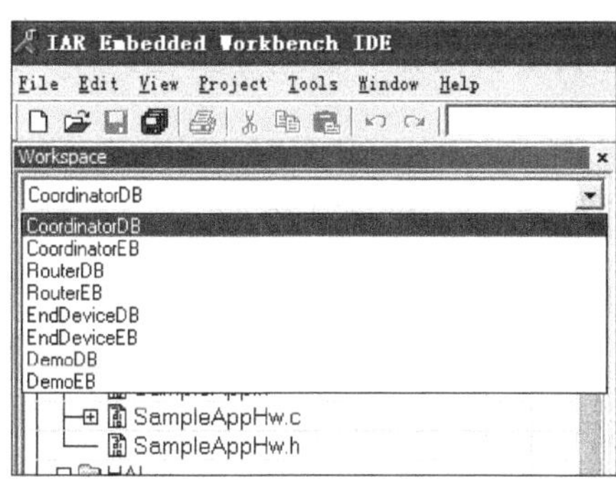


图 7.22 选择协调器模板

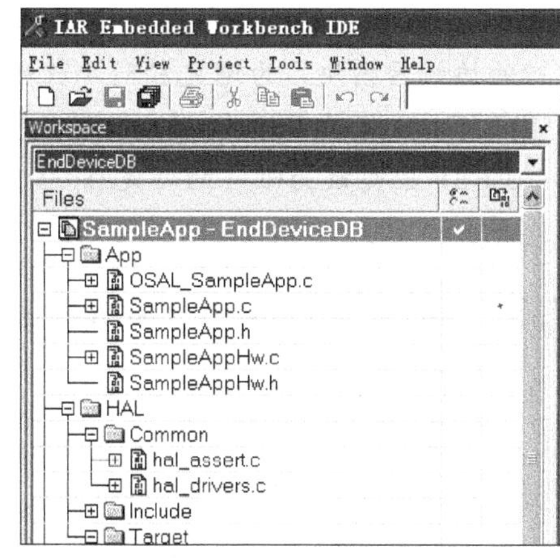


图 7.23 工程模板的选择

分别编译并下载到两个不同的 ZigBee 模块中。

首先启动协调器模块,建立网络成功后 LED2 点亮,再启动节点端 ZigBee 模块,入网成功后该模块的 LED2 也点亮。此后节点端将周期发送广播消息"HELLO"且 LED1 闪烁 4 次,协调器接收到消息后同样闪烁 4 次 LED1,且向串口发送接收过来的数据"HELLO"。此时如将 PC 串口线连接到平台 RS-232-2 的 DB9 串口上,使用 CCD_SETKEY 按键选择协调器模块,打开 PC 端串口终端软件,设置波特率为 38400,即可收到协调器发送过了的数据"HELLO",如图 7.24 所示。

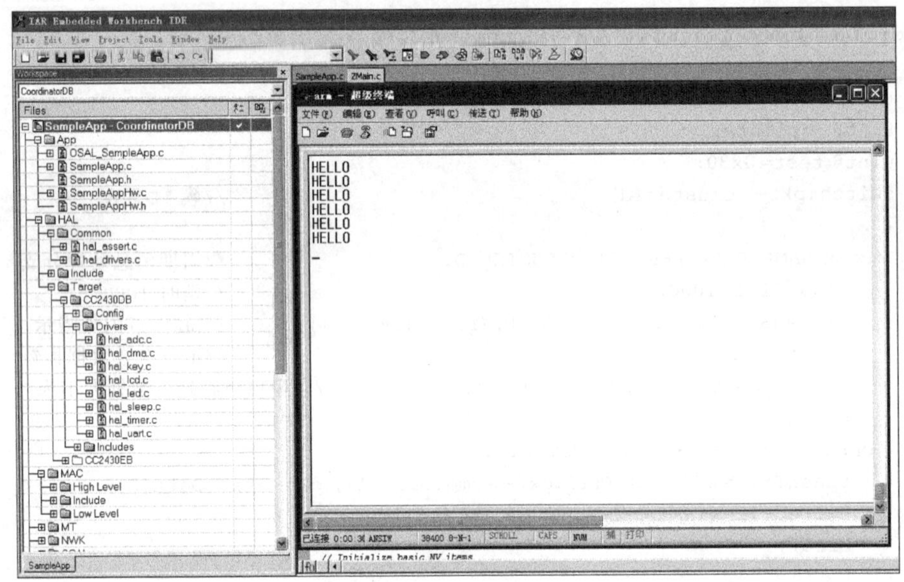


**图 7.24 实验现象**

**注**:本实验同样可以在 TI Zstack 协议栈的 SampleApp 源工程中,不做任何改动的编译、运行、下载测试,通过观察模块 LED 灯的变化,同样可以完成 ZigBee 无线网络的星状网和树状网组网实验,本次实验增加了对串口数据的处理功能,使实验现象更加直观。

此外,如果多套实验设备同时在运行此工程实验(局域网中存在多个相同工程编译出来运行的协调器模块),为避免相同工程的 ZigBee 网络间的组网冲突,需用户手动更改本工程下的 Tools 目录下的 f8wConfig.cfg 文件,将其中默认的 ZDAPP_CONFIG_PAN_ID=0xFFFF 宏更改为唯一的特定值(0~0x3FFF),重新编译下载相应工程运行。这样可以避免各个 ZigBee 网络(协调器)的冲突。

## 7.7.3 实践三:基于 Zstack 的无线数据(温湿度)传输

在 UP-CUP IOT-6410-Ⅱ实验平台上,使用 IAR 开发环境设计程序,ZStack-1.4.2-1.1.0 协议栈源码例程 SampleApp 工程基础上,实现无线组网及通信,即协调器自动组网,终端节点(附带温湿度传感器)自动入网,并采集温湿度数据广播传输,协调器接收到信息后将温湿度数据通过串口发送给 PC 显示,以此实现基于 Zstack 协议栈的数据无线透明传输。

**1. 硬件接口原理**

（1）ZigBee(CC2430)模块 LED 硬件接口

ZigBee(CC2430)模块 LED 硬件接口如第 6 章的图 6.25 所示。

ZigBee(CC2430)模块硬件上设计有 2 个 LED 灯，用来编程调试使用，分别连接 CC2430 的 P1_0、P1_1 两个 I/O 引脚。从原理图上可以看出，2 个 LED 灯共阳极，当 P1_0、P1_1 引脚为低电平时，LED 灯点亮。

（2）温湿度传感器模块硬件接口

系统配套的温湿度传感器与 ZigBee 模块的 A/D 排线相连，这样可以知道，温湿度传感器模块的时钟线与 ZigBee 模块的 P0_0 I/O 引脚相连，温湿度传感器的数据线与 P0_1 I/O 引脚相连。因此，需要在代码中将相应引脚进行输入输出控制模拟该传感器时序，来监测温湿度传感器状态。温湿度传感器硬件接口如图 7.25 所示。

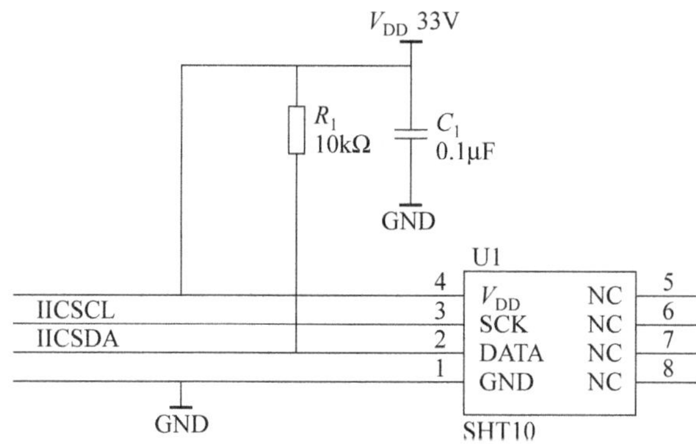


**图 7.25　温湿度传感器硬件接口**

此部分原理及代码可以参考文档前面实验有关温湿度传感器实验部分。

**2. SampleApp 实验简介**

TI 的 ZStack-1.4.2-1.1.0 协议栈中自带了一些演示实验 DEMO，存放在默认安装目录的 C:\Texas Instruments\ZStack-1.4.2-1.1.0\Projects\zstack\Samples 目录下，本次实验将利用该目录下的 SampleApp 实验工程来实现 ZigBee 模块的自动组网和温湿度数据通信。

SampleApp 实验是协议栈自带的 ZigBee 无线网络自启动(组网)样例，该实验实现的功能主要是协调器自启动(组网)，节点设备自动入网。之后两者建立无线通信，数据的发送主要有 2 种方式，一种为周期定时发送信息(本次实验采用该方法测试)，另一种需要通过按键事件触发发送 Flash 信息。由于实验配套 ZigBee 模块硬件上与 TI 公司的 ZigBee 样板有差异，因此本次实验没有采用按键触发方式。而是采用周期定时广播的方式来发送 ZigBee 节点端采集到的温湿度数据。

接下来分析发送 Periodic 信息流程(发送按键事件 Flash 流程略)。

Periodic 消息是通过系统定时器开启并定时广播到 group1 出去的，因此在 SampleApp_ProcessEvent 事件处理函数中有如下定时器代码。

```
case ZDO_STATE_CHANGE:
  SampleApp_NwkState=(devStates_t)(MSGpkt->hdr.status);
  if((SampleApp_NwkState==DEV_ZB_COORD)
      ||(SampleApp_NwkState==DEV_ROUTER)
      ||(SampleApp_NwkState==DEV_END_DEVICE))
  {
    //Start sending the periodic message in a regular interval.
    osal_start_timerEx(SampleApp_TaskID,
                       SAMPLEAPP_SEND_PERIODIC_MSG_EVT,
                       SAMPLEAPP_SEND_PERIODIC_MSG_TIMEOUT);
  }
  else
  {
    //Device is no longer in the network
  }
  break;
```

当设备加入到网络后,其状态就会变化,对所有任务触发 ZDO_STATE_CHANGE 事件,开启一个定时器。当定时时间一到,就触发广播 Periodic 消息事件,触发事件 SAMPLEAPP_SEND_PERIODIC_MSG_EVT,相应任务为 SampleApp_TaskID,于是再次调用 SampleApp_ProcessEvent()处理 SAMPLEAPP_SEND_PERIODIC_MSG_EVT 事件,该事件处理函数调用 SampleApp_SendPeriodicMessage()来发送周期信息。

```
if(events & SAMPLEAPP_SEND_PERIODIC_MSG_EVT)
{
  SampleApp_SendPeriodicMessage();                    /*周期性发送信息*/
  //Setup to send message again in normal period(+a little jitter)
  osal_start_timerEx(SampleApp_TaskID, SAMPLEAPP_SEND_PERIODIC_MSG_EVT,
  (SAMPLEAPP_SEND_PERIODIC_MSG_TIMEOUT+(osal_rand()& 0x00FF)));
  return(events ^ SAMPLEAPP_SEND_PERIODIC_MSG_EVT);   /*返回未处理的事件*/
  }
```

因此只须在节点模块端的 SampleApp_SendPeriodicMessage 函数中加入温湿度采集后的数据,并通过 AF_DataRequest()函数接口发送出去,即可实现温湿度数据的无线发送功能。当然同样需要在协调器模块端的 SampleApp_MessageMSGCB()接收数据事件处理函数中,将捕获的温湿度数据处理后,以字符串的形式通过串口显示在 PC 的终端中。

**3. 实验步骤**

(1) 使用配套 USB 线连接 PC 和 UP-CUP IOT-6410-Ⅱ型设备,设备上电,确保打开 ZieBee 模块开关供电。

(2) 使用 CCD_SETKEY 按键选择 ZigBee 仿真器要连接的 ZigBee 设备模块(根据 LED 指示灯判断)。

(3) 将系统配套串口线一端连接 PC,一端连接到平台上的串口(RS-232-2)上。

(4) 将系统配套温湿度传感器连接到 ZigBee 模块的主板上,连接 A/D 排针端。

(5) 安装 TI Zstack 协议栈(配套版本 ZStack-1.4.2-1.1.0)。进入默认路径的实验工程目录,并使用 IAR 软件打开该工程 C:\Texas Instruments\ZStack-1.4.2-1.1.0\Projects\zstack\Samples\SampleApp\CC2430DB SampleApp 工程界面如图 7.26 所示。

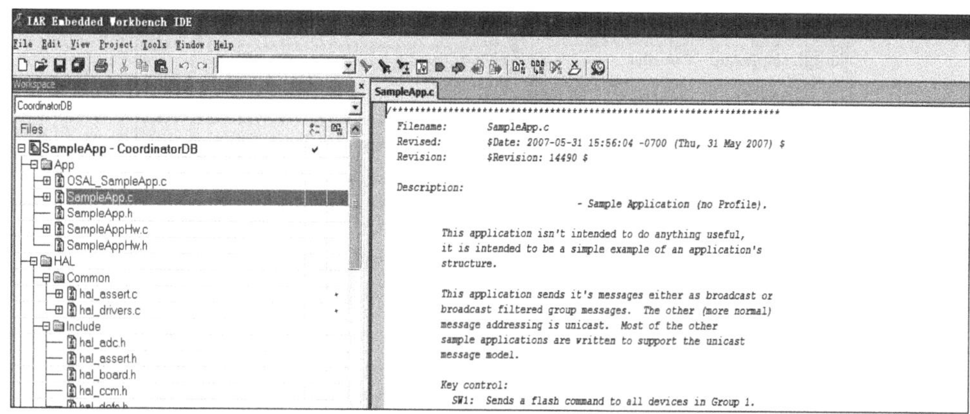


图 7.26　SampleApp 工程

(6) 修改 SampleApp 工程,添加温湿度采集代码文件 sht11.c、sht11.h。

方法如下:

① 先将前面温湿度传感器实验工程中的 sht11.c 和 sht11.h 文件复制到本次工程的 Source(C:\Texas Instruments\ZStack-1.4.2-1.1.0\Projects\zstack\Samples\SampleApp\Source)目录下。

② 在工程中将上述文件添加入工程:在 App 目录上右击,添加 sht11.c 文件即可,头文件工程会自动寻找包含,如图 7.27 和图 7.28 所示。

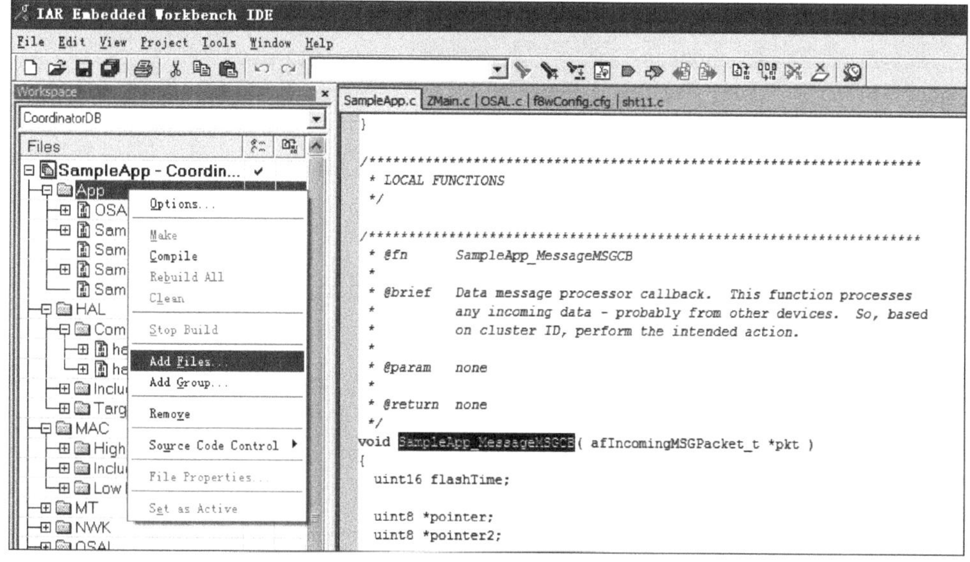


图 7.27　添加工程文件 1

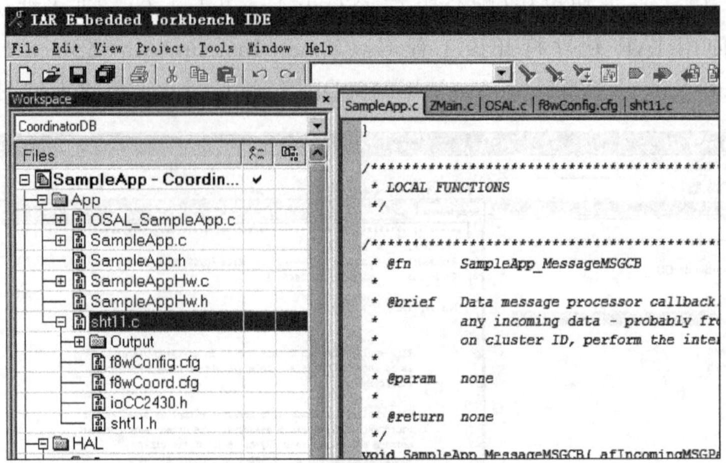

图 7.28 添加工程文件 2

③ 修改 SampleApp.c 源文件：在文件开始部分加入和温湿度传感器处理相关的头文件，包含如下内容。

```
/* SH1X */
#include<stdio.h>
#include<string.h>
#include<math.h>
#include "sht11.h"
//加入相关宏定义
#define uint unsigned int
#define uchar unsigned char
const float C1=-4.0;                    //for 12 Bit
const float C2=0.0405;                  //for 12 Bit
const float C3=-0.0000028;              //for 12 Bit
const float T1=0.01;                    //for 14 Bit @5V
const float T2=0.00008;                 //for 14 Bit @5V
/*添加全局变量*/
value humi_val,temp_val;
unsigned char error=0,checksum;
char temp_buf[10];
char humi_buf[10];
long int data1;
long int data2;
float dew_point;
/*添加函数声明*/
void Delay(uint);
void initUARTtest(void);
void UartTX_Send_String(char *Data,int len);
void Init_IO(void);
void GetSH1X_Data(void);
void UartInit(void);
void Uart_Baud_rate(int Baud_rate);
```

```
void UartTX_Send_String(char * Data,int len);
void Data_Handle(uint8 * src,uint8 * dst);
void Delay(uint n)                               /* 添加自定义延时函数 */
{
    uint i,t;
        for(i=0;i<5;i++)
    for(t=0;t<n;t++);
}
void Init_IO(void)/* 添加 IO 初始化函数,用来初始化和温湿度相关 IO 的状态 */
{
    P0SEL &=~(0x03<<0);                          //set general io mode for p0
    P0DIR=0X03;
    P0INP &=~0X02;
    P2INP &=~(0x01<<5);
};
void UartInit(void)                              /* 添加串口操作相关函数 */
{
    CLKCON &=~0x40;                              //晶振
    while(!(SLEEP & 0x40));                      //等待晶振稳定
    CLKCON &=~0x47;                              //TICHSPD128 分频,CLKSPD 不分频
    SLEEP |=0x04;                                //关闭不用的 RC 振荡器
    PERCFG=0x00;                                 //位置 1 P0 口
    P0SEL=0x3c;                                  //P0 用作串口
    P2DIR &=~0XC0;                               //P0 优先作为串口 0
    U0CSR |=0x80;                                //UART 方式
    U0GCR |=10;                                  //baud_e
    U0BAUD |=216;                                //波特率设为 57600
    UTX0IF=0;
}
void UartTX_Send_String(char * Data,int len)     /* 串口发送字符串函数 */
{
  int j;
  for(j=0;j<len;j++)
  {
    U0DBUF= * Data++;
    while(UTX0IF==0);
    UTX0IF=0;
  }
}
void Uart_Baud_rate(int Baud_rate)               /* 串口波特率初始化函数 */
{
  switch(Baud_rate)
  {
    case 384:
      U0GCR=10;
      U0BAUD=59;                                 //波特率设置
    break;
    case 1152:
      U0GCR=11;
```

```
      U0BAUD=216;                                          //波特率设置
    break;
    default:
    break;
  }
}
/*添加温湿度处理相关函数。计算温度[.C]和湿度[%RH];输入:湿度[Ticks](12位)、温度
[Ticks](14位);输出:温度[.C]和湿度[%RH] */
void calc_sth11(float *p_humidity ,float *p_temperature)
{
  float rh=*p_humidity;                                    //湿度[Ticks](12位)变量rh
  float t=*p_temperature;                                  //温度[Ticks](14位)变量t
  float rh_lin;                                            //rh_lin:湿度线性
  float rh_true;                                           //rh_true:温度补偿湿度
  float t_C;                                               //t_C :温度[.C]
  t_C=t*0.01-40;                                           //计算采样时刻的温度[.C]
  rh_lin=C3*rh*rh+C2*rh+C1;                                //计算采样时刻的湿度[%RH]
  rh_true=(t_C-25)*(T1+T2*rh)+rh_lin;                      //计算温度和湿度
  if(rh_true>100)rh_true=100;                              //判断是否超出值的允许范围
  if(rh_true<0.1)rh_true=0.1;
  *p_temperature=t_C;                                      //返回温度值[.C]
  *p_humidity=rh_true;                                     //返回湿度值[%RH]
}
/* 计算露点。输入:湿度[%RH]、温度[.C];输出:dew point [.C]*/
float calc_dewpoint(float h,float t)
{
    float logEx,dew_point ;
    logEx=0.66077+7.5*t/(237.3+t)+(log10(h)-2);
    dew_point=(logEx-0.66077)*237.3/(0.66077+7.5-logEx);
    return dew_point;
}
void GetSH1X_Data(void)                                    /*获取温湿度数据处理函数*/
{
  memset(temp_buf,'\0',10);
  memset(humi_buf,'\0',10);
  error=0;
  error+=s_measure((unsigned char*)&humi_val.i,&checksum,HUMI);      //测量湿度
  Delay(50000);
  error+=s_measure((unsigned char*)&temp_val.i,&checksum,TEMP);      //测量温度
  Delay(50000);
  if(error!=0)
  {
    s_connectionreset();    /*UartTX_Send_String("error",5);*/
    Delay(50000);}
  else
  {
    humi_val.f=(float)humi_val.i;
    temp_val.f=(float)temp_val.i;
    calc_sth11(&humi_val.f,&temp_val.f);         //计算温度和湿度
```

```
    dew_point=calc_dewpoint(humi_val.f,temp_val.f);    //计算露点
    Delay(50000);
    data1=(humi_val.f*10000);
    data2=(temp_val.f*10000);
    sprintf(humi_buf,(char *)"%ld", data1);
    sprintf(temp_buf,(char *)"%ld", data2);
    }
}
void Data_Handle(uint8 *src,uint8 *dst)       /*温湿度数据打印处理函数*/
{
    uint8 *tmp;
    tmp=src;
    dst[0]='T';
    dst[1]='E';
    dst[2]='M';
    dst[3]='P';
    dst[4]=':';
    dst[5]=tmp[0];
    dst[6]=tmp[1];
    dst[7]='.';
    dst[8]=tmp[2];
    dst[9]=tmp[3];
    dst[10]=tmp[4];
    dst[11]=tmp[5];
    dst[12]='\t';
    dst[13]='H';
    dst[14]='U';
    dst[15]='M';
    dst[16]='I';
    dst[17]=':';
    dst[18]=tmp[6];
    dst[19]=tmp[7];
    dst[20]='.';
    dst[21]=tmp[8];
    dst[22]=tmp[9];
    dst[23]=tmp[10];
    dst[24]=tmp[11];
    dst[25]=tmp[12];                           //'\n'
    dst[26]=tmp[13];                           //'\r'
}
```

自此添加完成了相关的串口和温湿度处理函数。

④ 修改 SampleApp. c 源文件，在适当位置调用上述处理函数。

a. 在任务初始化函数 SampleApp_Init 中，在末尾添加相关初始化函数。

```
/* SH1X */
    UartInit();
    Uart_Baud_rate(384);
    Init_IO();                                 //P1_0 IO初始化
```

```
Delay(200);
Sensor_DATA_OUT();
set_DATA_0();
Sensor_CLK_OUT();
set_CLK_0();
s_connectionreset();
Delay(20);
```

b. 在节点终端模块的 SampleApp_SendPeriodicMessage 周期信息发送函数中，添加温湿度采集函数，完整内容如下。

```
void SampleApp_SendPeriodicMessage(void)
{
    uint8 buffer[17];
    GetSH1X_Data();
    buffer[0]=0x00;
    buffer[1]=LO_UINT16(1000);
    buffer[2]=HI_UINT16(1000);
    buffer[3]=temp_buf[0];
    buffer[4]=temp_buf[1];
    buffer[5]=temp_buf[2];
    buffer[6]=temp_buf[3];
    buffer[7]=temp_buf[4];
    buffer[8]=temp_buf[5];
    buffer[9]=humi_buf[0];
    buffer[10]=humi_buf[1];
    buffer[11]=humi_buf[2];
    buffer[12]=humi_buf[3];
    buffer[13]=humi_buf[4];
    buffer[14]=humi_buf[5];
    buffer[15]='\r';
    buffer[16]='\n';
    if(AF_DataRequest(&SampleApp_Periodic_DstAddr, &SampleApp_epDesc,
            SAMPLEAPP_PERIODIC_CLUSTERID,
            17,                              //数据长度
            Buffer,                          //数据内容
            &SampleApp_TransID,              //簇 ID
            AF_DISCV_ROUTE,
            AF_DEFAULT_RADIUS)==afStatus_SUCCESS)
    {
    }
    else
    {
        //Error occurred in request to send.
    }
}
```

c. 在协调器信息处理函数 SampleApp_MessageMSGCB 中，添加温湿度数据处理和发送函数，完整内容如下。

```
void SampleApp_MessageMSGCB(afIncomingMSGPacket_t *pkt)
{
    uint16 flashTime;
    uint8 *pointer;
    uint8 *pointer2;
    switch(pkt->clusterId)
    {
        case SAMPLEAPP_PERIODIC_CLUSTERID:          //对周期消息分支处理
            flashTime=1000;
            HalLedBlink(HAL_LED_1, 4, 50,(flashTime/ 4));         //LED1 闪烁提示
            pointer=&(pkt->cmd.Data[3]);            //有效数据指针定位
            Data_Handle(pointer, pointer2);         //对获取数据进行提取打印处理
            UartTX_Send_String(pointer2, 27);       //打印特定格式的温湿度数据
            break;
        case SAMPLEAPP_FLASH_CLUSTERID:
            flashTime=BUILD_UINT16(pkt->cmd.Data[1], pkt->cmd.Data[2]);
            break;
    }
}
```

整个工程修改完成。

将修改好的工程文件分别编译成 CoordinatorDB 工程和 EndDeviceDB 工程，分别对应协调器和节点设备，如图 7.29 和图 7.30 所示。

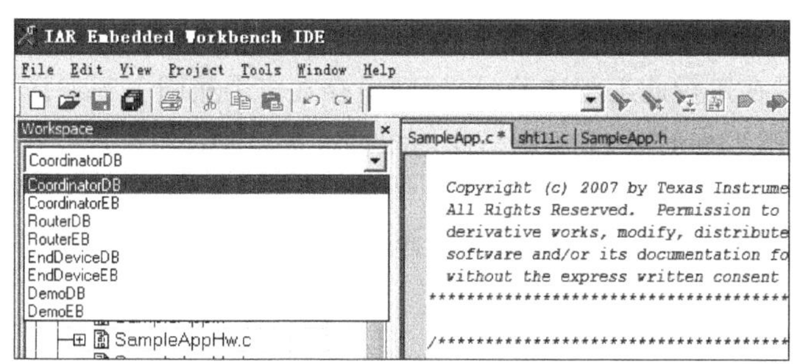

图 7.29 选择协调器模板

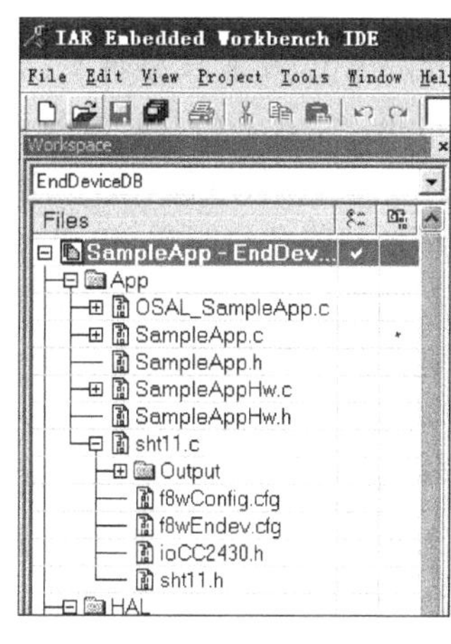

图 7.30 工程模板选择

分别编译并下载到两个不同的 ZigBee 模块中。注意，将 EndDeviceDB 工程编译下载至有温湿度传感器的节点模块中。

(7) 首先启动协调器模块，建立网络成功后 LED2 点亮，再启动节点端 ZigBee 模块，入网成功后该模块的 LED2 也点亮。此后节点端将采集温湿度数据并广播发送给协调器，协调器接收到消息后闪烁 4 次 LED1，且向串口发送接收过来的温湿度数据。此时如将 PC 串口线连接到协调器调试板的串口上，设置波特率为 38400，即可收到协调器发送过来的温湿度数据，如图 7.31 所示。

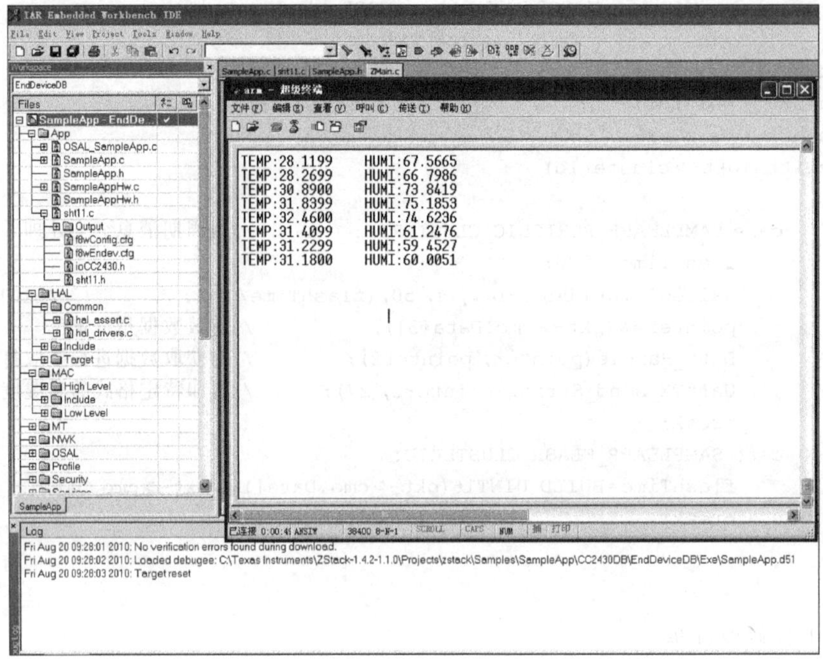


图 7.31 实验现象

**注**：上述实验工程的修改，用户同样可以使用本次实验目录下修改好的工程文件 SampleApp 目录来替换 C:\Texas Instruments\ZStack-1.4.2-1.1.0\Projects\zstack\Samples 目录下相应的工程目录。替换前，注意源工程的备份，以备其他实验使用。

本实验同样可以编译 RouterDB 工程，下载到 ZigBee 模块中充当网络路由功能，可以增加网络传输距离，用户可以自行编译下载工程，进行验证。

此外，如果多套实验设备同时在运行此工程实验（局域网中存在多个相同工程编译出来运行的协调器模块），为避免相同工程的 ZigBee 网络间的组网冲突，需要用户手动更改本工程下的 Tools 目录下的 f8wConfig.cfg 文件，将其中默认的 ZDAPP_CONFIG_PAN_ID=0xFFFF 宏更改为唯一的特定值（0～0x3FFF），重新编译下载相应工程运行。这样可以避免各个 ZigBee 网络（协调器）的冲突。

# 练习题

## 一、单选题

1. 工信部明确提出我国的物联网技术的发展必须把传感系统与（　　）结合起来。

A. TD-SCDMA　　B. GSM
C. CDMA2000　　D. WCDMA

2. 物联网节点之间的无线通信，一般不会受到下列（　　）因素的影响。

A. 节点能量　　B. 障碍物
C. 天气　　D. 时间

3. 物联网产业链可以细分为标识、感知、处理和信息传送 4 个环节，4 个环节中核心环节是（　　）。

A. 标识　　B. 感知　　C. 处理　　D. 信息传送

4. 下面（　　）不属于物联网系统。

A. 传感器模块　　B. 处理器模块　　C. 总线　　D. 无线通信模块

5. 在人们现实生活中，下列公共服务有哪一项还没有用到物联网？（　　）

A. 公交卡　　B. 安全门禁　　C. 手机通信　　D. 水电费缴费卡

6. 下列传感器网与现有的无线自组网区别的论述中，（　　）是错误的。

A. 传感器网节点数目更加庞大　　B. 传感器网节点容易出现故障

C. 传感器网节点处理能力更强　　D. 传感器网节点的存储能力有限

**二、判断题（在正确的后面打√，错误的后面打×）**

1. 传感器网络 WSN、OSN、BSN 等技术是物联网的末端神经系统，主要解决“最后 100 米”连接问题，传感器网络末端一般是指比 M2M 末端更小的微型传感系统。（　　）

2. 无线传感器网络（物联网）有传感器、感知对象和观察者 3 个要素构成。（　　）

3. 传感器网络通常包括传感器节点、汇聚节点和管理节点。（　　）

4. 中科院早在 1999 年就启动了传感器网络的研发和标准制定，与其他国家相比，我国的技术研发水平处于世界前列，具有优势和重大影响力。（　　）

5. 低成本是传感器节点的基本要求。只有低成本，才能大量地布置在目标区域中，表现出传感器网络的各种优点。（　　）

6. “物联网”的概念是在 1999 年提出的，它的定义很简单：把所有物品通过射频识别等信息传感设备相互连接起来，实现智能化识别和管理。（　　）

7. 物联网和传感器网络是一样的。（　　）

8. 传感器网络规模控制起来非常容易。（　　）

9. 物联网的单个节点可以做得很大，这样就可以感知更多的信息。（　　）

10. 传感器不是感知延伸层获取数据的一种设备。（　　）

# 第 8 章 物联网安全技术

**本章重点**

(1) 信息安全定义和信息安全的基本属性。

(2) 物联网安全特点和物联网安全机制。

(3) RFID 系统面临的安全攻击、RFID 系统的安全风险分类及 RFID 系统的安全缺陷。

(4) 传感器网络的安全性目标和传感器网络安全策略。

## 8.1 信息安全基础

### 8.1.1 信息安全概述

#### 1. 信息安全定义

信息是一种资产，同其他重要的商业资产一样，它对其所有者而言具有一定的价值。信息可以以多种形式存在，它能被打印或者写在纸上，能够数字化存储；也可以由邮局或者用电子方式发送；还可以在电影中展示或者在交谈中提到。无论以任何形式存在，或者以何种方式共享或存储，信息都应当得到恰当的保护。

国际标准化组织和国际电工委员会在 ISO/IEC17799:2005 标准协议中对信息安全的定义的描述是："保持信息的保密性、完整性、可用性；另外，也可能包含其他的特性，例如真实性、可核查性、抗抵赖和可靠性等。"

对信息安全的描述大致可以分成两类：一类是指具体的信息技术系统的安全，另一类则是指某一特定的信息体系(如银行信息系统、证券行情与交易系统等)的安全。但也有人认为这两种定义都不全面，而应把信息安全定义为：一个国家的社会信息化状态与信息技术体系不受外来的威胁与侵害。作为信息的安全首先是一个国家宏观的社会信息化状态是否处于自主控制之下、是否稳定的问题，其次才是信息技术安全的问题。因此，信息安全的作用是保护信息不受到大范围的威胁和干扰，能保证信息流的顺畅、减少信息的损失。

计算机信息安全涉及物理安全(实体安全)、运行安全和信息安全 3 个方面。

(1) 物理安全(Physical Security)：保护计算机设备、设施(含网络)以及其他媒体免遭地震、水灾、火灾、有害气体和其他环境事故(如电磁污染等)破坏的措施、过程。特别是避免由于电磁泄漏产生信息泄露，从而干扰他人或受他人干扰。物理安全包括环境安全、设备安全和媒体安全3个方面。

(2) 运行安全(Operation Security)：为保障系统功能的安全实现，提供一套安全措施(如风险分析、审计跟踪、备份与恢复、应急等)来保护信息处理过程的安全。它侧重于保证系统正常运行，避免因为系统的崩溃和损坏而对系统存贮、处理和传输的信息造成破坏和损失。运行安全包括风险分析、审计跟踪、备份与恢复、应急4个方面。

(3) 信息安全(Information Security)：防止信息财产被故意的或偶然的非授权泄露、更改、破坏或使信息被非法的系统辨识、控制，即确保信息的完整性、保密性、可用性和可控性。避免攻击者利用系统的安全漏洞进行窃听、冒充、诈骗等有损于合法用户的行为。其本质是保护用户的利益和隐私。信息安全包括操作系统安全、数据库安全、网络安全、病毒防护安全、访问控制安全、加密安全6个方面。

**2. 信息安全特征**

无论入侵者使用何种方法和手段，最终目的都是要破坏信息的安全属性。信息安全在技术层次上的含义就是要杜绝入侵者对信息安全属性的攻击，使信息的所有者能放心地使用信息。国际标准化组织将信息安全归纳为保密性、完整性、可用性和可控性4个特征。

(1) 保密性是指保证信息只让合法用户访问，信息不泄露给非授权的个人和实体。信息的保密性可以具有不同的保密程度或层次，所有人员都可以访问的信息为公开信息，需要限制访问的信息一般为敏感信息，敏感信息又可以根据信息的重要性及保密要求分为不同的密级。例如，国家根据秘密泄露对国家经济、安全利益产生的影响，将国家秘密分为"秘密"、"机密"和"绝密"3个等级，可根据信息安全要求的实际，在符合《国家保密法》的前提下将信息划分为不同的密级。

(2) 完整性是指保障信息及其处理方法的准确性、完全性。它一方面是指信息在利用、传输、存储等过程中不被篡改、丢失、缺损等，另一方面是指信息处理的方法的正确性。不正当的操作，有可能造成重要信息的丢失。

(3) 可用性是指有权使用信息的人在需要的时候可以立即获取。例如，有线电视线路被中断就是对信息可用性的破坏。

(4) 可控性是指对信息的传播及内容具有控制能力。实现信息安全需要一套合适的控制机制，如策略、惯例、程序、组织结构或软件功能，这些都是用来保证信息的安全目标能够最终实现的机制。例如，美国制定和倡导的"密钥托管"、"密钥恢复"措施就是实现信息安全可控性的有效方法。

不同类型的信息在保密性、完整性、可用性及可控性等方面的侧重点会有所不同，如专利技术、军事情报、市场营销计划的保密性尤其重要，而对于工业自动控制系统，控制信息的完整性相对其保密性则重要得多。确保信息的完整性、保密性、可用性和可控性是信息安全的最终目标。

### 3. 信息安全内容

信息安全的内容包括了实体安全与运行安全两方面的含义。实体安全是保护设备、设施以及其他硬件设施免遭地震、水灾、火灾、有害气体和其他环境事故以及人为因素破坏的措施和过程。运行安全是指为保障系统功能的安全实现，提供一套安全措施来保护信息处理过程的安全。信息安全的内容可以分为计算机系统安全、数据库安全、网络安全、病毒防护安全、访问控制安全、加密安全6个方面。

(1) 计算机系统安全是指计算机系统的硬件和软件资源能够得到有效的控制，保证其资源能够正常使用，避免各种运行错误与硬件损坏，为进一步的系统构建工作提供一个可靠安全的平台。

(2) 数据库安全是为了对数据库系统所管理的数据和资源提供有效的安全保护。一般采用多种安全机制与操作系统相结合，实现数据库的安全保护。

(3) 网络安全是指对访问网络资源或使用网络服务的安全保护，为网络的使用提供一套安全管理机制。例如，跟踪并记录网络的使用，监测系统状态的变化，对各种网络安全事故进行定位，提供某种程度的对紧急事件或安全事故的故障排除能力。

(4) 病毒防护安全是指对计算机病毒的防护能力，包括单机系统和网络系统资源的防护。这种安全主要依赖病毒防护产品来保证，病毒防护产品通过建立系统保护机制，达到预防、检测和消除病毒的目的。

(5) 访问控制安全是指保证系统的外部用户或内部用户对系统资源的访问以及对敏感信息的访问方式符合事先制定的安全策略，主要包括出入控制和存取控制。出入控制主要是阻止非授权用户进入系统；存取控制主要是对授权用户进行安全性检查，以实现存取权限的控制。

(6) 加密安全是为了保证数据的保密性和完整性，通过特定算法完成明文与密文的转换。例如，数字签名是为了确保数据不被篡改，虚拟专用网是为了实现数据在传输过程中的保密性和完整性而在双方之间建立唯一的安全通道。

### 4. OSI 信息安全体系结构

为了适应网络技术的发展，国际标准化组织的计算机专业委员会根据开放系统互联OIS参考模型制定了一个网络安全体系结构——《信息处理系统 开放系统互联 基本参考模型 第二部分——安全体系结构》，即ISO 7498-2，它主要解决网络信息系统中的安全与保密问题，我国将其作为GB/T 9387.2—1995标准，并予以执行。该模型结构中包括5类安全服务以及提供这些服务所需要的8类安全机制。

安全服务是由参与通信的开放系统的某一层所提供的服务，是针对网络信息系统安全的基本要求而提出的，旨在加强系统的安全性以及对抗安全攻击。ISO 7498-2标准中确定了5大类安全服务，即鉴别服务、访问控制服务、数据保密性服务、数据完整性服务和禁止否认服务。

(1) 鉴别服务用于保证双方通信的真实性，证实通信数据的来源和去向是我方或他方所要求和认同的，包括对等实体鉴别和数据源鉴别。

(2) 访问控制服务用于防止未经授权的用户非法使用系统中的资源，保证系统的可控性。访问控制不仅可以提供给单个用户，也可以提供给用户组。

(3) 数据保密性服务的目的是保护网络中各系统之间交换的数据，防止因数据被截获而造成泄密。

(4) 数据完整性服务用于防止非法用户的主动攻击(如对正在交换的数据进行修改、插入，使数据延时以及丢失数据等)，以保证数据接收方收到的信息与发送方发送的信息完全一致。它包括可恢复的连接完整性、无恢复的连接完整性、选择字段的连接完整性、无连接完整性、选择字段无连接完整性。

(5) 禁止否认服务用来防止发送数据方发送数据后否认自己发送过的数据，或接收方接收数据后否认自己收到过数据。它包括不得否认发送和不得否认接收。

## 8.1.2 信息安全的基本属性

在美国国家信息基础设施(NII)的文献中，给出了安全的 5 个属性：可用性、可靠性、完整性、保密性和不可抵赖性。这 5 个属性适用于国家信息基础设施的教育、娱乐、医疗、运输、国家安全、电力供给及分配、通信等广泛领域。这 5 个属性定义如下。

(1) 可用性(Availability)：得到授权的实体在需要时可访问资源和服务。可用性是指无论何时，只要用户需要，信息系统必须是可用的，也就是说信息系统不能拒绝服务。网络最基本的功能是向用户提供所需的信息和通信服务，而用户的通信要求是随机的、多方面的(话音、数据、文字和图像等)，有时还要求时效性。

(2) 可靠性(Reliability)：可靠性是指系统在规定条件下和规定时间内，完成规定功能的概率。可靠性是网络安全最基本的要求之一，网络不可靠，事故不断，也就谈不上网络的安全。

(3) 完整性(Integrity)：信息不被偶然或蓄意地删除、修改、伪造、乱序、重放、插入等破坏的特性。只有得到允许的人才能修改实体或进程，并且能够判别出实体或进程是否已被篡改，即信息的内容不能为未授权的第三方修改。信息在存储或传输时不被修改、破坏，不出现信息包的丢失、乱序等。

(4) 保密性(Confidentiality)：保密性是指确保信息不暴露给未授权的实体或进程，即信息的内容不会被未授权的第三方所知。这里所指的信息包括国家秘密、各种社会团体、企业组织的工作秘密及商业秘密、个人的秘密和个人私密(如浏览习惯、购物习惯)。防止信息失窃和泄露的保障技术称为保密技术。

(5) 不可抵赖性(Non-Repudiation)：也称作不可否认性。不可抵赖性是面向通信双方(人、实体或进程)信息真实同一的安全要求，它包括收、发双方均不可抵赖。一是源发证明，它提供给信息接收者以证据，这将使发送者谎称未发送过这些信息或者否认它的内容的企图不能得逞；二是交付证明，它提供给信息发送者以证明这将使接收者谎称未接收过这些信息或者否认它的内容的企图不能得逞。

除此之外，计算机网络信息系统的安全属性还包括以下几个方面。

(1) 可控性：就是对信息及信息系统实施安全监控。管理机构对危害国家信息的来往、使用加密手段从事非法的通信活动等进行监视审计，对信息的传播及内容具有控制能力。

(2) 可审查性：使用审计、监控、防抵赖等安全机制，使得使用者(包括合法用户、攻击者、破坏者、抵赖者)的行为有证可查，并能够对网络出现的安全问题提供调查依据和手段。审计是通过对网络上发生的各种访问情况记录日志，并对日志进行统计分析，是对资源使用情况进行事后分析的有效手段，也是发现和追踪事件的常用措施。审计的主要对象为用户、主机和节点，主要内容为访问的主体、客体、时间和成败情况等。

(3) 认证：保证信息使用者和信息服务者都是真实声称者，防止冒充和重演的攻击。

(4) 访问控制：保证信息资源不被非授权地使用。访问控制根据主体和客体之间的访问授权关系，对访问过程做出限制。

总之，信息安全的宗旨是，不论信息处于动态还是静态，均应该向合法的服务对象提供准确、及时、可靠的信息服务，而对其他任何人员或组织，包括内部、外部以至于敌方，都要保持最大限度的信息的不可接触性、不可获取性、不可干扰性和不可破坏性。

## 8.2 物联网的安全

### 8.2.1 物联网安全特点

传统的网络中，网络层的安全和业务层的安全是相互独立的，而物联网的特殊安全问题很大一部分是在现有移动网络基础上由于集成了感知网络和应用平台产生的，移动网络中的大部分机制仍然可以适用于物联网并能够提供一定的安全性，如认证机制、加密机制等，但需要根据物联网的特征对安全机制进行调整和补充。这使得物联网除了面对移动通信网络的传统网络安全问题之外，还存在着一些与已有移动网络安全不同的特殊安全问题，这些问题主要表现在以下几个方面。

(1) 物联网设备的本地安全问题。由于物联网在很多场合都需要无线传输，对这种暴露在公开场所之中的信号如果未做合适保护，就很容易被窃取，也更容易被干扰，这将直接影响到物联网体系的安全。同时，由于物联网的应用可以取代人来完成一些复杂、危险和机械的工作，所以物联网机器多数部署在无人监控的场景中，攻击者可以轻易地接触到这些设备，从而对它们造成破坏，甚至通过本地操作更换机器的软硬件，因而物联网机器的本地安全问题也就显得日趋重要。

(2) 核心网络的传输与信息安全问题。核心网络具有相对完整的安全保护能力，但由于物联网中节点数量庞大，且以集群方式存在，因此会导致在数据传播时，由于大量机器的数据发送使网络拥塞而产生拒绝服务攻击。此外，现有通信网络的安全架构都是从人的通信角度设计的，并不适用于机器的通信，使用现有安全机制会割裂物联网机器间的逻辑关系。

(3) 物联网业务的安全问题。由于物联网节点无人值守，并且有可能是动态的，所以如何对物联网设备进行远程签约信息和业务信息配置就成了难题。另外，现有通信网络的安全架构都是从人与人之间的通信需求出发的，不一定适合以机器与机器之间的通信为需求的物联网络。使用现有的网络安全机制会割裂物联网机器间的逻辑关系。

(4) RFID 系统安全问题。由于集成的 RFID 系统实际上是一个计算机网络应用系统,因此安全问题类似于网络和计算机安全。而安全的主要目的则是保证存储数据和在各子系统/模块之间传输的数据的安全。但是 RFID 系统的安全仍然有两个特殊的特点：首先,RFID 标签和后端系统之间的通信是非接触和无线的,使它们很易受到窃听;其次,标签本身的计算能力和可编程性,直接受到成本要求的限制。更准确地说,标签越便宜,则其计算能力越弱,而更难以实现对安全威胁的防护。

物联网存在上述安全的问题,其在信息安全方面出现了一些新的特点归纳如下。

(1) 设备、节点等无人看管,容易受到物理操纵。

(2) 信息传输主要靠无线通信方式,信号容易被窃取和干扰。

(3) 出于低成本的考虑,传感器节点通常是资源受限的。

(4) 物联网中物品的信息能够被自动地获取和传送。

## 8.2.2　物联网安全机制

物联网快速发展的同时,其背后隐藏的信息安全问题也逐渐显现出来。信息安全将成为制约物联网发展的一个重要障碍,本节主要从法律规范、管理机制、技术 3 个层面提出物联网的安全措施。

### 1. 构建和完善我国信息安全的监管体系

目前监管体系存在着执法主体不集中,多重多头管理,对重要程度不同的信息网络的管理要求没有差异、没有标准,缺乏针对性等问题,对应该重点保护的单位和信息系统无从入手实施管控。因此,我国需加强网络和信息安全监管体系,并建立评测体系。

### 2. 物联网中的业务认证机制

传统的认证是区分不同层次的,网络层的认证就负责网络层的身份鉴别,业务层的认证就负责业务层的身份鉴别,两者独立存在。但是在物联网中,大多数情况下,机器都是拥有专门的用途,因此其业务应用与网络通信紧紧地绑在一起。由于网络层的认证是不可缺少的,其业务层的认证机制就不再是必需的,而是可以根据业务由谁来提供和业务的安全敏感程度来设计。

例如,当物联网的业务由运营商提供时,就可以充分利用网络层认证的结果而不需要进行业务层的认证;当物联网的业务由第三方提供也无法从网络运营商处获得密钥等安全参数时,它就可以发起独立的业务认证而不用考虑网络层的认证。或者当业务是敏感业务如金融类业务时,一般业务提供者会不信任网络层的安全级别,而使用更高级别的安全保护,这个时候就需要做业务层的认证;而当业务是普通业务时,如气温采集业务等,业务提供者认为网络认证已经足够,就不再需要业务层的认证了。

### 3. 物联网中的加密机制

传统的网络层加密机制是逐条加密,即信息在发送过程中,虽然在传输过程中是加密的,但是需要不断地在每个经过的节点上解密和加密,即在每个节点上都是明文的。而业务层加密机制则是端到端的,即信息只在发送端和接收端才是明文,而在传输的过程和转发节点上都是密文。由于物联网中网络连接和业务使用紧密结合,就面临着到底使用逐条加密还是端到端加密的选择。

对于逐条加密，可以只对有必要受保护的链接进行加密，并且由于逐条加密在网络层进行，所以可以适用于所有业务，即不同的业务可以在统一的物联网业务平台上实施安全管理，从而做到安全机制对业务的透明。这就保证了逐条加密的低时延、高效率、低成本、可扩展性好的特点。但是，因为逐条加密需要在各传送节点上对数据进行解密，所以各节点都有可能解读被加密消息的明文，因此逐条加密对传输路径中的各传送节点的可信任度要求很高。

对于端到端的加密方式，可以根据业务类型选择不同的安全策略，从而为高安全要求的业务提供高安全等级的保护。不过端到端的加密不能对消息的目的地址进行保护，因为每一个消息所经过的节点都要以此目的地址来确定如何传输消息。这就导致端到端的加密方式不能掩盖被传输消息的源点与终点，并容易受到对通信业务进行分析而发起的恶意攻击。另外从国家政策角度来说，端到端的加密也无法满足国家合法监听政策的需求。

对一些安全要求不高的业务，在网络能够提供逐条加密保护的前提下，业务层端到端的加密需求就显得并不重要。但是对于高安全需求的业务，端到端的加密仍然是其首选。

## 8.2.3 物联网的安全层次模型及体系结构

物联网安全的总体需求就是物理安全、信息采集安全、信息传输安全和信息处理安全的综合，安全的最终目标是确保信息的机密性、完整性、真实性和网络的容错性。本节结合物联网分布式连接、管理(DCM)模式以及每层安全特点等对物联网相应的安全层次涉及的关键技术进行系统阐述。物联网相应的安全层次模型如图 8.1 所示。

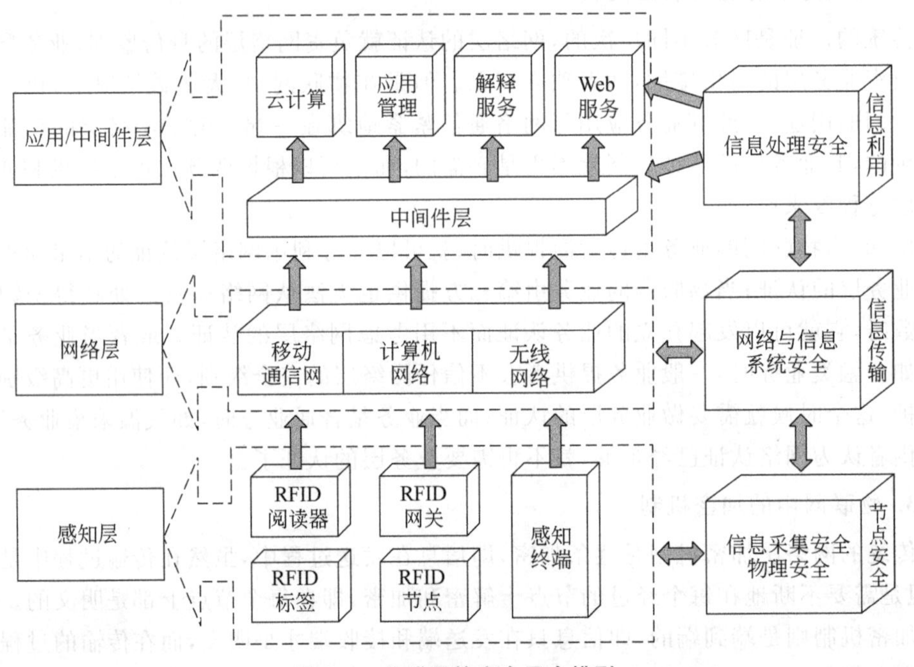


图 8.1 物联网的安全层次模型

### 1. 感知层安全

物联网感知层的任务是实现智能感知外界信息的功能，包括信息采集、捕获和物体识别，该层的典型设备包括 RFID 装置、各类传感器（如红外、超声、温度、湿度、速度等）、图像捕捉装置（摄像头）、全球定位系统（GPS）、激光扫描仪等，其涉及的关键技术包括传感器、RFID、自组织网络、短距离无线通信、低功耗路由等。

（1）传感技术及其联网安全

作为物联网的基础单元，传感器在物联网信息采集层能否如愿以偿完成它的使命，成为物联网感知任务成败的关键。传感器技术是物联网技术的支撑、应用的支撑和未来泛在网的支撑。传感器感知了物体的信息，RFID 赋予它电子编码。传感网到物联网的演变是信息技术发展的阶段表征。传感技术利用传感器和多跳自组织网，协作地感知、采集网络覆盖区域中感知对象的信息，并发布给向上层。由于传感网络本身具有无线链路比较脆弱、网络拓扑动态变化、节点计算能力、存储能力和能源有限，无线通信过程中易受到干扰等特点，使得传统的安全机制无法应用到传感网络中。传感技术的安全问题如表 8.1 所示。

表 8.1 传感网组网技术面临的安全问题

| 层　次 | 受到的攻击 |
| --- | --- |
| 物理层 | 物理破坏、信息阻塞 |
| 链路层 | 制造碰壁攻击、反馈伪造攻击、耗尽攻击链路层险塞 |
| 网络层 | 路由攻击、Sybil 攻击、Sinkhole 攻击、Wormhole 攻击、Hello 泛洪攻击 |
| 应用层 | 去同步、拒绝服务流等 |

目前传感器网络安全技术主要包括基本安全框架、密钥分配、安全路由、入侵检测和加密技术等。安全框架主要有 SPIN（包含 SNEP 和 uTESLA 两个安全协议）、Tiny Sec、参数化跳频、Lisp、LEAP 协议等。传感器网络的密钥分配主要倾向于采用随机预分配模型的密钥分配方案。安全路由技术常采用的方法包括加入容侵策略。入侵检测技术常作为信息安全的第二道防线，其主要包括被动监听检测和主动检测两大类。除了上述安全保护技术外，由于物联网节点资源受限，且是高密度冗余撒布，不可能在每个节点上运行一个全功能的入侵检测系统（IDS），所以如何在传感网中合理地分布 IDS，有待于进一步研究。

（2）RFID 相关安全问题

如果说传感技术是用来标识物体的动态属性，那么物联网中采用 RFID 标签则是对物体静态属性的标识，即构成物体感知的前提。RFID 是一种非接触式的自动识别技术，它通过射频信号自动识别目标对象并获取相关数据。识别工作无须人工干预。RFID 也是一种简单的无线系统，该系统用于控制、检测和跟踪物体，由一个询问器（或阅读器）和很多应答器（或标签）组成。

通常采用 RFID 技术的网络涉及的主要安全问题有以下几点。

① 标签本身的访问缺陷。任何用户（授权以及未授权的）都可以通过合法的阅读器读取 RFID 标签，且标签的可重写性使得标签中数据的安全性、有效性和完整性都得不到

保证。

② 通信链路的安全。

③ 移动 RFID 的安全,主要存在假冒和非授权服务访问问题。

目前,实现 RFID 安全性机制所采用的方法主要有物理方法、密码机制以及二者结合的方法。

**2. 网络层安全**

物联网的网络层主要实现信息的转发和传送,它将感知层获取的信息传送到远端,为数据在远端进行智能处理和分析决策提供强有力的支持。考虑到物联网本身具有专业性的特征,其基础网络可以是互联网,也可以是具体的某个行业网络。物联网的网络层按功能可以大致分为接入层和核心层,因此物联网的网络层安全主要体现在两个方面。

(1) 来自物联网本身的架构、接入方式和各种设备的安全问题。物联网的接入层将采用如移动互联网、有线网、Wi-Fi、WiMAX 等各种无线接入技术。接入层的异构性使得如何为终端提供移动性管理以保证异构网络间节点漫游和服务的无缝移动成为研究的重点,其中安全问题的解决将得益于切换技术和位置管理技术的进一步研究。另外,由于物联网接入方式将主要依靠移动通信网络。移动网络中移动站与固定网络端之间的所有通信都是通过无线接口来传输的。然而无线接口是开放的,任何使用无线设备的个体均可以通过窃听无线信道而获得其中传输的信息,甚至可以修改、插入、删除或重传无线接口中传输的消息,达到假冒移动用户身份以欺骗网络端的目的。因此移动通信网络存在无线窃听、身份假冒和数据篡改等不安全的因素。

(2) 进行数据传输的网络相关安全问题:物联网的网络核心层主要依赖于传统网络技术,其面临的最大问题是现有的网络地址空间短缺,主要的解决方法是 IPv6 技术。IPv6 采用 IPsec 协议,在 IP 层上对数据包进行了高强度的安全处理,提供数据源地址验证、无连接数据完整性、数据机密性、抗重播和有限业务流加密等安全服务。但任何技术都不是完美的,实际上 IPv4 网络环境中大部分安全风险在 IPv6 网络环境中仍将存在,而且某些安全风险随着 IPv6 新特性的引入将变得更加严重。首先,拒绝服务攻击(DDoS)等异常流量攻击仍然猖獗,甚至更为严重,主要包括 TCP-flood、UDP-flood 等现有 DDoS 攻击,以及 IPv6 协议本身机制的缺陷所引起的攻击;其次,针对域名服务器(DNS)的攻击仍将继续存在,而且在 IPv6 网络中提供域名服务的 DNS 更容易成为黑客攻击的目标;最后,IPv6 协议作为网络层的协议,仅对网络层安全有影响,其他(包括物理层、数据链路层、传输层、应用层等)各层的安全风险在 IPv6 网络中仍将保持不变。此外,采用 IPv6 替换 IPv4 协议需要一段时间,向 IPv6 过渡只能采用逐步演进的办法,为解决两者间互通所采取的各种措施将带来新的安全风险。

**3. 应用/中间件层安全**

物联网应用层充分体现物联网智能处理的特点,其涉及业务管理、中间件、数据挖掘等技术。考虑到物联网涉及多领域多行业,因此广域范围的海量数据信息处理和业务控制策略将在安全性和可靠性方面面临巨大挑战,特别是业务控制、管理和认证机制、中间件以及隐私保护等安全问题显得尤为突出。

(1) 业务控制和管理：由于物联网设备可能是先部署后连接网络，而物联网节点又无人值守，所以如何对物联网设备远程签约，如何对业务信息进行配置就成了难题。另外，庞大且多样化的物联网必然需要一个强大而统一的安全管理平台，否则单独的平台会被各式各样的物联网应用所淹没，但这样将使如何对物联网机器的日志等安全信息进行管理成为新的问题，并且可能割裂网络与业务平台之间的信任关系，导致新一轮安全问题的产生。

(2) 中间件：如果把物联网系统和人体做比较，感知层好比人体的四肢，传输层好比人的身体和内脏，那么应用层就好比人的大脑，软件和中间件是物联网系统的灵魂和中枢神经。目前，使用最多的几种中间件系统是 CORBA、DCOM、J2EE/EJB 以及被视为下一代分布式系统核心技术的 Web Services。在物联网中，中间件处于物联网的集成服务器端和感知层、传输层的嵌入式设备中。服务器端中间件称为物联网业务基础中间件，一般都是基于传统的中间件(应用服务器、ESB/MQ 等)，加入设备连接和图形化组态展示模块构建而成；嵌入式中间件是一些支持不同通信协议的模块和运行环境。中间件的特点是其固化了很多通用功能，但在具体应用中多半需要二次开发来实现个性化的行业业务需求，因此所有物联网中间件都要提供快速开发(RAD)工具。

(3) 隐私保护：在物联网发展过程中，大量的数据涉及个体隐私问题(如个人出行路线、消费习惯、个体位置信息、健康状况、企业产品信息等)，因此隐私保护是必须考虑的一个问题。如何设计不同场景、不同等级的隐私保护技术将是为物联网安全技术研究的热点问题。当前隐私保护方法主要有两个发展方向：一是对等计算(P2P)，通过直接交换共享计算机资源和服务；二是语义 Web，通过规范定义和组织信息内容，使之具有语义信息，能被计算机理解，从而实现与人的相互沟通。

另外，物联网安全还有一些非技术因素，由于目前物联网发展在中国表现为行业性太强，公众性和公用性不足，重数据收集、轻数据挖掘与智能处理，产业链长但每一环节规模效益不够，商业模式不清晰。物联网是一种全新的应用，要想得以快速发展一定要建立一个社会各方共同参与和协作的组织模式，集中优势资源，这样物联网应用才会朝着规模化、智能化和协同化方向发展。物联网的普及，需要各方的协调配合及各种力量的整合，这就需要国家的政策以及相关立法走在前面，以便引导物联网朝着健康稳定快速的方向发展。人们的安全意识教育也将是影响物联网安全的一个重要因素。

## 8.3 RFID 系统的安全

随着 RFID 技术应用的不断普及，目前在供应链中 RFID 已经得到了广泛应用。由于信息安全问题的存在，RFID 应用尚未普及到至为重要的关键任务中。没有可靠的信息安全机制，就无法有效保护整个 RFID 系统中的数据信息，如果信息被窃取或者恶意更改，将会给使用 RFID 技术的企业、个人和政府机关带来无法估量的损失。特别是对于没有可靠安全机制的电子标签，会被邻近的读写器泄露敏感信息，存在被干扰、被跟踪等安全隐患。

由于目前 RFID 的主要应用领域对隐私性要求不高，对于安全、隐私问题的注意力太少，很多用户对RFID的安全问题尚处于比较漠视的阶段。到目前为止，还没有人抱怨部署RFID可能带来的安全隐患，尽管企业和供应商都意识到了安全问题，但他们并没有把这个问题放到首要议程上，仍然把重心放在了RFID的实施效果和采用RFID所带来的投资回报上。然而，像RFID这种应用面很广的技术，具有巨大的潜在破坏能力，如果不能很好地解决RFID系统的安全问题，随着物联网应用的扩展，未来遍布全球各地的RFID系统安全可能会像现在的网络安全难题一样考验人们的智慧。

## 8.3.1 RFID系统面临的安全攻击

目前，RFID安全问题主要集中在对个人用户信息的隐私保护、对企业用户的商业秘密保护、防范对RFID系统的攻击以及利用RFID技术进行安全防范等方面。

RFID系统中的安全问题在很多方面与计算机体系和网络中的安全问题类似。从根本上说，这两类系统的目的都是为了保护存储的数据及在系统的不同组件之间互相传送的数据。然而，由于以下两点原因，处理RFID系统中的安全问题更具有挑战性。首先，RFID系统中的传输是基于无线通信方式，使得传送的数据容易被"偷听"；其次，在RFID系统中，特别是在电子标签上，计算能力和可编程能力都被标签本身的成本要求所约束，更准确地讲，在一个特定的应用中，标签的成本越低，它的计算能力也就越弱，可防止安全被威胁的可编程能力也越弱。一般，常见的安全攻击有以下4种类型。

### 1. 电子标签数据的获取攻击

每个电子标签通常都包含一个集成电路，其本质是一个带内存的微芯片。电子标签上数据的安全和计算机中数据的安全都同样会受到威胁。当未授权方进入一个授权的读写器时，仍然设置一个读写器与某一特定的电子标签通信，电子标签的数据就会受到攻击。在这种情况下，未经授权使用者可以像一个合法的读写器一样去读取电子标签上的数据。在可写标签上，数据可能被非法使用者修改甚至删除。

### 2. 电子标签和读写器之间的通信侵入

当电子标签向读写器传送数据，或者读写器从电子标签上查询数据时，数据是通过无线电波在空中传播的。在这个通信过程中，数据容易受攻击，这类无线通信易受攻击的特性包括以下几个方面。

(1) 非法读写器截获数据：非法读写器中途截取标签传输的数据。

(2) 第三方堵塞数据传输：非法用户可以利用某种方式去阻塞数据和读写器之间的正常传输。最常用的方法是欺骗，通过很多假的标签响应让读写器不能区分出正确的标签响应，从而使读写器负载，制造电磁干扰，这种方法也叫做拒绝服务攻击。

(3) 伪造标签发送数据：伪造的标签向读写器提供无用信息或者错误数据，可以有效地欺骗RFID系统接收、处理并且执行错误的电子标签数据。

### 3. 侵犯读写器内部的数据

当电子标签向读写器发送数据、清空数据或是将数据发送给主机系统之前，都会先将信息存储在内存中，并用它来执行一些功能。在这些处理过程中，读写器功能就像其他计算机一样存在传统的安全侵入问题。目前，市场上大部分读写器都是私有的，一般不提供相应的扩展接口让用户自行增强读写器安全性。因此挑选可二次开发、具备可扩展开发接口的读写器将变得非常重要。

**4. 主机系统侵入**

电子标签传出的数据,经过读写器到达主机系统后,将面临现存主机系统的 RFID 数据安全侵入。这些侵入已超出这本书讨论的范围,有兴趣的读者可参考计算机或网络安全方面相关的文献资料。

## 8.3.2 RFID 系统的安全风险分类

RFID 数据安全可能遭受的风险取决于不同的应用类型。在此将 RFID 应用分为消费者应用和企业应用两类,并讨论每种类型的安全风险。

**1. 消费者应用风险**

RFID 应用包括收集和管理有关消费者的数据,或者说消费者“被感知”。在消费者应用方面,安全性破坏风险不仅会对配置 RFID 系统的商家造成损害,也会对消费者造成损害。即使是在那些 RFID 系统没有直接收集或维护消费者数据的情况下,如果消费者携带具备电子标签的物体,也存在创建一个消费者和电子标签之间联系的可能性。由于这种关系承载消费者的私人数据,所以存在隐私方面的风险。例如,汽车的电子标签车钥匙并不包含车主的任何信息,但所有者仍然存在被跟踪的风险。

**2. 企业应用的风险**

企业 RFID 应用基于单个商务的内部数据或者很多商务数据的收集。典型的企业应用包括任意数量供应链管理的处理增强应用(例如,财产清单控制或后勤事务处理),另外一个应用是工业自动化领域,RFID 系统可用来追踪工厂场地内的生产制造过程。这些安全隐患可能使商业交易和运行变得混乱,或危及公司的机密信息。

举例来说,计算机黑客可以通过欺诈和实施拒绝服务攻击来中断商业合作伙伴之间基于 RFID 技术的供应链处理。此外,商业竞争对于可以窃取机密的存货数据或者获取专门的工业自动化技术。其他情况下,黑客还可以获取并公开类似的企业机密数据,这将危及公司的竞争优势。如果几家企业共同使用一个 RFID 系统,即在供应商和生产商之间创建一个更有效的供应链,电子标签数据安全方面受到的破坏很可能对所有关联的商家都造成危害。

## 8.3.3 RFID 系统的安全缺陷

实际上,尽管与计算机和网络的安全问题类似,但 RFID 所面临的安全问题要严峻得多。这不仅仅表现在由于 RFID 产品的成本极大地限制了 RFID 的处理能力和安全加密措施,并且 RFID 技术本身就包含了比计算机和网络更多、更容易泄密的不安全因素。一般地,RFID 在安全缺陷方面除了与计算机网络有相同之处外,还包括以下 3 种不同的安全缺陷类型。

**1. 标签本身的访问缺陷**

由于标签本身的成本所限,标签本身很难具备保证安全的能力。这样,就面临着许多问题。非法用户可以利用合法的读写器或者自构一个读写器与标签进行通信，很容易地就获取了标签内的所存数据。而对于读写式标签，还面临数据被改写的风险。

**2. 通信链路上的安全问题**

RFID的数据通信链路是无线通信链路，与有线连接不同的是，无线传输的信号本身是开放的，这就给非法用户的侦听带来了方便。实现非法侦听的常用方法包括以下几种。

(1) 黑客非法截取通信数据。

(2) 业务拒绝式攻击，即非法用户通过发射干扰信号来堵塞通信链路，使得读写器过载，无法接收正常的标签数据。

(3) 利用冒名顶替的标签来向读写器发送数据，使得读写器处理的都是虚假数据，而真实的数据则被隐藏。

**3. 读写器内部的安全风险**

在读写器中，除了中间件被用来完成数据的传输选择、时间过滤和管理之外，只能提供用户业务接口，而不能提供让用户自行提升安全性能的接口。

由此可见，RFID所遇到的安全问题，要比通常计算机网络的安全问题复杂得多，如何应对RFID的安全威胁，一直是尚待研究解决的焦点问题。虽然在ISO和EPC Gen2中都规定了严格的数据加密格式和用户定义位，RFID技术也具有比较强大的安全信息处理能力，但仍然有一些人认为RFID的安全性非常糟糕。美国的密码学研究专家Adi Shamir表示，目前RFID毫无安全可言，简直是畅通无阻。他声称已经破解了目前大多数主流电子标签的密码口令，并可以对目前几乎所有的RFID芯片进行无障碍攻击。当前，安全仍被认为是阻碍RFID技术推广的一个重要原因之一。

## 8.4 传感器网络的安全

### 8.4.1 传感器网络安全分析

无线传感器网络WSN是一种自组织网络，通过大量低成本、资源受限的传感器节点设备协同工作实现某一特定任务。

传感器网络为在复杂的环境中部署大规模的网络，进行实时数据采集与处理带来了希望。但同时WSN通常部署在无人维护、不可控制的环境中，除了具有一般无线网络所面临的信息泄露、信息篡改、重放攻击、拒绝服务等多种威胁外，WSN还面临传感器节点容易被攻击者物理操纵，并获取存储在传感器节点中的所有信息，从而控制部分网络的威胁。用户不可能接受并部署一个没有解决好安全和隐私问题的传感网络，因此在进行WSN协议和软件设计时，必须充分考虑WSN可能面临的安全问题，并把安全机制集成到系统设计中去。

**1. 传感器网络特点**

WSN是一种大规模的分布式网络，常部署于无人维护、条件恶劣的环境当中，且大多数情况下传感器节点都是一次性使用，从而决定了传感器节点是价格低廉、资源极度受限的无线通信设备,它的特点主要体现在以下几个方面。

(1) 能量有限:能量是限制传感器节点能力、寿命的最主要的约束性条件,现有的传感器节点都是通过标准的 AAA 或 AA 电池进行供电的,并且不能重新充电。

(2) 计算能力有限:传感器节点 CPU 一般只具有 8bit、4～8MHz 的处理能力。

(3) 存储能力有限:传感器节点一般包括 3 种形式的存储器,即 RAM、程序存储器、工作存储器。RAM 用于存放工作时的临时数据,一般不超过 2KB;程序存储器用于存储操作系统、应用程序以及安全函数等,工作存储器用于存放获取的传感信息,这两种存储器一般也只有几十 KB。

(4) 通信范围有限:为了节约信号传输时的能量消耗,传感器节点的 RF 模块的传输能量一般为 10～100mW,传输的范围也局限于 100m 到 1000m 之内。

(5) 防篡改性:传感器节点是一种价格低廉、结构松散、开放的网络设备,攻击者一旦获取传感器节点就很容易获得和修改存储在传感器节点中的密钥信息以及程序代码等。

另外,大多数传感器网络在进行部署前,其网络拓扑是无法预知的,同时部署后,整个网络拓扑、传感器节点在网络中的角色也是经常变化的,因而不像有线网、大部分无线网络那样对网络设备进行完全配置,对传感器节点进行预配置的范围是有限的,很多网络参数、密钥等都是传感器节点在部署后进行协商后形成的。

**2. 无线传感网的安全特点**

根据无线传感器网络(WSN)特点分析可知,WSN 与安全相关的主要特点如下。

(1) 资源受限,通信环境恶劣。WSN 单个节点能量有限,存储空间和计算能力差,直接导致了许多成熟、有效的安全协议和算法无法顺利应用。另外,节点之间采用无线通信方式,信道不稳定,信号不仅容易被窃听,而且容易被干扰或篡改。

(2) 部署区域的安全无法保证,节点易失效。传感器节点一般部署在无人值守的恶劣环境或敌对环境中,其工作空间本身就存在不安全因素,节点很容易受到破坏或被俘,一般无法对节点进行维护,节点很容易失效。

(3) 网络无基础框架。在 WSN 中,各节点以自组织的方式形成网络,以单跳或多跳的方式进行通信,由节点相互配合实现路由功能,没有专门的传输设备,传统的端到端的安全机制无法直接应用。

(4) 部署前地理位置具有不确定性。在 WSN 中,节点通常随机部署在目标区域,任何节点之间是否存在直接连接在部署前是未知的。

## 8.4.2 传感器网络的安全性目标

**1. WSN 主要安全目标及实现基础**

虽然,WSN 的主要安全目标和一般网络没有多大区别,包括机密性、完整性、可用性等。但考虑到 WSN 是典型的分布式系统,并以消息传递来完成任务的特点,可以将其安全问题归结为消息安全和节点安全。所谓消息安全是指在节点之间传输的各种报文的安全性。节点安全是指针对传感器节点被俘获并改造而变为恶意节点时,网络能够迅速发现异常节点,并能有效地防止其产生更大的危害。与传统网络相比,由于 WSN 根深蒂固的微型化和廉价化大规模应用的思想，导致借助硬件实现安全的策略一直没有得到重视。考虑到传感器节点的资源限制，几乎所有的安全研究都必然存在算法计算强度和安全强度之间的权衡问题。简单地提供能够保证消息安全的加密算法是不够的。事实上，当节点被攻破，密钥等重要信息被窃取时，攻击者很容易控制被俘节点或复制恶意节点以危害消息安全。因此，节点安全高于消息安全，确保传感器节点安全尤为重要。

维护传感器节点安全的首要问题是建立节点信任机制。在传统网络中，健壮的端到端信任机制常须借助可信第三方，通过公钥密码体制实现网络实体的认证，如 PKI 系统。然而，研究者们发现，由于无线信道的脆弱性，即便对于静止的传感器节点，其间的通信信道并不稳定，导致网络拓扑容易变化。因此，对于任何基于可信第三方的安全协议，传感器节点和可信第三方之间的通信开销很大，并且不稳定的信道和通信延迟足以危及安全协议的能力和效率。另外，鉴于传感器节点计算能力的约束，公钥密码体制也不适合用于 WSN。

根据近代密码学的观点，密码系统的安全应该只取决于密钥的安全，而不取决于对算法的保密。因此，密钥管理是安全管理中最重要、最基础的环节。历史经验表明，从密钥管理途径进行攻击要比单纯破译密码算法代价小得多。高度重视密钥管理，引入密钥管理机制进行有效控制，对增加网络的安全性和抗攻击性是非常重要的。

一般而言，基于密钥预分配方式，WSN 通过共享密钥建立节点信任关系。因此，基于密钥预分配方式的共享密钥管理问题是 WSN 节点安全和消息安全功能的实现基础。目前，WSN 密钥预分配管理主要分为两类，一类是确定型密钥预分配，另一类是随机型密钥预分配。确定型密钥预分配借助组合论、多项式、矩阵等数学方法，其共同的缺点是当被攻破节点数超过某一门限时，整个网络被攻破的概率急剧升高。随机型密钥预分配则可避免这样的缺点，即当被攻破节点数超过某一门限时，整个网络被攻破的概率温和升高，而代价是增加了共享密钥的发现难度。同时，由于随机型密钥预分配是基于随机图连通理论的，所以在某些特殊场合，如节点分布稀疏或者密度不均匀，随机型密钥预分配不能保证网络的连通性。

**2. WSN 的安全需求**

WSN 的安全需求主要有以下几个方面。

(1) 机密性。机密性要求对 WSN 节点间传输的信息进行加密，让任何人在截获节点间的物理通信信号后不能直接获得其所携带的消息内容。

(2) 完整性。WSN 的无线通信环境为恶意节点实施破坏提供了方便，完整性要求节点收到的数据在传输过程中未被插入、删除或篡改，即保证接收到的消息与发送的消息是一致的。

(3) 健壮性。WSN 一般被部署在恶劣环境、无人区域或敌方阵地中，外部环境条件具有不确定性，另外，随着旧节点的失效或新节点的加入，网络的拓扑结构不断发生变化。因此，WSN 必须具有很强的适应性，使得单个节点或者少量节点的变化不会威胁整个网络的安全。

(4) 真实性。WSN 的真实性主要体现在两个方面：点到点的消息认证和广播认证。点到点的消息认证使得某一节点在收到另一节点发送来的消息时，能够确认这个消息确实是从该节点发送过来的，而不是别人冒充的；广播认证主要解决单个节点向一组节点发送统一通告时的认证安全问题。

(5) 新鲜性。在 WSN 中由于网络多路径传输延时的不确定性和恶意节点的重放攻击使得接收方可能收到延后的相同数据包。新鲜性要求接收方收到的数据包都是最新的、非重放的，即体现消息的时效性。

(6) 可用性。可用性要求 WSN 能够按预先设定的工作方式向合法的用户提供信息访问服务，然而，攻击者可以通过信号干扰、伪造或者复制等方式使 WSN 处于部分或全部瘫痪状态，从而破坏系统的可用性。

(7) 访问控制。WSN 不能通过设置防火墙进行访问过滤，由于硬件受限，也不能采用非对称加密体制的数字签名和公钥证书机制。WSN 必须建立一套符合自身特点，综合考虑性能、效率和安全性的访问控制机制。

**3. WSN 安全的研究现状**

下面从密钥管理和攻防技术两个方面阐述无线传感器网络安全研究现状。

(1) 密钥管理

密钥管理是数据加密技术中的重要环节，它处理密钥从生成到销毁的整个生命周期，涉及密钥的生成、分发、存储、更新及销毁等所有方面，密钥的丢失将直接导致明文的泄露。有效的密钥管理方案是实现 WSN 安全的基础。下面是几种先进的密钥管理方案。

① 动态分簇密钥管理方案(Key Management for Dynamically Clustering WSN，KMDC)，该方案能够与现有的层簇式路由协议相结合，具有计算量小、能耗低的特点。任何节点在运行状态时只需要保存一个主密钥、一个簇密钥以及用于管理簇密钥的管理密钥，簇头不需要保存与成员节点之间的对密钥。同时，该方案采用 EBS 组合最优组密钥管理算法，减少了管理簇密钥带来的存储负担，降低了更新簇密钥时网络的通信负载。在网络运行后，EBS 算法等较大规模的运算又由基站负责完成，所以簇头不需要具有较大存储空间，不必进行大规模的运算，任何传感器节点都可以担任。另外，该方案还具有较好的扩展性。

② 基于对称矩阵 LU 分解的对密钥分配方案，该方案在实际应用中存在密钥信息分配不均、U 矩阵信息完全公开等缺点。

③ 基于 LU 矩阵空间的随机对密钥预分配方案，解决了普通对称矩阵方案在实际应用中的局限性。

④ 基于多项式和分组的密钥管理方案。此方案是假定基站绝对安全，且传感器节点部署好以后就基本处于静止状态。为了在确保网络安全性的同时，达到较好的网络节点密钥连通概率，该方案首先通过多项式计算节点间链路共享密钥，然后通过分组的方法，弥补基于多项式方案的不足，提高网络密钥连通性。节点的标志符 ID 划分为组标志符 GID 和组内节点标志符 NID 两部分，节省了一定的节点开销，通过 NID 的扩展能够支持网络中节点的动态加入。

⑤ 利用基于身份的密码体制(Identity-Based Cryptography，IBC)提出一种基于部署信息的密钥管理方案，该方案将节点身份和部署信息应用到椭圆曲线密钥算法中，与以前的方案相比安全性更高。在节点部署后不需要一个初始信任时间，节点被捕获之后不会

泄露其他节点的秘密,可以抵挡克隆攻击和 Sybil 攻击,具有良好的可扩展性。该方案仅在节点部署时执行一次椭圆曲线密钥算法,在随后的整个通信过程中都采用对称密钥算法,能较好地应用到 WSN 中。

⑥ 基于多密钥空间的密钥管理方案,该方案通过引入地理位置信息在离线阶段利用尚未使用的存储空间存储多个密钥空间。在节点部署以后,利用定位算法得到自己在网络中的坐标,对所存储的密钥空间进行优化,删除一些无效的密钥空间,释放原先利用的存储空间,增大两个邻居节点拥有相同密钥空间的概率,从而实现在不增加节点存储空间的情况下大幅提高被俘节点的阈值的目的,增强了网络安全性。

(2) 攻防技术

WSN 受到的攻击类型主要有 Sybil 攻击、Sinkhole 攻击、Wormhole 攻击、Hello 泛洪攻击、选择性转发等。

① Sybil 攻击。Sybil 攻击的目标是破坏依赖多节点合作和多路径路由的分布式解决方案。在 Sybil 攻击中,恶意节点通过扮演其他节点或者通过声明虚假身份,对网络中其他节点表现出多重身份。Sybil 攻击能够明显降低路由方案对于诸如分布式存储、分散和多路径路由、拓扑结构保持的容错能力,对于基于位置信息的路由协议也构成很大的威胁。

② Sinkhole 攻击。攻击者为一个被妥协的节点篡改路由信息,尽可能地引诱附近的流量通过该恶意节点,一旦数据都经过该恶意节点,该恶意节点就可以对正常数据进行窜改或选择性转发,从而引发其他类型的攻击。

③ Wormhole 攻击。Wormhole 攻击对 WSN 有很大威胁,因为这类攻击不需捕获合法节点,而且在节点部署后进行组网的过程中就可以实施攻击。恶意节点通过声明低延迟链路骗取网络的部分消息并开凿隧道,以一种不同的方式来重传收到的消息,这也可以引发其他类似于 Sinkhole 的攻击。

④ Hello 泛洪攻击。在 WSN 中,许多协议要求节点广播 Hello 数据包发现其邻居节点,收到该包的节点将确信它的发送者在传输范围内,攻击者通过发送大功率的信号来广播路由或其他信息,使网络中的每一个节点都认为攻击者是其邻居,这些节点就会通过“该邻居”转发信息,从而达到欺骗的目的,最终引起网络的混乱。防御 Hello 泛洪攻击最简单的方法就是通信双方采取有效措施进行相互身份认证。

⑤ 选择性转发。恶意节点可以概率性地转发或者丢弃特定消息,而使网络陷入混乱状态。如果恶意节点抛弃所有收到的信息将形成黑洞攻击,但是这种做法会使邻居节点认为该恶意节点已失效,从而不再经由它转发信息包,因此选择性转发更具欺骗性。其有效的解决方法是多径路由,节点也可以通过概率否决投票,并由基站或簇头对恶意节点进行撤销。

⑥ DoS 攻击。DoS 攻击是指任何能够削弱或消除 WSN 正常工作能力的行为或事件,对网络的可用性危害极大,攻击者可以通过拥塞、冲突碰撞、资源耗尽、方向误导、去同步等多种方法在 WSN 协议栈的各个层次上进行攻击。

### 8.4.3 传感器网络安全策略

根据以上无线传感器网络安全的分析可知，无线传感器网络易于遭受传感器节点的物理操纵、传感信息的窃听、拒绝服务攻击、私有信息的泄露等多种威胁和攻击。下面将根据 WSN 的特点，对 WSN 所面临的潜在安全威胁进行分类描述与对策探讨。

**1. 传感器节点的物理操纵**

未来的传感器网络一般有成百上千个传感器节点，很难对每个节点进行监控和保护，因而每个节点都是一个潜在的攻击点，都能被攻击者进行物理和逻辑攻击。另外，传感器通常部署在无人维护的环境当中，这更加方便了攻击者捕获传感器节点。当捕获了传感器节点后，攻击者就可以通过编程接口(JTAG 接口)，修改或获取传感器节点中的信息或代码。根据文献分析，攻击者可利用简单的工具(计算机、UISP 自由软件)在不到一分钟的时间内就可以把 $E^2PROM$、Flash 和 SRAM 中的所有信息传输到计算机中，通过汇编软件，可很方便地把获取的信息转换成汇编文件格式，从而分析出传感器节点所存储的程序代码、路由协议及密钥等机密信息，同时还可以修改程序代码，并加载到传感器节点中。

目前通用的传感器节点具有很大的安全漏洞，攻击者通过此漏洞，可方便地获取传感器节点中的机密信息、修改传感器节点中的程序代码，如使得传感器节点具有多个身份 ID，从而以多个身份在传感器网络中进行通信。另外，攻击还可以通过获取存储在传感器节点中的密钥、代码等信息进行，从而伪造或伪装成合法节点加入到传感网络中。一旦控制了传感器网络中的一部分节点后，攻击者就可以发动很多种攻击，如监听传感器网络中传输的信息，向传感器网络中发布假的路由信息或传送假的传感信息、进行拒绝服务攻击等。

安全策略：由于传感器节点容易被物理操纵是传感器网络不可回避的安全问题，必须通过其他的技术方案来提高传感器网络的安全性能。如在通信前进行节点与节点的身份认证；设计新的密钥协商方案，使得即使有一小部分节点被操纵后，攻击者也不能或很难从获取的节点信息推导出其他节点的密钥信息等。另外，还可以通过对传感器节点软件的合法性进行认证等措施来提高节点本身的安全性能。

**2. 信息窃听**

根据无线传播和网络部署特点，攻击者很容易通过节点间的传输而获得敏感或者私有的信息，如在通过无线传感器网络监控室内温度和灯光的场景中，部署在室外的无线接收器可以获取室内传感器发送过来的温度和灯光信息；同样攻击者通过监听室内和室外节点间信息的传输，也可以获知室内信息，从而揭露出房屋主人的生活习性。

安全策略：对传输信息加密可以解决窃听问题，但需要一个灵活、强健的密钥交换和管理方案，密钥管理方案必须容易部署而且适合传感器节点资源有限的特点。另外，密钥管理方案还必须保证当部分节点被操纵后(这样，攻击者就可以获取存储在这个节点中的生成会话密钥的信息)，不会破坏整个网络的安全性。由于传感器节点的内存资源有限，使得在传感器网络中实现大多数节点间端到端安全不切实际。然而在传感器网络中可以实现跳一跳之间的信息的加密，这样传感器节点只要与邻居节点共享密钥就可以了。在这种情况下，即使攻击者捕获了一个通信节点，也只是影响相邻节点间的安全。但当攻击者通过操纵节点发送虚假路由消息，就会影响整个网络的路由拓扑。解决这种问题有两种方法，一种方法是具有鲁棒性的路由协议；另一种方法是多路径路由，通过多个路径传输部分信息，并在目的地进行重组。

**3. 私有性问题**

传感器网络是用于收集信息作为主要目的的，攻击者可以通过窃听、加入伪造的非法节点等方式获取这些敏感信息，如果攻击者知道怎样从多路信息中获取有限信息的相关算法，那么攻击者就可以通过大量获取的信息导出有效信息。一般传感器中的私有性问题，并不是通过传感器网络去获取不大可能收集到的信息，而是攻击者通过远程监听WSN，从而获得大量的信息，并根据特定算法分析出其中的私有性问题。因此攻击者并不需要物理接触传感器节点，是一种低风险、匿名的获得私有信息方式。远程监听还可以使单个攻击者同时获取多个节点的传输信息。

安全策略：保证网络中的传感信息只有可信实体才可以访问是保证私有性问题的最好方法，这可通过数据加密和访问控制来实现；另外一种方法是限制网络所发送信息的粒度，因为信息越详细，越有可能泄露私有性，比如，一个簇节点可以通过对从相邻节点接收到的大量信息进行汇集处理，并只传送处理结果，从而达到数据匿名化。

**4. 拒绝服务攻击(DoS)**

DoS攻击主要用于破坏网络的可用性，减少、降低执行网络或系统执行某一期望功能能力的任何事件。如试图中断、颠覆或毁坏传感网络，另外还包括硬件失败、软件bug、资源耗尽、环境条件等。这里主要考虑协议和设计层面的漏洞。确定一个错误或一系列错误是否是有DoS攻击造成的，是很困难的，特别是在大规模的网络中，因为此时传感网络本身就具有比较高的单个节点失效率。

DoS攻击可以发生在物理层，如信道阻塞，这可能包括在网络中恶意干扰网络中协议的传送或者物理损害传感器节点。攻击者还可以发起快速消耗传感器节点能量的攻击，比如，向目标节点连续发送大量无用信息，目标节点就会消耗能量处理这些信息，并把这些信息传送给其他节点。如果攻击者捕获了传感器节点，那么他还可以伪造或伪装成合法节点发起这些DoS攻击。比如，它可以产生循环路由，从而耗尽这个循环中节点的能量。防御DoS攻击没有一个固定的方法，它随着攻击者攻击方法的不同而不同。一些跳频和扩频技术可以用来减轻网络堵塞问题。恰当的认证可以防止在网络中插入无用信息，然而，这些协议必须十分有效，否则它也会被用来当作DoS攻击的手段。比如，使用基于非对称密码机制的数字签名可以用来进行信息认证，但是创建和验证签名是一个计算速度慢、能量消耗大的计算，攻击者可以在网络中引入大量的这种信息，以有效地实施DoS攻击。

# 练习题

1. RFID技术存在哪些安全问题？

2. 计算机信息安全涉及哪几方面的安全？
3. 信息安全有哪些主要特征？
4. 信息安全包括哪些基本属性？
5. 简述物联网安全特点。
6. 简述物联网的安全层次模型及体系结构。
7. 简述传感器网络特点。
8. 简述无线传感网的安全性目标。

# 第 9 章 物联网数据融合技术

**本章重点**

(1) 物联网中的数据融合的基本原理、数据融合的层次结构、基于信息抽象层次的数据融合模型。

(2) 传感器网络的数据传输及融合技术、多传感器数据融合算法、传感网数据融合路由算法。

(3) 传感器网络的数据管理系统、数据模型及存储查询、数据融合及管理技术研究与发展。

## 9.1 数据融合概述

### 9.1.1 数据融合概述

数据融合(Data Fusion)一词最早出现在 20 世纪 70 年代,并于 20 世纪 80 年代发展成一项专门技术。数据融合技术最早被应用于军事领域,1973 年美国研究机构在国防部的资助下,开展了声呐信号解释系统的研究。现在数据融合的主要应用多源影像复合、机器人和智能仪器系统、战场和无人驾驶飞机、图像分析与理解、目标检测与跟踪、自动目标识别、工业控制、海洋监视和管理等领域。在遥感中,数据融合属于一种属性融合,它是将同一地区的多源遥感影像数据加以智能化合成,产生比单一信息源更精确、更完全、更可靠的估计和判断等。

相对于单源遥感影像数据,多源遥感影像数据所提供的信息具有以下特点。

(1) 冗余性:表示多源遥感影像数据对环境或目标的表示、描述或解译结果相同。

(2) 互补性:指信息来自不同的自由度且相互独立。

(3) 合作性:不同传感器在观测和处理信息时对其他信息有依赖关系。

(4) 信息分层的结构特性:数据融合所处理的多源遥感信息可以在不同的信息层次上出现,这些信息抽象层次包括像素层、特征层和决策层,分层结构和并行处理机制还可保证系统的实时性。

多源遥感影像的实质是在统一地理坐标系中将对同一目标检测的多幅遥感图像数据

采用一定的算法，生成一幅新的、更能有效表示该目标的图像信息。

多源遥感影像的目的是将单一传感器的多波段信息或不同类别传感器所提供的信息加以综合，消除多传感器信息之间可能存在的冗余和矛盾，加以互补，改善遥感信息提取的及时性和可靠性，提高数据的使用效率。

## 9.1.2　物联网中的数据融合

数据融合是针对多传感器系统而提出的。在多传感器系统中，由于信息表现形式的多样性，数据量的巨大性、数据关系的复杂性以及要求数据处理的实时性、准确性和可靠性，都已大大超出了人脑的信息综合处理能力。在这种情况下，多传感器数据融合技术应运而生。多传感器数据融合（Multi-Sensor Data Fusion，MSDF），简称数据融合，也被称为多传感器信息融合（Multi-Sensor Information Fusion，MSIF）。它由美国国防部在 20 世纪 70 年代最先提出，之后英、法、日、俄等国也做了大量的研究。近 40 年来数据融合技术得到了巨大的发展，同时伴随着电子技术、信号检测与处理技术、计算机技术、网络通信技术以及控制技术的飞速发展，数据融合已被应用在多个领域，在现代科学技术中的地位也日渐突出。

### 1. 数据融合的定义

数据融合定义简洁地表述为：数据融合是利用计算机技术对时序获得的若干感知数据，在一定准则下加以分析、综合，以完成所需决策和评估任务而进行的数据处理过程。

数据融合有 3 层含义。

(1) 数据的全空间，即数据包括确定的和模糊的、全空间的和子空间的、同步的和异步的、数字的和非数字的，它是复杂的多维多源的，覆盖全频段。

(2) 数据的融合不同于组合，组合指的是外部特性，融合指的是内部特性，它是系统动态过程中的一种数据综合加工处理。

(3) 数据的互补过程，数据表达方式的互补、结构上的互补、功能上的互补、不同层次的互补，是数据融合的核心，只有互补数据的融合才可以使系统发生质的飞跃。数据融合示意图如图 9.1 所示。

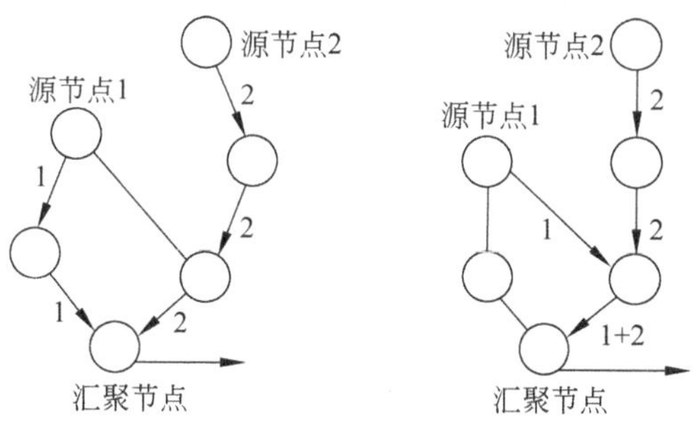


图 9.1　数据融合示意图

数据融合的实质是针对多维数据进行关联或综合分析，进而选取适当的融合模式和处理算法，用以提高数据的质量，为知识提取奠定基础。

**2. 数据融合研究的主要内容**

数据融合是针对一个网络感知系统中使用多个和多类感知节点(如多传感器)展开的一种数据处理方法,研究的内容包含以下几个主要问题。

(1) 数据对准。

(2) 数据相关。

(3) 数据识别,即估计目标的类别和类型。

(4) 感知数据的不确定性。

(5) 不完整、不一致和虚假数据。

(6) 数据库。

(7) 性能评估。

**3. 物联网数据融合的意义和作用**

物联网是利用射频识别(RFID)装置、各种传感器、全球定位系统(GPS)、激光扫描器等各种不同装置、嵌入式软硬件系统,以及现代网络及无线通信、分布式数据处理等诸多技术,能够协作地实时监测、感知、采集网络分布区域内的各种环境或监测对象的信息,实现包括物与物、人与物之间的互相连接,并且与互联网结合起来而形成的一个巨大信息网络系统。这个巨大的信息网络系统就是一个物联网系统,在这个物联网系统中,有大量感知数据,需选取适当的融合模式、处理算法进行综合分析,才能提高数据的质量,获得最佳决策和完成评估任务。这就是物联网数据融合的意义和作用。

**4. 物联网数据融合所要解决的关键问题和要求**

(1) 物联网数据融合需要研究解决的关键问题

物联网数据融合需要研究解决的关键问题有如下几点。

① 数据融合节点的选择。融合节点的选择与网络层路由协议有密切关系,需要依靠路由协议建立的路由回路数据;并且使用路由结构中的某些节点作为数据融合的节点。

② 数据融合时机。

③ 数据融合算法。

(2) 物联网数据融合技术要求

物联网与以往的多传感器数据融合有所不同,具有它自己独特的融合技术要求。

① 稳定性。

② 数据关联。

③ 能量约束。

④ 协议的可扩展性。

# 9.2 数据融合的原理

## 9.2.1 数据融合的基本原理

**1. 数据融合原理**

数据融合中心对来自多个传感器的信息进行融合,也可以将来自多个传感器的信息和人机界面的观测事实进行信息融合(这种融合通常是决策级融合)。提取征兆信息,在推理机作用下,将征兆与知识库中的知识匹配,做出故障诊断决策,提供给用户。在基于信息融合的故障诊断系统中可以加入自学习模块,故障决策经自学习模块反馈给知识库,并对相应的置信度因子进行修改,更新知识库。同时,自学习模块能根据知识库中的知识和用户对系统提问的动态应答进行推理,以获得新知识、总结新经验,不断扩充知识库,实现专家系统的自学习功能。

一般来说,遥感影像的数据融合分为预处理和数据融合两步。

(1) 预处理

预处理主要包括遥感影像的几何纠正、大气订正、辐射校正及空间配准。

① 几何纠正、大气订正及辐射校正的目的主要在于去除透视收缩、叠掩、阴影等地形因素以及卫星扰动、天气变化、大气散射等随机因素对成像结果一致性的影响。

② 影像空间配准的目的在于消除由不同传感器得到的影像在拍摄角度、时相及分辨率等方面的差异。

影像的空间配准时遥感影像数据融合的前提空间配准一般可分为以下步骤。

a. 特征选择:在欲配准的两幅影像上,选择如边界、线状物交叉点、区域轮廓线等明显的特征。

b. 特征匹配:采用一定配准算法,找出两幅影像上对应的明显地物点,作为控制点。

c. 空间变化:根据控制点,建立影像间的映射关系。

d. 插值:根据映射关系,对非参考影像进行重采样,获得同参考影像配准的影像。

空间配准的精度一般要求在 1～2 个像元内。空间配准中最关键、最困难的一步就是通过特征匹配寻找对应的明显地物点作为控制点。

(2) 数据融合

根据融合目的和融合层次智能地选择合适的融合算法,将空间配准的遥感影像数据(或提取的图像特征或模式识别的属性说明)进行有机合成(或"匹配处理"和"类型变换"),以便得到目标的更准确表示或估计。

**2. 数据融合分类及方法**

(1) 数据融合方法分类

遥感影像的数据融合有 3 类:像素(Pixel)级融合、特征(Feature)级融合、决策(Decision)级融合。融合的水平依次从低到高。

① 像素级融合是一种低水平的融合。

像素级融合的流程:经过预处理的遥感影像数据→数据融合→特征提取→融合属性说明。

像素级融合模型如图 9.2 所示。

像素级融合的优点:保留了尽可能多的信息,具有最高精度。

像素级融合局限性有以下几点。

a. 效率低下。由于处理的传感器数据量大,所以处理时间较长,实时性差。

b. 分析数据限制。为了便于像元比较,对传感器信息的配准精度要求很高,而且要求影像来源于一组同质传感器或同单位的。

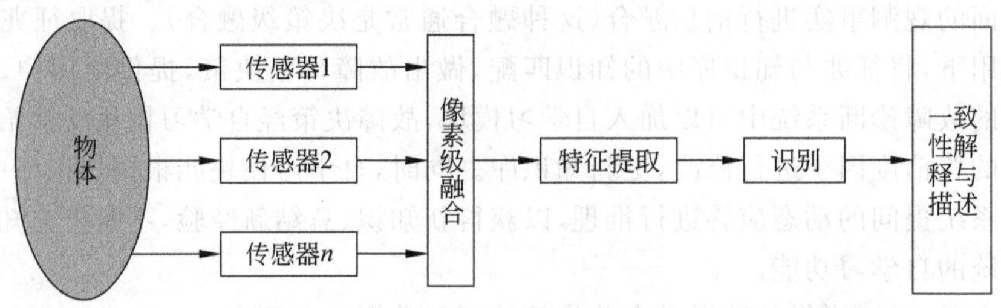


图 9.2 像素级融合模型

c. 分析能力差。不能实现对影像的有效理解和分析。

d. 纠错要求。由于底层传感器信息存在的不确定性、不完全性或不稳定性，所以对融合过程中的纠错能力有较高要求。

e. 抗干扰性差。

像素级融合所包含的具体融合方法有：代数法、IHS 变换、小波变换、主成分变换(PCT)、K-T 变换等。

② 特征级融合是一种中等水平的融合。在这一级别中，先是将各遥感影像数据进行特征提取，提取的特征信息应是原始信息的充分表示量或充分统计量，然后按特征信息对多源数据进行分类、聚集和综合，产生特征矢量，而后采用一些基于特征级融合方法融合这些特征矢量，做出基于融合特征矢量的属性说明。

特征级融合的流程是：经过预处理的遥感影像数据→特征提取→特征级融合→融合属性说明。

特征级融合模型如图 9.3 所示。

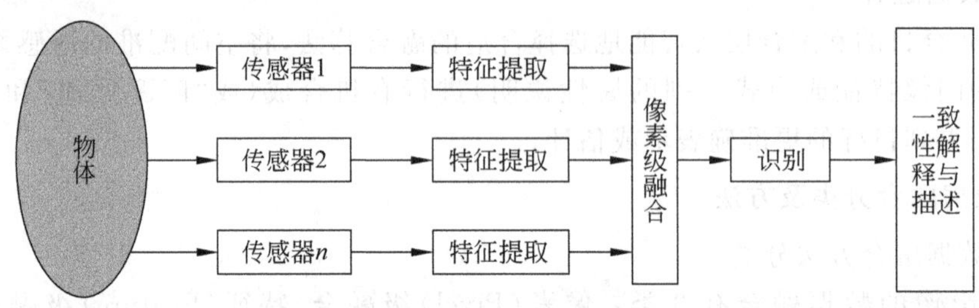


图 9.3 特征级融合模型

③ 决策级融合是最高水平的融合。融合的结果为指挥、控制、决策提供了依据。在这一级别中，首先对每一数据进行属性说明，然后对其结果加以融合，得到目标或环境的融合属性说明。

决策级融合的流程：经过预处理的遥感影像数据→特征提取→属性说明→属性融合→融合属性说明。

决策级融合模型如图 9.4 所示。

(2) 数据融合方法

数据融合的方法主要有以下几种。

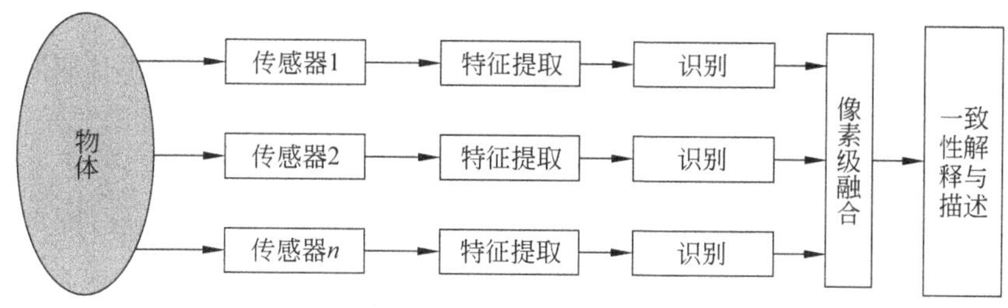


图 9.4　决策级融合模型

① 代数法：包括加权融合、单变量图像差值法、图像比值法等。

② 图像回归法(Image Regression)：首先假定影像的像元值是另一影像的一个线性函数，通过最小二乘法来进行回归，然后再用回归方程计算出的预测值来减去影像的原始像元值，从而获得二影像的回归残差图像。经过回归处理后的遥感数据在一定程度上类似于进行了相对辐射校正，因而能减弱多时相影像中由于大气条件和太阳高度角的不同所带来的影响。

③ 主成分变换(PCT)：也称为 W-L 变换，数学上称为主成分分析(PCA)。PCT 是应用于遥感诸多领域的一种方法，包括高光谱数据压缩、信息提取与融合及变化监测等。PCT 的本质是通过去除冗余，将其余信息转入少数几幅影像(即主成分)的方法，对大量影像进行概括和消除相关性。PCT 使用相关系数阵或协方差阵来消除原始影像数据的相关性，以达到去除冗余的目的。对于融合后的新图像来说各波段的信息所作出的贡献能最大限度地表现出来。PCT 的优点是能够分离信息、减少相关，从而突出不同的地物目标。另外，它对辐射差异具有自动校正的功能，因此无须再做相对辐射校正处理。

④ K-T 变换：即 Kauth-Thomas 变换，简称 K-T 变换，又形象地称为“缨帽变换”。它是线性变换的一种，它能使坐标空间发生旋转，但旋转后的坐标轴不是指向主成分的方向，而是指向另外的方向，这些方向与地面景物有密切的关系，特别是与植物生长过程和土壤有关。因此，这种变换着眼于农作物生长过程而区别于其他植被覆盖，力争抓住地面景物在多光谱空间的特征。通过这种变换，既可以实现信息压缩，又可以帮助解译分析农业特征，因此，有很大的实际应用意义。目前对这个变换在多源遥感数据融合方面的研究应用主要集中在 MSS 与 TM 两种遥感数据的应用分析方面。

⑤ 小波变换：是一种新兴的数学分析方法，已经受到了广泛的重视。小波变换是一种全局变换，在时间域和频率域同时具有良好的定位能力，对高频分量采用逐渐精细的时域和空域步长，可以聚焦到被处理图像的任何细节，从而被誉为“数学显微镜”。小波变换常用于雷达影像 SAR 与 TM 影像的融合。它具有在提高影像空间分辨率的同时又保持色调和饱和度不变的优越性。

⑥ IHS 变换：3 个波段合成的 RGB 颜色空间是一个对物体颜色属性描述的系统，而 IHS 色度空间提取出物体的亮度 I、色度 H、饱和度 S，它们分别对应 3 个波段的平均辐射强度、3 个波段的数据向量和方向及 3 个波段等量数据的大小。RGB 颜色空间和 IHS 色

度空间有着精确的转换关系。

以 TM 和 SAR 为例,变换思路是把 TM 图像的 3 个波段合成的 RGB 假彩色图像变换到 IHS 色度空间,然后用 SAR 图像代替其中的 I 值,再变换到 RGB 颜色空间,形成新的影像。

数据融合的方法还包括贝叶斯(Bayes)估计、D-S(Dempster-Shafter)推理法和人工神经网络(ANN)等,具体内容将在后面章节中进行介绍。

遥感影像数据融合还是一门很不成熟的技术,有待于进一步解决的关键问题包括空间配准模型、建立统一的数学融合模型、提高数据预处理过程的精度、提高精确度与可信度等。

随着计算机技术、通信技术的发展,新的理论和方法不断出现,遥感影像数据融合技术将日趋成熟,从理论研究转入到实际更广泛的应用,最终必将向智能化、实时化方向发展,并同 GIS 结合,实现实时动态融合,用于更新和监测。

### 9.2.2 物联网中数据融合的层次结构

通过对多感知节点信息的协调优化,数据融合技术可以有效地减少整个网络中不必要的通信开销,提高数据的准确度和收集效率。因此,传送已融合的数据要比未经处理的数据节省能量,延长网络的生存周期。但对物联网而言,数据融合技术将面临更多挑战,例如,感知节点能源有限、多数据流的同步、数据的时间敏感特性、网络带宽的限制、无线通信的不可靠性和网络的动态特性等。因此,物联网中的数据融合需要有其独特的层次性结构体系。

**1. 传感网节点的部署**

在传感网数据融合结构中,比较重要的问题是如何部署感知节点。目前,传感网感知节点的部署方式一般有 3 种类型:并行拓扑、串行拓扑和混合拓扑。最常用的拓扑结构是并行拓扑,在这种部署方式中,各种类型的感知节点同时工作;串行拓扑,其感知节点检测数据信息具有暂时性,实际上 SAR(Synthetic Aperture Radar)图像就属于此结构;混合拓扑,即树状拓扑。

**2. 数据融合的层次划分**

数据融合大部分是根据具体问题及其特定对象来建立自己的融合层次。例如,有些应用,将数据融合划分为检测层、位置层、属性层、态势评估和威胁评估;有的根据输入/输出数据的特征提出了基于输入/输出特征的融合层次化描述。数据融合层次的划分目前还没有统一标准。

根据多传感器数据融合模型定义和传感网的自身特点,通常按照节点处理层次、融合前后的数据量变化、信息抽象的层次,来划分传感网数据融合的层次结构。数据融合的一般模型如图 9.5 所示。

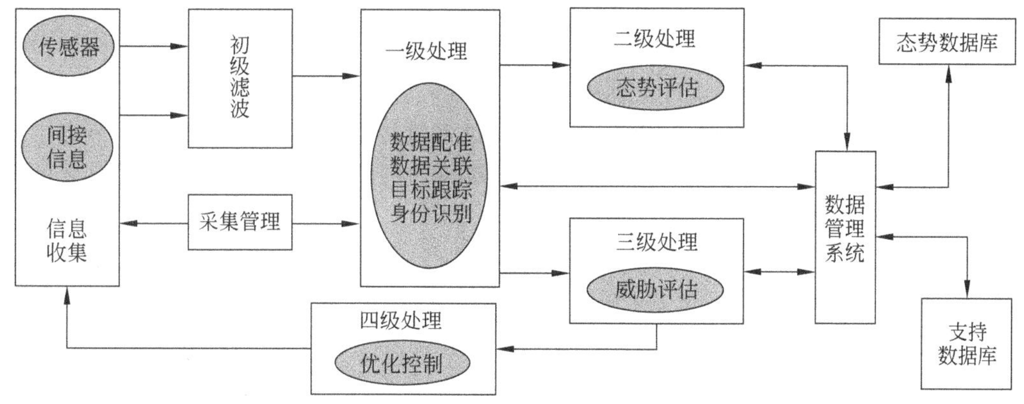


图 9.5 数据融合的一般模型

## 9.3 数据融合技术与算法

数据融合技术涉及复杂的融合算法、实时图像数据库技术和高速、大吞吐量数据处理等支撑技术。数据融合算法是融合处理的基本内容,它是将多维输入数据在不同融合层次上运用不同的数学方法,对数据进行聚类处理的方法。就多传感器数据融合而言,虽然还未形成完整的理论体系和有效的融合算法,但有不少应用领域根据各自的具体应用背景,已经提出了许多成熟并且有效的融合算法。针对传感网的具体应用,也有许多具有实用价值的数据融合技术与算法。

### 9.3.1 传感器网络数据传输及融合技术

如今无线传感器网络已经成为一种极具潜力的测量工具。它是一个由微型、廉价、能量受限的传感器节点所组成,通过无线方式进行通信的多跳网络,其目的是对所覆盖区域内的信息进行采集、处理和传递。然而,传感器节点体积小,依靠电池供电,且更换电池不便,如何高效使用能量,提高节点生命周期,是传感器网络面临的首要问题。

**1. 传统的无线传感器网络数据传输**

(1) 直接传输模型

直接传输模型是指传感器节点将采集到的数据通过较大的功率直接一跳传输到 Sink 节点上,进行集中式处理,如图 9.6 所示。这种方法的缺点在于:距离 Sink 节点较远的传感器节点需要很大的发送功率才可以达到与 Sink 节点通信的目的,而传感器节点的通信距离有限,因此距离 Sink 较远的节点往往无法与 Sink 节点进行可靠的通信,这是不能被接受的。且在较大通信距离上的节点需耗费很大的能量才能完成与 Sink 节点的通信,容易造成有关节点的能量很快耗尽,这样的传感器网络在实际中难以得

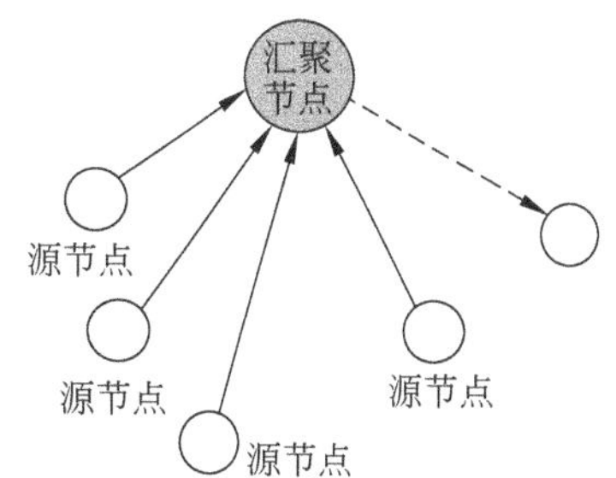


图 9.6 直接传输模型

到应用。

(2) 多跳传输模型

多跳传输模型类似于Ad-Hoc网络模型，如图9.7所示。每个节点自身不对数据进行任何处理，而是调整发送功率，以较小功率经过多跳将测量数据传输到Sink节点中再进行集中处理。多跳传输模型很好地改善了直接传输的缺陷，使能量得到了较有效的利用，这是传感器网络得到广泛利用的前提。

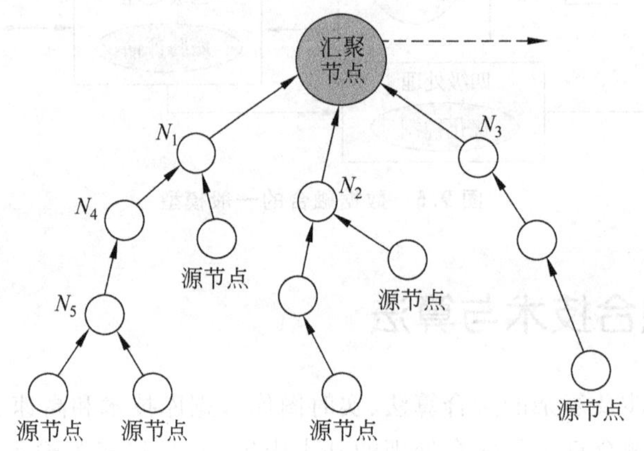


**图9.7 多跳传输模型**

该方法的缺点在于：当网络规模较大时，会出现热点问题，即位于两条或多条路径交叉处的节点，以及距离Sink节点一跳的节点(将它称为瓶颈节点)，如图9.7中$N_1$、$N_2$、$N_3$、$N_4$，它们除了自身的传输之外，还要在多跳传递中充当中介。在这种情况下，这些节点的能量将会很快耗尽。对于以节能为前提的传感器网络而言，这显然不是一种很有效的方式。

**2. 无线传感器网络数据融合技术**

在大规模的无线传感器网络中，由于每个传感器的监测范围以及可靠性都是有限的，在放置传感器节点时，有时要使传感器节点的监测范围互相交叠，以增强整个网络所采集的信息的鲁棒性和准确性。那么，在无线传感器网络中的感测数据就会具有一定的空间相关性，即距离相近的节点所传输的数据具有一定的冗余度。在传统的数据传输模式下，每个节点都将传输全部的感测信息，这其中就包含了大量的冗余信息，即有相当一部分的能量用于不必要的数据传输。而传感器网络中传输数据的能耗远大于处理数据的能耗。因此，在大规模无线传感器网络中，使各个节点多跳传输感测数据到Sink节点前，先对数据进行融合处理是非常有必要的，数据融合技术应运而生。

(1) 集中式数据融合算法

① 分簇模型的LEACH算法。为了改善热点问题，Wendi Rabiner Heinzelman等提出了在无线传感器网络中使用分簇概念，其将网络分为不同层次的LEACH算法：通过某种方式周期性随机选举簇头，簇头在无线信道中广播信息，其余节点检测信号并选择信号最强的簇头加入，从而形成不同的簇。簇头之间的连接构成上层骨干网，所有簇间通信都通过骨干网进行转发。簇内成员将数据传输给簇头节点，簇头节点再向上一级簇头传

输，直至 Sink 节点。图 9.8 所示为两层分簇结构。这种方式降低了节点发送功率，减少了不必要的链路，减少节点间干扰，达到保持网络内部能量消耗的均衡，延长网络寿命的目的。该算法的缺点在于：分簇的实现以及簇头的选择都需要相当一部分的开销，且簇内成员过多地依赖簇头进行数据传输与处理，使得簇头的能量消耗很快。为避免簇头能量耗尽，需频繁选择簇头。同时，簇头与簇内成员为点对多点的一跳通信，可扩展性差，不适用于大规模网络。

② PEGASIS 算法。Stephanie Lindsey 等人在 LEACH 的基础上，提出了 PEGASIS 算法。此算法假定网络中的每个节点都是同构的且静止不动，节点通过通信来获得与其他节点之间的位置关系。每个节点通过贪婪算法找到与其最近的邻居并连接，从而整个网络形成一个链，同时设定一个距离 Sink 最近的节点为链头节点，它与 Sink 进行一跳通信。数据总是在某个节点与其邻居之间传输，节点通过多跳方式轮流传输数据到 Sink 处，如图 9.9 所示。

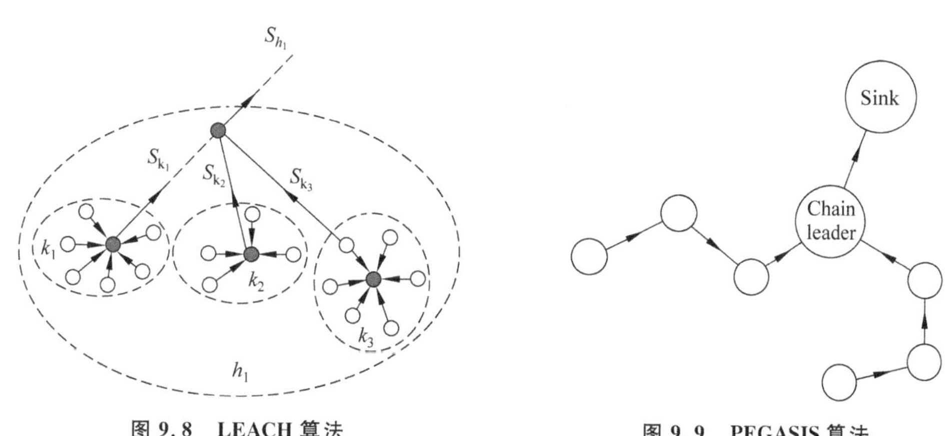


**图 9.8　LEACH 算法**　　　**图 9.9　PEGASIS 算法**

该算法缺点也很明显，首先每个节点必须知道网络中其他各节点的位置信息。其次，链头节点为瓶颈节点，它的存在至关重要，若它的能量耗尽则有关路由将会失效。最后，较长的链会造成较大的传输时延。

(2) 分布式数据融合算法

可以将一个规则传感器网络拓扑图等效于一幅图像，获得一种将小波变换应用到无线传感器网络中的分布式数据融合技术。这方面的研究已取得了一些阶段性成果，下面就对其进行介绍。

① 规则网络情况。Servetto 首先研究了小波变换的分布式实现，并将其用于解决无线传感器网络中的广播问题。南加州大学的 A. Ciancio 进一步研究了无线传感器网络中的分布式数据融合算法，引入 Lifting 变换，提出一种基于 Lifting 的规则网络中分布式小波变换数据融合算法(DWT_RE)，并将其应用于规则网络中。如图 9.10 所示，网络中节点规则分布，每个节点只与其相邻的左右两个邻居进行通信，对数据进行去相关计算。

DWT_RE 算法的实现分为两步：第一步，奇数节点接收到来自它们偶数邻居节点的感测数据，并经过计算得出细节小波系数；第二步，奇数节点把这些系数送至它们的偶数邻居节点以及 Sink 节点中，偶数邻居节点利用这些信息计算出近似小波系数，也将这些

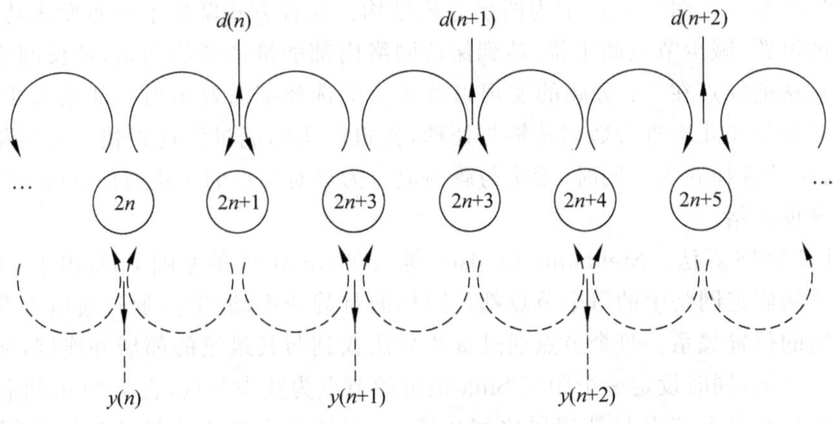

图 9.10 DWT_RE 算法

系数送至 Sink 节点中。

小波变换在规则分布网络中的应用是数据融合算法的重要突破，但是实际应用中节点分布是不规则的，因此需要找到一种算法解决不规则网络的数据融合问题。

② 不规则网络情况。莱斯大学的 R. Wagner 在其博士论文中首次提出了一种不规则网络环境下的分布式小波变换方案，即 Distributed Wavelet Transform_IRR（DWT_IRR），并将其扩展到三维情况。莱斯大学的 COMPASS 项目组已经对此算法进行了检验，下面对其进行介绍。DWT_IRR 算法建立在 Lifting 算法的基础上，它的具体思想如图 9.11～图 9.13 所示，分成 3 步：分裂、预测和更新。

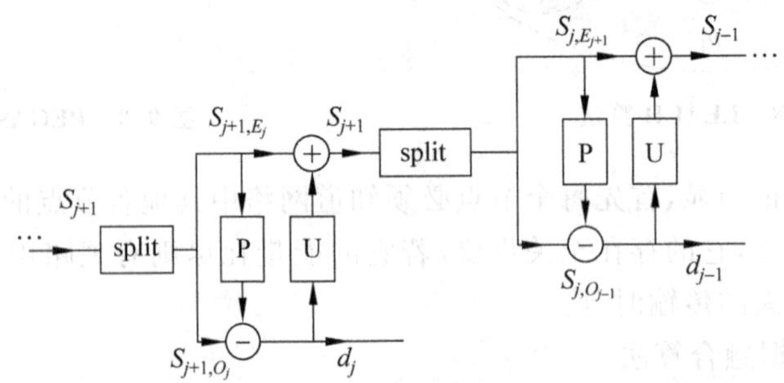

图 9.11 总体思想图

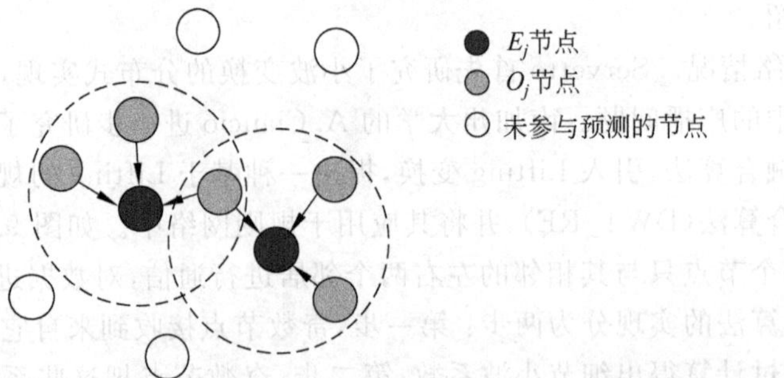

图 9.12 预测过程

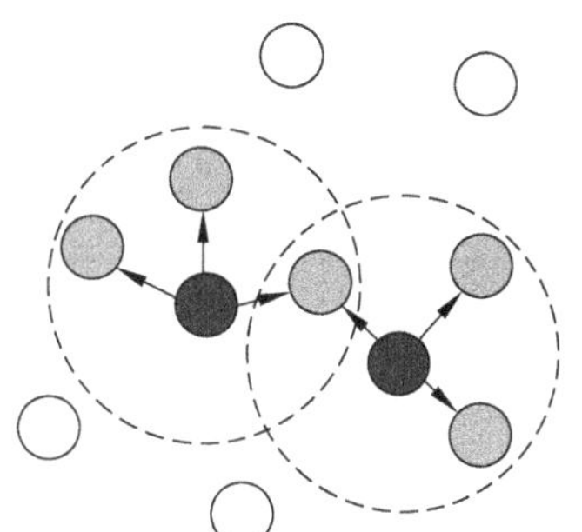


图 9.13　更新过程

首先根据节点之间的不同距离（数据相关性不同）按一定算法将节点分为偶数集合 $E_j$ 和奇数集合 $O_j$。以 $O_j$ 中的数据进行预测，根据 $O_j$ 节点与其相邻的 $E_j$ 节点进行通信后，用 $E_j$ 节点信息预测出 $O_j$ 节点信息，将该信息与原来 $O_j$ 中的信息相减，从而得到细节分量 $d_j$。然后，$O_i$ 发送 $d_j$ 至参与预测的 $E_j$ 中，$E_j$ 节点将原来信息与 $d_j$ 相加，从而得到近似分量 $s_j$，该分量将参与下一轮的迭代。以此类推，直到 $j=0$ 为止。

该算法依靠节点与一定范围内的邻居进行通信。经过多次迭代后，节点之间的距离进一步扩大，小波也由精细尺度变换到了粗糙尺度，近似信息被集中在了少数节点中，细节信息被集中在了多数节点中，从而实现了网络数据的稀疏变换。通过对小波系数进行筛选，将所需信息进行 Lifting 逆变换，可以应用于有损压缩处理。它的优点是：充分利用感测数据的相关性，进行有效的压缩变换；分布式计算，无中心节点，避免热点问题；将原来网络中瓶颈节点以及簇头节点的能量平均到整个网络中，充分起到了节能作用，延长了整个网络的寿命。

然而，该算法也有其自身的一些设计缺陷：首先，节点必须知道全网位置信息；其次，虽然最终与 Sink 节点的通信数据量是减少了，但是有很多额外开销用于了邻居节点之间的局部信号处理上，即很多能量消耗在了局部通信上。对于越密集、相关性越强的网络，该算法的效果越好。

在此基础上，南加州大学的 Godwin Shen 考虑到 DWT_IRR 算法中没有讨论的关于计算反向链路所需的开销，从而对该算法进行了优化。由于反向链路加重了不必要的通信开销，Godwin Shen 提出预先为整个网络建立一棵最优路由树，使节点记录通信路由，从而消除反向链路开销。

基于应用领域的不同，以上算法各有其优缺点，如表 9.1 所示。

表 9.1　各类算法比较

| 算　　法 | 分布式 | 无须预知位置信息 | 可扩展性良好 | 传输时延较短 | 消除反向链接 | 是否节能 |
|---|---|---|---|---|---|---|
| 直跳传输 | √ | √ | | | √ | |
| 多跳传输 | | √ | | | √ | |
| LEACH | | √ | | | √ | √ |
| PEGASIS | | √ | | | √ | √ |

续表

| 算　　法 | 分布式 | 无须预知位置信息 | 可扩展性良好 | 传输时延较短 | 消除反向链接 | 是否节能 |
|---|---|---|---|---|---|---|
| DWT_RE | √ | √ | √ | √ |  | √ |
| DWT_IRR | √ |  | √ | √ |  | √ |
| 优化的 DWT_IRR | √ |  | √ | √ | √ | √ |

### 9.3.2 多传感器数据融合算法

多传感器数据融合技术是近几年来发展起来的一门实践性较强的应用技术，是多学科交叉的新技术，涉及信号处理、概率统计、信息论、模式识别、人工智能、模糊数学等理论。多传感器融合技术已成为军事、工业和高技术开发等多方面关心的问题。这一技术广泛应用于 C3I(Command、Control、Communication and Intelligence)系统、复杂工业过程控制、机器人、自动目标识别、交通管制、惯性导航、海洋监视和管理、农业、遥感、医疗诊断、图像处理、模式识别等领域。

**1. 多传感器数据融合原理**

数据融合又称作信息融合或多传感器数据融合。多传感器数据融合比较确切的定义可概括为：充分利用不同时间与空间的多传感器数据资源，采用计算机技术对按时间序列获得的多传感器观测数据，在一定准则下进行分析、综合、支配和使用，获得对被测对象的一致性解释与描述，进而实现相应的决策和估计，使系统获得比它的各组成部分更充分的信息。

多传感器数据融合技术的基本原理就像人脑综合处理信息一样，充分利用多个传感器资源，通过对多传感器及其观测信息的合理支配和使用，把多传感器在空间或时间上冗余或互补信息依据某种准则来进行组合，以获得被测对象的一致性解释或描述。具体地说，多传感器数据融合原理如下。

(1) $N$ 个不同类型的传感器(有源或无源的)收集观测目标的数据。

(2) 对传感器的输出数据(离散的或连续的时间函数数据、输出矢量、成像数据或一个直接的属性说明)进行特征提取的变换，提取代表观测数据的特征矢量 $Y_i$。

(3) 对特征矢量 $Y_i$ 进行模式识别处理(如聚类算法、自适应神经网络或其他能将特征矢量 $Y_i$ 变换成目标属性判决的统计模式识别法等)完成各传感器关于目标的说明。

(4) 将各传感器关于目标的说明数据按同一目标进行分组，即关联。

(5) 利用融合算法将每一目标各传感器数据进行合成，得到该目标的一致性解释与描述。

**2. 多传感器数据融合方法**

多传感器数据融合虽然未形成完整的理论体系和有效的融合算法，但在不少应用领域根据各自的具体应用背景，已经提出了许多成熟并且有效的融合方法。多传感器数据融合的常用方法基本上可概括为随机和人工智能两大类，随机类方法有加权平均法、卡尔曼滤波法、多贝叶斯估计法、Dempster-Shafer(D-S)证据推理、产生式规则等；而人工智能类则有模糊逻辑理论、神经网络、粗集理论、专家系统等。可以预见，神经网络和人工智能等新概念、新技术在多传感器数据融合中将起到越来越重要的作用。

(1) 随机类方法

① 加权平均法。信号级融合方法最简单、最直观方法是加权平均法，该方法将一组传感器提供的冗余信息进行加权平均，结果作为融合值，该方法是一种直接对数据源进行操作的方法。

② 卡尔曼滤波法。卡尔曼滤波主要用于融合低层次实时动态多传感器冗余数据。该方法用测量模型的统计特性递推，决定统计意义上的最优融合和数据估计。如果系统具有线性动力学模型，且系统与传感器的误差符合高斯白噪声模型，则卡尔曼滤波将为融合数据提供唯一统计意义上的最优估计。卡尔曼滤波的递推特性使系统处理不需要大量的数据存储和计算。

③ 多贝叶斯估计法。贝叶斯估计为数据融合提供了一种手段，是融合静环境中多传感器高层信息的常用方法。它使传感器信息依据概率原则进行组合，测量不确定性以条件概率表示，当传感器组的观测坐标一致时，可以直接对传感器的数据进行融合，但大多数情况下，传感器测量数据要以间接方式采用贝叶斯估计进行数据融合。

多贝叶斯估计将每一个传感器作为一个贝叶斯估计，将各个单独物体的关联概率分布合成一个联合的后验的概率分布函数，通过使用联合分布函数的似然函数为最小，提供多传感器信息的最终融合值，融合信息与环境的一个先验模型提供整个环境的一个特征描述。

④ D-S 证据推理方法。D-S 证据推理是贝叶斯推理的扩充，其 3 个基本要点是：基本概率赋值函数、信任函数和似然函数。D-S 方法的推理结构是自上而下的，分 3 级。第 1 级为目标合成，其作用是把来自独立传感器的观测结果合成为一个总的输出结果(ID)；第 2 级为推断，其作用是获得传感器的观测结果并进行推断，将传感器观测结果扩展成目标报告。这种推理的基础是：一定的传感器报告以某种可信度在逻辑上会产生可信的某些目标报告；第 3 级为更新，各种传感器一般都存在随机误差，所以，在时间上充分独立地来自同一传感器的一组连续报告比任何单一报告可靠。因此，在推理和多传感器合成之前，要先组合(更新)传感器的观测数据。

⑤ 产生式规则。产生式规则采用符号表示目标特征和相应传感器信息之间的联系，与每一个规则相联系的置信因子表示它的不确定性程度。当在同一个逻辑推理过程中，2 个或多个规则形成一个联合规则时，可以产生融合。应用产生式规则进行融合的主要问题是每个规则的置信因子的定义与系统中其他规则的置信因子相关，如果系统中引入新的传感器，需要加入相应的附加规则。

(2) 人工智能类方法

① 模糊逻辑推理。模糊逻辑是多值逻辑，通过指定一个 0～1 之间的实数表示真实度，相当于隐含算子的前提，允许将多个传感器信息融合过程中的不确定性直接表示在推理过程中。如果采用某种系统化的方法对融合过程中的不确定性进行推理建模，则可以产生一致性模糊推理。与概率统计方法相比，逻辑推理存在许多优点，它在一定程度上克服了概率论所面临的问题，它对信息的表示和处理更加接近人类的思维方式，它一般比较

适合于在高层次上的应用(如决策),但是,逻辑推理本身还不够成熟和系统化。此外,由于逻辑推理对信息的描述存在很大的主观因素,所以,信息的表示和处理缺乏客观性。

模糊集合理论对于数据融合的实际价值在于它外延到模糊逻辑,模糊逻辑是一种多值逻辑,隶属度可视为一个数据真值的不精确表示。在 MSF 过程中,存在的不确定性可以直接用模糊逻辑表示,然后,使用多值逻辑推理,根据模糊集合理论的各种演算对各种命题进行合并,进而实现数据融合。

② 人工神经网络法。神经网络具有很强的容错性以及自学习、自组织及自适应能力,能够模拟复杂的非线性映射。神经网络的这些特性和强大的非线性处理能力,恰好满足了多传感器数据融合技术处理的要求。在多传感器系统中,各信息源所提供的环境信息都具有一定程度的不确定性,对这些不确定信息的融合过程实际上是一个不确定性推理过程。神经网络根据当前系统所接受的样本相似性确定分类标准,这种确定方法主要表现在网络的权值分布上。同时,可以采用经网络特定的学习算法来获取知识,得到不确定性推理机制。利用神经网络的信号处理能力和自动推理功能,即实现了多传感器数据融合。

常用的数据融合方法及特性如表 9.2 所示。通常使用的方法依具体的应用而定,并且,由于各种方法之间的互补性,实际上,常将 2 种或 2 种以上的方法组合进行多传感器数据融合。

**表 9.2 常用的数据融合方法比较**

| 融合方法 | 运行环境 | 信息类型 | 信息表示 | 不确定性 | 融合技术 | 适用范围 |
|---|---|---|---|---|---|---|
| 加权平均法 | 动态 | 冗余 | 原始读数值 | | 加权平均 | 低层数据融合 |
| 卡尔曼滤波法 | 动态 | 冗余 | 概率分布 | 高斯噪声 | 系统模型滤波 | 低层数据融合 |
| 多贝叶斯估计法 | 静态 | 冗余 | 概率分布 | 高斯噪声 | 贝叶斯估计 | 高层数据融合 |
| 产生式规则 | 动/静态 | 冗余/互补 | 命题 | 置信因子 | 逻辑推理 | 高层数据融合 |
| D-S 证据推理法 | 静态 | 冗余/互补 | 命题 | | 逻辑推理 | 高层数据融合 |
| 模糊逻辑推理 | 静态 | 冗余/互补 | 命题 | 隶属度 | 逻辑推理 | 高层数据融合 |
| 人工神经元网络 | 动/静态 | 冗余/互补 | 神经元输入 | 学习误差 | 神经元网络 | 低/高层 |

## 9.3.3 传感器网络数据融合路由算法

### 1. 无线传感器网络中的路由协议

无线传感器网络因为其与正常通信网络和 Ad-Hoc 网络有较大不同,所以对网络协议提出了许多新的挑战。

(1) 由于无线传感器网络中节点众多,无法为每一个节点建立 1 个能在网络中唯一区别的身份,所以典型的基于 IP 的协议无法应用于无线传感器网络。

(2) 与典型通信网络的区别是:无线传感器网络需要从多个源节点向 1 个汇节点传送数据。

(3) 在传输过程中,很多节点发送的数据具有相似部分,所以需要过滤掉这些冗余信息,从而保证能量和带宽的有效利用。

(4) 传感器节点的传输能力、能量、处理能力和内存都非常有限，而同时网络又具有节点数量众多、动态性强、感知数据量大等特点，所以需要很好地对网络资源进生管理。

根据这些区别，产生了很多新的无线传感器网络路由算法，这些算法都是针对网络的应用与构成进行研究的。几乎所有的路由协议都以数据为中心进行工作。

传统的路由协议通常以地址作为节点标志和路由的依据，而在无线传感器网络中，大量节点随机部署，所关注的是监测区域的感知数据，而不是具体哪个节点获取的信息，不依赖于全网唯一的标识。当有事件发生时，在特定感知范围内的节点就会检测到并开始收集数据，这些数据将被发送到汇聚节点做进一步处理，以上描述称为事件驱动的应用，在这种应用当中，传感器用来检测特定的事件。当特定事件发生时，收集原始数据，并在发送之前对其进一步处理。首先把本地的原始数据融合在一起，然后把融合后的数据发送给汇聚节点。在反向组播树里，每个非叶子节点都具有数据融合的功能。这个过程称为以数据为中心的路由。

在以数据为中心的路由里，数据融合技术利用抑制冗余、最小、最大和平均计算等操作，将来自不同源点的相似数据结合起来，通过数据的简化实现传输数量的减少，从而节约能源、延长传感器网络的生存时间。在数据融合中，节点不仅能使数据简化，还可以针对特定的应用环境，将多个传感器节点所产生的数据按照数据的特点综合成有意义的信息，从而提高了感知信息的准确性，增强了系统的鲁棒性。

**2. 几种基于数据融合的路由算法**

对近几年比较新型的、基于数据融合的路由算法 MLR、GRAN、MFST 和 GROUP 等进行详细分析。

(1) MLR

MLR(Maximum Hfetime Routing)是基于地理位置的路由协议。每个节点将自己的邻居节点分为上游邻居节点(离 Sink 节点较远的邻居节点)和下游邻居节点(离 Sink 节点较近的邻居节点)。节点的下跳路由只能是其下游邻居节点。

在此模型中，节点 $i$ 对上游邻居节点 $j$ 传送的信息进行 2 种处理：如果是上游产生的源信息则用本地信息对其进行融合处理，如果是已经融合处理过的信息则选择直接发送到下一跳，即每个节点产生的信息只经过其下游邻居节点的 1 次融合处理。

MLR 中将数据融合与最优化路由算法结合到一起，减少了数据通信量，一定程度上改善了传感器网络的有效性。其不足之处：在传感器网络中，每个节点均具有数据融合功能，但数据融合仅存在于邻居节点的一跳路由中，而且不能对数据进行重复融合，当传感器网络中数据量增大时，其融合效率不高。

(2) GRAN

GRAN(Geographical Routing With Aggregation Nodes)算法也将数据融合应用到地位址路由协议中，而且假设每个节点都具有数据融合功能，不同之处在于数据融合方法的实现。MLR 中的数据融合在下一跳中进行，而该算法另外运行一个选取融合节点的算法 DDAP(Distributed Data Aggregation Protocol)，随机选取融合节点。GRAN 算法通过在路由协议中另外运行选取数据融合点的算法，兼顾了数据量的减少和能耗的均匀分布，较好地达到了延长传感器网络生存时间的目的，但其 DDAP 算法的运行，一定程度上影响了路由算法的收敛速度，不适合实时性要求较高的传感器网络。

(3) MFST

MFST(Mirdnlurn Fusion Steiner Tree)路由算法将数据融合与树状路由结合起来，数据融合仅在父节点处进行，并且可以对数据重复融合。由于子节点可能在不同时间向父节点发送数据，如父节点在时刻1收到子节点A发送的数据，用本地数据对其进行数据融合处理，在时刻2收到子点B发送数据，将对其进行再次融合。MFST算法有效地减少了数据通信量。

(4) GROUP

GROUP(Grid-Clustering Routing Protocol)是一种网格状的虚拟分层路由协议。其实现过程为：由汇聚节点(假设居于网络中间)发起，周期性地动态选举产生呈网格状分布的簇，并逐步在网络中扩散，直到覆盖到整个网络。在此路由协议基础上设计了一种基于神经网络的数据融合算法NNBA。该数据融合模型是以火灾实时监控网为实例进行设计的。由于是在分簇网络中，数据融合模型被设计成3层神经网络模型，其中输入层和第一隐层位于簇成员节点，输出层和第二隐层位于簇头节点。

根据这样一种3层感知器神经网络模型，NNBA数据融合算法首先在每个传感器节点对所有采集到的数据按照第一隐层神经元函数进行初步处理，然后将处理结果发送给其所在簇的簇头节点；簇头节点再根据第二隐层神经元函数和输出层神经元函数进行进一步的处理；最后，由簇头节点将处理结果发送给汇聚节点。

(5) 4种基于数据融合的路由算法比较与分析

4种路由协议的性能比较如表9.3所示。

表9.3　4种路由协议的性能比较

| 算　法 | 路由分类 | 数据融合点 | 是否可重复融合 | 算法收敛点 | 能耗均匀性 | 应用范围 |
|---|---|---|---|---|---|---|
| MLR | 平面型 | 每个节点 | 否 | 较快 | 中 | 数据相似度和密度较高的中小型网络 |
| GRAN | 平面型 | 随机选取 | 是 | 中 | 中 | 分布密度不高的大中型网络 |
| MFST | 层次型 | 父节点处 | 是 | 中 | 好 | 分布较稳定的中型网络 |
| GROUP | 层次型 | 每个节点及簇头节点 | 是 | 较慢 | 较好 | 大型网络、森林防火监测 |

在数据融合的模型中，平面型路由协议中的数据融合方法可以概括为两种：一种是在传感器节点对其产生的原数据进行压缩；另一种是在路由中通过中间节点进行压缩，或者二者的结合。此类路由协议由于路径中传感器节点距离较远，空间相似性不是很明显，所以数据融合的效果一般情况下没有层次型路由效果好，而且层次型路由可以更好地依据实际数据情况对融合算法模型进行调整，如GROUP中对应用于火灾监测的无线传感器采用了3层神经网络模型，根据需要可对第一隐层和第二隐层采用不同的数据融合模型，从而取得良好的效果。

# 9.4　物联网数据管理技术

在物联网实现中，分布式动态实时数据管理是其以数据中心为特征的重要技术之一。该技术通过部署或者指定一些节点作为代理节点，代理节点根据感知任务收集兴趣数据。感知任务通过分布式数据库的查询语言下达给目标区域的感知节点。在整个物联网体系中，传感网可作为分布式数据库独立存在，实现对客观物理世界的实时、动态的感知与管理。这样做的目的是，将物联网数据处理方法与网络的具体实现方法分离开来，使得用户和应用程序只需要查询数据的逻辑结构，而无须关心物联网具体如何获取信息的细节。

## 9.4.1　传感网数据管理系统

### 1. 物联网数据管理系统的特点

数据管理主要包括对感知数据的获取、存储、查询、挖掘和操作，目的就是把物联网上数据的逻辑视图和网络的物理实现分离开来，使用户和应用程序只需关心查询的逻辑结构，而无须关心物联网的实现细节。

(1) 与传感网支撑环境直接相关。

(2) 数据需在传感网内处理。

(3) 能够处理感知数据的误差。

(4) 查询策略需适应最小化能量消耗与网络拓扑结构的变化。

### 2. 传感网数据管理系统结构

目前，针对传感网的数据管理系统结构主要有集中式结构、半分布式结构、分布式结构和层次式结构 4 种类型。

(1) 集中式结构。在集中式结构中，节点首先将感知数据按事先指定的方式，数据传送到中心节点，统一由中心节点处理。这种方法简单，但中心节点会成为系统性能的瓶颈，而且容错性较差。

(2) 半分布式结构。利用节点自身具有的计算和存储能力，对原始数据进行一定的处理，然后再传送到中心节点。

(3) 分布式结构。每个节点独立处理数据查询命令。显然，分布式结构是建立在所有感知节点都具有较强的通信、存储与计算能力基础之上的。

(4) 层次式结构。无线传感器网络中间件和平台软件体系结构主要分为 4 个层次：网络适配层、基础软件层、应用开发层和应用业务适配层。其中，网络适配层和基础软件层组成无线传感器网络节点嵌入式软件（部署在无线传感器网络节点中）的体系结构，应用开发层和基础软件层组成无线传感器网络应用支撑结构（支持应用业务的开发与实现）。在网络适配层中，网络适配器是对无线传感器网络底层（无线传感器网络基础设施、无线传感器操作系统）的封装。基础软件层包含无线传感器网络各种中间件。这些中间件构成无线传感器网络平台软件的公共基础，并提供了高度的灵活性、模块性和可移植性。

3. **典型的传感网数据管理系统**

传感器网络数据管理系统是一个提取、存储、管理传感器网络数据的系统，核心是传感器网络数据查询的优化与处理。目前具有代表性的传感器网络数据管理模型主要包括TinyDB、Cougar 和 Dimensions 系统。

(1) TinyDB 系统

TinyDB 系统是由加州伯克利分校开发的，它为用户提供了一个类似于 SQL 的应用程序接口。TinyDB 系统主要由客户端、TinyDB 服务器、传感器网络 3 部分组成，如图 9.14 所示。TinyDB 系统的软件主要分为两大部分：第一部分是传感器网络软件，运行在每个传感器节点上；第二部分是客户端软件，运行在客户端和 TinyDB 服务器上。

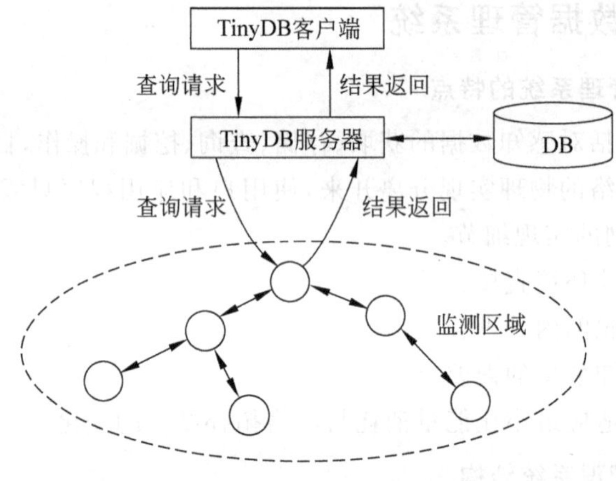


**图 9.14 TinyDB 系统的结构**

TinyDB 系统的客户端软件主要包括两个部分：第一部分实现类似于 SQL 语言的 TinySQL 查询语言；第二部分提供基于 Java 的应用程序组成，能够支持用户在 TinyDB 系统的基础上开发应用程序。

TinyDB 系统的传感器网络软件包括 4 个组件，分别为网络拓扑管理器、存储管理器、查询管理器、节点目录和模式管理器。

① 网络拓扑管理器管理所有节点之间的拓扑结构和路由信息。

② 存储管理器使用了一种小型的、基于句柄的动态内存管理方式。它负责分配存储单元和压缩存储数据。

③ 查询管理器负责处理查询请求。它使用节点目录中的信息获得节点的测量数据的属性，负责接收邻居节点的测量数据，过滤并且聚集数据，然后将部分处理结果传送给父节点。

④ 节点目录和模式管理器负责管理传感器节点目录和数据模式。节点目录记录每个节点的属性，例如测量数据的类型(声、光、电压等)和节点 ID 等。传感器网络中的异构节点具有不同的节点目录。模式管理器负责管理 TinyDB 的数据模式，而 TinyDB 系统采用虚拟的关系表作为传感器网络的数据模式。

(2) Cougar 系统

Cougar 系统是由康奈尔大学开发的。它将传感器网络的节点划分为簇,每个簇包含多个节点,其中一个作为簇头。Cougar 系统使用定向扩散路由算法在传感器网络中传输数据,信息交换的格式为 XML。

Cougar 系统由 3 个部分组成:第一部分是图形用户界面 GUI,运行在用户计算机上;第二部分是查询代理 QueryProxy,运行在每个传感器节点上;第三部分是客户前端 FrontEnd,运行在选定的传感器节点上。图 9.15 显示了 Cougar 系统的结构。

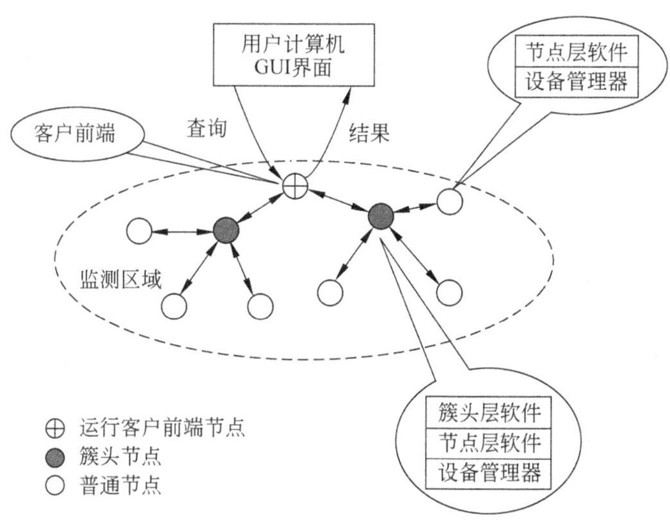


**图 9.15　Cougar 系统结构**

客户前端负责与用户计算机和簇头通信,它是 GUI 和查询代理之间的界面,相当于传感器网络和用户计算机之间的网关。客户前端和 GUI 之间使用 TCP/IP 协议通信,将从 GUI 获取的查询请求发给簇头上运行的查询代理,并从簇头接收查询结果,还对查询结果进行相关处理(如过滤或聚集数据),然后将处理结果发给 GUI。客户前端也可以把查询结果传输到远程 MySQL 数据库中。

图形用户界面 GUI 是基于 Java 开发的,它允许用户通过可视化方式或输入 SQL 语言发出查询请求,也允许用户以可视化方式观察查询结果。GUI 中的 Map 组件可以使用户浏览传感器网络的拓扑结构。

查询代理由设备管理器、节点层软件和簇头层软件 3 部分组成。簇头层软件只在簇头中运行,设备管理器负责执行感知测量任务,节点层软件负责执行查询任务。当收到查询请求时,节点层软件从设备管理器获得需要的测量数据,然后对这些数据进行处理,最后将结果传送到簇头。在簇头中运行的簇头层软件负责接收来自簇内成员的数据,然后进行相关的处理,例如过滤或聚集数据,最后把结果传送到发出查询的客户前端。

(3) Dimensions 系统

Dimensions 系统是由加州大学洛杉矶分校开发的。它的设计目标是提供灵活的时域和空域结合的查询。这种查询的灵活性表现在,用户可以对传感器网络中的数据进行时域和空域的多分辨率查询。用户可以指定在时域和空域内的查询精度,Dimensions 系统可以按照指定精度进行查询。这种查询提供了一种针对细节的数据挖掘功能。

为了实现以上设计目标，Dimensions 系统主要采用了层次索引和基于小波变换的关键技术。这种关键能够使传感器网络合理地使用能量、计算和存储资源。

**4. 无线传感器网络数据管理的主要技术挑战**

尽管无线传感器网络的数据管理技术取得了很大的进展，但还有一些问题尚未完全解决。总地来说，还面临着以下若干挑战。

(1) 需要研究能够降低响应时间的传感器网络数据管理技术。目前的传感器网络数据管理系统的优化目标主要集中在降低能量消耗，然而，对于某些实时监测要求，缩短响应时间也是重要的优化目标。

(2) 需要研究可靠安全的传感器网络数据管理技术。一方面，可以采用数据传输层技术保护可靠的传输；另一方面，可以考虑运用数据加密技术保障安全的查询。

(3) 需要研究用于传感器网络数据管理系统的协同技术。用户提交的查询往往需要由多个传感器节点的数据协调计算的得出。针对具体应用需求，可以应用充分利用信息的冗余性的协同技术。

(4) 需要进一步优化目前的传感器网络数据管理系统，从而提高可扩展性、容错性，并且降低能量消耗和响应时间。例如，可以进一步优化数据聚集技术，或者提高传感器在采集数据时对环境变化的自适用性，以降低能量消耗和缩短响应时间。

WSN 数据管理技术的研究尚待深入，数据模型的研究成果无法表达感知数据的语意，不适合感知数据的特点；数据操作算法的研究仅考虑了聚集操作，大量的数据操作算法无人问津；WSN 应用中最经常使用的实时查询的优化与处理没有被考虑；支持数据管理的通信协议至今很少见，等等。总之，大量问题亟待解决。

## 9.4.2 数据模型、存储及查询

目前关于物联网数据模型、存储、查询技术的研究成果很少，比较有代表性的是针对传感网数据管理的 Cougar 和 TinyDB 两个查询系统。

数据管理主要包括对感知数据的获取、存储、查询、挖掘和操作，目的就是把传感器网络上数据的逻辑视图和网络的物理实现分离开来，使用户和应用程序只需关心查询的逻辑结构，而无须关心传感器网络的实现细节。

在传感器网络中进行数据管理，有以下几个方面的问题。

(1) 感知数据如何真实反映物理世界。

(2) 节点产生的大量感知数据如何存放。

(3) 查询请求如何通过路由到达目标节点。

(4) 查询结果存在大量冗余数据，如何进行数据融合。

(5) 如何表示查询，并进行优化。

因而，传感器网络中的数据管理研究内容主要包括数据获取技术、存储技术、查询处理技术、分析挖掘技术以及数据管理系统的研究。

数据获取技术主要涉及传感器网络和感知数据模型、元数据管理技术、传感器数据处理策略、面向应用的感知数据管理技术。

数据存储技术主要涉及数据存储策略、存取方法和索引技术。

数据查询技术主要包括查询语言、数据融合方法、查询优化技术和数据查询分布式处理技术。

数据分析挖掘技术主要包括 OLAP 分析处理技术、统计分析技术、相关规则等传统类型知识挖掘、与感知数据相关的新知识模型及其挖掘技术、数据分布式挖掘技术。

数据管理系统主要包括数据管理系统的体系结构和数据管理系统的实现技术。

**1. 基于感知数据模型的数据获取技术**

在传感器网络中对数据进行建模，主要用于解决以下 4 个问题。

(1) 感知数据具有不确定性。节点产生的测量值由于存在误差并不能真实反映物理世界，而是分布在真值附近的某个范围内，这种分布可用连续概率分布函数来描述。

(2) 利用感知数据的空间相关性进行数据融合，减少冗余数据的发送，从而延长网络生命周期。同时，当节点损坏或数据丢失时，可以利用周围邻居节点的数据相关性特点，在一定概率范围内正确发送查询结果。

(3) 节点能量受限，必须提高能量利用效率。根据建立的数据模型，可以调节传感器节点工作模式，降低节点采样频率和通信量，达到延长网络生命周期的目的。

(4) 方便查询和数据分布管理。

**2. 数据存储与索引技术**

数据存储策略按数据存储的分布情况可分为以下 3 类。

(1) 集中式存储。节点产生的感知数据都发送到基站节点，在基站处进行集中存储和处理。这种策略获得的数据比较详细完整，可以进行复杂的查询和处理，但是节点通信开销大，只适合于节点数目比较小的应用场合。加州大学伯克利分校在大鸭岛上建立的海鸟监测试验平台就是采用这种策略。

(2) 分布式存储和索引。感知数据按数据名分布存储在传感器网络中，通过提取数据索引进行高效查询，相应存储机制有 Dimensions、DIFS、DIM 等。

① Dimensions 采用小波编码技术处理大规模数据集上的近似查询，有效地以分布式方式计算和存储感知数据的小波系数，但是存在单一树根的通信瓶颈问题。

② DIFS 使用感知数据的键属性，采用散列函数和空间分解技术构造多根层次结构树，同时数据沿结构树向上传播，防止了不必要的树遍历。DIFS 是一维分布式索引。

③ DIM(Distributed Index for Multidimensional Data)是多维查询处理的分布式索引结构，使用地理散列函数实现数据存储的局域性，把属性值相近的感知数据存储在邻近节点上，减少计算开销，提高查询效率。

(3) 本地化存储。数据完全保存在本地节点，数据存储的通信开销最小，但查询效率低下，一般采用泛洪式查询，当查询频繁时，网络的通信开销极大，并且存在热点问题。

**3. 数据查询处理**

传感器网络中的数据查询主要分为快照查询和连续查询。快照查询是对传感器网络某一时间点状况的查询，连续查询则主要关注某段时间间隔内网络数据的变化情况。查询处理与路由策略、感知数据模型和数据存储策略紧密相关，不可分割。当前的研究方向主要集中在以下几个方面。

(1) 查询语言研究。这方面的研究目前比较少,主要是基于SQL语言的扩展和改进。TinyDB系统的查询语言是基于SQL的,康乃尔大学的Cougar系统提供了一种类似于SQL的查询语言,但是其信息交换采用XML格式。

(2) 连续查询技术。传感器网络中,用户的查询对象是大量的无限实时数据流,连续查询被分解为一系列子查询提交到局部节点进行执行。子查询也是连续查询,需要扫描、过滤、综合数据流,产生部分的查询结果流,经过全局综合处理后返回给用户。局部查询是连续查询技术的关键,由于节点数据和环境情况动态变化,局部查询必须具有自适应性。

(3) 近似查询技术。感知数据本身存在不确定性,用户对查询的结果的要求也是在一定精度范围内的。采用基于概率的近似查询技术,充分利用已有信息和模型信息,在满足用户查询精度要求下减少不必要的数据采集和数据传输,将会提高查询效率,减少数据传输开销。

(4) 多查询优化技术。在传感器网络中一段时间间隔内可能进行着多个连续查询,多查询优化就是对各个查询结果进行判别,减少重叠部分的传输次数以减少数据传输量。

### 9.4.3 数据融合及管理技术研究与发展

数据融合及管理技术研究与发展如下。

(1) 确立数据融合理论标准和系统结构标准。

(2) 改进融合算法提高系统性能。

(3) 数据融合时机确定。由于物联网中感知节点具有随机性部署的特点,且感知节点能量、计算及存储空间等能力有限,不可能维护动态变化的全局信息,因而需要汇聚节点选择恰当的时机,尽可能多地对数据进行汇聚融合。

(4) 传感器资源管理优化,针对具体应用问题,建立数据融合中的数据库和知识库,研究高速并行推理机制,是数据融合及管理技术工程化实际应用中的关键问题。

(5) 建立系统设计的工程指导方针,研究数据融合及管理系统的工程实现。数据融合及管理系统是一个具有不确定性的复杂系统,如何提高现有理论、技术、设备,保证融合系统及管理的精确性、实时性以及低成本也是未来研究的重点。

(6) 建立测试平台,研究系统性能评估方法。如何建立评价机制,对数据融合及管理系统进行综合分析和评价,以衡量融合算法的性能,也是亟待解决的问题。

## 练习题

1. 简述数据融合的定义及特点。
2. 简述数据融合分类及方法。
3. 简述数据融合的一般模型结构。
4. 基于信息抽象层次的数据融合方法有哪几种？并分别简述。
5. 常用的多传感器数据融合方法有哪几种？
6. 简述传感网数据管理系统结构。

# 第10章 云计算

**本章重点**

(1) 云计算定义、云计算的类型及云计算与物联网关系。

(2) 云计算系统组成、云计算系统的服务层次及云计算关键技术。

(3) Amazon 云计算基础架构平台、Google 云计算应用平台、Microsoft 云计算服务和 IBM 蓝云计算平台。

## 10.1 云计算概述

### 10.1.1 云计算的定义

云计算(Cloud Computing)是一种新近提出的计算模式。维基百科给云计算下的定义：云计算将 IT 相关的能力以服务的方式提供给用户，允许用户在不了解提供服务的技术、没有相关知识以及设备操作能力的情况下，通过 Internet 获取需要服务。

中国云计算网将云定义为：云计算是分布式计算(Distributed Computing)、并行计算(Parallel Computing)和网格计算(Grid Computing)的发展，或者说是这些科学概念的商业实现。

Forrester Research 的分析师 James Staten 定义云为：云计算是一个具备高度扩展性和管理性并能够胜任终端用户应用软件计算基础架构的系统池。

**1. 狭义云计算**

狭义云计算是指 IT 基础设施的交付和使用模式，即通过网络以按需、易扩展的方式获得所需的资源(硬件、平台、软件)。提供资源的网络被称为“云”。“云”中的资源在使用者看来是可以无限扩展的，并且可以随时获取、按需使用、随时扩展、按使用付费。故狭义云计算也就意味着像水电一样使用 IT 基础设施。

**2. 广义云计算**

广义云计算是指服务的交付和使用模式，即通过网络以按需、易扩展的方式获得所需的服务。这种服务可以是与 IT 和软件、互联网相关的，也可以是任意其他的服务。

在广义云计算意义上,"云"是一些可以自我维护和管理的虚拟计算资源,通常为一些大型服务器集群,包括计算服务器、存储服务器、宽带资源等。云计算将所有的计算资源集中起来,并由软件实现自动管理,无须人为参与。这使得应用提供者无须为烦琐的细节而烦恼,能够更加专注于自己的业务,有利于创新和降低成本。

云计算是并行计算(Parallel Computing)、分布式计算(Distributed Computing)和网格计算(Grid Computing)的发展,或者说是这些计算机科学概念的商业实现。云计算是虚拟化(Virtualization)、效用计算(Utility Computing)、IaaS(基础设施即服务)、PaaS(平台即服务)、SaaS(软件即服务)等概念混合演进并跃升的结果。

虽然目前云计算没有统一的定义,结合上述定义,可以总结出云计算的一些本质特征,即分布式计算、存储特性、高扩展性、用户友好性和良好的管理性。

云计算具有以下特点。

(1) 超大规模。"云"具有相当的规模,Google 云计算已经拥有 100 多万台服务器,Amazon、IBM、微软、Yahoo 等的"云"均拥有几十万台服务器。企业私有云一般拥有数百上千台服务器。"云"能赋予用户前所未有的计算能力。

(2) 虚拟化。云计算支持用户在任意位置、使用各种终端获取应用服务。所请求的资源来自"云",而不是固定的有形的实体。应用在"云"中某处运行,但实际上用户无须了解,也不用担心应用运行的具体位置。只需要一台笔记本或者一部手机,就可以通过网络服务来实现人们需要的一切,甚至包括超级计算这样的任务。

(3) 高可靠性。"云"使用了数据多副本容错、计算节点同构可互换等措施来保障服务的高可靠性,使用云计算比使用本地计算机可靠。

(4) 通用性。云计算不针对特定的应用,在"云"的支撑下可以构造出千变万化的应用,同一个"云"可以同时支撑不同的应用运行。

(5) 高可扩展性。"云"的规模可以动态伸缩,满足应用和用户规模增长的需要。

(6) 按需服务。"云"是一个庞大的资源池,可按需购买;"云"可以像自来水、电、煤气那样计费。

(7) 极其廉价。由于"云"的特殊容错措施可以采用极其廉价的节点来构成云,"云"的自动化集中式管理使大量企业无须负担日益高昂的数据中心管理成本,"云"的通用性使资源的利用率较之传统系统大幅提升,用户可以充分享受"云"的低成本优势,经常只要花费几百美元、几天时间就能完成以前需要数万美元、数月时间才能完成的任务。

## 10.1.2 云计算的类型

谷歌和雅虎提供的基于 Web 的电子邮件服务,Carbonite 或 MozyHome 提供的备份服务,Salesforce.com 提供的客户资源管理应用软件,以及美国在线(AOL)、谷歌、Skype、Vonage 及其他公司提供的即时通信和 VoIP 服务,这些都是云计算服务。云计算服务隐藏在另一个抽象层后面,可使最终用户原本需要复杂计算架构才能提供的那种功能变得更为简单。下面主要从服务类型和服务方式的角度介绍云计算的类型。

### 1. 按服务类型分类

从服务类型方面可把云计算分为基础设施云、平台云、应用云。

(1) 基础设施云：基础架构服务(Infrastructure as a Service)，提供网格或集群形式的虚拟化服务器、网络、存储和系统软件，旨在补充或更换整个数据中心的功能。这些云为用户提供底层的接近于直接操作硬件资源的服务。典型的例子如亚马逊的弹性计算云(EC2)和简单存储服务(Simple Storage Service)。

(2) 平台云：平台即服务(Platform as a Service)，提供虚拟化服务器，用户可以在虚拟化服务器上运行现有的应用程序，或者开发新的应用程序，不必为维护操作系统、服务器硬件、负载均衡或计算容量而操心。平台可为开发人员提供应用程序的托管，一旦开发人员开发出满足平台运行的应用程序且成功部署后，运行过程中的资源分配和其他的管理工作等将由平台云自行管理。典型的例子如微软的 Azure 和 Salesforce 的 Force. com。

(3) 应用云：又称软件即服务(Software as a Service)，作为知名度最高、应用最广泛的一种云计算，SaaS 提供了复杂的传统应用程序的所有功能，这些功能通过 Web 浏览器而不是安装在本地的应用程序来提供。SaaS 消除了应用服务器、存储、应用程序开发及相关的常见 IT 问题方面的担忧。这方面最显著的例子是 Salesforce. com、谷歌的 Gmail 和 Apps、美国在线、雅虎和谷歌的即时通信，以及 Vonage 和 Skype 的 VoIP。

**2. 按服务方式分类**

从服务方式方面可把云计算分为公有云、私有云、混合云。

(1) 公有云：就是有若干企业和若干客户使用的形式，在公有云中，用户使用的服务，都是由第三方云服务提供商提供，该提供商也为其他的客户提供服务，所有的用户共享云服务提供商提供的所有资源。

(2) 私有云：就是只是在某个企业内部独立建立的云环境，私有云是专门为企业提供服务的专有云计算服务，企业内部的员工都可以访问这个私有云内部的所有服务资源，当然这里也类似人们平时构建的管理系统，可以设置相应的权限，公司或者组织以外的用户，无法访问这个云环境中的资源。

(3) 混合云：就是公有云和私有云相结合的形式。

## 10.1.3　云计算与物联网

每当人们谈及互联网，联想到的不只是物理设备构成的网，还有一个巨大的信息系统。物联网的情况也与之类似。物联网多被看作是互联网通过各种信息感应、探测、识别、定位、跟踪和监控等手段和设备向物理世界的延伸。这只是人类社会对物理世界实现“感、知、控”的第一个环节，即为物联网“前端”，基于互联网计算的涌现智能以及对物理世界的反馈和控制是另外两个环节，即为物联网“后端”。当前，无论是学术界还是工业界，目光普遍聚焦在物联网“前端”。本节将从物联网“后端”来说明物联网与云计算的关系。

**1. 从“后端”看物联网**

如前所述，物联网可看作是互联网通过传感器网络向物理世界的延伸，其最终目标是实现对物理世界的智能化管理。在逻辑上，物联网包括如图 10.1 所示的 3 个层次。

(1) 物理世界感知是物联网的基础，基于传感技术和网络通信技术，实现对物理世界的探测、识别、定位、跟踪和监控，可以看作是物联网的“前端”。

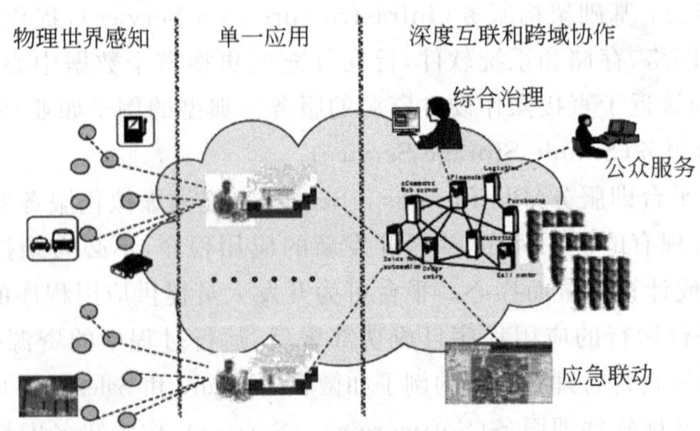


图 10.1 物联网的 3 个层次

(2) 大量独立建设的单一物联网应用是物联网建设的起点与基本元素，该类应用往往局限于对单一物品的感应与智能管理，每个物联网应用都是物联网上的一个逻辑节点。

(3) 通过对众多单一物联网应用的深度互联和跨域协作，物联网可以形成一个多层嵌套的“网中网”，这是实现物联网智能化管理目标和价值追求的关键所在，可以看作是物联网的“后端”。

从“后端”来看，物联网可以看作是一个基于互联网的，以提高物理世界的运行、管理、资源使用效率等水平为目标的大规模信息系统。由于物联网“前端”在对物理世界感应方面具有高度并发的特性，并将产生大量引发“后端”深度互联和跨域协作需求的事件，从而使得上述大规模信息系统表现出以下性质。

(1) 不可预见性：对物理世界的感知具有实时性，会产生大量不可预见的事件，从而需要应对大量即时协同的需求。

(2) 涌现智能：对诸多单一物联网应用的集成能够提升对物理世界综合管理的水平，物联网“后端”是产生放大效应的源泉。

(3) 多维度动态变化：对物理世界的感知往往具有多个维度，并且是不断动态变化的，从而要求物联网“后端”具有更高的适应能力。

(4) 大数据量、实效性：物联网中涉及的传感信息具有大数据量、实效性等特征，给物联网后端信息处理带来诸多新的挑战。

综上所述，实时感应、高度并发、自主协同和涌现效应等特征要求从新的角度审视物联网“后端”信息基础设施，对当前互联网计算(包括云计算、服务计算、网格等)的研究提出了新的挑战，需要有针对性地研究物联网特定的应用集成问题、体系结构及标准规范，特别是大量高并发事件驱动的应用自动关联和智能协作问题。

**2. “云”是物联网“后端”吗**

“云”是支撑物联网“后端”的认识存在误区，云计算起源于互联网公司对特定的大规模数据处理问题解决方案，由于问题和商业模式明确、产业界大力推动以及已有网格等相关前期研究基础等原因，而迅速被热捧和泛化，但其本身远未成熟。即使在不考虑标准化过渡和互操作性等因素的情况下，基本实现云计算愿景恐怕也还要经过一到数个创新周期。因此,不能简单地设想和推断云计算便可应对物联网"后端"需求了。

当前所谓的软件即服务(Software as a Service,SaaS)、平台即服务(Platform as a Service,PaaS)和基础设施即服务(Infrastructure as a Service,IaaS)3个层次的划分也只是对现有云计算的初级认识,并未全面体现云计算的内涵、外延和发展。

"云"的发展大体分为3个阶段:第一阶段,网格从科学领域需求出发,云计算从互联网特定的大规模数据处理需求出发,Web 2.0从用户参与的角度出发,尽管各自的应用领域、视角和侧重不同,但都取得了明显的进步,出现了一些令人鼓舞的典型应用;第二阶段,技术体系将互相渗透,会出现统一运营的"行业云"、第三方运营中心等;第三阶段也是互联网计算的愿景:客户通过基于标准的服务交互方式,以极低的成本按需从基础设施获取高质量的计算、存储、数据、平台和应用等服务,客户无须关心服务是由什么"云"提供的。

# 10.2 云计算系统组成及其技术

## 10.2.1 云计算系统组成

云计算的体系结构由5部分组成,分别为资源层、平台层、应用层、用户访问层和管理层,如图10.2所示。

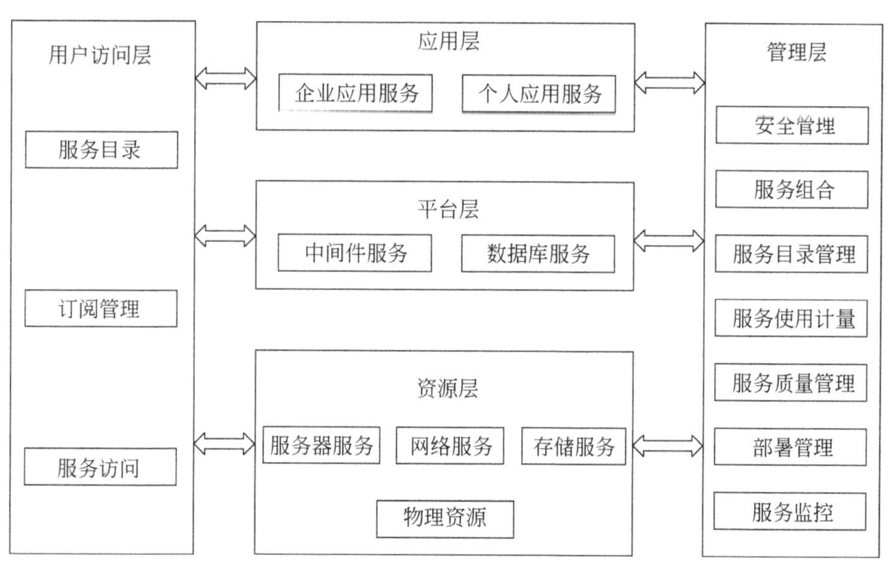


图10.2 云计算的体系结构

### 1. 资源层

资源层是指基础架构屋面的云计算服务,这些服务可以提供虚拟化的资源,从而隐藏物理资源的复杂性。资源层包括物理资源、服务器服务、网络服务和存储服务。

(1) 物理资源指的是物理设备,如服务器等。

(2) 服务器服务指的是操作系统的环境,如Linux集群等。

(3) 网络服务指的是提供的网络处理能力,如防火墙、WLAN、负载等。

(4) 存储服务为用户提供存储能力。

**2. 平台层**

平台层为用户提供对资源层服务的封装,使用户可以构建自己的应用。平台层包括数据库服务和中间件服务。

(1) 数据库服务提供可扩展的数据库处理的能力。

(2) 中间件服务为用户提供可扩展的消息中间件或事务处理中间件等服务。

**3. 应用层**

应用层提供软件服务,包括企业应用服务和个人应用服务。

(1) 企业应用是指面向企业的用户,如财务管理、客户关系管理、商业智能等。

(2) 个人应用指面向个人用户的服务,如电子邮件、文本处理、个人信息存储等。

**4. 用户访问层**

用户访问层是方便用户使用云计算服务所需的各种支撑服务,针对每个层次的云计算服务都需要提供相应的访问接口,包括服务目录、订阅管理和服务访问。

(1) 服务目录是一个服务列表,用户可以从中选择需要使用的云计算服务。

(2) 订阅管理是提供给用户的管理功能,用户可以查阅自己订阅的服务,或者终止订阅的服务。

(3) 服务访问是针对每种层次的云计算服务提供的访问接口,针对资源层的访问可能是远程桌面或者 Windows,针对应用层的访问,提供的接口可能是 Web。

**5. 管理层**

管理层是提供对所有层次云计算服务的管理功能。

(1) 安全管理:提供对服务的授权控制、用户认证、审计、一致性检查等功能。

(2) 服务组合:提供对自己有云计算服务进行组合的功能,使得新的服务可以基于已有服务创建时间。

(3) 服务目录管理:提供服务目录和服务本身的管理功能,管理员可以增加新的服务,或者从服务目录中除去服务。

(4) 服务使用计量:对用户的使用情况进行统计,并以此为依据对用户进行计费。

(5) 服务质量管理:提供对服务的性能、可靠性、可扩展性进行管理。

(6) 部署管理:提供对服务实例的自动化部署和配置,当用户通过订阅管理增加新的服务订阅后,部署管理模块自动为用户准备服务实例。

(7) 服务监控:提供对服务的健康状态的记录。

### 10.2.2 云计算系统的服务层次

**1. 云计算服务层次**

在云计算中,根据其服务集合所提供的服务类型,整个云计算服务集合被划分成 4 个层次:应用层、平台层、基础设施层和虚拟化层。每一层都对应着一个子服务集合,云计算服务层次如图10.3所示。

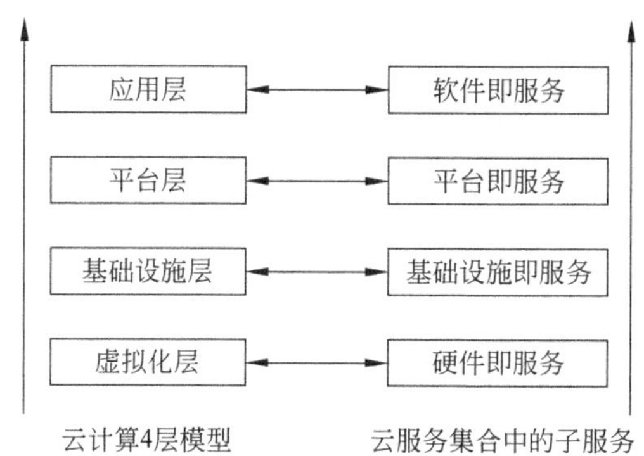


**图10.3 云计算服务体系结构**

云计算的服务层次是根据服务类型即服务集合来划分,与计算机网络体系结构中层次的划分不同。在计算机网络中,每个层次都实现一定的功能,层与层之间有一定关联。而云计算体系结构中的层次是可以分割的,且每一层次可单独完成一项用户的请求而不需要其他层次为其提供服务和支持。在云计算服务体系结构中,各层次与相关云产品对应如下。

(1) 应用层对应SaaS软件即服务,如Google APPS、SoftWare+Services。

(2) 平台层对应PaaS平台即服务,如IBM IT Factory、Google APPEngine、Force.com。

(3) 基础设施层对应IaaS基础设施即服务,如Amazo Ec2、IBM Blue Cloud、Sun Grid。

(4) 虚拟化层对应硬件即服务结合PaaS提供硬件服务,包括服务器集群及硬件检测等服务。

**2. 云计算技术层次**

云计算技术层次和云计算服务层次不是一个概念,后者从服务的角度来划分云的层次,主要突出了云服务能给人们带来什么。而云计算的技术层次主要从系统属性和设计思想角度来说明云,是对软硬件资源在云计算技术中所充当角色的说明。从云计算技术角度来分,云计算大约由服务接口、服务管理中间件、虚拟化资源和物理资源4部分构成,如图10.4所示。

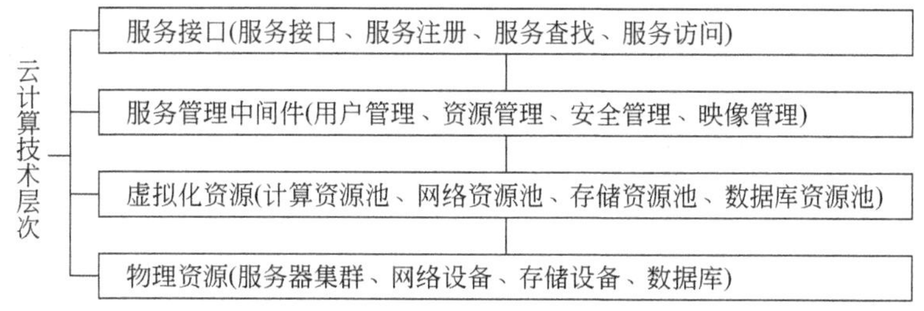


**图10.4 云计算技术结构**

(1) 服务接口:统一规定了在云计算时代使用计算机的各种规范、云计算服务的各种标准等，用户端与云端交互操作的入口，可完成用户或服务注册，对服务进行定制和使用。

(2) 服务管理中间件：在云计算技术中，中间件位于服务和服务器集群之间，提供管理和服务即云计算体系结构中的管理系统。对标识、认证、授权、目录、安全性等服务进行标准化和操作，为应用提供统一的标准化程序接口和协议，隐藏底层硬件、操作系统和网络的异构性，统一管理网络资源。其用户管理包括用户身份验证、用户许可、用户定制管理；资源管理包括负载均衡、资源监控、故障检测等；安全管理包括身份验证、访问授权、安全审计、综合防护等；映像管理包括映像创建、部署、管理等。

(3) 虚拟化资源：指一些可以实现一定操作具有一定功能，但其本身是虚拟而不是真实的资源，如计算池、存储池和网络池、数据库资源等，通过软件技术来实现相关的虚拟化功能包括虚拟环境、虚拟系统、虚拟平台。

(4) 物理资源：主要指能支持计算机正常运行的一些硬件设备及技术，可以是价格低廉的 PC，也可以是价格昂贵的服务器及磁盘阵列等设备，可以通过现有网络技术和并行技术、分布式技术将分散的计算机组成一个能提供超强功能的集群用于计算和存储等云计算操作。在云计算时代，本地计算机可能不再像传统计算机那样需要空间足够的硬盘、大功率的处理器和大容量的内存，只需要一些必要的硬件设备，如网络设备和基本的输入/输出设备等。

### 10.2.3 云计算关键技术

云计算是分布式处理、并行计算和网格计算等概念的发展和商业实现，其技术实质是计算、存储、服务器、应用软件等 IT 软硬件资源的虚拟化，云计算在虚拟化、数据存储、数据管理、编程模式等方面具有自身独特的技术。云计算的关键技术包括以下几个方面。

**1. 虚拟机技术**

虚拟机，即服务器虚拟化，是云计算底层架构的重要基石。在服务器虚拟化中，虚拟化软件需要实现对硬件的抽象，资源的分配、调度和管理，虚拟机与宿主操作系统及多个虚拟机间的隔离等功能，目前典型的实现(基本成为事实标准)有 Citrix Xen、VMware ESX Server 和 Microsoft Hype-V 等。

**2. 数据存储技术**

云计算系统需要同时满足大量用户的需求，并行地为大量用户提供服务。因此，云计算的数据存储技术必须具有分布式、高吞吐率和高传输率的特点。目前数据存储技术主要有 Google 的 GFS(Google File System，非开源)以及 HDFS(Hadoop Distributed File System，开源)，目前这两种技术已经成为事实标准。

**3. 数据管理技术**

云计算的特点是对海量的数据存储、读取后进行大量的分析，如何提高数据的更新速率以及进一步提高随机读速率是未来的数据管理技术必须解决的问题。云计算的数据管理技术最著名的是谷歌的 BigTable 数据管理技术，同时 Hadoop 开发团队正在开发类似 BigTable 的开源数据管理模块。

**4. 分布式编程与计算**

为了使用户能更轻松地享受云计算带来的服务，让用户能利用该编程模型编写简单的程序来实现特定的目的，云计算上的编程模型必须十分简单。必须保证后台复杂的并行执行和任务调度向用户和编程人员透明。当前各IT厂商提出的云计划的编程工具均是基于Map-Reduce的编程模型。

# 10.3 典型云计算系统简介

## 10.3.1 Amazon云计算基础架构平台

目前，最受欢迎的云计算平台是Amazon Web Services(AWS)，在云上最受欢迎的数据库是MySQL。尽管Amazon在2002年就已经开始着手AWS，并从那时已为许多新的计算服务，包括基础架构、电子商务和Web信息服务变得可用，然而人们希望继续集中部署这些与MySQL最相关的内容，如Elastic Computing Cloud(EC2/弹性计算云)、Simple、Storage Service(S3/简便存储服务)和Elastic Block Store(EBS/持久存储)。这些服务，开发人员可以使用Web服务、具体的REST和SOAP协议访问。

Amazon EC2和MySQL，对于一个想减少资金花费和运营成本，同时以最小的成本和投入来动态扩展其应用的机构来说，是相当适合的。亚马逊Amazon EC2上订阅一个MySQL Enterprise，开发人员充分依托MySQL数据库专家，可以在云上更具成本效益的交付Web-Scaled数据库应用。

**1. Amazon Elastic Computing Cloud(EC2)**

Amazon EC2服务开始于2006年，在2008年变得普遍广泛可用。EC2使得亚马逊云能够动态扩展计算能力。它使开发人员更容易交付Web-Scale应用。亚马逊云计算能够忽略硬件，取而代之的是当需求增加时，可以使用(或不使用)额外的虚拟硬件。支撑EC2服务的是Xen虚拟技术。Xen是开源软件，它允许操作系统如Linux、Windows或者Solaris作为"虚拟机器"，并同时运行在相同的硬件上。使用Xen时，EC2可以快速提供客户虚拟服务器的规格说明书，定制硬件特性如CPU数、内存和软件容错。

**2. Amazon 简单存储服务(S3)**

Amazon也发行了S3，它的在线存储Web服务。S3给开发人员提供一个简单、安全、本质上拥有无限能力的连续在线存储。S3可以被看成在云上的一个很大的磁盘驱动或一个SAN。和带宽的收费模式一样，Amazon对最终用户按每GB存储收费，并且当存储和检索S3数据时要求收费。用S3可以存储和获得Amazon认为是对象的无组织的数据。亚马逊存储如图10.5所示。

**3. Amazon Elastic Block Store(EBS)**

EBS在2008年开始运营。在EBS之前，EC2存储是和本地实例联系在一起的，这就意味着如果EC2实例破坏，本地实例上存储的数据就变得不可用了。为了解决该问题，Amazon创建了EBS，提供块级水平存储容量，其可以不考虑EC2实例的状态。对于开

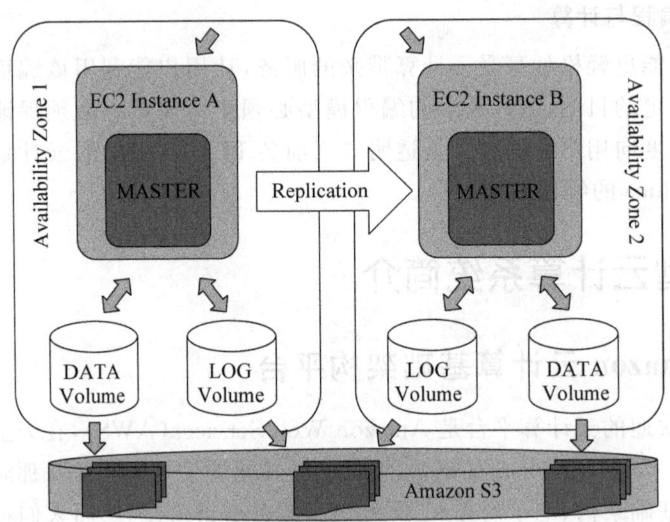


图 10.5 亚马逊存储

发人员，EBS Volume 的出现作为标准的块机制，其大小从 1GB 变化到 1TB。指定机制名称和块机制接口以后，用户可以配置一个他们选择的 EBS Volume 的文件系统。

(1) 在 Amazon EC2 上部署 MySQL

在 EC2 上开始 MySQL 是很简单的，亚马逊 Web MySQL 如图 10.6 所示。首先，假定已经设置了 Amazon 账号，可以从 Amazon AMI 目录使用一个已存在的 AMI 预设置 MySQL，或者使用自己的 AmazonSDK 创建。用户还可从其他的资源获得可用的"模板

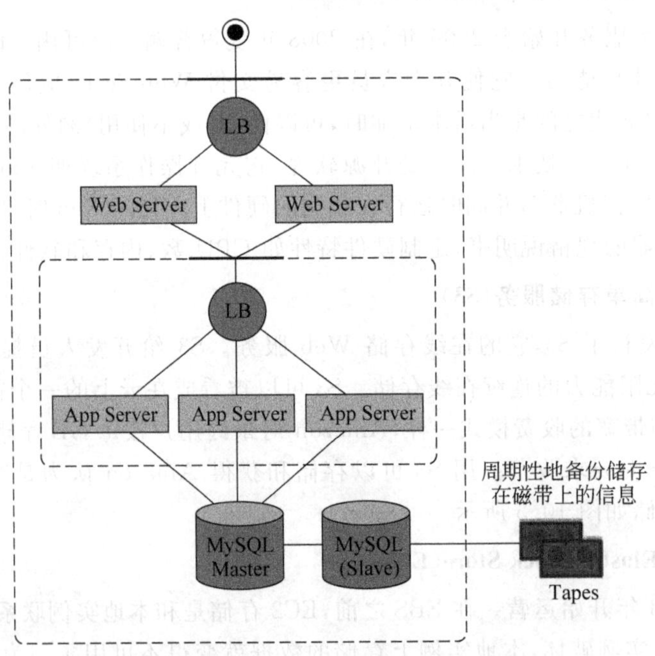


图 10.6 亚马逊 Web MySQL

化"AMI 图形。其次,一旦做了任何配置,为了再次使用和安全保存,应该上传用户的 AMI 到 S3。最后,选择想部署的 EC2 实例,配置安全和网络控制。

(2) 亚马逊 Web Server

亚马逊 Web Server 如图 10.7 所示。用于 Amazon EC2 上的 MySQL Enterprise 是基于支持提供的订阅,使得开发人员可以低成本地在云上交付 Web 扩展数据库应用,在云上使用世界上最受欢迎的开源数据库。在 Amazon EC2 上使用 MySQL Enterprise 的好处包括:可利用 MySQL 的可靠性、高性能和易用性,在云上交付大量的可扩展的 Web 应用;使用 MySQL Replication 进行主从数据库复制、切换和备份,实现高可用性应用。

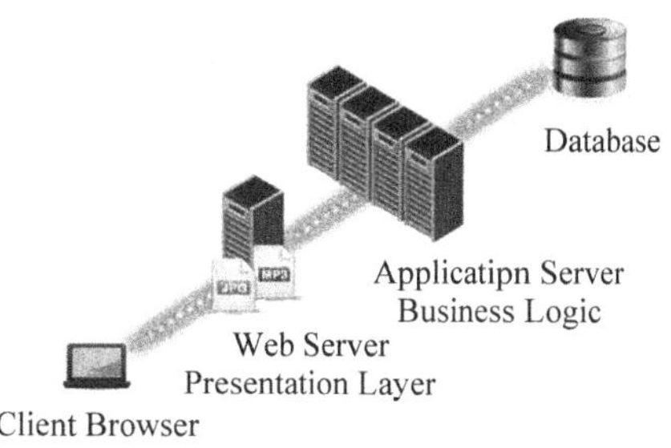


图 10.7 亚马逊 Web Server

## 10.3.2 Google 云计算应用平台

Google 使用的云计算基础架构模式包括 4 个既相互独立又紧密结合在一起的系统,即建立在集群之上的 Google 文件系统(Google File System,GFS),针对 Google 应用程序的特点提出的 Map/Reduce 编程环境,分布式的锁机制 Chubby 以及 Google 开发的模型简化的大规模分布式数据库 BigTable。

### 1. Google File System 文件系统

为了满足 Google 迅速增长的数据处理需求,Google 设计并实现了 Google 文件系统(GFS)。GFS 与过去的分布式文件系统拥有许多相同的目标,例如高性能、可伸缩性、可靠性以及可用性。然而,它的设计还受到 Google 应用负载和技术环境的影响,主要体现在以下 4 个方面。

(1) 集群中的节点失效是一种常态,而不是一种异常。由于参与运算与处理的节点数目非常庞大,通常会使用上千个节点进行共同计算,因此,每时每刻总会有节点处在失效状态。需要通过软件程序模块监视系统的动态运行状况,侦测错误,并且将容错以及自动恢复系统集成在系统中。

(2) Google 系统中的文件大小与通常文件系统中的文件大小概念不一样,文件大小通常以 G 计。另外,文件系统中的文件含义与通常文件不同,一个大文件可能包含大量数目的通常意义上的小文件。所以,设计预期和参数(如 I/O 操作和块尺寸)都要重新考虑。

(3) Google 文件系统中的文件读写模式和传统的文件系统不同。在 Google 应用(如搜索)中对大部分文件的修改,不是覆盖原有数据,而是在文件尾追加新数据。对文件的随机写是几乎不存在的。对于这类巨大文件的访问模式,客户端对数据块缓存失去了意义,追加操作成为性能优化和原子性(把一个事务看做一个程序,它要么被完整地执行,要么完全不执行)保证的焦点。

(4) 文件系统的某些具体操作不再透明,而且需要应用程序的协助完成,应用程序和文件系统 API 的协同设计提高了整个系统的灵活性。例如,放松了对 GFS 一致性模型的要求，这样不用加重应用程序的负担，就大大简化了文件系统的设计。还引入了原子性的追加操作，这样多个客户端同时进行追加的时候，就不需要额外的同步操作了。

总之，GFS 是为 Google 应用程序本身而设计的。

Google File System 的系统架构如图 10.8 所示，一个 GFS 集群包含一个主服务器和多个块服务器，被多个客户端访问。文件被分割成固定尺寸的块。在每个块创建的时候，服务器分配给它一个不变的、全球唯一的 64 位块句柄对它进行标识。块服务器把块作为 Linux 文件保存在本地硬盘上，并根据指定的块句柄和字节范围来读写块数据。为了保证可靠性，每个块都会复制到多个块服务器上，默认保存 3 个备份。主服务器管理文件系统所有的元数据，包括名字空间、访问控制信息和文件到块的映射信息，以及块当前所在的位置。GFS 客户端代码被嵌入到每个程序里，它实现了 Google 文件系统 API，帮助应用程序与主服务器和块服务器通信，对数据进行读写。客户端跟主服务器交互进行元数据操作，但是所有的数据操作的通信都是直接和块服务器进行的。客户端提供的访问接口类似于 POSIX 接口，但有一定的修改，并不完全兼容 POSIX 标准。通过服务器端和客户端的联合设计，Google File System 能够针对它本身的应用获得最大的性能以及可用性效果。

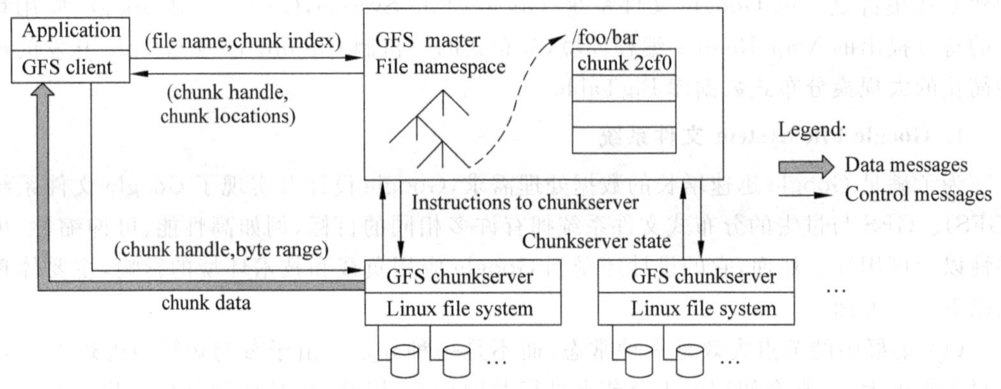


图 10.8 Google File System 的系统架构

**2. MapReduce 分布式编程环境**

为了让内部非分布式系统方向背景的员工能够有机会将应用程序建立在大规模的集群基础之上，Google 还设计并实现了一套大规模数据处理的编程规范 Map/Reduce 系统。这样，非分布式专业的程序编写人员也能够为大规模的集群编写应用程序而不用去顾虑集群的可靠性、可扩展性等问题。应用程序编写人员只需要将精力放在应用程序本身，而关于集群的处理问题则交由平台来处理。

Map/Reduce 通过 Map(映射)和 Reduce(化简)这样两个简单的概念来参加运算，用户只需要提供自己的 Map 函数以及 Reduce 函数就可以在集群上进行大规模的分布式数据处理。

Google 的文本索引方法，即搜索引擎的核心部分，已经通过 Map Reduce 的方法进行了改写，获得了更加清晰的程序架构。在 Google 内部，每天有上千个 Map Reduce 的应用程序在运行。

**3. 大规模分布式数据库管理系统 BigTable**

构建于上述两项基础之上的第 3 个云计算平台就是 Google 关于将数据库系统扩展到分布式平台上的 BigTable 系统。很多应用程序对于数据的组织还是非常有规则的。一般来说,数据库对于处理格式化的数据还是非常方便的,但是由于关系数据库很强的一致性要求,很难将其扩展到很大的规模。为了处理 Google 内部大量的格式化以及半格式化数据,Google 构建了弱一致性要求的大规模数据库系统 BigTable。据称,现在有很多 Google 的应用程序建立在 BigTable 之上,例如 Search History、Maps、Orkut 和 RSS 阅读器等。

图 10.9 给出了在 BigTable 模型中的数据模型。数据模型包括行列以及相应的时间戳,所有的数据都存放在表格中的单元里。BigTable 的内容按照行来划分,将多个行组成一个小表,保存到某一个服务器节点中。这一个小表就被称为 Tablet。

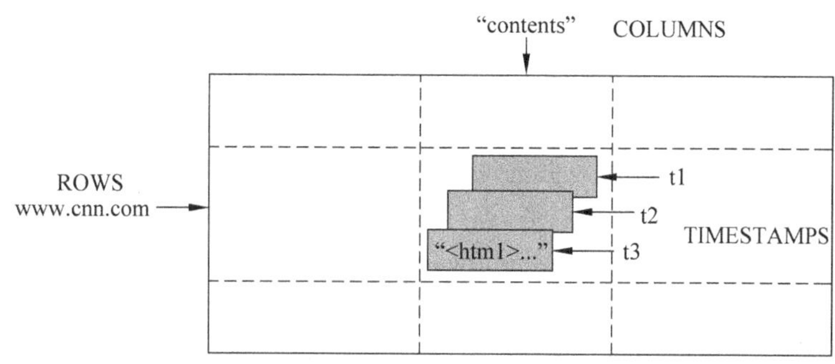


**图 10.9 Google BigTable 的数据模型**

以上是 Google 内部云计算基础平台的 3 个主要部分,除了这 3 个部分之外,Google 还建立了分布式程序的调度器、分布式的锁服务等一系列相关的云计算服务平台。

**4. Google 的云应用**

除了上述的云计算基础设施之外,Google 还在其云计算基础设施之上建立了一系列新型网络应用程序。由于借鉴了异步网络数据传输的 Web 2.0 技术,这些应用程序给予用户全新的界面感受以及更加强大的多用户交互能力。其中典型的 Google 云计算应用程序就是 Google 推出的 Docs 网络服务程序。Google Docs 是一个基于 Web 的工具,它有跟 Microsoft Office 相近的编辑界面,有一套简单易用的文档权限管理,而且它还记录下所有用户对文档所做的修改。Google Docs 的这些功能令它非常适用于网上共享与协作编辑文档。Google Docs 甚至可以用于监控责任清晰、目标明确的项目进度。当前,Google Docs 已经推出了文档编辑、电子表格、幻灯片演示、日程管理等多个功能的编辑模块,能够替代 Microsoft Office 相应的一部分功能。值得注意的是,通过这种云计算方式形成的应用程序非常适合于多个用户进行共享以及协同编辑,为一个小组的人员进行共同创作带来很大的方便性。

虽然 Google 可以说是云计算的最大实践者,但是,Google 的云计算平台是私有的环境,特别是 Google 的云计算基础设施还没有开放出来。除了开放有限的应用程序接口,例如 GWT(Google Web Toolkit)以及 Google Map API 等,Google 并没有将云计算的内部基础设施共享给外部的用户使用,上述的所有基础设施都是私有的。

幸运的是,Google 公开了其内部集群计算环境的一部分技术,使得全球的技术开发人员能够根据这一部分文档构建开源的大规模数据处理云计算基础设施,其中最有名的项目即 Apache 旗下的 Hadoop 项目。而下面的两个云计算的实现则为外部的开发人员以及中小公司提供了云计算的平台环境,使得开发者能够在云计算的基础设施之上构建自己的新型网络应用。其中 IBM 的蓝云计算平台是可供销售的计算平台,用户可以基于这些软硬件产品自己构建云计算平台。亚马逊的弹性计算云则是托管式的云计算平台,用户可以通过远端的操作界面直接使用。

## 10.3.3 Microsoft 云计算服务

在三大类云计算服务(IaaS、PaaS 和 SaaS)上,微软推出了 Windows Server Platform,同时也推出了 Windows Azure Platform 解决方案。本节介绍微软的 Windows Azure Platform 解决方案的核心技术。

Windows Azure Platform 运行在微软数据中心的服务器和网络基础设施上,通过公共互联网对外提供服务。微软对云计算提出公式。

云计算=(数据软件+平台+基础设施)×服务

此公式表明了云最重要的是服务,基于云计算服务的 3 种模式,微软云计算采用了"软件+服务"、"云+端"的策略。Windows Azure Platform 正是这一策略的具体实现,它一方面提供了可靠的软件平台;另一方面通过提供服务或者开放的系统运营企业服务。

**1. Windows Azure Platform 功能**

Windows Azure Platform 包括 Windows Azure、SQL Azure、Windows Azure AppFabric(或者指 Windows Azure Platform AppFabric,以下简称 AppFabric,有的书中把 Windows Server AppFabric 也简称为 AppFabric,除非特别说明,本文中的 AppFabric 都是指 Windows Azure AppFabric)。Windows Azure 可看成是云计算服务的操作系统;SQL Azure 可看成云端的关系型数据库;AppFabric 是一个基于 Web 的开放服务,可以把现有应用和服务与云平台的连接和互操作变得更为简单,如图 10.10 所示。

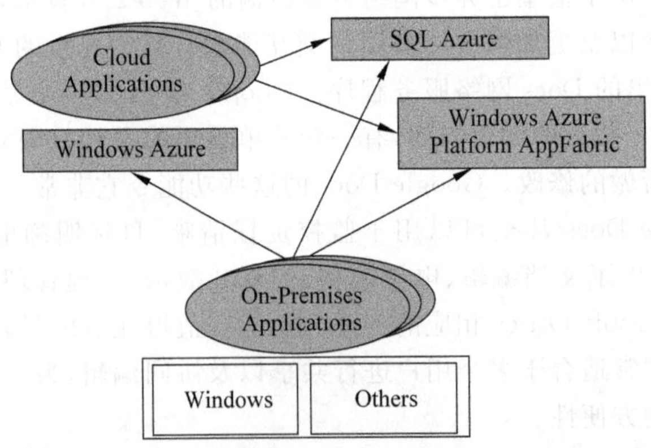


图 10.10 Windows Azure Platform 组成

(1) Windows Azure

Windows Azure 是一个云服务的操作系统,它提供了一个可扩展的开发、托管服务和服务管理环境。Windows Azure 主要包括 3 个部分:一是运营应用的计算服务;二是数据存储服务;三是基于云平台进行管理和动态分配资源的控制器(Fabric Controller)。

Windows Azure 提供了一个可扩展的开发、托管服务和服务管理环境,这其中包括提供基于虚拟机的计算服务和基于 Blobs、Tables、Queues、Drives 等的存储服务。Windows Azure 是一个开放的平台,支持微软和非微软的语言和环境。开发人员在构建 Windows Azure 应用程序和服务时,不仅可使用 Microsoft Visual Studio、Eclipse 等开发工具,同时 Windows Azure 还支持各种流行的标准与协议,包括 SOAP、REST、XML 和 HTTPS 等。

(2) SQL Azure

SQL Azure 帮助用户简化多数据库的创建和部署,开发人员无须安装、设置数据库软件,也不必为数据库打补丁或进行管理;为用户提供了内置的高可用性和容错能力,且无需客户进行实际管理;支持 TDS 和 Transact-SQL(T-SQL),客户可以使用现有技术在 T-SQL 上进行开发,还可使用与现有的客户自有数据库软件相对应的关系型数据模型。

SQL Azure(之前被称为 SQL Server Data Services) 是以 SQL Server 2008 为主,建构在 Windows Azure 之上,运行云计算的关系数据库服务,是一种云存储的实现,并提供网络型的应用程序数据存储的服务,简单地说就是 SQL Server 的云端版本。

SQL Azure 是一个云的关系型数据库,它可以在任何时间提供客户数据应用,基于 SQL Server 技术构建,但并非简简单单将 SQL Server 安装在微软的数据中心,而是采用了更先进的架构设计,由微软基于云进行托管,提供的是可扩展、多租户、高可用的数据库服务。SQL Azure 在架构上分成 4 个层次,即 Client Layer、Services Layer、Platform Layer 和 Infrastructure Layer,如图 10.11 所示。

(3) AppFabric

AppFabric 作为中间件层,起到连接非云端程序与云端程序的桥梁的功能,它让开发人员可把精力放在应用逻辑上而不是在部署和管理云服务的基础架构上。AppFabric 是基于 Web 的开放服务,它可以把现有应用和服务与云平台的连接和互操作变得更为简单,为本地应用和云中应用提供了分布式的基础架构服务。在云计算中存储数据与运行应用都很重要,但是还需要一个基于云的基础架构服务。这个基础架构服务应该既可以被客户自有软件应用,又能被云服务应用,AppFabric 就是这样一个基础架构服务。

需要说明的是 Windows Server AppFabric 和 Windows Azure AppFabric 是不同的,它们之间的关系类似于 SQL Server 和 SQL Azure 之间的关系,即带"Server"的是服务器产品,带 Azure 的是云端产品,甚至可以把 Windows Azure AppFabric 理解为一款主要面向私有云计算的系统。

Windows Azure 提供了一个叫做 Role 的概念,每个 Role 被认为是一段程序,与普通的应用程序不同的是这段程序可同时在一台或多台机器上运行。每个 Role 可以有多个实例(Instance),每个实例对应一台虚拟机。对同一个 Role 而言,它所有的实例执行的程序都是相同的。目前有 Worker Role(工作者角色)和 Web Role(Web 角色) 两种类型的

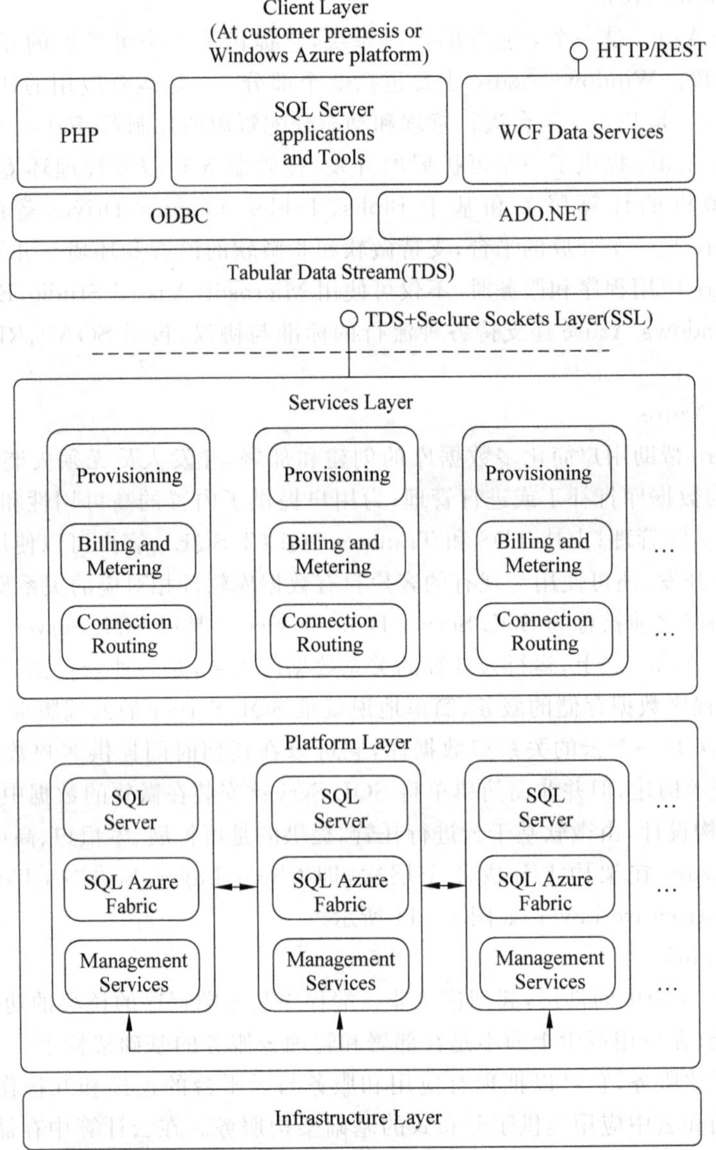


图 10.11 SQL Azure 的架构

Role。

Worker Role：是一种后台执行(Running On Background)的应用程序，运行.Net 框架代码的后台进程应用程序。

Web Role：是一个 Web 应用程序，它可以通过 HTTP 或 HTTPS 与外界通信，一般来说，Web 角色响应请求，执行一个动作，然后等待下一个请求的到来。

AppFabric 最常用的一个场景是：Worker Role 和 Web Role 之间的通信，不仅如此，AppFabric 最强大的地方在于能够跨平台。

**2. 微软云计算参考架构**

从图 10.12 所示的微软云计算的参考架构可以看到 Windows Azure Platform 是一个 PaaS 类和 IaaS 类的平台。Windows Azure Platform 即是一个 PaaS 类的平台，也是一个 IaaS 类平台。因为 Windows Azure 提供了存储、管理功能，SQL Azure 提供了关系型数据的存储，而 Windows Azure AppFabric 则是连接了 Windows Azure 和 SQL Azure 的中间件，将安全连接作为一项服务提供，帮助开发人员在云部署、内部部署和托管部署之间架起桥梁，这座桥梁提供了两种服务：Service Bus（服务总线）和 Access Control（访问控制），因此 Windows Azure Platform 是一个 PaaS 类和 IaaS 类的平台。

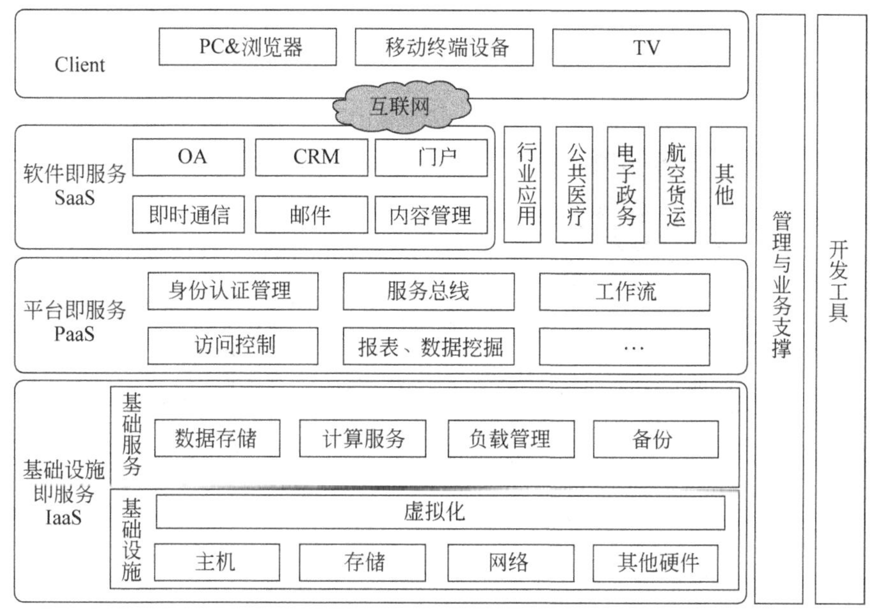


图 10.12 微软云计算的参考架构

Windows Azure Platform 的基础是虚拟化，虚拟化架起了硬件资源（主机、存储、网络、其他硬件）和基础服务之间的桥梁，PaaS 通过基础服务和虚拟化来使用资源层的资源，虚拟化对用户来说是透明的，同时虚拟化也是动态数据中心的基础核心层，可以说，没有虚拟化技术，想要实现动态数据中心几乎是不可能的，但是虚拟化不是云计算。

## 10.3.4 IBM 蓝云计算平台

IBM 在 2007 年 11 月 15 日推出了蓝云计算平台，为客户带来即买即用的云计算平台。它包括一系列的云计算产品，使得计算不仅仅局限在本地机器或远程服务器农场（即服务器集群），通过架构一个分布式、可全球访问的资源结构，使得数据中心在类似于互联网的环境下运行计算。

蓝云建立在 IBM 大规模计算领域的专业技术基础上，基于由 IBM 软件、系统技术和服务支持的开放标准和开源软件。简单地说，蓝云基于 IBM Almaden 研究中心（Almaden Research Center）的云基础架构，包括 Xen 和 PowerVM 虚拟化、Linux 操作系统映像以及 Hadoop 文件系统与并行构建。蓝云由 IBM Tivoli 软件支持，通过管理服务器来确保基于需求的最佳性能。这包括通过能够跨越多服务器实时分配资源的软件，为客户带来一种无缝体验，加速性能并确保在最苛刻环境下的稳定性。IBM 发布的蓝云计划，能够帮助用户进行云计算环境的搭建。它通过将 Tivoli、DB2、WebSphere 与硬件产品集成，能够为企业架设一个分布式、可全球访问的资源结构。

蓝云计算的高层架构如图 10.13 所示。可以看到，蓝云计算平台由一个数据中心、IBM Tivoli 部署管理软件（Tivoli Provisioning Manager）、IBM Tivoli 监控软件（IBM Tivoli Monitoring）、IBM WebSphere 应用服务器、IBM DB2 数据库以及一些虚拟化的组件共同组成。图中的架构主要描述了云计算的后台架构，并没有涉及前台的用户界面。

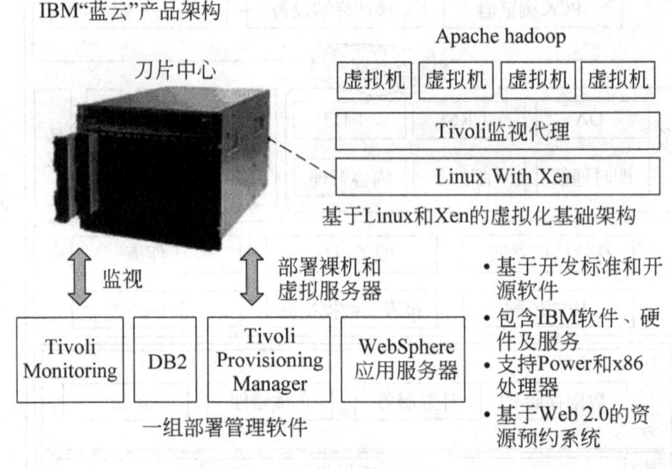


**图 10.13 蓝云计算的高层架构**

蓝云的硬件平台与相对分布式平台无特殊要求，但是蓝云使用的软件平台与相对分布式平台有所不同，主要体现在虚拟机的使用以及对大规模数据处理软件 Apache Hadoop 的部署。Hadoop 是网络开发人员根据 Google 公司公开的资料开发出来的类似于 Google File System 的 Hadoop File System 以及相应的 Map/Reduce 编程规范。由于 Hadoop 是开源的，因此可以被用户单位直接修改，以适合应用的特殊需求。IBM 的蓝云产品则直接将 Hadoop 软件集成到自己本身的云计算平台之上。

**1. 蓝云中的虚拟化**

从蓝云的结构上可以看出，在每一个节点上运行的软件栈与传统的软件栈一个很大的不同在于蓝云内部使用了虚拟化技术。虚拟化的方式在云计算中可以在两个级别上实现。一个是在硬件级别上实现虚拟化。硬件级别的虚拟化可使用 IBM P 系列的服务器，获得硬件的逻辑分区 LPAR。逻辑分区的 CPU 资源能够通过 IBM Enterprise Workload Manager 来管理。通过这样的方式加上在实际使用过程中的资源分配策略，能够使得相应的资源合理地分配到各个逻辑分区。P 系列系统的逻辑分区最小粒度是 1/10 颗中央处理器（CPU）。

虚拟化的另外一个级别可以通过软件来获得，在蓝云计算平台中使用了 Xen 虚拟化软件。Xen 也是一个开源的虚拟化软件，能够在现有的 Linux 基础之上运行另外一个操作系统，并通过虚拟机的方式灵活地进行软件部署和操作。

通过虚拟机的方式进行云计算资源的管理具有特殊的好处。由于虚拟机是一类特殊的软件，能够完全模拟硬件的执行，因此能够在上面运行操作系统，进而能够保留一整套运行环境语义。这样，可以将整个执行环境通过打包的方式传输到其他物理节点上，这样就能够使得执行环境与物理环境隔离，方便整个应用程序模块的部署。总体上来说，通过将虚拟化的技术应用到云计算的平台，可以获得一些良好的特性。

(1) 云计算的管理平台能够动态地将计算平台定位到所需要的物理平台上，而无须停止运行在虚拟机平台上的应用程序，这比采用虚拟化技术之前的进程迁移方法更加灵活。

(2) 能够更加有效率地使用主机资源，将多个负载不是很重的虚拟机计算节点合并到同一个物理节点上，从而能够关闭空闲的物理节点，达到节约电能的目的。

(3) 通过虚拟机在不同物理节点上的动态迁移，能够获得与应用无关的负载平衡性能。由于虚拟机包含了整个虚拟化的操作系统以及应用程序环境，因此在进行迁移的时候带着整个运行环境，达到了与应用无关的目的。

(4) 在部署上也更加灵活，即可以将虚拟机直接部署到物理计算平台当中。

总而言之，通过虚拟化的方式，云计算平台能够达到极其灵活的特性，而如果不使用虚拟化的方式则会有很多局限。

**2. “蓝云”中的存储结构**

蓝云计算平台中的存储体系结构对于云计算来说也是非常重要的，无论是操作系统、服务程序，还是用户应用程序的数据，都保存在存储体系中。云计算并不排斥任何一种有用的存储体系结构，而是需要跟应用程序的需求结合起来获得最好的性能提升。总体上来说，云计算的存储体系结构包含类似于 Google File System 的集群文件系统以及基于块设备方式的存储区域网络 SAN 两种方式。

在设计云计算平台的存储体系结构的时候，不仅仅是需要考虑存储的容量。实际上随着硬盘容量的不断扩充以及硬盘价格的不断下降，使用当前的磁盘技术，可以很容易通过使用多个磁盘的方式获得很大的磁盘容量。相较于磁盘的容量，在云计算平台的存储中，磁盘数据的读写速度是一个更重要的问题。单个磁盘的速度很有可能限制应用程序对于数据的访问，因此在实际使用的过程中，需要将数据分布到多个磁盘之上，并且通过对于多个磁盘的同时读写以达到提高速度的目的。在云计算平台中，数据如何放置是一个非常重要的问题，在实际使用的过程中，需要将数据分配到多个节点的多个磁盘当中。而能够达到这一目的的存储技术趋势当前有两种方式，一种是使用类似于 Google File System 的集群文件系统，另外一种是基于块设备的存储区域网络 SAN 系统。

Google 文件系统在前面已经做过一定的描述。在 IBM 的蓝云计算平台中使用的是它的开源实现 Hadoop HDFS (Hadoop Distributed File System)。这种使用方式将磁盘附着于节点的内部，并且为外部提供一个共享的分布式文件系统空间，并且在文件系统级别做冗余以提高可靠性。在合适的分布式数据处理模式下，这种方式能够提高总体的数据处理效率。Google 文件系统的这种架构与 SAN 系统有很大的不同。

SAN系统也是云计算平台的另外一种存储体系结构选择，在蓝云平台上也有一定的体现，IBM提供的SAN的平台也能够接入到蓝云计算平台中。图10.14所示的是一个SAN系统的结构示意图。图中的SAN系统是在存储端构建存储的网络，将多个存储设备构成一个存储区域网络。前端的主机可以通过网络的方式访问后端的存储设备。而且，由于提供了块设备的访问方式，与前端操作系统无关。在SAN连接方式上，可以有多种选择。一种选择是使用光纤网络，能够操作快速的光纤磁盘，适合于对性能与可靠性要求比较高的场所。另外一种选择是使用以太网，采取iSCSI协议，能够运行在普通的局域网环境下，从而降低了成本。由于存储区域网络中的磁盘设备并没有与某一台主机绑定在一起，而是采用了非常灵活的结构，因此对于主机来说可以访问多个磁盘设备，从而能够获得性能的提升。在存储区域网络中，使用虚拟化的引擎来进行逻辑设备到物理设备的映射，管理前端主机到后端数据的读写。因此虚拟化引擎是存储区域网络中非常重要的管理模块。

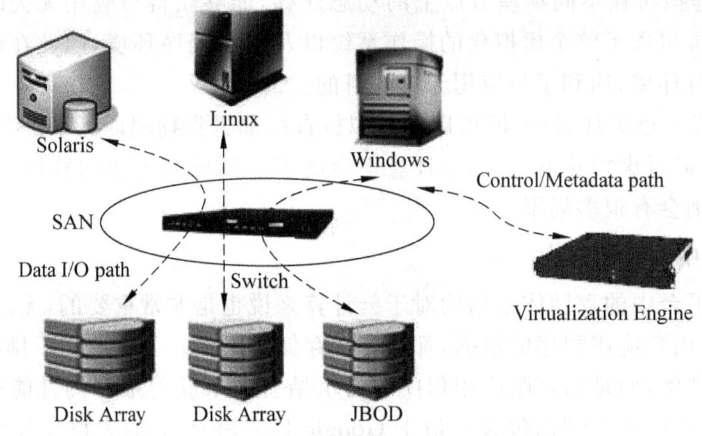


图10.14 SAN系统的结构示意图

SAN系统与分布式文件系统(例如Google File System)并不是相互对立的系统，而是在构建集群系统的时候可供选择的两种方案。其中，在选择SAN系统的时候，为了应用程序的读写，还需要为应用程序提供上层的语义接口，此时就需要在SAN之上构建文件系统。而Google File System正好是一个分布式的文件系统，因此能够建立在SAN系统之上。总体来说，SAN与分布式文件系统都可以提供类似的功能，例如对于出错的处理等。至于如何使用，还是需要由建立在云计算平台之上的应用程序来决定。

与Google不同的是，IBM并没有基于云计算提供外部可访问的网络应用程序。这主要是由于IBM并不是一个网络公司，而是一个IT的服务公司。当然，IBM内部以及IBM未来为客户提供的软件服务会基于云计算的架构。

# 练习题

## 一、单选题

1. 云计算最大的特征是(　　)。

A. 计算量大　　B. 通过互联网进行传输
C. 虚拟化　　D. 可扩展性

2. 云计算(Cloud Computing)的概念是由(　　)提出的。
A. Google　B. 微软　C. IBM　D. 腾讯

3. 在云计算平台中,(　　)软件即服务。
A. IaaS　B. PaaS　C. SaaS　D. QaaS

4. 在云计算平台中,(　　)平台即服务。
A. IaaS　B. PaaS　C. SaaS　D. QaaS

5. 在云计算平台中,(　　)基础设施即服务。
A. IaaS　B. PaaS　C. SaaS　D. QaaS

6. (　　)是负责对物联网收集到的信息进行处理、管理、决策的后台计算处理平台。
A. 感知层　B. 网络层　C. 云计算平台　D. 物理层

7. 利用云计算、数据挖掘以及模糊识别等人工智能技术,对海量的数据和信息进行分析和处理,对物体实施智能化的控制,指的是(　　)。
A. 可靠传递　B. 全面感知　C. 智能处理　D. 互联网

8. 下列哪项不属于物联网存在的问题?(　　)
A. 国家安全问题　　B. 隐私问题
C. 标准体系和商业模式　　D. 制造技术

**二、判断题(在正确的后面打√,错误的后面打×)**

1. 云计算是把云作为资料存储以及应用服务的中心的一种计算。(　　)
2. 云计算是物联网的一个组成部分。(　　)
3. 云计算不是物联网的一个组成部分。(　　)
4. 物联网与互联网不同,不需要考虑网络数据安全。(　　)
5. 时间同步是需要协同工作的物联网系统的一个关键机制。(　　)

# 第11章 物联网应用系统设计

**本章重点**

(1) 基于物联网的智能泊车系统设计。

(2) 基于物联网的智能家居控制系统设计。

(3) 基于 RFID 的超市物联网系统设计。

(4) 基于 GPRS 的物联网终端的污水处理厂网络控制系统设计。

## 11.1 基于物联网的智能泊车系统设计

### 11.1.1 智能泊车系统概述

**1. 系统简介**

基于物联网的智能泊车系统结合 RFID、ZigBee 技术、Wi-Fi 及 Android 技术实现了停车场的智能泊车,主要包括控制器、出入口、停车位、Android 客户端软件三部分。控制器主要由于系统管理及界面的显示;出入口包括读卡、闸机控制、拍照三部分;停车位部分是通过 ZigBee 外接光敏传感器以实现车位状态的获取,并发送到协调器。

系统具有如下特点。

(1) 模块化、安装方便

其采用模型的方式搭建,各部分完全模块化,可以方便地进行安装、拆卸。

(2) 真实场景、形象直观

其采用双通道 UHF 超高频读写器进行读卡,通过 ZigBee 控制步进电机的转动以实现闸口的开合和关闭。遥控车底安装 RFID 标签,通过遥控车辆进入停车场,真实体验 IPA 智能泊车系统流程,形象直观。

(3) 方便快捷、简单生动

通过 Android 客户端软件远程访问智能泊车系统,可以方便快捷地查看空余停车位信息,并可以提前预约停车位,用户可凭收到短信提示码进入停车场停车,操作简捷方便。

**2. 实现目标**

系统可实现以下目标。

(1) 实现 ETC 一体化系统,实现智能化收费。

(2) 在目前已有的循迹赛道上,增加两个闸门,一个控制器(使用 ARM 替代原有 PC),一个两通道 UHF 读卡器,两路摄像头,根据需要可增加停车位 。

(3) 读卡器通过网线连接到控制器,摄像头直接连接到控制器上,闸口动作由 ZigBee 节点控制步进电机完成。

(4) 读卡操作:在每一个闸口上放置一个天线,进行读卡操作。

(5) 拍照操作:在每一个闸口上放置一个摄像头,进行操作。

(6) 停车位通过 ZigBee 连接光敏传感器实现。

(7) 进站刷卡界面。

(8) 出站计费界面。

## 11.1.2　系统的结构设计

### 1. 系统框图

系统框图如图 11.1 所示。

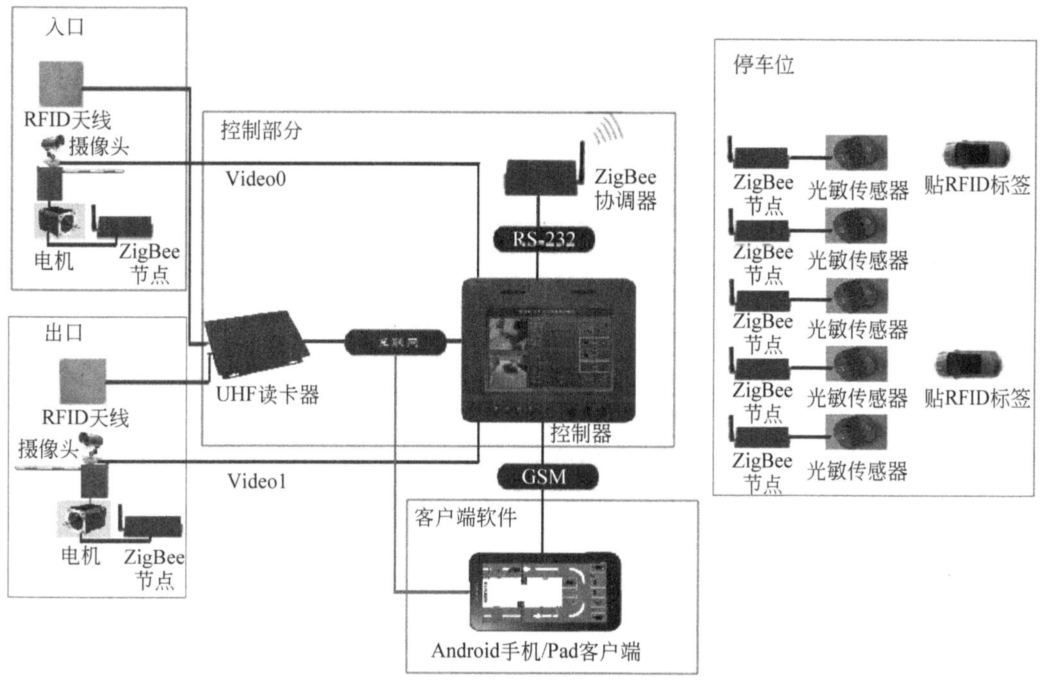


图 11.1　系统框图

### 2. 基本架构及各模块功能

(1) 硬件架构

系统的硬件架构如图 11.2 所示。

物联网智能泊车系统,增加两个闸门及按需要增加停车位,系统可模拟停车场及应用到实际的停车场;同时增加了 Android 手机客户端功能,通过手机客户端可以方便地实现

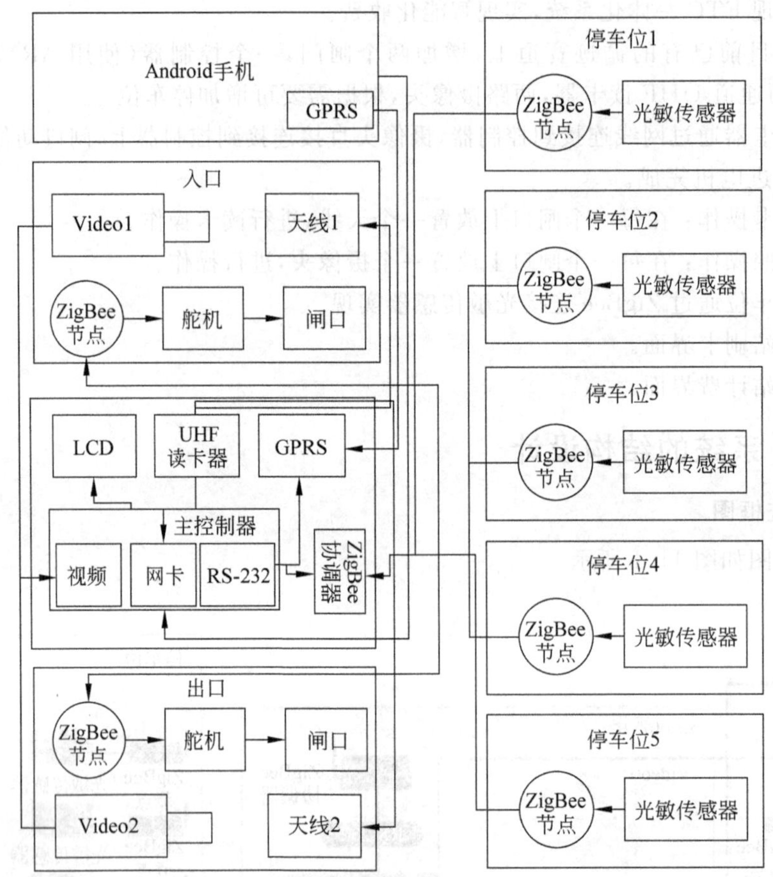


**图 11.2 系统的硬件架构**

停车位的查看及预约。

物联网智能泊车系统硬件主要包括：控制器、ZigBee 舵机控制模块、读卡器模块、拍照模块、停车位模块(ZigBee 连接光敏传感器)及 Android 手机。

控制器连接 2 路视频输入，分别对应入口、出口位置，进行拍摄车辆图片。

控制器连接 ZigBee 协调器，发送开关命令给出入口 ZigBee 舵机控制模块节点，控制闸口开合。

控制器连接 UHF 读卡器，在出入口分别放置天线，进行读卡操作。

控制器连接 LCD 显示器，进行进站刷卡界面及出站计费界面的显示。

停车位的状态信息实时地通过 ZigBee 节点传送给 ZigBee 协调器，然后传递给控制器。

通过手机客户端可以方便地实现停车位的查看及预约，当预约到停车位时，控制器会通过 GPRS 模块向 Android 手机发送确认信息。

(2) 软件架构

系统的软件架构如图 11.3 所示。

本系统软件主要包括：上位机、下位机、Android 手机客户端三部分。

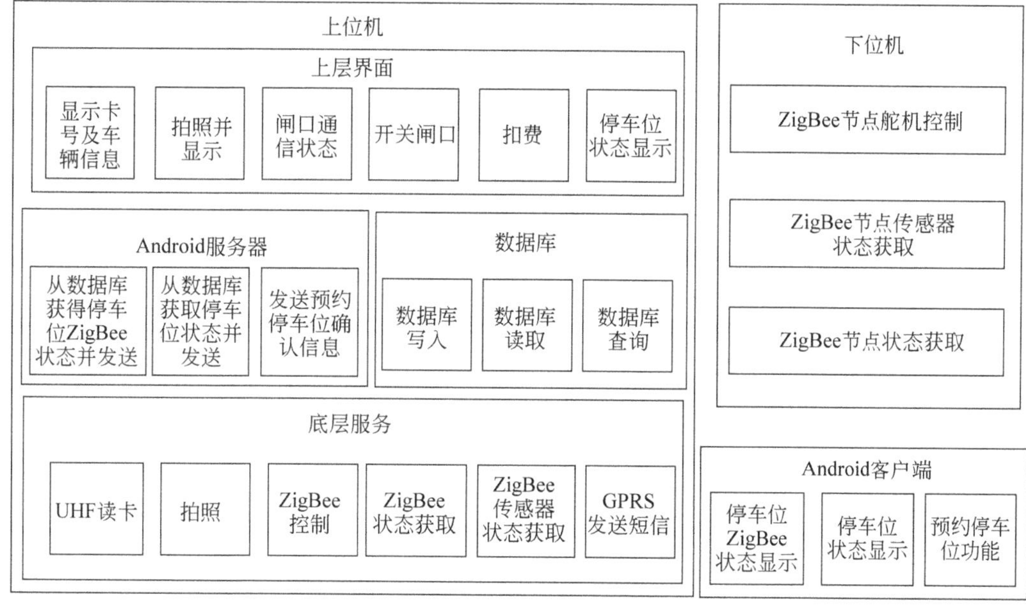


**图 11.3　系统的软件结构**

上位机主要包括 3 层：上层界面、中间层（服务器及数据库）、底层服务 3 个部分。上层界面实现卡号车辆信息、车辆照片、闸口状态、停车位状态、通信状态、费用的显示及手动控制开关闸口操作。

Android 服务器是为 Android 客户端软件服务的，在 Android 客户端上实现停车位 ZigBee 状态显示、停车位状态显示、停车位预约等功能，所以 Android 服务器必须将这些信息通过网络发送给客户端（通过读取数据库获得），如果预约成功调用底层 GPRS 发送确认短信给客户端手机。

数据库是为上层界面及 Android 服务器服务的，保存车辆、费用信息及停车位信息。

底层主要实现 UHF 读卡接口、摄像头拍照接口、ZigBee 控制接口、ZigBee 节点在线状态获取、ZigBee 传感器状态获取及 GPRS 发送短信几个接口。

橘色部分为下位机部分，主要是 ZigBee 相关的操作。ZigBee 节点控制舵机操作，实现开关闸口的功能；ZigBee 节点状态检测，实现节点的在线状态检测；ZigBee 节点传感器状态获取，实现停车位状态的检测。

系统功能描述如下。

① 预约停车位。

② 进入停车场系统之前，可以通过 Android 手机客户端软件，进行停车位状态查看并预约停车位。

③ 预约成功会收到确认信息。

④ 进入停车场系统。

⑤ 车辆从进入停车场，读卡器天线 1 监测到车辆携带 RFID 卡号，通知控制器。

⑥ 控制器记录 RFID 编号后，显示车辆信息。

⑦ 信息显示。

⑧ 控制器打开闸门动作，延时落杆。

⑨ 拍照并显示车辆图片。

⑩ 更新数据库。

⑪ 离开停车场系统。

⑫ 车辆离开收费站，读卡器天线 2 监测车辆携带 RFID 卡号，通知控制器。

⑬ 控制器根据数据库中得到 RFID 编号，完成收费，显示在 LCD 屏上。

⑭ 控制器打开闸门动作，延时落杆。

⑮ 拍照并显示车辆图片。

⑯ 更新数据库。

⑰ Android 客户端实时更新停车位信息。

(3) 基本流程图

基本流程图如图 11.4 所示。

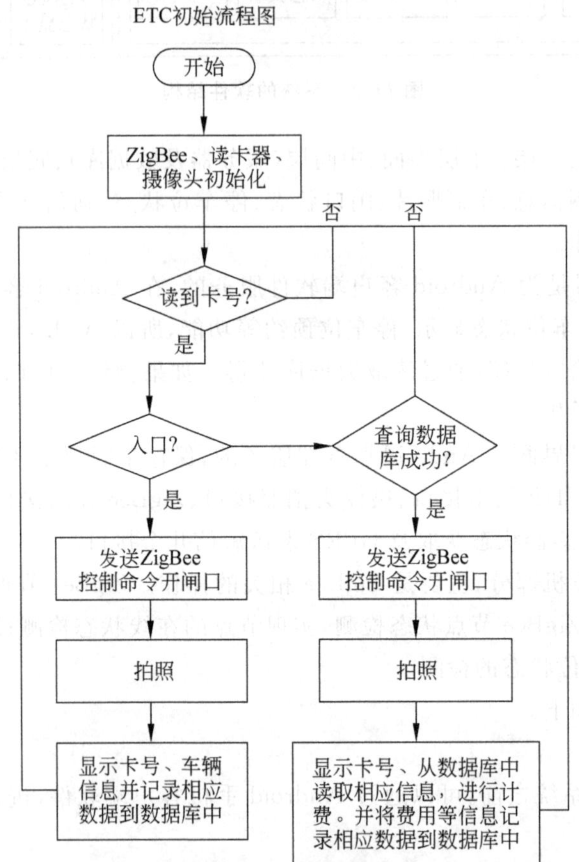


图 11.4 基本流程图

## 11.1.3 系统接口

### 1. ZigBee 控制

基本结构体如下。

(1) 表示 ZigBee 网络基本信息结构体

```
typedef struct{
    unsigned int  panid;                   //16bit PANID 标识
    unsigned long int  channel;            //32bit 物理信道
    unsigned char  maxchild;               //最大子节点数目
    unsigned char  maxdepth;               //最大网络深度
    unsigned char  maxrouter;              //最大路由节点数目(当前层)
}NwkDesp, * pNwkDesp;
```

(2) 表示 ZigBee 传感器节点的基本信息结构体

```
typedef struct{
    unsigned int  nwkaddr;                 //16bit 网络地址
    unsigned char      sensortype;         //传感器类型
    unsigned long int  sensorvalue;        //32bit 传感器数据
} SensorDesp, * pSensorDesp;
```

sensortype 值如下。

```
0:  SHT11 传感器
1:  IRDA 传感器
2:  SMOG 传感器
3:  INT 传感器
4:  MICP 传感器
5:  SET 传感器
6:  无传感器
7:  入口闸口传感器
8:  出口闸口传感器
9:  车位 1 传感器
10:  车位 2 传感器
11:  车位 2 传感器
…
```

(3) 表示 ZigBee 节点的基本信息结构体

```
typedef struct{
    unsigned int  nwkaddr;                 //16bit 网络地址
    unsigned char  macaddr[8];             //8 字节 64bit 物理地址
    unsigned char  depth;                  //节点网络深度
    unsigned char  devtype;    //节点设备类型,0 表示协调器,1 表示路由器,2 表示普通节点
    unsigned int  parentnwkaddr;           //16bit 父节点网络地址
    unsigned char  sensortype;             //当前 ZigBee 节点的传感器类型
    unsigned long int  sensorvalue;        //当前 ZigBee 节点的传感器数据
    unsigned char  status;                 //当前 ZigBee 节点的在线状态
}DeviceInfo, * pDeviceInfo;
```

(4) ZigBee 节点结构

```
struct NodeInfo{
    DeviceInfo * devinfo;                    //同上
    NodeInfo * next;                         //链表指针域
    unsigned char row;                       //保留
    unsigned char num;                       //保留
};
```

结构体说明：表示 ZigBee 节点的链表。

```
NodeInfo * NodeInfoHead=NULL;                //全局的 ZigBee 节点链表头
```

(5) 基本函数

① NwkDesp * GetZigBeeNwkDesp(void);

功能：获取当前 ZigBee 网络的基本信息。

参数：无。

返回值：NwkDesp 指针。

② int SetSensorStatus(unsigned int nwkaddr, unsigned int status);

功能：设置 ZigBee 网络中传感器状态(只针对设置型传感器)。

参数：nwkaddr 传感器节点网络地址，status 状态，0 设置 I/O 低电平，1 设置 I/O 高电平。

返回值：整型，0 成功，非 0 失败。

③ SensorDesp * GetSensorStatus(unsigned int nwkaddr);

功能：获取当前 ZigBee 网络节点的传感器状态。

参数：ZigBee 网络节点网络地址。

返回值：SensorDesp 指针。

④ DeviceInfo * GetZigBeeDevInfo(unsigned int nwkaddr);

功能：获取当前 ZigBee 网络节点的设备信息。

参数：ZigBee 网络节点网络地址。

返回值：DeviceInfo 指针。

⑤ NodeInfo * GetZigBeeNwkTopo(void);

功能：获取当前 ZigBee 网络节点的拓扑结构数据链表。

参数：无。

返回值：DeviceInfo 指针，即保存 ZigBee 节点信息的链表头。

⑥ int ComPthreadMonitorStart(void);

功能：ZigBee 串口监听线程开启处理函数，负责创建串口监听线程，并处理相应串口数据包。应用程序需要调用该函数方可以更新监测 ZigBee 网络信息及节点状态。

参数：无。

返回值：整型，0 成功，非 0 失败。

⑦ int ComPthreadMonitorExit(void);

功能：ZigBee 串口监听线程关闭函数。

参数：无。

返回值：整型，0 成功，非 0 失败。

说明：主要用到了红笔标注的函数。

**2. UHF(Ultra High Frequency 特高频)读卡**

(1) int GetConnect(char * ipaddr,int port);

功能：建立到到读卡器、服务器的连接。

参数：ipaddr 为服务器地址，port 为端口号(默认为 4001)。

返回值：成功返回 int 型 soketfd，连接错误返回－1。

(2) int MultipleTagIdentify(int fd, unsigned int TagType , unsigned char **pInIdBuff, unsigned char **pOutIdBuff);

功能：获得出入口读到的卡号。

参数：fd 为连接 socket，TagType：1 为 ISO 18000 标签，4 为获取 gen 标签的 EPC 值，对 6 在此版本中不支持；返回正确时，**pInIdBuff 为指向入口的卡号(12 * sizeof(unsigned char)个)，**pOutIdBuff 为指向出口的卡号(12 * sizeof(unsigned char)个)，未读到卡返回 NULL。

返回值：正常为 0，网络连接阻塞时返回－1，系统出现错误时返回－2。

(3) int Gen2WriteTagWithEpc12(int fd, unsigned int TagType, unsigned char * pWriteData);

功能：写入 12 字节 EPC 数据。

参数：fd 为连接 socket，TagType：1 为获取 gen 标签的 EPC 值；pWriteData 为指向 12 个 unsigned char 的 16 进制数据。

返回值：写入成功为 0，不成功为－1。

(4) int Gen2WriteTagWithEpc(int fd,unsigned int TagType,unsigned char Addr, unsigned char * WriteData);

功能：按地址写入 EPC 数据。

参数：fd 为连接 socket，TagType：1 为获取 gen 标签的 EPC 值；Addr 为十六进制地址(从 2～7 连续 6 个地址，每个地址存 2 个数据)；WriteData 为指向 2 个 unsigned char 的十六进制数据，分别存储 data0、data1。

返回值：写入成功为 0，不成功为－1。

EPC 从 2～7 地址数据存储：

data0、data1、data0、data1、data0、data1、data0、data1、data0、data1、data0、data1，如 ID：111112121313141415151616(读出的也为十六进制)。

**3. 拍照接口**

(1) void VIDEO_API_init();

功能：进行摄像头的初始化。

参数：无。

返回值：无。

(2) int VIDEO_API_photo(int channel);

功能：进行拍照。

参数：channel 为两路摄像头选择，0 为 video0，1 为 video1。

头文件：#include "video/video_api.h"。

源文件：video 目录。

工程文件：

```
TEMPLATE=app
TARGET=
INCLUDEPATH+=. \video/spcaview-yuv422/jpeg4arm/include
LIBS+=-L./video/spcaview-yuv422/jpeg4arm/lib-ljpeg-lpthread-lm
#Input
HEADERS+=mainwidget.h\
    video/video_api.h \
    video/spcaview-yuv422/server.h\
    video/spcaview-yuv422/tv-capture.h\
    video/spcaview-yuv422/tcputils.h\
    video/spcaview-yuv422/spcav4l.h\
    video/spcaview-yuv422/spcaframe.h\
    video/spcaview-yuv422/share_mem.h\
    video/spcaview-yuv422/quant.h\
    video/spcaview-yuv422/pxa_camera.h\
    video/spcaview-yuv422/pargpio.h\
    video/spcaview-yuv422/marker.h\
    video/spcaview-yuv422/jpeg.h\
    video/spcaview-yuv422/jdatatype.h\
    video/spcaview-yuv422/jconfig.h\
    video/spcaview-yuv422/huffman.h\
    video/spcaview-yuv422/filters.h\
    video/spcaview-yuv422/encoder.h\
    video/spcaview-yuv422/utils.h
FORMS+=mainwidget.ui
SOURCES+=mainwidget.cpp\
    main.cpp\
    video/video_api.cpp\
    video/spcaview-yuv422/server.c\
    video/spcaview-yuv422/tv-capture.c\
    video/spcaview-yuv422/tcputils.c\
    video/spcaview-yuv422/spcav4l.c\
    video/spcaview-yuv422/quant.c\
    video/spcaview-yuv422/pargpio.c\
    video/spcaview-yuv422/marker.c\
    video/spcaview-yuv422/jpeg.c\
    video/spcaview-yuv422/huffman.c\
    video/spcaview-yuv422/encoder.c\
    video/spcaview-yuv422/utils.c
```

**4. GPRS 发送短信**

(1) tty_init();

功能：串口初始化。

(2) gprs_init();

功能：GPRS 初始化。

(3) void gprs_msg(char * number, char* pText);

功能：发送短信。

参数：number 为电话号码，pText 为短信内容。

返回值：无。

(4) tty_end();

功能：关闭串口。

**5. 下位机 ZigBee 控制舵机接口**

```
int SetSensorStatus(unsigned int nwkaddr, unsigned  int status);
```

功能：设置 ZigBee 网络中传感器状态（只针对设置型传感器）。

参数：nwkaddr 传感器节点网络地址，status 状态，0 设置 IO 低电平，1 设置 IO 高电平。

返回值：整型，0 成功，非 0 失败。

该函数根据根据节点的网络地址，控制闸口的开关状态。

## 11.1.4 页面定义

**1. 控制器界面显示**

主要功能：

(1) 出入口 RFID 卡号，对应的车辆参数。

(2) 车辆登记编号。

(3) 车型显示。

(4) 车辆照片。

(5) 卡片金额相关信息。

(6) 显示出入口拍摄的照片。

(7) 出入口闸门状态。

(8) 手动开关闸操作。

(9) 闸口节点状态显示。

(10) 读卡器通信状态显示。

(11) 停车位节点在线状态显示。

(12) 停车位占用状态显示。

(13) 停车位预约状态显示。

控制器的基本界面如图 11.5 所示。

**2. Android 客户端界面**

(1) 停车位节点在线状态显示。

(2) 停车位占用状态显示。

(3) 停车位预约状态显示。

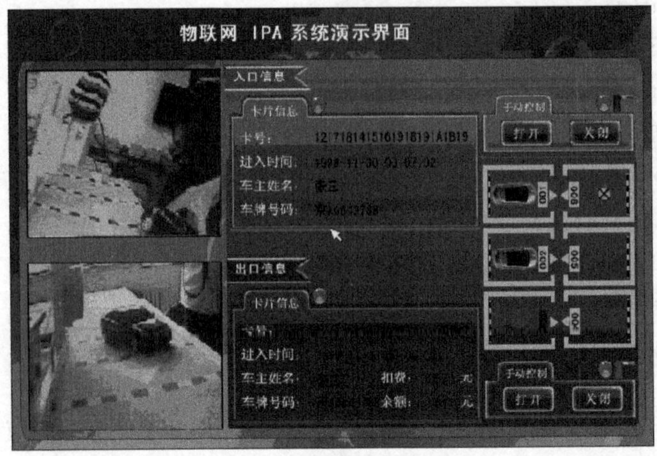


图 11.5　控制器的基本界面

(4) 停车位预约功能。

(5) 车辆进入停车场动画演示。

Android 客户端的基本界面如图 11.6 所示。

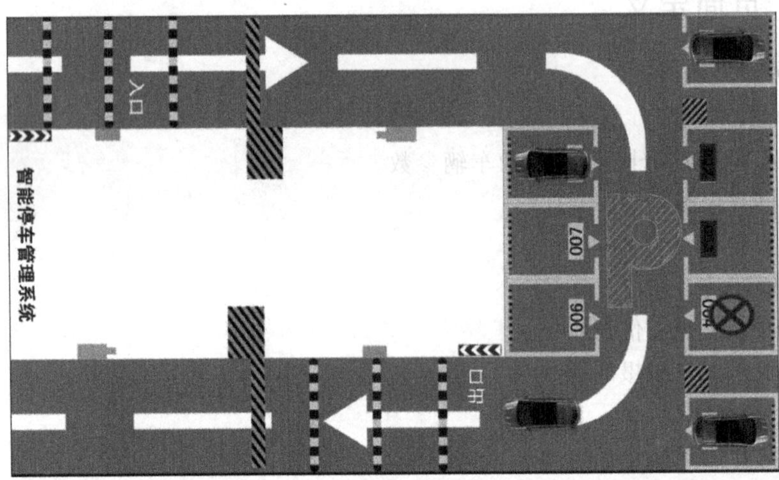


图 11.6　Android 客户端的基本界面

## 11.1.5　软件设计

### 1. ZigBee 电机控制程序

(1) 步进电机工作原理简介

步进电机是将输入的电脉冲信号转换成角位移的特殊同步电机，它的特点是每输入一个电脉冲，电动机转子便转动一步，转一步的角度称为步距角，步距角愈小，表明电机控制的精度越高。由于转子的角位移与输入的电脉冲成正比，因此电动机转子转动的速度便与电脉冲频率成正比。改变通电频率，即可改变转速，改变电机各相绕组通电的顺序

(即相序),即可改动电动机的转向。如果不改变绕组通电的状态,步进电机还具有自锁能力(即能抵御负载的波动,而保持位置不变),而且从理论上说其步距误差也不会积累。因此步进电机主要用于开环控制系统的进给驱动。42BYGH1.8 步进电机和绕线图如图 11.7 和图 11.8 所示。

图 11.7　42BYGH1.8 步进电机

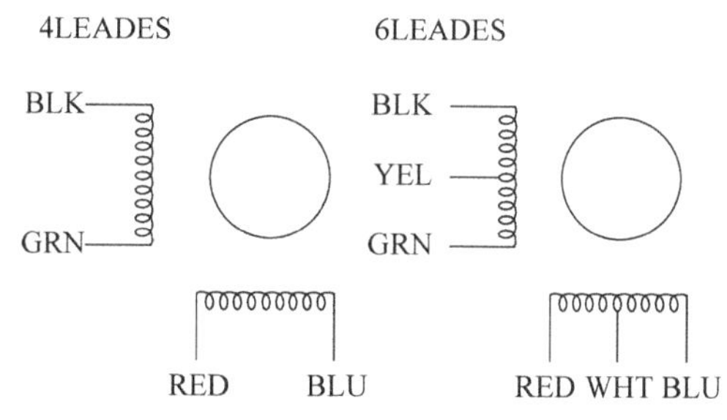


图 11.8　绕线图

(2) 步进电机 42BYGH1.8 说明

步进电机相序表如表 11.1 所示。

表 11.1　步进电机控制相序表

| 相序 | BLK | YEL | RED | GRN | WHT | BLU |
|---|---|---|---|---|---|---|
| A 相 | 1 | 0 | 0 | 0 | 0 | 0 |
| B 相 | 0 | 0 | 1 | 0 | 0 | 0 |
| C 相 | 0 | 0 | 0 | 1 | 0 | 0 |
| D 相 | 0 | 0 | 0 | 0 | 0 | 1 |

当给步进电机以相序 A→B→C→D→A 的循环逻辑电平时,步进电机正传;反之,给 D→C→B→A→D,则反转。

(3) 步进电机 42BYGH1.8 驱动电路

步进电机 42BYGH1.8 驱动电路如图 11.9 和图 11.10 所示。

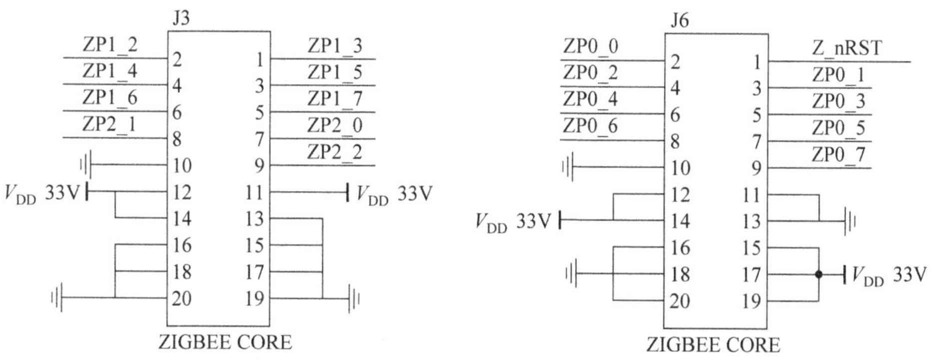


图 11.9　ZigBee Core

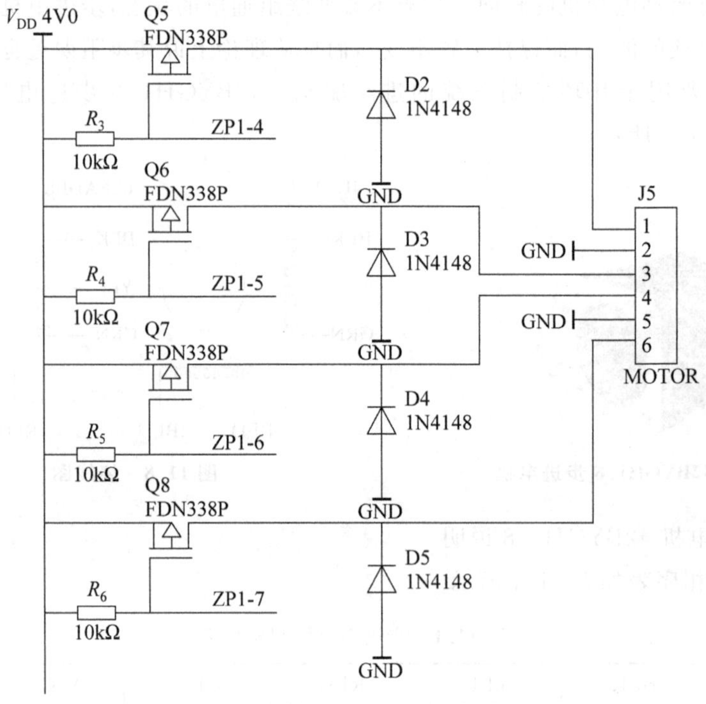


**图 11.10 步进电机驱动电路**

(4) 程序代码

程序代码可从清华大学出版社网站(http://www.tup.tsinghua.edu.cn)下载。

**2. 基于 ZStack 的串口控制程序**

(1) 实现原理

使用 IAR 开发环境设计程序，在 ZStack-1.4.2-1.1.0 协议栈源码例程 SampleApp 工程基础上，实现无线组网及通信，即协调器自动组网，路由或终端节点自动入网，并设计上位机串口数据协议，检测和控制 ZigBee 网络中节点与相关传感器状态。

本系统所用 ZStack 工程中包含了对多种类型传感器模块的处理，包括温湿度、可燃气体、红外对射、光敏、闸机等。其工程兼容博创其他系列产品。

(2) ZigBee(CC2430)模块 LED 硬件接口

ZigBee(CC2430)模块 LED 硬件接口如图 11.11 所示。

ZigBee(CC2430)模块硬件上设计有 2 个 LED 灯，用来编程调试使用，分别连接 CC2430 的 P1_0、P1_1 两个 IO 引脚。从原理图上可以看出，2 个 LED 灯共阳极，当 P1_0、P1_1 引脚为低电平时，LED 灯点亮。

系统的框图如图 11.12 所示。

本系统实现上位机通过串口控制命令，发送数据到 ZigBee 协调器节点，协调器通过无线网络控制和检测远程节点或传感器状态。

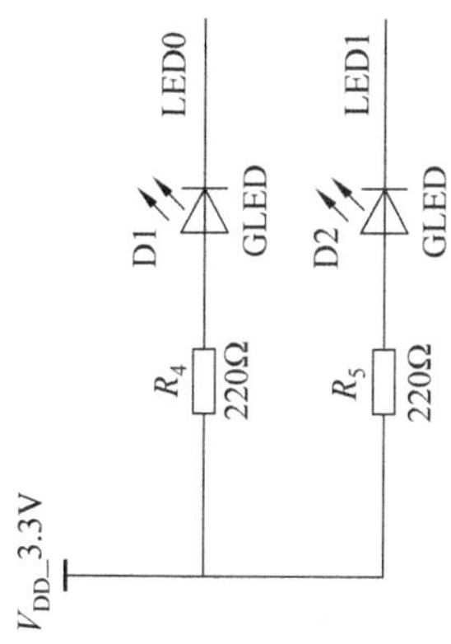


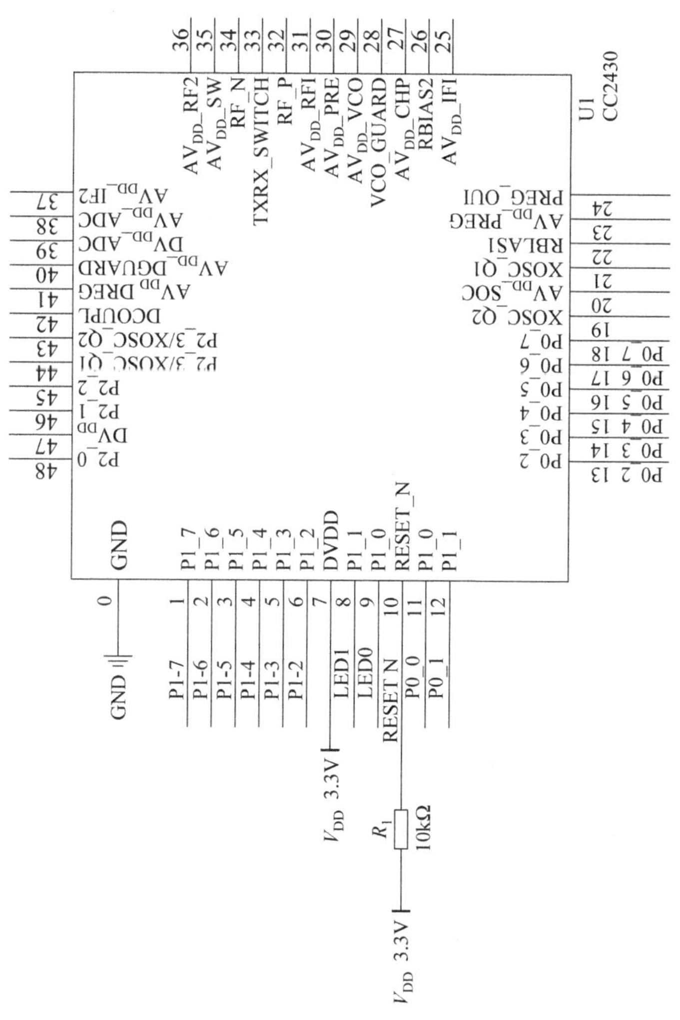


图 11.11 LED 硬件接口

图 11.12 系统框图

(3) SampleApp 简介

TI 的 ZStack-1. 4. 2-1. 1. 0 协议栈中自带了一些演示系统 DEMO,存放在默认安装目录的 C:\Texas Instruments\ZStack-1. 4. 2-1. 1. 0\Projects\zstack\Samples 目录下,本次系统将利用该目录下的 SampleApp 系统工程来实现 ZigBee 模块的自动组网和通信。

SampleApp 系统是协议栈自带的 ZigBee 无线网络自启动(组网)样例,该系统实现的功能主要是协调器自启动(组网),路由或节点设备自动入网。之后两者建立无线通信,数据的发送主要有 2 种方式,一种为周期定时发送信息(本次系统采用该方法测试),另一种需要通过按键事件触发发送 Flash 信息。由于系统配套 ZigBee 模块硬件上与 TI 公司的 ZigBee 样板有差异,因此本次系统没有采用按键触发方式。接下来分析发送 Periodic 信息流程(发送按键事件 Flash 流程略)。

Periodic 消息是通过系统定时器开启并定时广播到 group1 出去的,因此在 SampleApp_ProcessEvent 事件处理函数中有如下定时器代码。

```
case ZDO_STATE_CHANGE:
    SampleApp_NwkState=(devStates_t)(MSGpkt->hdr.status);
    if((SampleApp_NwkState==DEV_ZB_COORD)
        ||(SampleApp_NwkState==DEV_ROUTER)
        ||(SampleApp_NwkState==DEV_END_DEVICE))
    {
      //Start sending the periodic message in a regular interval.
      osal_start_timerEx(SampleApp_TaskID,
                         SAMPLEAPP_SEND_PERIODIC_MSG_EVT,
                         SAMPLEAPP_SEND_PERIODIC_MSG_TIMEOUT);
    }
    else
    {
      //Device is no longer in the network
    }
    break;
```

当设备加入到网络后,其状态就会变化,对所有任务触发 ZDO_STATE_CHANGE 事件,开启一个定时器。当定时时间一到,就触发广播 Periodic 消息事件,触发事件 SAMPLEAPP_SEND_PERIODIC_MSG_EVT,相应任务为 SampleApp_TaskID,于是再次调用 SampleApp_ProcessEvent()处理 SAMPLEAPP_SEND_PERIODIC_MSG_EVT 事件,该事件处理函数调用 SampleApp_SendPeriodicMessage()来发送周期信息。

```
if(events & SAMPLEAPP_SEND_PERIODIC_MSG_EVT)
{
    //Send the periodic message
    SampleApp_SendPeriodicMessage();
```

```
    //Setup to send message again in normal period(+a little jitter)
    osal_start_timerEx(SampleApp_TaskID, SAMPLEAPP_SEND_PERIODIC_MSG_EVT,
      (SAMPLEAPP_SEND_PERIODIC_MSG_TIMEOUT+(osal_rand()& 0x00FF)));
    //return unprocessed events
    return(events ^ SAMPLEAPP_SEND_PERIODIC_MSG_EVT);
}
```

(4) MT 层串口通信

协议栈中将串口通信部分放到了 MT 层的 MT 任务中去处理了，因此在使用串口通信的时候要在编译工程(通常是协调器工程)时在编译选项中加入 MT 层相关任务的支持：MT_TASK、ZTOOL_P1 或 ZAPP_P1。

串口解析上位机串口数据流程如图 11.13 所示。

由于上述处理过程是针对特定输出格式的串口数据，在一般串口终端中无法解析。TI 默认使用的 Z-Tool 工具上位机串口数据格式如图 11.14 所示。

SOP 为一个字节表示起始位，通常设置为 0x02；CMD 为 2 个字节表示命令，如检测软件版本命令 0x0008；LEN 一个字节表示数据长度；DATA 为具体 LEN 长度的数据；FCS 一个字节表示校验位，这里采用异或校验方式。关于 Z-TOOL 工具中使用的串口协议规范，如果用户感兴趣，可以参考协议栈中相关的官方文档。

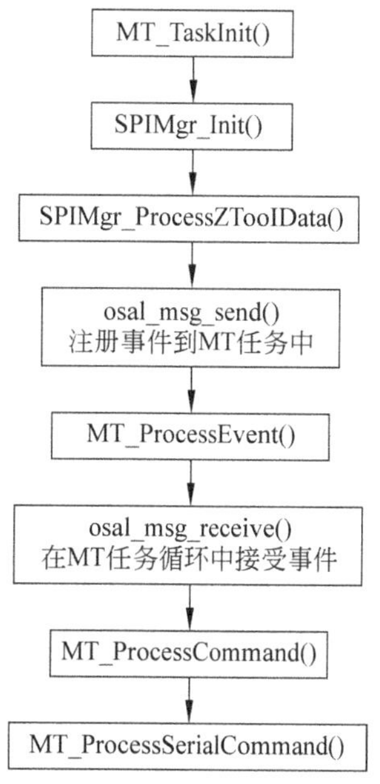


**图 11.13 MT 层任务处理流程**

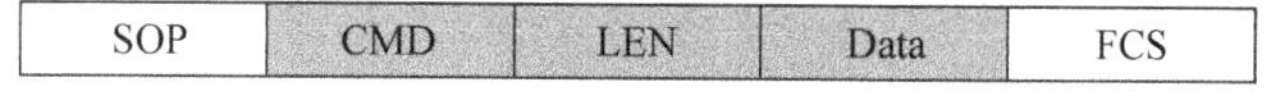


**图 11.14 MT 层串口数据格式**

本工程同样沿用了 TI 官方的串口数据格式，增加了部分应用的测试命令如下。

```
#define SPI_CMD_NWK_CONNECT_REQ              0x0050
#define SPI_CMD_NWK_CONNECT_RSP              0x1050
#define SPI_CMD_GET_NWK_DESP_REQ             0x0051
#define SPI_CMD_GET_NWK_DESP_RSP             0x1051
#define SPI_CMD_GET_NWK_TOPO_REQ             0x0052
#define SPI_CMD_GET_NWK_TOPO_RSP             0x1052
#define SPI_CMD_SET_SENSOR_MODE_REQ          0x0053
#define SPI_CMD_SET_SENSOR_MODE_RSP          0x1053
#define SPI_CMD_GET_SENSOR_STATUS_REQ        0x0054
#define SPI_CMD_GET_SENSOR_STATUS_RSP        0x1054
#define SPI_CMD_SET_SENSOR_STATUS_REQ        0x0055
#define SPI_CMD_SET_SENSOR_STATUS_RSP        0x1055
#define SPI_CMD_GET_DEVINFO_REQ              0x0056
#define SPI_CMD_GET_DEVINFO_RSP              0x1056
#define SPI_CMD_RPT_NODEOUT_REQ              0x0057
#define SPI_CMD_RPT_NODEOUT_RSP              0x1057
```

```
#define SPI_CMD_SET_DEV_TYPE_REQ                        0x0060
#define SPI_CMD_SET_DEV_TYPE_RSP                        0x1060
#define SPI_CMD_SET_SENSOR_TYPE_REQ                     0x0061
#define SPI_CMD_SET_SENSOR_TYPE_RSP                     0x1061
#define SPI_CMD_SET_CHANNEL_REQ                         0x0062
#define SPI_CMD_SET_CHANNEL_RSP                         0x1062
#define SPI_CMD_SET_PANID_REQ                           0x0063
#define SPI_CMD_SET_PANID_RSP                           0x1063
#define SPI_CMD_SET_STARTOPTION_REQ                     0x0064
#define SPI_CMD_SET_STARTOPTION_RSP                     0x1064
#define SPI_CMD_GET_DEV_TYPE_REQ                        0x0065
#define SPI_CMD_GET_DEV_TYPE_RSP                        0x1065
#define SPI_CMD_GET_SENSOR_TYPE_REQ                     0x0066
#define SPI_CMD_GET_SENSOR_TYPE_RSP                     0x1066
#define SPI_CMD_GET_CHANNEL_REQ                         0x0067
#define SPI_CMD_GET_CHANNEL_RSP                         0x1067
#define SPI_CMD_GET_PANID_REQ                           0x0068
#define SPI_CMD_GET_PANID_RSP                           0x1068
#define SPI_CMD_GET_STARTOPTION_REQ                     0x0069
#define SPI_CMD_GET_STARTOPTION_RSP                     0x1069
```

通常用户应用程序中,会使用宏 ZTOOL_P1 来声明使用串口解析函数来处理串口数据。在 SPIMgr_Init()函数中(SPIMgr. c 源文件),初始化定义串口设备时,自定义串口中断回调函数,以便控制串口输出结果。此外协议栈中的 SPIMgr_RegisterTaskID 函数可以帮助用户注册应用层任务到 MT 层,如本试验中使用的宏及串口回调函数如下。

```
void SPIMgr_Init()
{
  halUARTCfg_t uartConfig;
  /* Initialize APP ID */
  App_TaskID=0;
//串口属性配置
  /* UART Configuration */
  uartConfig.configured           =TRUE;
  uartConfig.baudRate             =/*SPI_MGR_DEFAULT_BAUDRATE*/HAL_UART_BR_
                                     115200;          //by sprife
  uartConfig.flowControl          =SPI_MGR_DEFAULT_OVERFLOW;
  uartConfig.flowControlThreshold =SPI_MGR_DEFAULT_THRESHOLD;
  uartConfig.rx.maxBufSize        =SPI_MGR_DEFAULT_MAX_RX_BUFF;
  uartConfig.tx.maxBufSize        =SPI_MGR_DEFAULT_MAX_TX_BUFF;
  uartConfig.idleTimeout          =SPI_MGR_DEFAULT_IDLE_TIMEOUT;
  uartConfig.intEnable            =TRUE;
#if defined(ZTOOL_P1)|| defined(ZTOOL_P2)
//串口回调函数
  uartConfig.callBackFunc         =SPIMgr_ProcessZToolData;
#elif defined(ZAPP_P1)|| defined(ZAPP_P2)
  uartConfig.callBackFunc         =SPIMgr_ProcessZAppData;
#else
```

```
  uartConfig.callBackFunc          =NULL;
#endif
  /* Start UART */
#if defined(SPI_MGR_DEFAULT_PORT)
  HalUARTOpen(SPI_MGR_DEFAULT_PORT, &uartConfig);
#else
  /* Silence IAR compiler warning */
  (void)uartConfig;
#endif
  /* Initialize for ZApp */
#if defined(ZAPP_P1)||defined(ZAPP_P2)
  /* Default max bytes that ZAPP can take */
  SPIMgr_MaxZAppBufLen  =1;
  SPIMgr_ZAppRxStatus  =SPI_MGR_ZAPP_RX_READY;
#endif
}
```

MT 层任务解析上位机串口数据格式后会触发 SPI_INCOMING_ZTOOL_PORT 消息给应用层任务，如本系统中的 SampleApp.c 源文件的 SampleApp_ProcessEvent 事件处理函数中的处理方式。

```
//MT layer send msg to handle
    case SPI_INCOMING_ZTOOL_PORT:    //MT task for uart datas received
        SampleApp_ProcessMTMessage((mtOSALSerialData_t *)MSGpkt);
    break;
```

其中 SampleApp_ProcessMTMessage 函数用来解析从 MT 层串口接收到的数据，控制整个 ZigBee 网络状态。

```
void SampleApp_ProcessMTMessage(mtOSALSerialData_t *msg)
{
    byte *msg_ptr;
    UINT16 cmd;

    msg_ptr=msg->msg;
    cmd=BUILD_UINT16(msg->msg[2], msg->msg[1]);
    //Process the contents of the message
    switch(cmd)
    {
      //上位机串口命令解析处理分支
      case SPI_CMD_NWK_CONNECT_REQ:
        SampleApp_ProcessNwkConnectReq(msg);
        break;

      case SPI_CMD_GET_NWK_DESP_REQ:
        SampleApp_ProcessGetNwkDespReq(msg);
        break;
      case SPI_CMD_GET_NWK_TOPO_REQ:
        SampleApp_ProcessReportOutNode();
```

```
    SampleApp_ProcessGetNwkTopoReq(/*msg*/);
    break;
  case SPI_CMD_SET_SENSOR_MODE_REQ:
    SampleApp_ProcesssSetSensorModeReq(msg);
    break;
  case SPI_CMD_GET_SENSOR_STATUS_REQ:
    SampleApp_ProcessGetSensorStatusReq(msg);
    break;
  case SPI_CMD_SET_SENSOR_STATUS_REQ:
    SampleApp_ProcesssSetSensorStatusReq(msg);
    break;
  case SPI_CMD_GET_DEVINFO_REQ:
    SampleApp_ProcessGetDevInfoReq(msg);
    break;
  //uart cmd for zigbeeconfiger
  //上位机 ZigBee 配置软件命令处理分支
  case SPI_CMD_SET_DEV_TYPE_REQ:
    SampleApp_ProcessSetDevTypeReq(msg);
    break;
  case SPI_CMD_GET_DEV_TYPE_REQ:
    SampleApp_ProcessGetDevTypeReq(msg);
    break;
  case SPI_CMD_SET_SENSOR_TYPE_REQ:
    SampleApp_ProcessSetSensorTypeReq(msg);
    break;
  case SPI_CMD_GET_SENSOR_TYPE_REQ:
    SampleApp_ProcessGetSensorTypeReq(msg);
    break;
  case SPI_CMD_SET_PANID_REQ:
    SampleApp_ProcessSetPanIDReq(msg);
    break;
  case SPI_CMD_GET_PANID_REQ:
    SampleApp_ProcessGetPanIDReq(msg);
    break;
  case SPI_CMD_SET_CHANNEL_REQ:
    SampleApp_ProcessSetChannelListReq(msg);
    break;
  case SPI_CMD_GET_CHANNEL_REQ:
    SampleApp_ProcessGetChannelListReq(msg);
    break;
  case SPI_CMD_SET_STARTOPTION_REQ:
    SampleApp_ProcessSetStartOptionReq(msg);
    break;
  case SPI_CMD_GET_STARTOPTION_REQ:
    SampleApp_ProcessGetStartOptionReq(msg);
    break;

    default:
```

```
            break;
        }
    }
```

由以上串口命令处理函数可知，本工程编译的代码支持不仅支持上位机串口查询检测 ZigBee 网络状态，而且支持 ZigBee 串口配置方法，如设备物理信道、PANID 和设备类型等。

(5) 应用层任务

本系统中应用层任务为 SampleApp 任务，该任务负责 ZigBee 网络的创建和加入控制流程，主要是根据 ZigBee 闪存中网络信息来启动系统。

SampleApp 任务初始化函数如下：

```
void SampleApp_Init(uint8 task_id)
{
    SampleApp_TaskID=task_id;
    SampleApp_NwkState=DEV_INIT;
    SampleApp_TransID=0;
    //检测 NV 信息是否经过配置
    if(CheckStartOption()==0x01){              //如果模块经过上位机串口配置
    //读取 NV 信息中保存的设备类型、传感器类型
        zgDeviceLogicalType=CheckDeviceType();
        gSensorType=CheckSensorType();
    //检测读取 PANID 号、物理信道号
        CheckPanID();
        CheckChanelList();
    //启动 ZigBee 网络或加入 ZigBee 网络
        ZDOInitDevice(0);
    }

    //Fill out the endpoint description.
    SampleApp_epDesc.endPoint=SAMPLEAPP_ENDPOINT;
    SampleApp_epDesc.task_id=&SampleApp_TaskID;
    SampleApp_epDesc.simpleDesc
        =(SimpleDescriptionFormat_t *)&SampleApp_SimpleDesc;
    SampleApp_epDesc.latencyReq=noLatencyReqs;
    //Register the endpoint description with the AF
    afRegister(&SampleApp_epDesc);
    //Register for all key events-This app will handle all key events
    //RegisterForKeys(SampleApp_TaskID);

    gSensorMode=0x01;
    gIntFlag=0x00;
    gInt2Flag=0x00;
    HalUARTWrite(0, "\rStart On.\r", 11);
}
```

上述 SampleApp 任务初始化函数表明，系统启动后会默认读取 NV 信息，如果模块中的 NV 信息被上位机软件(ZigBeeConfiger)正确配置过，则启动 ZigBee 网络，否则模块

不启动，两个 LED 等循环闪烁等待配置。程序的 DemoEB 工程选择如图 11.15 所示。

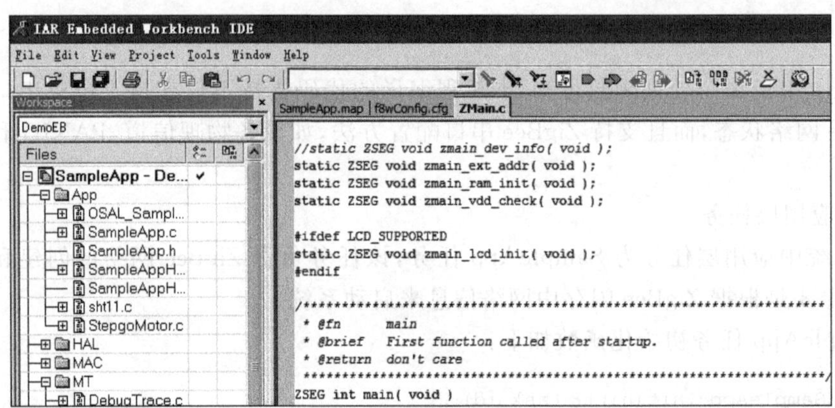

图 11.15 工程模板的选择

(6) 分别下载上面编译好的程序到 ZigBee 模块

图 11.15 所示的 DemoEB 工程编译后选择 debug 即可下载至模块中，进入 debug 模式后单击 run 按钮运行工程，方可运行软件。

正常情况下运行程序，ZigBee 模块的绿色 LED 灯会闪烁，表示需要烧写有效的 IEEE 地址。使用 SmartRF04Prog. exe 软件即可烧写 IEEE 地址。使用 SmartRF04Prog. exe 软件前确保 IAR 工程推出 debug 模式，否则仿真器无法工作。

之后使用 ZigBeeConfiger. exe 软件对 ZigBee 设备进行配置。连接 PC 串口至 ZigBee 目标模块，即可进行具体的配置。其中同一个 ZigBee 网络保证物理信道和 PANID 号相同且不与其他 ZigBee 网络冲突，设备类型和传感器类型根据具体硬件连接设定即可。

(7) 启动设备测试

首先启动协调器模块，建立网络成功后 LED2 点亮，再启动路由节点 ZigBee 模块，入网成功后该模块的 LED2 也点亮。网络组建成功后，通过将 PC 串口线接到 ZigBee 协调器调模块对应的串口上，打开串口终端软件，设置波特率为 115200，即可在串口终端中输入程序中指定的串口命令控制协调器模块。协调器通过串口接收到命令后，无线控制远程节点状态。

例如发送命令 0x0052，表示查看 ZigBee 网络拓扑节点信息命令（十六进制）。

发送：

```
02 00 52 00 52
```

接收：

02 10 52 13 数据长度（1 字节） 短地址（2 字节） 物理地址（8 字节） 网络深度（1 字节） 设备类型（1 字节） 父节点短地址（2 字节） 传感器类型（1 字节） 传感器数据 （4 字节）校验（1 字节）

**注：**其他串口数据命令反馈数据格式请参考具体工程代码。

### 3. RFID 读卡程序

(1) RFID 技术简介

RFID 是 Radio Frequency Identification 的缩写，即射频识别，俗称电子标签。RFID 射频识别是一种非接触式的自动识别技术，它通过射频信号自动识别目标对象并获取相关数据，识别工作无须人工干预，可工作于各种恶劣环境。RFID 技术可识别高速运动物体并可同时识别多个标签，操作快捷方便。

① RFID 的基本组成。RFID 主要由标签、阅读器、天线等部分组成。

标签(Tag)：由耦合元件及芯片组成，每个标签具有唯一的电子编码，附着在物体上标识目标对象。

阅读器(Reader)：读取(有时还可以写入)标签信息的设备，可设计为手持式或固定式。

天线(Antenna)：在标签和读取器间传递射频信号。

② RFID 技术的基本工作原理。RFID 技术的基本工作原理是标签进入磁场后，接收解读器发出的射频信号，凭借感应电流所获得的能量发送出存储在芯片中的产品信息(Passive Tag，无源标签或被动标签)，或者主动发送某一频率的信号(Active Tag，有源标签或主动标签)；解读器读取信息并解码后，送至中央信息系统进行有关数据处理。

一套完整的 RFID 系统，由阅读器(Reader)与电子标签(TAG)也就是所谓的应答器(Transponder)及应用软件系统 3 个部分所组成，其工作原理是 Reader 发射一特定频率的无线电波能量给 Transponder，用以驱动 Transponder 电路将内部的数据送出，此时 Reader 便依序接收解读数据，送给应用程序做相应的处理。

以 RFID 卡片阅读器及电子标签之间的通信及能量感应方式来看大致上可以分成，感应耦合(Inductive Coupling) 及后向散射耦合(Backscatter Coupling)两种，一般低频的 RFID 大都采用第一种方式，而较高频大多采用第二种方式。

阅读器根据使用的结构和技术不同可以是读或读/写装置，是 RFID 系统信息控制和处理中心。阅读器通常由耦合模块、收发模块、控制模块和接口单元组成。阅读器和应答器之间一般采用半双工通信方式进行信息交换，同时阅读器通过耦合给无源应答器提供能量和时序。在实际应用中，可进一步通过 Ethernet 或 WLAN 等实现对物体识别信息的采集、处理及远程传送等管理功能。应答器是 RFID 系统的信息载体，目前应答器大多是由耦合元件(线圈、微带天线等)和微芯片组成的无源单元。

(2) UHF 读写器模块

本系统采用的读写器是结构完整、功能齐全的 915M 的 RFID 读写器，它含有射频(RF)模块、Wi-Fi 模块、数字信号处理、输入/输出端口和串行通信接口，具备读写器同步功能，是多协议 UHF 读写器，支持 ISO 18000-6B 和 EPC 协议国际标准，能读写 UCODE、TI、Alian 等标签，本系统采用的是 EPC 协议国际标准标签。可以通过更换外界不同增益的天线(最多 2 个)，扩展读卡有效范围，降低用户硬件成本。

可通过串口、网口进行通信。本系统采用网络通信的方式，读写器出厂默认 IP 为 192.168.0.178，端口号是 4001。其通信协议采用如图 11.16 所示的层次结构，包括物理层、数据链路层和应用层。

| 应用层 |
|---|
| 数据链路层 |
| 物理层 |

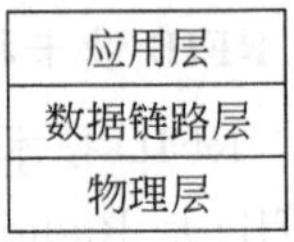

图 11.16 通信协议结构图

① 通信协议——物理层。物理层完成信号的比特数据发送与接收，物理层应符合 RS-232 规范要求。具体设计要求如下：

1 位起始位 8 位数据位 1 位停止位 无奇偶校验

通信波特率设计为 9600bps、19200bps、38400bps、57600bps、115200bps 可选。读写器上电或复位后初始波特率为 9600bps，可由 PC 发送命令改变读写器通信波特率。当 PC 与读写器传输发生错误时，读写器波特率回复为 9600bps。

② 通信协议——数据链路层。数据链路层具体规定命令和响应帧的类型和数据格式。帧类型分为命令帧、响应帧、读写器命令完成响应帧。

命令帧格式定义如下。

| Packet Type | Station Num | Length | Command Code | Command Data | … | Command Data | Command Data | Checksum |
|---|---|---|---|---|---|---|---|---|
| 0xA5 | 0xFF | $n+2$ | 1 byte | Byte 1 | | Byte $n-1$ | Byte $n$ | cc |

命令帧是主机操作读写器的数据帧，其含义如下。

a. Packet Type 是包类型域，命令帧包类型固定为 0xA5。

b. Station Num 是站地址域，在总线网络中，表明读写器的唯一身份。0xFF 代表任意站，0x00 代表广播地址，0x01～0xFE 代表可独立寻址的站。

c. Length 是包长域，表示 Length 域后帧中字节数。

d. Command Code 是命令码域。

e. Command Data 是命令帧中的参数域。

f. Checksum 是校验和域，规定校验范围是从包类型域到参数域最后一个字节为止所有字节的校验和，Station Num 不参与计算校验和。读写器接收到命令帧后需要计算校验和来检错。

为了说明这一算法，本书以读写器单卡识别 EPC 标签的命令为例，读写器识别单标签命令帧如下。

| Packet Type | Station Num | Length | Command Code | Command Data | Checksum |
|---|---|---|---|---|---|
| 0xA5 | 0xFF | 3 | 0x92 | 04 | cc |

计算单卡识别 EPC 标签时的 CheckSum：

$$A5 + 03 + 92 + 04 + cc = 0$$

$$cc = 0 - A5 - 03 - 92 - 04 = C2$$

因此，单卡识别 EPC 标签的命令为：A5 FF 03 92 04 C2。

响应帧格式定义如下。

| Packet Type | Station Num | Length | Response Code | Response Data | … | Response Data | Response Data | Checksum |
|---|---|---|---|---|---|---|---|---|
| 0xE5 | 0xFF | $n+2$ | 1 byte | Byte 1 | | Byte $n-1$ | Byte $n$ | cc |

响应帧是读写器返回给主机的数据帧，响应帧包含了读写器需要采集的数据，其含义如下。

a. Packet Type 是包类型域，响应帧包类型固定为 0xE5。

b. Station Num 是站地址域，在总线网络中，表明读写器的唯一身份。

c. Length 是包长域，表示 Length 域后帧中字节数。

d. Response Code 是响应码域，取值为所响应的命令帧的命令码。

e. Response Data 是响应帧中的参数域。

f. Checksum 是校验和域，规定校验范围是从包类型域到参数域最后一个字节为止所有字节的校验和。PC 接收到命令帧后需要计算校验和来检错。

读写器命令完成响应帧格式定义如下。

| Packet Type | Station Num | Length | Command Code | Status | Checksum |
|---|---|---|---|---|---|
| 0xE9 | 0xFF | 0x03 | 1 byte | 1 Byte | cc |

读写器命令完成响应帧是一种固定长度的数据帧，其含义如下。

a. Packet Type 是包类型域，命令帧包类型固定为 0xE9。

b. Station Num 是站地址域，在总线网络中，表明读写器的唯一身份。

c. Length 是包长域，表示 Length 域后帧中字节数，固定为 0x03。

d. Command Code 是命令码域。

e. Status 是状态域。

f. Checksum 是校验和域，规定校验范围是从包类型域到参数域最后一个字节为止所有字节的校验和。读写器接收到命令帧后需要计算校验和来检错。

③ 主要协议。UHF 读写器支持多种协议，主要包括：获取及设置读卡器参数、升级类协议、ID 匹配类协议、天线设置类协议、功率设置协议、读卡及写卡协议等。

本 IOT-ETC 系统，主要用到多通道读卡协议及读取 ID 数据命令帧协议，Multiple Tag Identify(Extension)协议如下。

| Length | Command Code | Command Data | Checksum |
|---|---|---|---|
| 3 | 0xC2 | Tag Type | cc |

读写器识别多天线口多标签命令帧(天线循环功能 4 个天线可以一起读卡)。Tag Type 为需要识别的标签类型。

Tag Type 定义如下。

a. 0x01：ISO 18000-B 标签；ISO 18000-6B 标签 ID 长度为 8 字节。

b. 0x04：EPC Class 1 Gen 2 标签；EPC 码长度 12 字节、TID 长度 8 字节。

读写器收到此命令帧后，依次识别每个天线口标签 ID，正确识别 ID 后返回响应帧，否则返回命令完成帧。

此命令只适用于多通道读写器，对于一体化读写器该命令帧无效。

对于 ISO 18000-6B 标签，响应帧格式如下。

| Length | Response Code | Response Data | Response Data | Response Data | Checksum |
|---|---|---|---|---|---|
| 9 * n+4 | 0xC2 | Tag Type | ID Count | n * (1+8 ID) | cc |

其中,Tag Type 为标签类型,ID Count 为识别的标签数,ID 为识别的 ID 码。

对于 ISO 18000-6B 标签,ID 为标签的 8 字节 ID 码;对于 EPC 标签,ID 为标签的 12 字节 EPC 码。

特别注意,此命令低版本只对 Tag Type 为 1 和 4 有效,读取不到卡返回 E9 00 03 C2 05 4D,如读到一个卡号返回 E5 00 03 C2 01 55;此命令配合 GET ID BUF 使用,通过 GET ID BUF 获得存储到缓冲区当中的卡的数据。

GET ID BUF 协议如下。

| Length | Command Code | Command Data | Command Data | Checksum |
|---|---|---|---|---|
| 0x04 | 0x61 | Operation Type | Id Counts | cc |

读取 ID 数据命令帧,其中:

a. Operation Type 为操作类型,01 代表读取标签数据。

b. Id Counts 为期望读取的标签数目。

读写器接收此命令帧后,返回命令响应帧,命令响应帧格式如下。

| Length | Response Code | Response Data | Response Data | Response Data | Response Data | Checksum |
|---|---|---|---|---|---|---|
| 10 * n+5 | 0x61 | Operation Type | n IDs | More Id | ID Data 10 Bytes | cc |

其中:

a. Length 为长度字节。

b. Operation Type 为操作类型,01 代表返回标签数据。

c. n IDs 代表此响应帧中 ID 数目。

d. More Id 代表是否还有标签数据,为 1 代表有 ID 数据,为 0 代表没有标签数据。

e. ID Data 为标签数据,共 10 字节,第一字节为标签类型,1 代表 ISO 18000-6B 标签;第 2 字节代表天线编号,分别取值为 1~4;第 3~10 字节为标签的 UID。

例如,读取一个数据命令为 A5 FF 04 61 01 01 f4,若没有数据返回 E5 00 05 61 01 00 00 B4,若有数据返回 E5 00 13 61 01 01 00 04 02 01 97 00 00 00 00 00 00 00 00 00 00 07。

以上只是简单列出,可通过查看读卡器《读写器通信协议设计说明书》获得更详细协议信息。

(3) 关键代码分析

① 建立连接。

函数接口:int GetConnect(char * ipaddr,int port);

功能:建立到读卡器、服务器的连接。

参数:ipaddr 为服务器地址,port 为端口号(默认为 4001)。

返回值:连接成功返回 int 型 soketfd,连接错误返回-1。

② 双通道读卡函数。

函数接口：int MultipleTagIdentify(int fd, unsigned int TagType, unsigned char **pInIdBuff, unsigned char **pOutIdBuff)；

功能：获得出入口读到的卡号。

参数：fd 为连接 socket，TagType：1 为 ISO18000 标签，4 为获取 gen 标签的 EPC 值，对 6 在此版本中不支持；返回正确时，**pInIdBuff 为指向入口（通道 1）的卡号（12 * sizeof(unsigned char)个），**pOutIdBuff 为指向出口（通道 2）的卡号（12 * sizeof(unsigned char)个），未读到卡返回 NULL。

返回值：正常为 0，网络连接阻塞时返回 −1，系统出现错误时返回 −2。

此函数实现：首先发送多通道读卡命令，然后接收并判断相应返回值的校验位等，若正确读到卡号，则发送 get ID Buff 命令，然后接收，校验后根据相应的通道号将 ID 号复制到相应的缓存位置。

**4. 智能泊车系统 GUI 综合程序**

(1) 实现原理

物联网 IPA 系统控制器部分界面采用 Qt 跨平台的 GUI 设计方法，对系统中的 RFID 读卡模块、ZigBee 无线传感器模块、摄像头模块等进行本地的界面显示和控制。

(2) 系统总体流程图

系统总体流程图如图 11.17 所示。

本程序主要使用了 3 个线程对程序进行控制和检测，其中一个线程为 Linux 串口线程，负责 ZigBee 网络设备节点链表及传感器信息的维护；另外 2 个线程为 Qt 的线程分别负责 RFID 模块读卡和 ZigBee 设备与上层界面的联系。

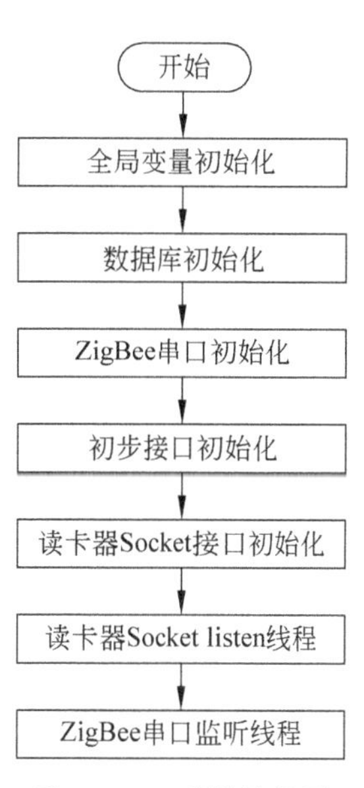


**图 11.17 系统流程图**

(3) RFID 线程

RFID 线程负责读卡与整个系统联动控制，流程图如图 11.18 所示。

主要线程代码详见光盘。

(4) ZigBee 线程

ZigBee Qt 线程负责使用串口相关命令获取 ZigBee 设备链表节点信息，提供给其他线程或结盟线程服务。

主要代码如下。

```
//ZigBee Qt 线程处理函数
void ZigBeeMonitorThread::run()
{
  qDebug()<<"Start ZigBee Monitor Thread.";
  while(!pParent->bZigBeeStopRunning){
    usleep(3000000);
    thread_mutex.tryLock();
    qDebug()<<" Execute ZigBee Monitor Thread.";
```

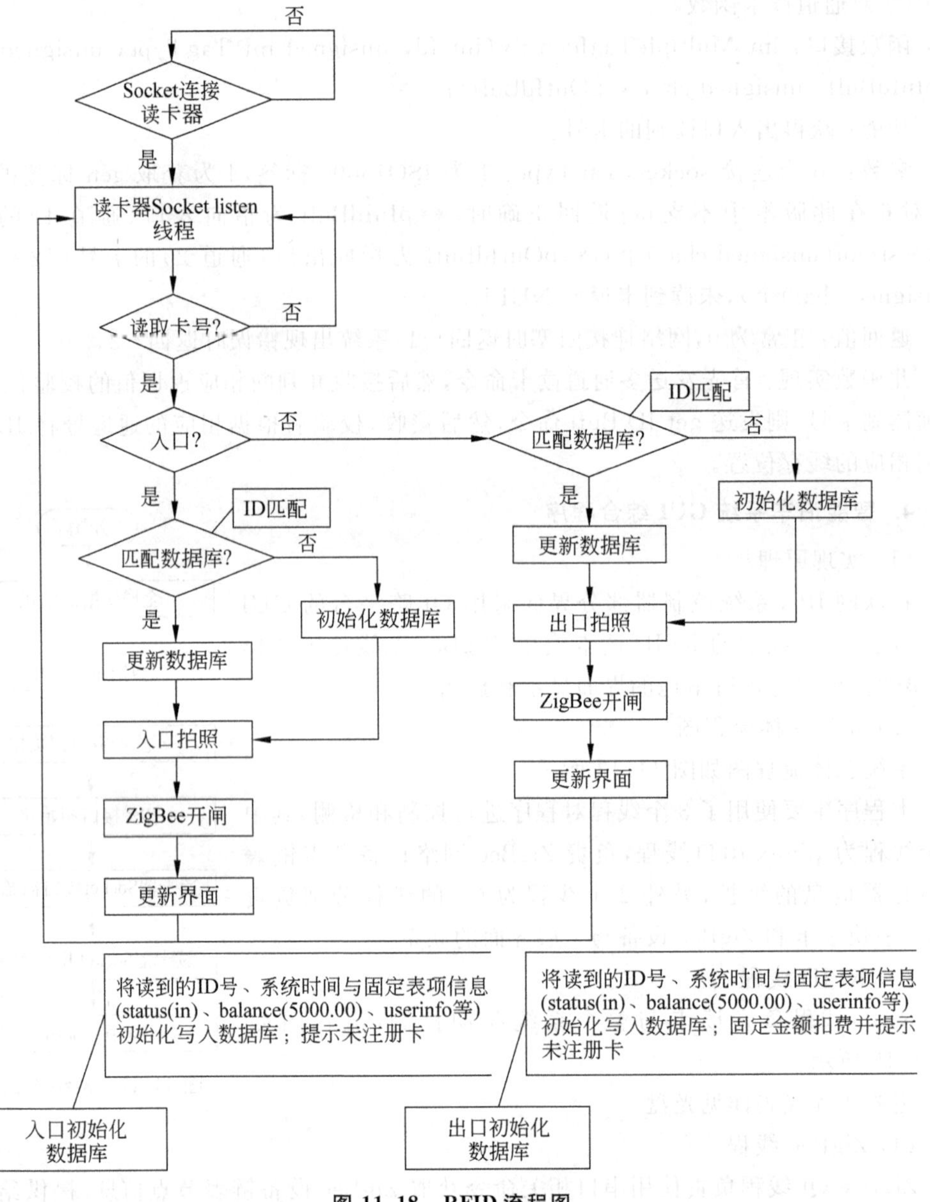


图 11.18 RFID 流程图

```
pNodeInfo pNodeHeader=GetZigBeeNwkTopo();        //获取 ZigBee 网络设备节点维护链表信息
if(pNodeHeader==NULL){
  qDebug()<<"No NodeInfo Is Find.";
}
else{                                            //变量 ZigBee 设备链表
  while(pNodeHeader){                            //变量传感器类型分支处理
    switch(pNodeHeader->devinfo->sensortype){
      //machine
      case MACHINEENTRY:                         //入口闸机处理
        if((pNodeHeader->devinfo->status==0x01)&&(EntryFlag==0x00)){
```

```
    EntryFlag=0x01;
    qDebug()<<"SIGNAL: EntryMachineStatusToggleEvent(1)";
    emit EntryMachineStatusToggleEvent(1);
  }
  else if((pNodeHeader->devinfo->status==0x00)&&(EntryFlag==
  0x01)){
    EntryFlag=0x00;
    qDebug()<<"SIGNAL: EntryMachineStatusToggleEvent(0)";
    emit EntryMachineStatusToggleEvent(0);
  }
break;
case MACHINEEXIT:                                    //出口闸机处理
  if((pNodeHeader->devinfo->status==0x01)&&(ExitFlag==0x00)){
    ExitFlag=0x01;
    qDebug()<<"SIGNAL: ExitMachineStatusToggleEvent(1)";
    emit ExitMachineStatusToggleEvent(1);
  }
  else if((pNodeHeader->devinfo->status==0x00)&&(EntryFlag==
  0x01)){
    ExitFlag=0x00;
    qDebug()<<"SIGNAL: ExitMachineStatusToggleEvent(0)";
    emit ExitMachineStatusToggleEvent(0);
  }
  break;
  //相应停车位信息处理
case PARKING1:
  if((pNodeHeader->devinfo->status==0x01)){          //设备在线
    qDebug()<<"PARKING1 is ONLINE.";
    if(Park1Flag==0x00){
      Park1Flag=0x01;
      qDebug()<<"SIGNAL: ParkingInfoStatusToggleEvent(PARKING1, 1)";
      emit ParkingInfoStatusToggleEvent(PARKING1, 1);
    }
    if(pNodeHeader->devinfo->sensorvalue==0x01){          //空车位
      qDebug()<<"PARKING1:SensorValue==0x01.";
      //if(Park1ValueFlag==0){
        Park1ValueFlag=1;
        gIntLock=0x00;                  //should be put into slots function
        qDebug()<<"SIGNAL: ParkingSqliteInfoStatusToggleEvent(PARKING1,
        0)";
        emit ParkingSqliteInfoStatusToggleEvent(PARKING1, 0);
      //}
    }
    else if(pNodeHeader->devinfo->sensorvalue==0x00){   //有车
      qDebug()<<"PARKING1:SensorValue==0x00.";
      //if(Park1ValueFlag==1){
        Park1ValueFlag=0;
        gIntLock=0x00;                  //should be put into slots function
        qDebug()<<"SIGNAL: ParkingSqliteInfoStatusToggleEvent
```

```
                (PARKING1, 1)";
                emit ParkingSqliteInfoStatusToggleEvent(PARKING1, 1);
              //}
            }
          }
          else if((pNodeHeader->devinfo->status==0x00)){ //设备掉线
            qDebug()<<"PARKING1 is OUTLINE.";
            if(Park1Flag==0x01){
              Park1Flag=0x00;
              qDebug()<<"SIGNAL: ParkingInfoStatusToggleEvent(PARKING1, 0)";
              emit ParkingInfoStatusToggleEvent(PARKING1, 0);
            }
          }
          break;
          //省略部分代码
        default:
          break;
      }
      pNodeHeader=pNodeHeader->next;                          //下个 ZigBee 节点
    }                                                         //while
  }                                                           //pNodeHeader !=NULL
  thread_mutex.unlock();
 }
}
```

(5) ZigBee 设备链表维护线程

ZigBee 网络中节点维护是使用链表的方式，通过串口指定的命令格式来获取协调器设备传递的网络节点信息，关于 ZigBee 支持的串口命令具体见 ZigBee 部分相关系统文档。

主要代码如下。

```
//ZigBee 串口监听线程，负责网络节点及传感器信息链表的维护
void* ComRevPthread(void * data)
{
    struct timeval tv;
    fd_set rfds;
    tv.tv_sec=15;
    tv.tv_usec=0;
    int nread;
    int i,j,ret,datalen;
    unsigned char buff[BUFSIZE]={0,};
    unsigned char databuf[BUFSIZE]={0,};
    ret=0;
    printf("read zb modem\n");
    while(STOP==false)
    {
      printf("zb phread wait...\n");
      tv.tv_sec=15;
      tv.tv_usec=0;
```

```
//tv.tv_sec=0;
//tv.tv_usec=500;
FD_ZERO(&rfds);
FD_SET(zb_fd, &rfds);
//监听 ZigBee 串口信息
ret=select(1+zb_fd, &rfds, NULL, NULL, &tv);
//if(select(1+fd, &rfds, NULL, NULL, &tv)>0)
if(ret>0)
{
    printf("zb select wait...\n");
    if(FD_ISSET(zb_fd, &rfds))
    {
        gNwkStatusFlag=0x01;        //any data of uart can flag it's status.
        nread=tty_read(zb_fd,buff, 1);                    //读取串口数据
        printf("readlen=%d\n", nread);
        buff[nread]='\0';
        printf("0x%x\n",buff[0]);

        //串口数据格式解析
        if(buff[0]==0x02){                                //SOP 格式起始位
        i=0;
        databuf[i]=buff[0];
        i++;
        nread=tty_read(zb_fd,buff, 2);
        printf("readlen=%d\n", nread);
        databuf[i]=buff[0];
        i++;
        databuf[i]=buff[1];
        i++;
        printf("%x",buff[0]);
        printf("%x",buff[1]);
        printf("\n");
        gCmdValidFlag=CMD_CalcFCS(buff, 2);
        if(gCmdValidFlag==1){                             //有效串口格式
          printf("cmd is valid\n");
        nread=tty_read(zb_fd,buff, 1);
        printf("readlen=%d\n", nread);
        databuf[i]=buff[0];
        datalen=buff[0];
        printf("datalen=%x\n",datalen);
        i++;
        if(datalen!=0){
          nread=tty_read(zb_fd,buff, datalen);
          printf("readlen=%d\n", nread);
          for(j=0;j<nread;j++,i++){
          databuf[i]=buff[j];
        }
    }
   nread=tty_read(zb_fd,buff, 1);
```

```
            printf("readlen=%d\n", nread);
            printf("rCalcFcs:%x\n",buff[0]);
            databuf[datalen+1+2+1]=Data_CalcFCS(databuf+1, datalen+3);  //计算校验位
            printf("cCalcFcs:%x\n",databuf[datalen+1+2+1]);
            if(databuf[datalen+1+2+1]==buff[0]){                          //校验正确
              printf("CalcFcs OK\n");
              gFrameValidFlag=0x01;
              gNwkStatusFlag=0x01;                          //recover the coord's status.
            }
            else{
              gFrameValidFlag=0x0;
              continue;
            }
            printf("\nZIGBEE COM REV DATA:");
            for(j=0;j<(datalen+1+2+1+1);j++){
              printf("%-4x",databuf[j]);
            }
              printf("\n");
              if(gFrameValidFlag==0x01){
              //串口数据格式解析处理函数
              Data_PackageParser(databuf, datalen+1+2+1);
              }
            }
          }
          //#endif
      }
      else{
          printf("not tty zb_fd.\n");
          }
      }
      else if(ret==0){
          printf("zb read wait timeout!!!\n");
          gNwkStatusFlag=0x00;
          DeviceNodeDestory();                                   //删除设备链表
      }
      else{                                                      //ret<0
          printf("zb select error.\n");
          //perror(ret);
            }
      }
      printf("exit from reading zb com\n");
      return NULL;
}
```

(6) SQLite数据库

系统中分别使用2个SQLite数据库对RFID读卡的信息进行逻辑判断和信息处理，其中存储了ID卡的相关信息，如ID号、状态、时间、车辆及车主信息等。另外一个数据库用来保存停车位信息及预约状态。

主要代码如下。

```
//初始化 ID 标签卡数据库条目函数
int SqliteInitEtcItems(QSqlDatabase * db)
{
    sql_mutex.tryLock();
    if(!db->open())
    {
        qDebug()<<"SQLite Connect Failed.";
        sql_mutex.unlock();
        return-1;
    }
    QSqlQuery query(* db);
    query.exec(QObject::tr("create table etcinfo(id varchar primary key, status
        varchar, intime varchar, outtime varchar, outlay double, balance double,
        carstyle varchar, carnumber varchar, userinfo vchar)"));
    query.exec(QObject::tr("insert into etcinfo values('123456789abccba987654321',
        'in', '2010-01-01T00:00:00', '2010-01-01T01:00:00', 1000.70, '50000.00',
        '奔驰', '京 L66431', '李国权')"));
    query.exec(QObject::tr("insert into etcinfo values('123456789ab00ba987654321',
        'in', '2011-01-01T00:00:00', '2010-01-01T01:00:00', 1250.30, '50000.00',
        '宝马', '辽 C99822', '万中正')"));
    query.clear();
    db->close();
    sql_mutex.unlock();
    return 0;
}
//初始化停车位信息及预约状态数据库
int SqliteInitIpaItems(QSqlDatabase * db)
{
    sql_mutex.tryLock();
    if(!db->open())
    {
        qDebug()<<"SQLite Connect Failed.";
        sql_mutex.unlock();
        return-1;
    }
    QSqlQuery query(* db);
    query.exec(QObject::tr("create table ipainfo(id varchar primary key, entry
        int, exit int, park1 int, park1status int, park1check int, park2 int,
        park2status int, park2check int, park3 int, park3status int, park3check
        int, park4 int, park4status int, park4check int, park5 int, park5status
        int, park5check int, park6 int, park6status int, park6check int)"));
    query.exec(QObject::tr("insert into ipainfo values('ipa', 0, 0, 0, 0, 0, 0, 0,
        0, 0, 0, 0, 0, 0, 0, 0, 0, 0, 0, 0)"));
    query.clear();
    db->close();
    sql_mutex.unlock();
    return 0;
}
```

**5. Android 服务器**

本系统完成一个简单的 Server 服务器。Server 实现的功能,从数据库读取停车位的状态信息,为客户端提空车位查询、预约车位、查找车位、短信确认等功能服务。

(1) 多线程实现 Server 服务器

服务器采用 C/S 方式,能够解决多客户端的问题,主要采用多线程、多进程来实现,由于进程占用资源较大,所以采用多线程实现客户端,服务器为每一个客户端连接启动一个线程,进行通信然后断开连接,销毁线程。

```
while(1)
{
newfd=accept(sockfd,NULL,NULL);                //监听网络端口
if(newfd<0)
{
    printf("accept error\n");
    exit(4);
}
//为每一个请求创建一个线程为其服务
ret=pthread_create(&read_tid,NULL,read_socket,(void*)newfd);
if(ret!=0)
    printf("can't create thread 1 %s\n",strerror(ret));
    else
    printf("connect socket\n");
}
```

(2) SQLite3 数据库的使用

SQLite 是一种嵌入式数据库。它实现了对外部程序库以及操作系统的最低要求,这使得它非常适合应用于嵌入式设备,同时,可以应用于一些稳定的、很少修改配置的应用程序中。SQLite 是使用 ANSI-C 开发的,可以使用任何的标准 C 编译器来进行编译。SQLite 能够运行在 Windows/Linux/Unix 等各种操作系统,SQLite 占用资源更少,处理速度更快,使 SQLite 在嵌入式设备的应用较为常见。

SQLite 数据库 C 语言编程常用 API 接口。

① 数据库的创建。

```
int sqlite3_open(const char *filename,       /* 数据库的文件名称 */
sqlite3 **ppDb                               /* 数据库操作句柄 */
);
```

② 解析 SQL 语句。

```
int sqlite3_prepare(
  sqlite3 *db,                               //sqlite3 * 类型变量
  const char *zSql,                          //一个 SQL 语句
  int nBytes,                                //SQL 语句的长度
  sqlite3_stmt **ppStmt,    //sqlite3_stmt 指针的指针,解析以后的 SQL 语句放在这个结构里
  const char **pzTail                        //没有用,设为 0
);
```

③ 执行 SQL 语句。

```
int  sqlite3_exec(sqlite3 * db,  //使用 sqlite3_open()打开的数据库对象
      const char * sql,           //一条待查询的 SQL 语句
      sqlite3_callback,       //自定义的回调函数,对查询结果每一行都执行一次这个函数
      void * ,                //是调用者所提供的指针,这个参数最终会传到回调函数里面
      char * * errmsg             //是错误信息
);
```

④ 释放分配的内容。

```
int sqlite3_finalize(sqlite3_stmt * pStmt);
```

⑤ 常用的 SQL 语句。

创建数据库表项:

```
CREATE TABLE sqlite_master(
      type TEXT,
      name TEXT,
      tbl_name TEXT,
      rootpage INTEGER,
      sql TEXT
);
```

插入数据库表项:

```
INSERT INTO sqlite_master VALUES(type TEXT,
      name TEXT,
      tbl_name TEXT,
      rootpage INTEGER,
      sql TEXT);
```

查找数据库表项:

```
SELECT * FROM sqlite_master WHERE name="xx";
```

更新数据库表项:

```
UPDATE NAME SET address=new.address WHERE customer_name=old.name;
```

(3) 数据通信协议或数据格式

数据通信协议指基于 TCP 网络协议而自定义的一种协议。

① 请求数据包:

| cmd | id | tel num | 验证码 | 结束符 |
|---|---|---|---|---|

② 发送数据包:

| cmd | id | status | 结束符 |
|---|---|---|---|

| cmd | 错误码 | 结束符 |
|---|---|---|

CMD 定义：

```
#define SEARCH_SPACE  '1'          //查找空车位
#define APOINT_PARK   '2'          //预约车位
#define SEARCH_PARK   '3'          //查找预约车位
#define LOGIN         '6'          //登录
#define APIONT_ERROR  '4'          //预约失败
#define SEARCH_ERROR  '5'          //查找失败
```

③ id 定义：车位的索引。

④ 错误码：失败错误信息。

⑤ 验证码：预约车位的 6 位数字验证码。

⑥ status：当前停车位的状态信息。

(4) 流程图

① 主线程流程图。主线程流程图如图 11.19 所示。

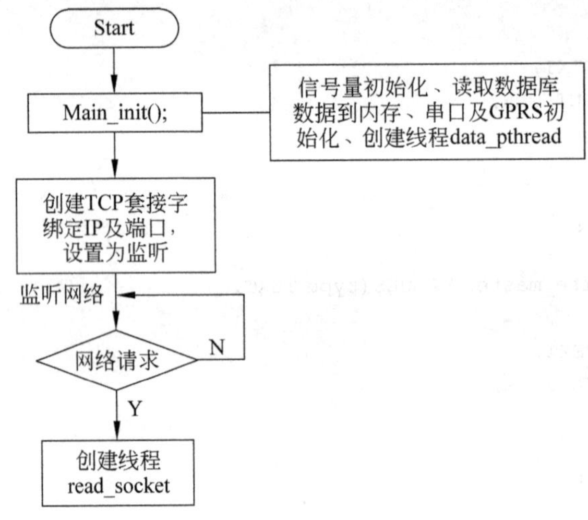


**图 11.19 主线程流程图**

② 数据库处理线程流程图。数据库处理线程流程图如图 11.20 所示。

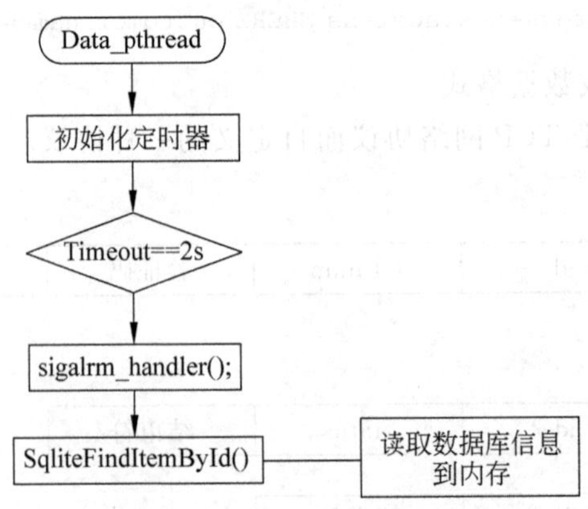


**图 11.20 数据库处理线程流程图**

③ 网络通信线程流程图。网络通信线程流程图如图 11.21 所示。

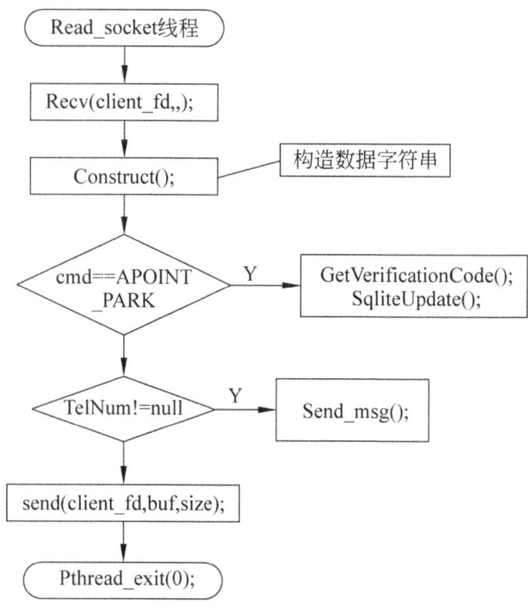


图 11.21　网络通信线程流程图

**6. Android 客户端**

(1) 实现原理

本例介绍 Android SDK 开发的步骤，智能泊车客户端软件的实现原理，并对 Android View 布局、intent 对象的使用及调用另一个 Activity 作简单介绍，对各种控件的使用方法，如 VideoView、TextView、EditText、AlertDialog、ProgressDialog 等，以及文件操作、网络通信作简要说明，使对 Android 应用程序开发有整体的认识。

Android 应用程序开发遵循 MVC 设计模式，M(Model)模型层，存放在程序中的业务类；V(View)视图层，Android 将视图层抽离为布局文件；C(Control)控制层，对应 Android 的 Activity。应用程序开发的一般步骤为 V、M、C。

① Activtiy 组件调用 Activity 组件。Intent 是一个将要执行动作的抽象描述，由 Intent 来协助完成各组件之间的调用与通信。在 Android 平台中，Activity 组件可以通过"startActivity"方法来调用其他组件，该方法仅有一个参数，就是意向对象，要传递的数据存放在意向对象的附加容器中。

在使用"startActivity"方法调用新的 Activity 组件中，新的 Activity 组件将不会反馈执行结果给调用它的 Activity 组件，而"StartActivityForResult"方法，既可以调用新的 Activity 组件，又可以将新组件的执行结果反馈给调用方 Activity。第一个参数为意向对向，第二个参数用来识别反馈结果是否为预期。

```
StatusActivity.java
…
//新建一个意向对象
```

```
Intent intent=new Intent();
intent.setClass(StatusActivity.this, guideActivity.class);
Bundle bundle=new Bundle();
/*向 Bundle 对象放入数据 info*/
bundle.putString("status",info);
/*将 Bundle 对象加入 Intent 对象*/
intent.putExtras(bundle);
/*调用 Activity guideActivity*/
startActivityForResult(intent,REQ_CODE);
…
/*当接收被调用组件反馈结果时调用*/
@Override
protected void onActivityResult(int requestCode, int resultCode, Intent data){
    if(requestCode==REQ_CODE){                    //判断是否是合法的请求代码
        Bundle bundle=data.getExtras();           //获取反馈结果数据包
        //从 Bundle 对象中获取数据
        String msg=bundle.getString("Msg");
    }
}
…
```

② 开场动画（VideoView）。在运行智能泊车客户端之前，会显示一段生动活泼的开场动画，这里是通过 VideoView 控件实现的，动画是以.3gp 格式存放在以下资源空间：/res/raw/start.3gp。

```
StartActivity.java
…
//通过资源 ID 获得 VideoView 对象
VidioView mVideoView=(VideoView)findViewById(R.id.mVideoView1);
Uri uri=Uri.parse("android.resource: //park.etc/"+R.raw.start);
/*设置视频文件的统一资源标识符*/
mVideoView.setVideoURI(uri);
mVideoView.requestFocus();
/*开始播放影片*/
mVideoView.start();
/*注册在媒体文件播放完毕时调用的回调函数*/
mVideoView.setOnCompletionListener(new MediaPlayer.OnCompletionListener(){
    @Override public void onCompletion(MediaPlayer arg0){
        Login();                                  //显示登录对话框供用户输入账号和密码
    }
});
…
```

(2) 流程图

① StartActivity 流程图。StartActivity 流程图如图 11.22 所示。

② MenuActivity 流程图。MenuActivity 流程图如图 11.23 所示。

③ StatusActivity 流程图。StatusActivity 流程图如图 11.24 所示。

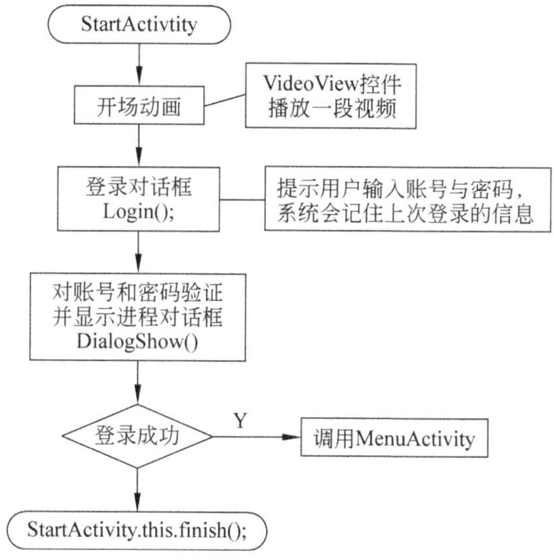


图 11.22 StartActivity 流程图

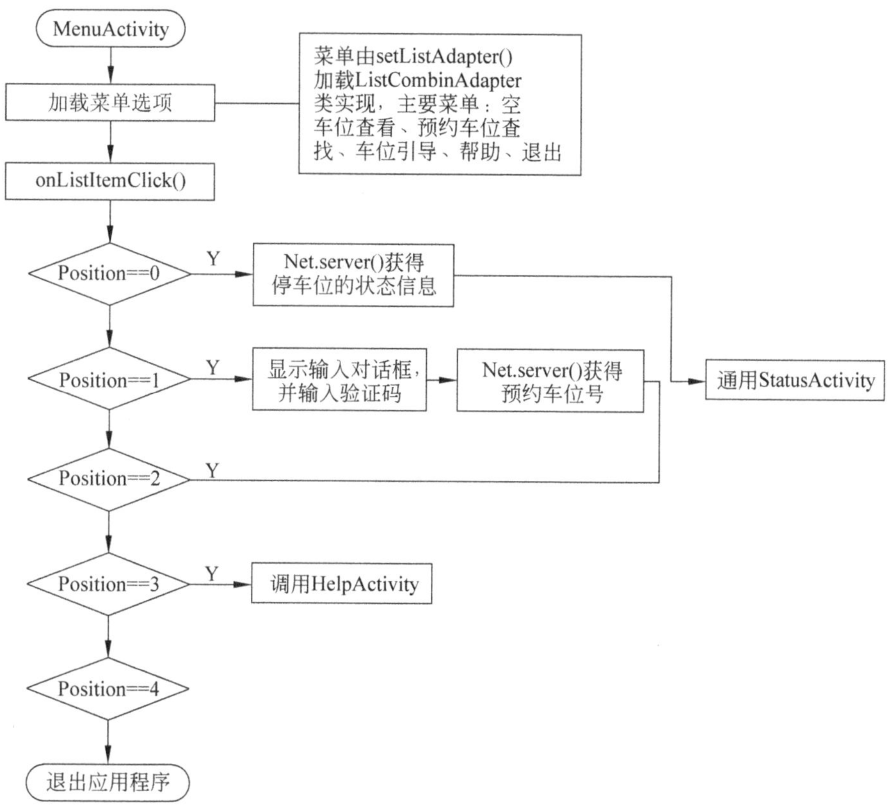


图 11.23 MenuActivity 流程图

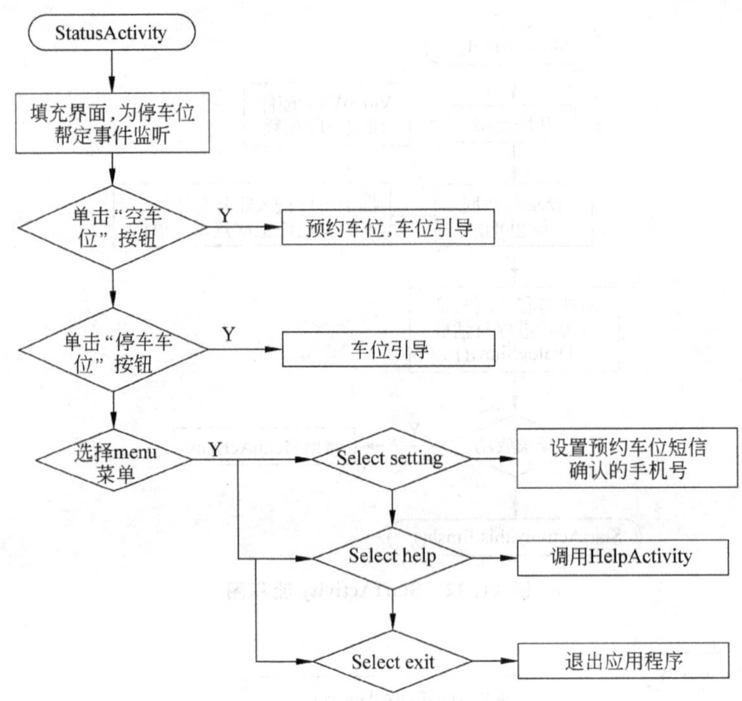


图 11.24 StatusActivity 流程图

# 11.2 基于物联网的智能家居控制系统设计

## 11.2.1 智能家居系统体系结构

家居系统主要由智能灯光控制、智能家电控制、智能安防报警、智能娱乐系统、可视对讲系统、远程监控系统、远程医疗监护系统等组成,框图如图 11.25 所示。

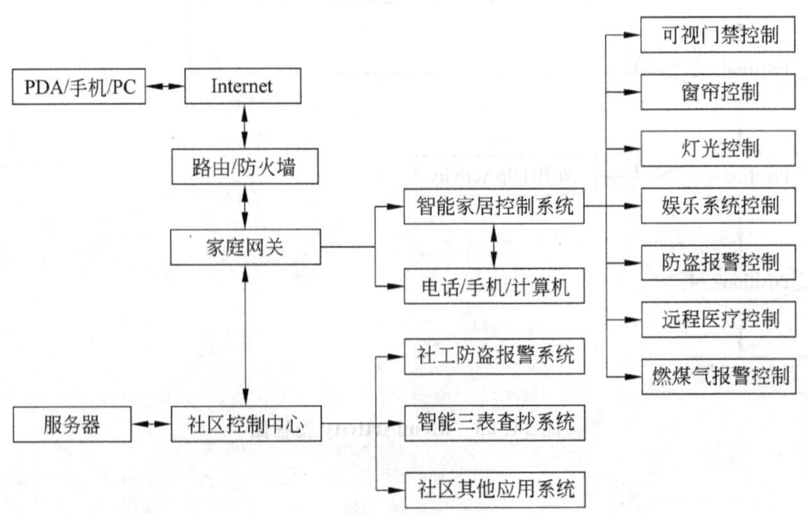


图 11.25 智能家居系统结构框图

## 11.2.2　系统主要模块设计

### 1. 照明及设备控制

智能家居控制系统的总体目标是通过采用计算机、网络、自动控制和集成技术建立一个由家庭到小区乃至整个城市的综合信息服务和管理系统。系统中照明及设备控制可以通过智能总线开关来控制。本系统主要采用交互式通信控制方式，分为主从机两大模块，当主机触发后，通过 CPU 将信号发送，进行编码后通过总线传输到从模块，进行解码后通过 CPU 触发响应模块。因为主机模块与从机模块完全相同，所以从机模块也可以进行相反操作控制主机模块实现交互式通信。灯光及家电设备控制框图如图 11.26 所示，系统主从模块的程序流程图如图 11.27 所示。其中主机相当于网络的服务器，主要负责整个系统的协调工作。

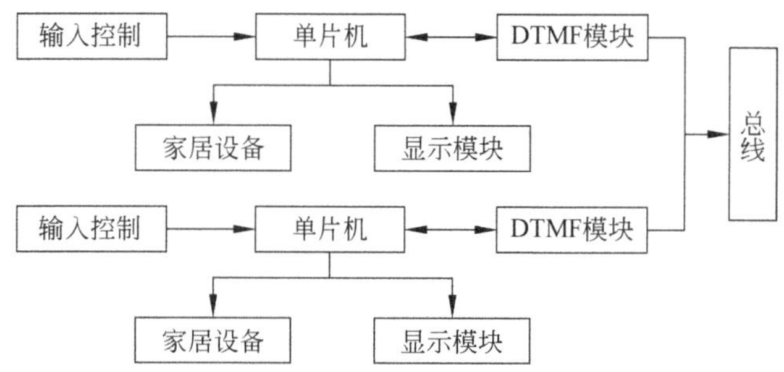


**图 11.26　灯光及家电设备控制框图**

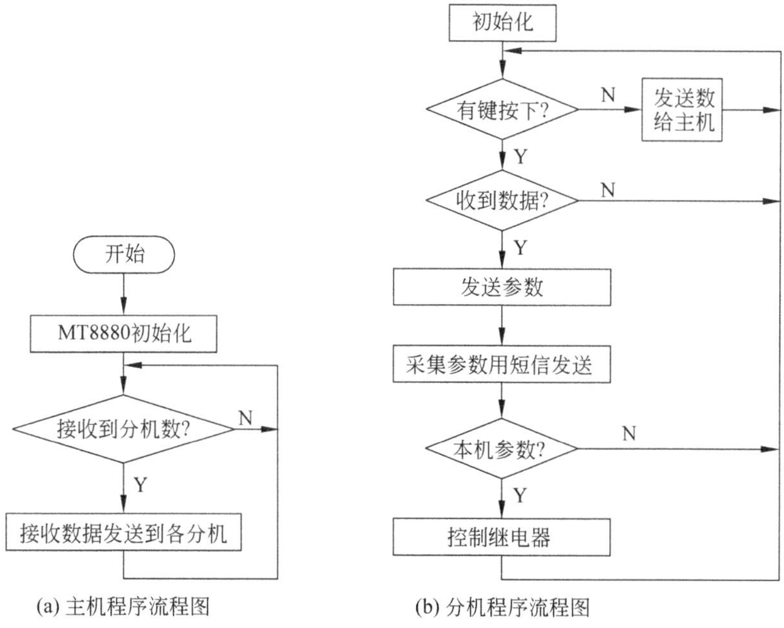


**图 11.27　系统模块程序流程框图**

对于灯光控制，可以形成不同的灯光情景模式，以营造舒适幽雅的环境气氛。为了提高系统的可维护性及可靠性，设计时应使系统具有智能状态回馈功能、故障自动报警功能、软启动功能。系统能自动检查负载状态，检查坏灯、少灯，保护装置状态等；也可以根据季节、天气、时间、人员活动探测等做出智能处理，达到节能目的。对于其他家电设备及窗帘控制，与照明控制类似，均可采用手动和自动控制两种方式。

**2. 智能安防及远程监控系统设计**

智能安防系统主要由各种报警传感器（人体红外、烟感、可燃气体等）及其检测、处理模块组成。入侵检测报警电路与其他火灾、燃煤气泄漏报警电路类似，其中入侵检测报警框图及电路如图 11.28 所示。

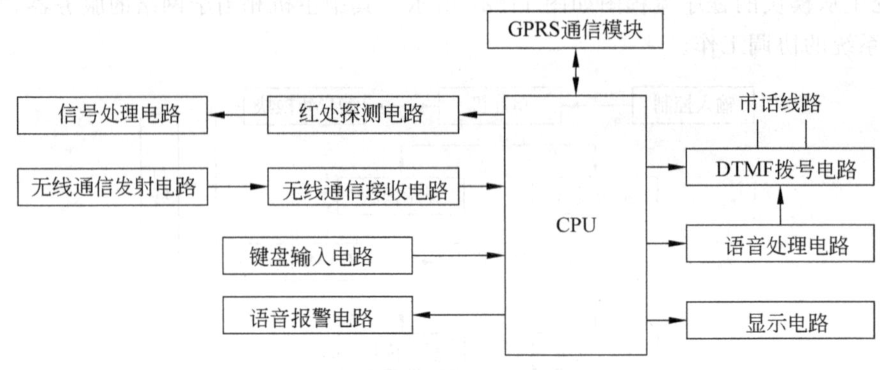


(a) 入侵检测防盗系统框图

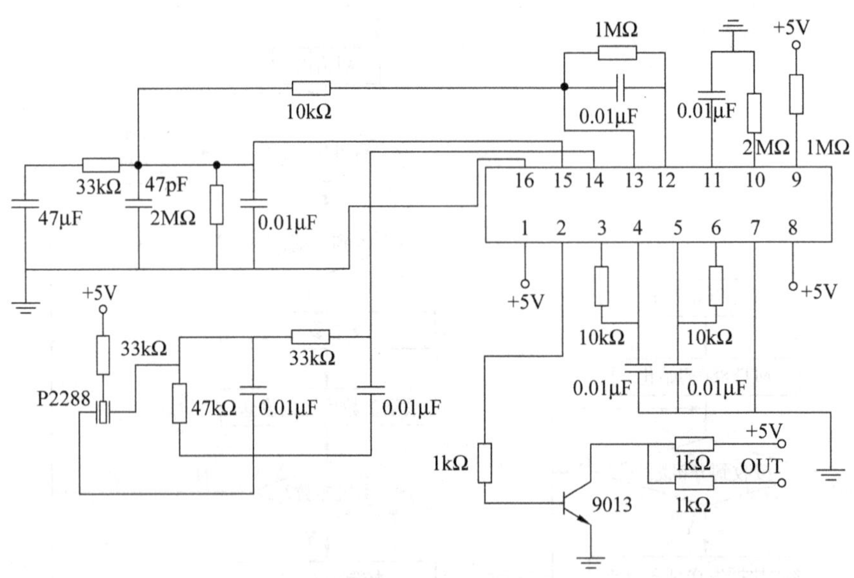


(b) 人体红外检测报警电路

**图 11.28 入侵检测报警框图及电路**

图 11.29 中，DTMF（双音多频）收发电路如图 11.29（a）所示，其核心芯片为 MT8880，可接收和发送 DTMF 全部 16 个信号，具有接收呼叫音和带通滤波功能，能和微

处理器直接对接。其自动摘挂机可以通过单片机 I/O 口控制一个继电器的开关，继电器的控制端连接一个电阻接入电话线两端，从而完成模拟摘挂机。

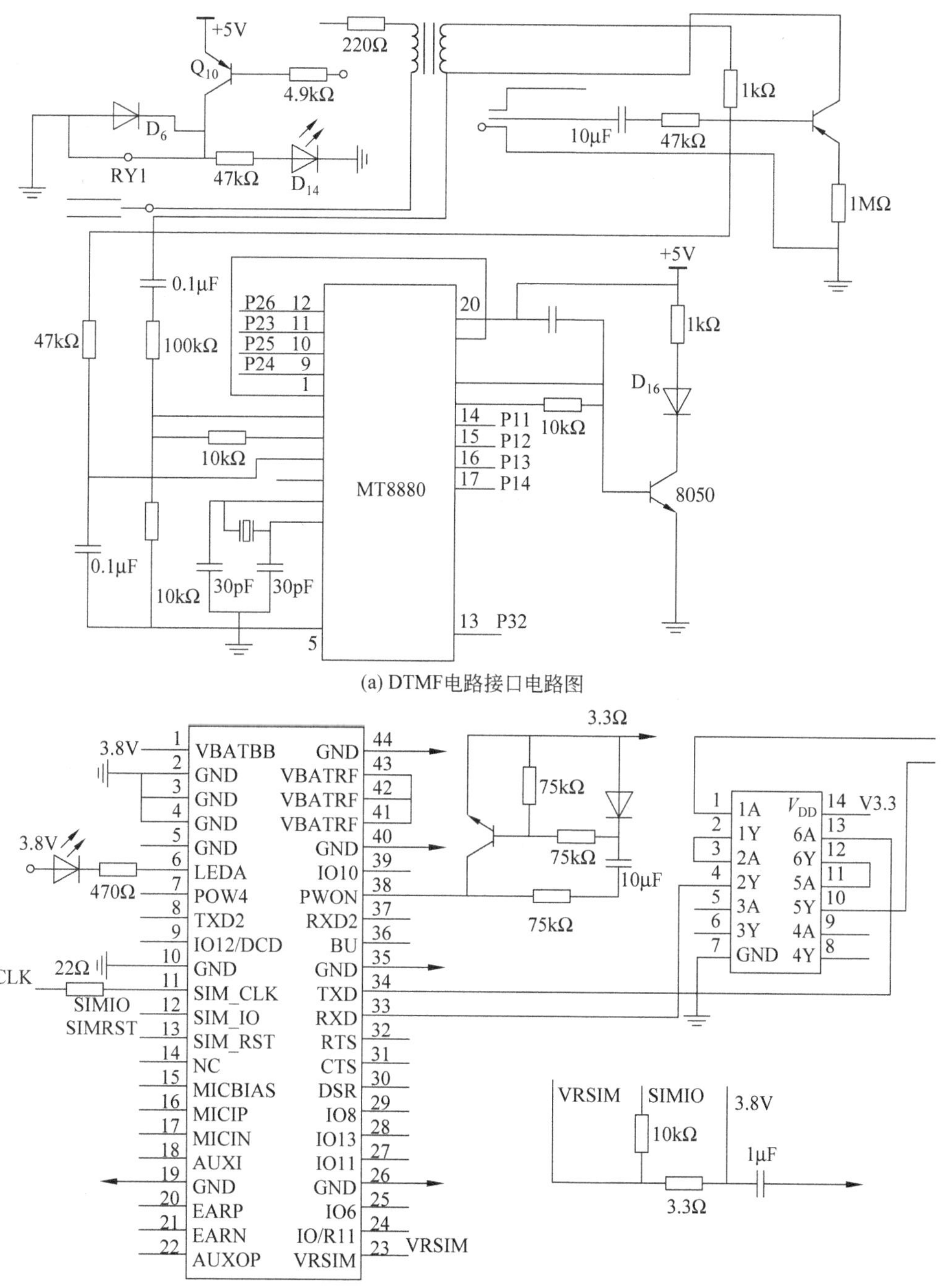


(b) GPRS模块TC35接口电路图

**图 11.29　接口电路**

GPRS 通信模块——TC35 模块主要通过串口与单片机连接，实现单片机对 TC35 模块的控制，从而实现远程控制功能。电路如图 11.29(b)所示。

**3. 远程医疗系统设计**

智能家居系统中，远程医疗应用应该说还没有引起广泛关注，但实际上它又是今后智能家居发展的一个方向。本系统提出的基于 GPRS 的远程医疗监控系统由中央控制器、GPRS 通信模块、GPRS 网络、Internet 公共网络、数据服务器、医院局域网等组成，其框图如图 11.30 所示。

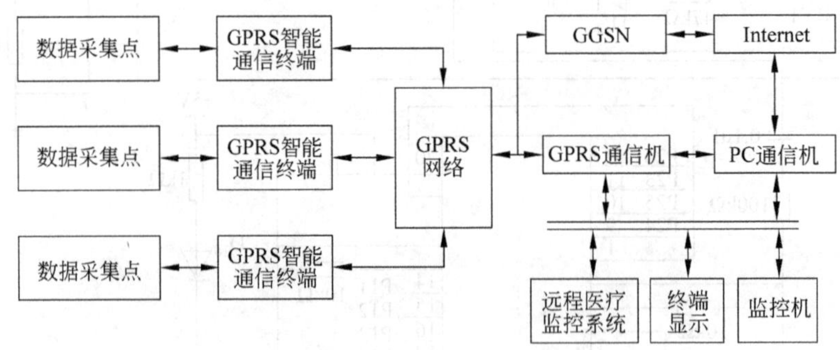


**图 11.30 远程医疗监控系统框图**

系统工作时，患者可随身携带的远程医疗智能终端首先实现对患者心电、血压、体温进行监测，当发现可疑病情时，通信模块对采集到人体现场参数进行加密、压缩处理后，以数据流形式通过串行方式(RS-232)连接到 GPRS 通信模块上，并与中国移动基站进行通信，基站 SGSN 再与网关支持节点 GGSN 进行通信，GGSN 对分组资料进行相应的处理并把资料发送到 Internet 上，并且去寻找在 Internet 上的一个指定 IP 地址的监护中心，接入后台数据库系统。这样，信息就开始在移动病人单元和远程移动监护医院工作站之间不断进行交流，所有的诊断数据和病人报告电子表格都会被传送到远程移动监护信息系统存档，远程移动监护信息系统存储数据以供将来研究、评估、资源规划所用。系统监护中心由监控平台和信息管理系统、电子地图、电子病历等组成，系统软件的框图如图 11.31 所示。

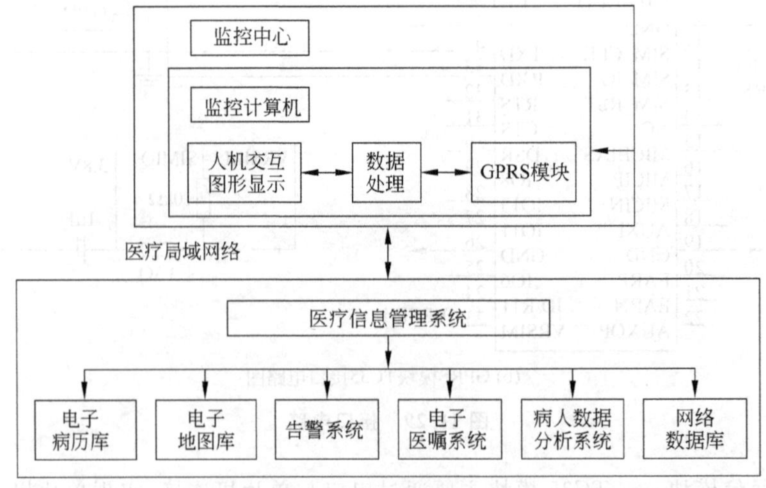


**图 11.31 监护中心系统框图**

## 11.2.3 系统部分软件设计

### 1. 电话报警部分程序

电话报警部分程序如下。

```
MT8880 写状态函数
RS=1,RW=0,写状态寄存器
Void write_status(uchar value)
{
    MT_RS=1;
    MT_RW=0;
    MT_CK=0;
    P1=value;
    MT_CK=1;
    DelayNOP();
    MT_CK=0;
}

MT8880 发码程序
Void MT_TRAN()
{
    MT_CS=0;
    delayNOP();
    write_status(0x1d);                               //写 8880CRA,CRA=1101
    write_status(0x10);                               //写 8880CRB,CRB=0000
    //8880 模式 2 为 TONE,DTMF,IRQ,BURST
    MT_RS=0;                                          //写发送寄存器
    MT_RW=0;
    MT_CK=0;     //dis_buf1[i]=dis_buf1[i]&0x0f;     //取数据低 4 位
    P1=0x0f;
    MT_CK=1;                                          //发送号码
    delayNOP();
    MT_CK=0;
    Delay(3000);
    MT_CS=1;                                          //写发送寄存器
}
```

### 2. 防盗报警及远程控制软件

系统开机初始化,首先进入开机界面,然后进行参数设置。若直接选择确定则默认原设置,也可对默认设置进行重设。设置完成后,各传感器开始采集、处理参数,在液晶上显示各参数并通过 GPRS 将数据发送至用户手机,流程图如图 11.32 所示,数据短信收发流程如图 11.33 所示。

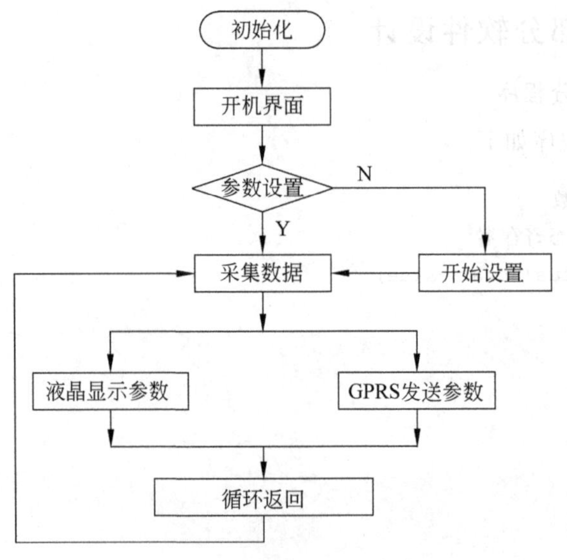


图 11.32　远程控制流程图

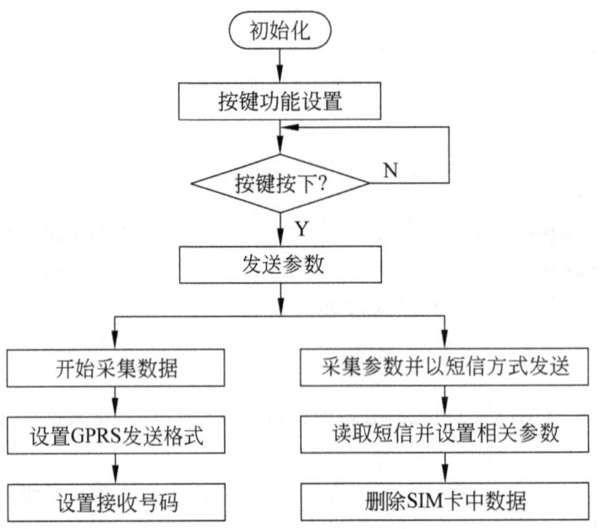


图 11.33　数据采集流程图

## 11.3　基于 RFID 的超市物联网系统的设计

### 11.3.1　概述

本节方案意在让顾客在智能超市中感受到物联网给人们生活所带来的便捷，明白何为物联网及物联网对人们生活的影响。智能超市让顾客不再为购物找商品和排队结账而苦恼。因此，构建超市购物引导系统具有较大实际意义。电子标签和物联网的出现使得工业企业物联网系统得以实现。

本系统以电子标签和物联网为基础，列出了基于 RFID 技术的超市物联网导购系统的基本信息，对其结构和功能进行了分析，并利用电子标签实现了一个典型的工业企业物联网系统，大大提高超市运作的快速性和准确性，不但提高了工作效率，而且减少了人为差错。

## 11.3.2 RFID 超市物联网系统设计

### 1. 系统基本结构

超市物联网导购系统有货架处的有源 RFID 标签、超市范围内的一定数量的读卡器和每个顾客的手持设备，该设备由顾客输入产品信息并与超市中的读卡器进行通信，引导顾客到达所需商品处。

(1) RFID 企业生产系统

RFID 企业生产系统负责前端的标签识别、读写和信息管理工作，将读取的信息通过计算机或直接通过网络传送给本地物联网信息服务系统。可以在每一类商品对应的货架处安装有源 RFID 标签，标签中包含着商品的信息，包括商品名称、价格、生产厂商以及商品所在处货架的位置信息。

(2) 中间件系统

中间件是处在阅读器和计算机 Internet 之间的一种中间件系统。该中间件可为企业应用提供一系列计算和数据处理功能。其主要任务是对阅读器读取的标签数据进行捕获、过滤、汇集、计算、数据校对、解调、数据传送、数据存储和任务管理，减少从阅读器传送的数据量。同时，中间件还具有与其他 RFID 支撑软件系统进行互操作等功能。此外，中间件还定义了阅读器和应用 2 个接口。中间件系统如图 11.34 所示。

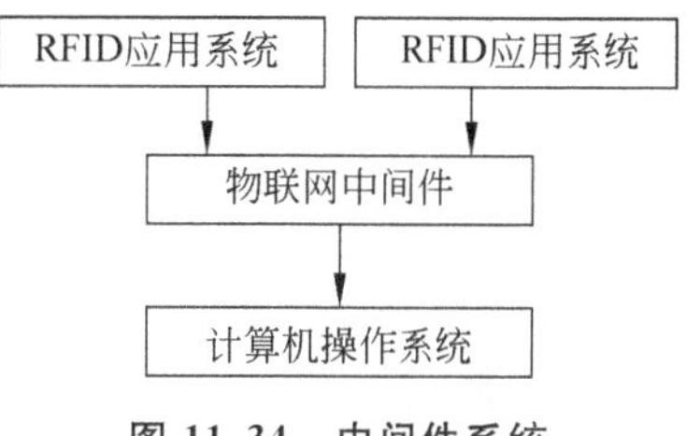


图 11.34　中间件系统

超市范围内安装一定数量的读卡器就是该中间系统的重要组成部分，同时为每一个进入超市选购商品的顾客配置一个手持设备，顾客在手持设备上输入所需的商品名称，手持设备与超市中的读卡器通过中间件操作系统通信，发布自己的信息，读卡器发布路由信息到手持设备引导顾客前往所需购买的商品处。

(3) 超市物联网导购系统的主要原理

在超市一定的区域内安设读卡器，读取该范围内所有有源 RFID 标签，并建立自己的标签库。读卡器之间利用 ZigBee 协议进行信息交互。每个读卡器相当于物联网中的一个节点，节点中存放着自己邻居节点的信息，也就是说每个读卡器都能获得它的邻居读卡器中的标签信息。

顾客的手持设备为物联网中的移动节点，可以和读卡器进行实时通信。同时，顾客手持设备还具有 LCD 显示功能。该手持设备具有与 RFID 标签通信的功能，即可以读取指定商品 RFID 信息的功能。

该物联网系统网络为多跳网络，当读卡器收到移动节点发来的商品信息时，如果商品信息不在自己的标签库中，则将消息转发给自己的邻居节点直到找到目标读卡器。读卡器节点根据目标读卡器节点的位置不断将路由指示发送到手持设备上并通过 LCD 显示给顾客。

当顾客到达目标读卡器对应的区域时，目标读卡器将商品的标签信息发送给顾客，顾客通过标签信息所示的位置信息找到所需商品。

**2. 系统主要组成部分及操作流程**

(1) 系统主要组成部分

整个智能超市系统由身份识别、搜索导航、信息读取、广告推送、智能清算 5 部分组成。

① 身份识别：由于超市是全智能无人管理，因此，在社区内只有持有智能市民卡的顾客才有权限进入超市购物。

② 搜索导航：顾客在超市的智能购物车上可以搜索和选择所需要的商品，超市内的导航系统将读取顾客当前位置信息，并引导顾客前往相应购买区。

③ 信息读取：当顾客表现出对某类产品的兴趣后，将相关产品的广告信息展示给顾客。

④ 广告推送：智能购物车可以将顾客临近商品的特价或优惠等信息传递给顾客，供顾客挑选商品。

⑤ 智能清算：结账时无须像传统的条形码一样逐渐商品扫描，直接将整车的商品信息读取，得到消费金额，自动从市民卡上扣取。

系统方案设计图如图 11.35 所示。

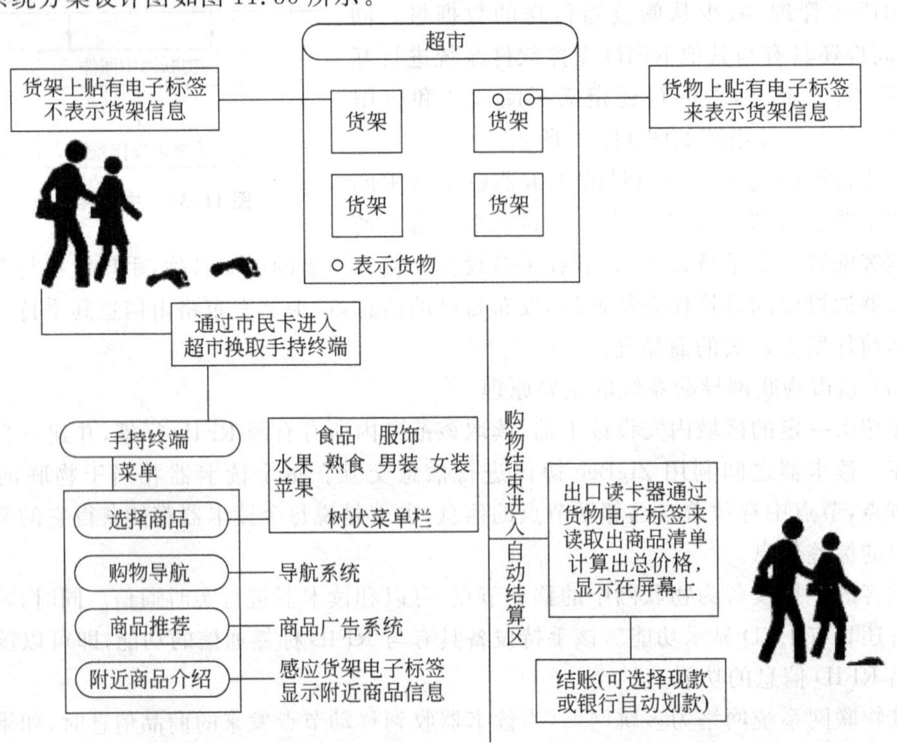


**图 11.35 系统方案设计图**

(2) 系统的具体操作流程

① 顾客佩戴智能市民卡通过身份验证进入超市；无市民卡将无法进入超市，强行进入会进行报警。

② 顾客选一个智能购物车，利用其配备的手持设备进行商品的浏览和选购。

③ 如果顾客需选购商品，则将顾客邻近商品的信息(包括产品名称、厂商、价格)通过手持设备展示给顾客；当顾客表现出对某类商品的信息时，将其相关信息(含购买率等信息)通过手持设备展示给顾客。

④ 当顾客选定好商品后，手持设备将显示出顾客当前所处位置，以及选购商品所处位置，并选择一条最佳路线引导顾客前往购买。

⑤ 顾客购买好商品后通过 RFID 计算通道进行智能结算，并自动从市民卡内扣钱，如市民卡内金额不足，则予以提示不予放行，否则直接报警。

⑥ 没有购买商品的顾客从正常出口离开超市；如果购买商品却没有通过结账通道，则进行报警。

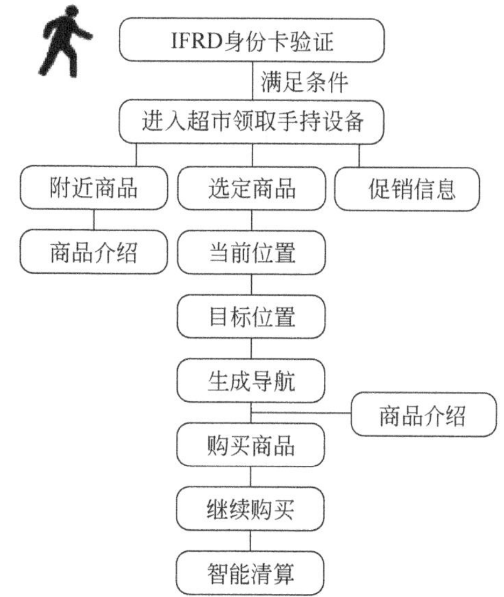


图 11.36　系统流程图

系统流程图如图 11.36 所示。

**3. 系统的相关技术模块原理**

超市物联网导购系统由身份识别模块、搜索导航模块、信息读取模块、广告推送模块、智能清算模块组成。

(1) 身份识别模块

该项功能建立在共享平台应用子集功能的基础上，利用管理中心的智能市民卡进行身份的识别，该功能只需管理配置相应的设备即可；超市内通过安装市民卡读卡器，感知身份信息，同时将身份信息发送到应用子集进行身份验证。

(2) 搜索导航模块

在现有的超市购物车上配置具有读卡器功能的手持设备，通过手持设备可以浏览商品的信息，并且选购商品。手持设备嵌入了 RFID 读卡器，可以实现 1～2m 的读取距离。

当选择好商品后，手持设备将购置信息传给读卡器节点，读卡器节点读取其监测环境中的标签信息，如果某读卡器节点范围内没有相关物品信息，则传送信息给其邻居读卡器节点，直到找到相关物品。同时将物品的位置信息返回手持设备，获取当前位置信息和物品信息，自动选择一条最优路径引导顾客购物。搜索导航流程图如图 11.37 所示。

(3) 信息读取模块

手持设备可以通过读卡器读取附近商品的信息，通过手持设备上的附近商品介绍选项可以浏览商品信息。当用户表现出对某种商品的兴趣时，将产品的相关信息展示给顾客。

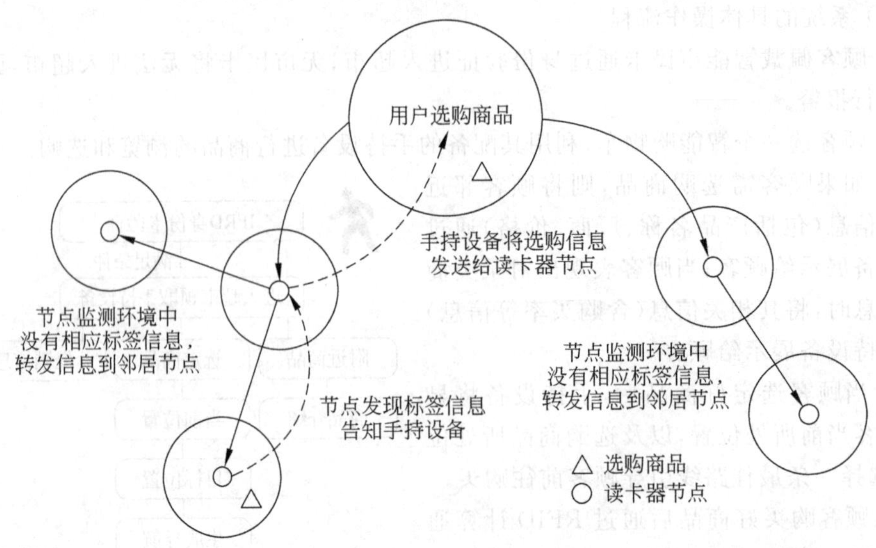


图 11.37 搜索导航流程图

(4) 广告推送模块

当顾客处于某类商品的区域时，特价商品通过推荐选项将相关商品的促销活动以及购买情况展示给顾客。

(5) 智能清算模块

建立 RFID 收货通道，顾客采购商品后只须推着购物车通过一道安装 RFID 阅读器的结账出口，系统便会即刻对购物车内所有贴有 RFID 标签的货品进行一次性扫描，并自动从顾客的市民卡上扣除相应的金额，打印购物清单凭条。整个结账过程在短短数秒内即可完成。为了安全起见，采用两次信息收集核对，在顾客将商品放入购物车时，记录商品信息，并返回终端结算系统。如果有商品从购物车中拿出，则将对应信息从终端清除。当顾客通过 RFID 收货通道时，进行结算结账，如果两次终端的清单一致则结算完成。

总之，本系统主要结合 RFID 技术提出了一种基于 RFID 技术的超市导购物联网系统设计方案。该系统的实现能使超市更加智能化和人性化，促进商家售货，并能满足购物者的个性化服务，应用前景良好。

## 11.4 基于 GPRS 的物联网终端的污水处理厂网络控制系统

### 11.4.1 概述

在传统污水处理工业中，一直存在着监测节点分散，有线网络数据传输有限等缺点。污水处理作为工业生产的附加产业，为提高生产效益、降低工程费用、实现远程监控、少人甚至无人监管具有重要的意义。将网络覆盖范围更广、网络连接更方便的 GPRS 技术应用到污水处理监控系统，与工业现场的传感器相融合，从根本上解决原有问题，实现工业现场的远程实时监控。

### 1. GPRS 技术简介

GPRS(General Packet Radio Service),通用无线分组业务,是一种基于 GSM 系统的无线分组交换技术,提供端到端的、广域的无线 IP 连接。通俗地讲,GPRS 是一项高速数据处理的技术,方法是以“分组”的形式将资料传送到用户手上。GPRS 被广泛应用于 www 浏览、信息查询、远程监控等领域。GPRS 除了频段、频带宽度、突发结构、无线调制标准、跳频规则以及 TDMA 帧结构与 GSM 相同,还具有以下的特点。

(1) 高速传输

可以稳定地传送大容量的高质量音频与视频文件,实际应用中 GPRS 可提供高达 56～115Kbps 的传输速度,最高理论值能达 171.2Kbps。

(2) 永远在线

当进行通信时,只要能够得到无线信道,GPRS 就能建立连接;而用户处于“在线”状态,不需使用拨号 Modem 建立连接。

(3) 价格低廉

对于分组交换模式,用户只有在收/发数据期间才占用资源,多个用户可高效率地共享同一无线信道,从而提高资源的利用率。计费以用户通信的数据量为主要依据。

综合上述技术特点,GPRS 技术特别适用于间断的、突发性的或频繁的、少量的数据传输场合。

### 2. 污水处理工艺简介

我国污水处理相对于发达国家而言起步较晚,目前城市污水处理率只有 6.7%。结合我国实际情况,参考国外先进技术和经验,建设污水处理厂应符合节约投资、降低成本、减少占地、除氮效果显著以及与现代技术有机结合等几个发展方向。

本项目所设计的污水处理厂网络控制系统采用分级处理工艺,分为一级处理和二级处理。一级处理采用物化方法,通过格栅拦截、沉淀等手段去除原水中大块悬浮物和砂粒等物质。二级处理则采用生物方法,通过微生物接触氧化、水下曝气等工艺来去除原水中的悬浮性、溶解性有机物以及氮、磷等营养盐。系统工艺流程如图 11.38 所示。

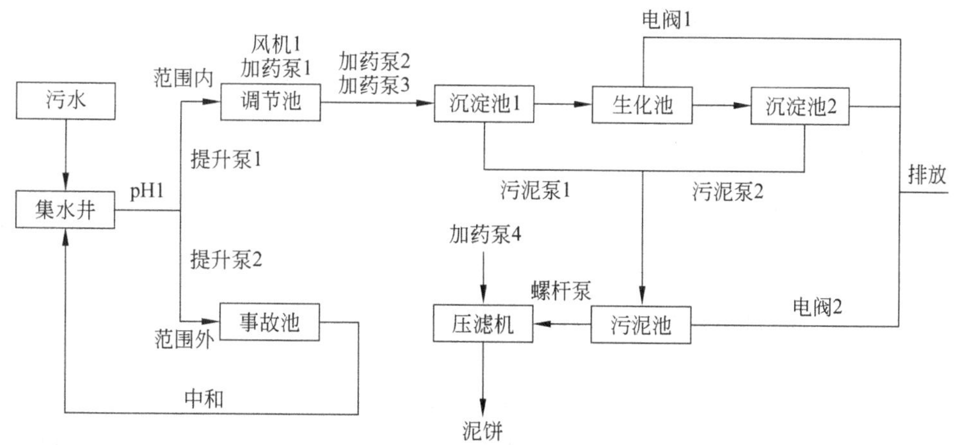


图 11.38 系统工艺流程图

## 11.4.2 污水处理网络控制系统设计

### 1. 硬件系统架构

对于污水处理厂而言，存在大量传感器、控制器等现场设备，通常相当零散地分布在较大的范围内，由它们构成的控制底层网络，单个节点的控制信息量不大，信息传输的任务较简单，但对其传输信息的实时性、快速性要求较高。又因为污水处理的水池体积都较为庞大，更导致数据采集点相对分散、距离远，不便于集中管理。因此，本系统采用三菱PLC+CC-Link+GPRS组成双层网络远程控制系统。硬件系统由PLC系统、数据采集节点、GPRS通信、远程监控上位PC 4个部分组成。硬件结构图如11.39所示。

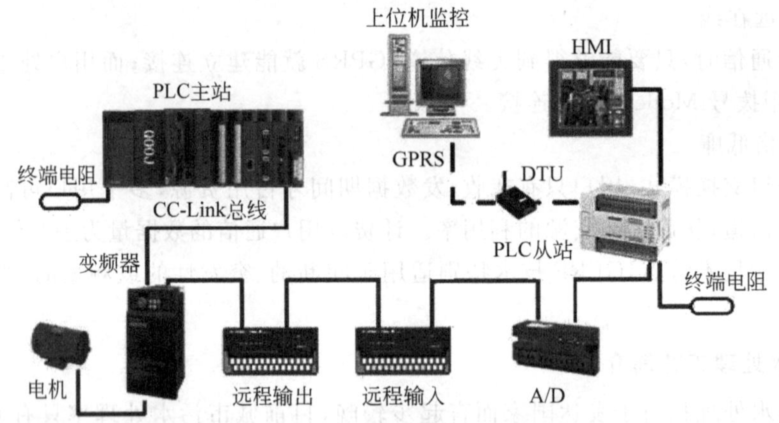


图 11.39 污水处理自动控制系统硬件结构图

根据污水处理的工艺要求，选用三菱Q00J的CUP作为主站，用F700变频器，远程输入、远程输出、远程A/D模块，FX2N系列PLC作为从站，构成污水处理的CC-Link现场总线控制网络。

现场总线就是通过一对传输线将分散孤立的带有通信功能的自动化设备或模块互联成网络。它作为纽带将挂在总线上的网络节点组成自动化系统，把通信线路延伸到现场的生产设备，构成生产自动化的现场设备和仪表互联的现场通信网络。

各现场智能设备分别作为一个网络节点，通过现场总线实现各节点之间、现场节点与上位机之间的信息传递与沟通。向上传送信息实现资源共享、集中管理，向下延伸扩大控制规模、分散控制，完成各种复杂的综合自动化功能。

CC-Link现场总线技术具有节省配线，实现高速通信，使系统更加具有灵活性的特点。同时具有丰富的功能：简单的系统组态功能，自动刷新功能，丰富的RAS(Reliability Availability Serviceability)功能，预约站功能，备用主站功能，子站脱离功能，自动上线功能，监控功能等。CC-Link现场总线网络将网络技术运用于控制系统，极大地提高了控制系统的灵活性和可靠性，能够实现控制系统的一体化和协调性。

将FX2N系列的RS-422内置接口连接HMI(Human Machine Interface)。实现工业现场控制；将FX2N系列FX2N-485-BD扩展接口与DTU(Data Transfer unit)连接。DTU全称为数据传输单元(沈阳市兴达科技开发有限公司生产)，是专门用来将串口数据转换为 IP 数据或将 IP 数据转换为串口数据，通过无线通信网络进行传送的无线终端设备。它具有组网迅速灵活，建设周期短、成本低，网络覆盖范围广，安全保密性能高的优点。DTU 上电运行后先注册到移动的 GPRS 网络，然后与后台中心建立 SOCKET 连接，后台中心作为 SOCKET 的服务端。DTU 是 SOCKET 连接的客户端。在建立连接后，前端的现场设备和后台中心就可以通过 DTU 进行双向无线数据传输，从而实现该系统的无线远程控制与监视。

**2. 软件系统设计**

软件系统的设计由 PLC 编程，上位机监控和 HMI 的触摸屏人机界面构成 SCADA (Supervisor Control And Data Acquisiti)系统。

考虑到运行的安全性和灵活性，系统有自动、手动 2 种操作方式，且 2 种操作方式互相独立。在自动方式下，PLC 取得完全的控制权，并根据预定的工艺流程对现场设备进行控制。上位机起"监视"的作用，只有检测到异常时，它才会相应产生报警信号以提醒工作人员。在步操和点操下，PLC 处于等待状态，上位机根据操作人员从输入设备输入的信息向 PLC 发出相应的指令，然后，PLC 才控制现场设备的动作。手动操作是指根据画面上的步序开关或阀门来控制设备的运行。各步序通过时间或根据水质、工艺要求来控制。

(1) PLC 程序设计

通过 PLC 编程实现污水处理流程的控制，设计系统包含自动、手动 2 种互相独立的操作方式。Q 主站实现开关量以及模拟输入量的采集，将采集的数据经过处理后通过 CC-Link 网络传送给变频器和 FX 等从站，从而实现对现场的控制。FX 从站主要负责与上位机监控系统的通信和具体的污水处理过程，包括泵的开启、电机的运转等。

针对污水处理工艺以及需要采集的数据信息，编写 PLC 程序，其流程图如图 11.40 所示。

(2) 易控组态软件

由于对污水处理的多项工艺指标需要进行实时跟踪，保证工艺要求，工业现场情况又十分复杂，不适宜工作人员长期进行现场操作，因此为了便于工作人员对现场的远程监控和管理，本书借助易控组态软件建立监控系统。组态软件具有丰富的设备驱动程序、灵活的组态方式和数据链接功能，用其构造监控系统能大大缩短开发时间，并能保证系统的质量。操作人员可以通过计算机监控画面向 PLC 发出各种控制命令，还可同时将 PLC 的各种实时数据采集回来，在用户画面上用状态图、趋势图或棒图等动态图表和图形表示出来，实现对生产过程的全程监控，易控软件系统还具有实时报警和历史数据保存等功能。

本项目中，将易控软件中的 CDMA_GPRS 通信接口通道与 DTU-GPRS 通过互联网 (Internet)链接，组态软件接收到 PLC 现场总线通过 DTU 发送到 Internet 的信息，并不断自动刷新，使监控界面实现如下功能。

① 实时反映污水处理流程中各个环节的水质情况，如进出水电导率、pH、液位、流量等信息，并自动保存实时曲线、历史曲线、报表 3 种形式的数据信息，供管理人员管理、分析、决策。

② 手动、自动控制切换功能，通过编写组态软件，实现与现场人机界面相同的手动、

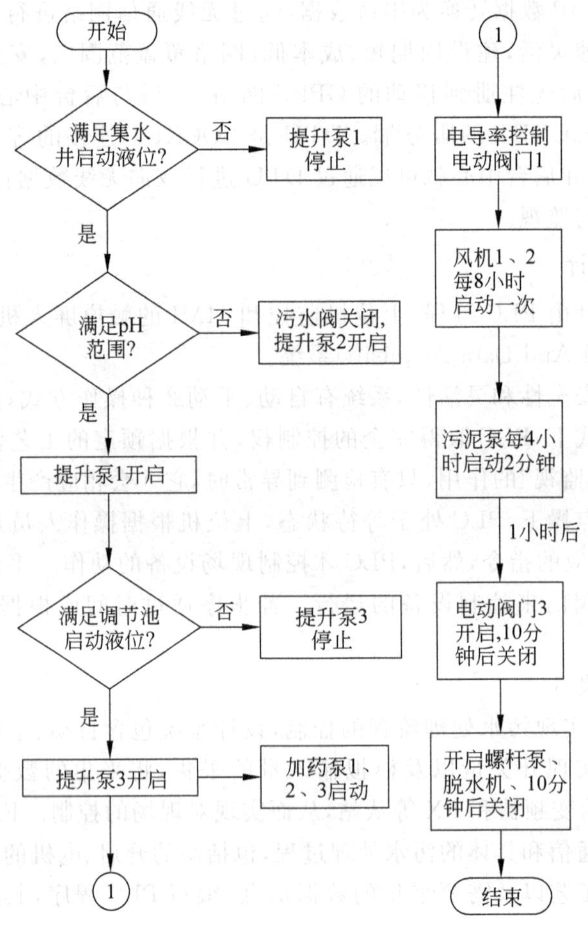


图 11.40 PLC 程序流程图

自动运行切换功能。

③ 故障报警,当污水处理各环节中出现超过或低于限制值的情况时,该监控系统可发出循环声音报警信号,直到故障排除。

④ 事件处理,通过该监控系统,可以修改现场 PLC 控制器的寄存器中的数值,实现对现场紧急事件的处理,也可以切换至手动方式,直接控制阀门开关、泵的启停。

⑤ 用户权限管理等功能,该系统设计了软件操作人员登录管理机制,设置了多级权限,实现多级控制,因此可将一套监控系统应用于多级管理机构,节省了资源。

利用 GPRS 通信技术,使得控制系统更加灵活、可操作,方便扩大控制规模,实现远程监控。针对具体工艺要求,该系统具有两种运行方式。

① 自动运行方式。控制系统根据集水井的液位高度,自动开启或关闭污水阀;集水井内 pH 计的设定范围,决定是否自动开启调节池或事故池;调节池的液位高度,限定自动控制提升泵 1 的运行;加药泵 1 依据 pH 计 1 令变频器控制加药量;根据电导率的测定值,自动控制电动阀门 2 的开启;变频器与溶解氧测定仪连锁控制风机 2 的鼓风量,溶解氧测定仪显示溶解氧含量,当溶解氧低于某值时自动报警;根据污泥池的液位高度,自动

控制螺杆泵的启动;带式污泥脱水机自带报警显示。

② 手动运行方式。手动运行方式也就是单步运行操作,既可以手动操作整个系统运行,也可对于系统进行检修,对部件进行逐个调试。共有 3 种调试方法:用控制柜中的开关对其进行控制,或通过 HMI 人机界面对其进行单步控制,也可以使用上位机的监视画面对其进行操作。

**3. 物联网概念在本项目中的应用**

在污水处理工艺中,需要设置大量的数据采集节点,如液位、pH、电导率、含氧量等,现场总线技术虽然解决了布线简单、高速通信、维护方便等问题,但毕竟信号传输距离有限。

在本项目中通过 GPRS 无线通信技术,使这些节点形成了具有一定规模的传感器网络,通过把底层网络与上位机监控平台与互联网结合,实现现场数据与控制信号的双向收发,构成了一个典型的物联网络终端。组网示意图如图 11.41 所示。

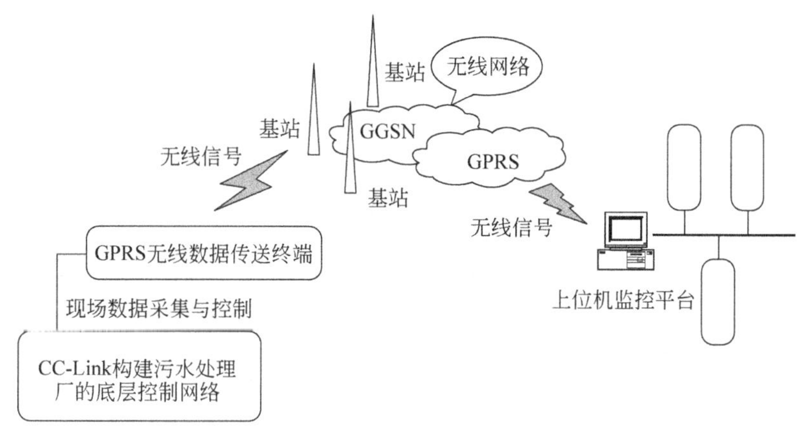


**图 11.41　污水处理组网应用示意图**

**4. 总结**

本系统针对分布范围广、布局复杂的污水处理控制系统提出了一种较好的方法。应用三菱 Q 系列 PLC 等设备及 GPRS 无线通信技术,构建了基于 GPRS 的物联网终端污水处理网络控制系统,实现了无线远程多级监控。该项目在实际应用中能够运行正常,性能稳定、可靠,监控界面友好直观,操作简便。这种无线传感器网络的应用,使自动控制系统更加具有实用性和灵活性。这也正是一种物联网概念的体现与运用。

# 参考文献

[1] 熊茂华,等.物联网技术与开发应用[M].陕西：西安电子科技大学出版社,2012.
[2] 熊茂华,等.ARM 9 嵌入式系统设计与开发应用[M].北京：清华大学出版社,2008.
[3] 熊茂华,等.ARM 体系结构与程序设计[M].北京：清华大学出版社,2009.
[4] 杨震伦,熊茂华.嵌入式操作系统及编程[M].北京：清华大学出版社,2009.
[5] 熊茂华,等.嵌入式 Linux 实时操作系统及应用编程[M].北京：清华大学出版社,2011.
[6] 熊茂华,等.嵌入式 Linux C 语言应用程序设计与实践[M].北京：清华大学出版社,2010.
[7] 熊茂华,等.嵌入式应用项目设计与开发典型案例详解[M].北京：清华大学出版社,2012.
[8] 王汝林,王小宁,等.物联网基础及应用[M].北京：清华大学出版社,2011.
[9] 刘海涛.物联网技术应用[M].北京：机械工业出版社,2011.
[10] 张春红.物联网技术与应用[M].北京：人民邮电出版社. 2011.
[11] 王志良,等.物联网工程导论[M].陕西：西安电子科技大学出版社,2011.
[12] 陈全,邓倩妮.云计算及其关键技术[J].计算机应用, 2009,29(9)：2562-2567.
[13] 刘化君,刘传清,胡修林. 物联网技术[M].北京：电子工业出版社. 2010.
[14] 林凤群,等. RFID 轻量型中间件的构成与实现[J]. 计算机工程,2010,36(17)：77-80.
[15] 孙剑,等.RFID 中间件在世界及中国的发展现状[J].物流技术与应用,2007,12(2)：98-101.
[16] 丁振华,李锦涛,等.RFID 中间件研究进展[J].计算机工程,2006,32(21)：9-11.
[17] 刘强,陈海明,等.物联网关键技术与应用[J].计算机科学,2010,37(6)：1-10.
[18] 王立端,杨雷,等.基于 GPRS 远程自动雨量监测系统[J].计算机工程,2007,33(16)：199-201.
[19] 伍新华.物联网工程技术[M].北京：清华大学出版社,2011.
[20] 北京博创兴业科技有限公司.物联网实验开发平台使用手册[Z]. 2010.
[21] 刘琳,于海斌.无线传感器网络数据管理技术[J].计算机工程,2008,34(2)：62-65.
[22] 赵继军,等.无线传感器网络数据融合体系结构综述[J].传感器与微系统,2009,28(10)：1-4.
[23] 孙利民,等.无线传感器网络[M].北京：清华大学出版社,2005.
[24] 薛莉.无线传感器网络中基于数据融合的路由算法[J].数字通信,2011(6)：52-54.
[25] 成修治,李宇成.RFID 中间件的结构设计[J].计算机应用,2008,28(4)：1055-1060.
[26] 褚伟杰,等.基于 SOA 的 RFID 中间件集成应用[J].计算机工程,2008,34(14)：84-86.
[27] 彭静,等.无线传感器网络路由协议研究现状与趋势[J].计算机应用研究,2007(2)：4-9.
[28] 沈苏彬,等.物联网概念模型与体系结构[J].南京邮电大学学报,2010,30(4)：1-8.